高等院校数字艺术设计系列教材

Maya 2017 三维动画制作案例教程

（第二版）

余春娜　编著

清華大學出版社
北京

内容简介

本教材主要讲解使用Maya 2017软件作为计算机动画制作工具的基础知识，包括基本概念、创作理念、软件操作以及应用技巧等。

在制作三维动画流程上使用前后贯穿、左右联系的方法，避免了常规教学方法中由于独立拆分导致在创作思维方式上各模块之间缺乏联系的弊端，形成了完整的知识重点模块。模型、材质、动画、渲染、合成等一系列三维计算机动画的重点内容与知识点无缝链接的全流程教学体系，让学生直观地理解和掌握计算机动画各个模块制作之间的逻辑关系，通过这个过程使学生拥有自我提高、扩展自学和独立解决问题的能力。在教学案例的选择上总结多年的动画制作经验和教学经验并进行精心挑选，循序渐进的案例贯穿众多重点、知识点和软件核心功能，同时也能够起到穿针引线的作用，把所需要掌握的软件功能命令进行横向和纵向的联系，与建筑、机械、人物、动物以及生物解剖等内容产生关联，以扩展知识。

本教材作为高等院校数字艺术设计系列教材之一，是本专业的重点教材建设内容，可作为相关课程的指定使用教材，也可作为三维动画爱好者的学习用书。

图书在版编目(CIP)数据

Maya 2017三维动画制作案例教程 / 余春娜 编著. —2版. —北京：清华大学出版社，2019（2024.2重印）
(高等院校数字艺术设计系列教材)
ISBN 978-7-302-51225-7

Ⅰ.①M… Ⅱ.①余… Ⅲ.①三维动画软件—高等学校—教材 Ⅳ.①TP391.414

中国版本图书馆CIP数据核字(2018)第212728号

责任编辑：李　磊　焦昭君
装帧设计：王　晨
责任校对：成凤进
责任印制：杨　艳

出版发行：清华大学出版社
网　　址：https://www.tup.com.cn，https://www.wqxuetang.com
地　　址：北京清华大学学研大厦A座　　邮　　编：100084
社 总 机：010-83470000　　邮　　购：010-62786544
投稿与读者服务：010-62776969，c-service@tup.tsinghua.edu.cn
质 量 反 馈：010-62772015，zhiliang@tup.tsinghua.edu.cn
印 装 者：小森印刷（北京）有限公司
经　　销：全国新华书店
开　　本：185mm×260mm　　印　　张：14　　字　　数：430千字
版　　次：2017年1月第1版　　2019年1月第2版　　印　　次：2024年2月第6次印刷
定　　价：69.00元

产品编号：079723-01

Maya 2017 前言

伴随着三维计算机动画带领着中国乃至全世界创意文化产业领域崛起的现状，各高等院校迫切感受到培养动画专业人才对创意文化产业发展的重要性。为应对市场急需良好创意思路和能实现创意思路的动画专业人才的现状，本教材总结出更符合目前文化产业领域情况的三维计算机动画教学内容，作为高等院校三维计算机动画基础课程的指定使用教材，本着只需掌握本教材的思路与知识点就能实现创作三维计算机动画的理念，结合了编者多年的教学经验、大量的课堂实践、丰富的创作经验、严谨的逻辑思维、灵活且实用的教学方法与贯穿知识点的原创范例，形成集实践性、典型性、前沿性、丰富性、逻辑性、实用性与灵活性为一体的教学体系。

本教材的内容在掌握 Maya 软件为核心的同时，还涉及 Unfold3D、Photoshop 等多款软件的综合运用与衔接，通过本教材的系统学习，不仅可以掌握三维计算机动画的制作方法，还可以了解三维计算机动画与传统逐格动画、二维动画相结合的动画创作方法。

本教材讲解 Maya 软件以及周边软件的方法和以往常规的教学方法有所不同，更针对实现创意思路而创作三维计算机动画的需要，实现三维计算机动画创意思路的手段和工具是为创作的需要而学习，并不是因为学习 Maya 软件本身而去学习软件的功能命令。本教材教学理念的最大特点在于把软件命令分为核心功能与辅助功能两类。在内容上并不以单纯讲解软件命令如何使用为唯一目的，而是针对动画创作的特点把握三维软件学习的核心与重点，通过举一反三的案例制作和深入浅出的理论讲解，使读者对造型具有正确的分析能力和深入的观察能力。

本教材的亮点主要是在教学过程中分析虚拟造型与现实造型相互作用的关系。利用两者的区别和特点进行无缝衔接的同步制作，深入剖析虚拟造型中每个部分与每个步骤是如何实现与现实造型在具体结构上的相互匹配，虚拟造型结合正确思路的制作才能充分体现现实造型的结构、质感等特点，同时虚拟造型也能弥补现实造型制作时的角度限制、操作不灵活和随意性不强等不足。本教材采取一种开拓思维的对比式与教材亮点相结合的教学方法，在增强读者虚拟造型思维能力的同时加强其对现实造型的理解能力，进而获得虚拟造型的思维能力和现实造型的造型基础能力并能使这两种能力螺旋式地逐步升华。在具体的制作中，虚拟造型结合现实造型进行同时、同步、同比例的制作，激发读者兴趣的同时还能直观感受到条理清晰的制作步骤。以虚拟造型带入现实造型和现实造型分析虚拟造型互相渗透的教学方式，相互比较的同时还能够明确剖析虚拟造型与现实造型的不同特质，帮助读者运用虚拟造型结合现实造型进行对比、分析和理解，使读者进一步明确认识虚拟造型与现实造型之间的特殊关联，并且能够更直观地体现出两者之间的利弊与特点。

本教材共 7 章内容，分别如下。

第 1 章　概述，通过数字虚拟空间与现实空间的相互对照，使初学者直观地了解 Maya 软件和应用领域的一些基础知识。

第 2 章　Maya 初识，介绍了关于 Maya 软件界面、系统设置、基本操作的知识，以及常用工具的使用方法。

第 3 章　Maya 多边形建模技术，由浅入深地讲解了 Maya 多边形建模技术，并通过对自行车的建模，使读者更为深入地理解更多工具的使用方法。

第 4 章　NURBS 建模技术，介绍了 Maya 强大的 NURBS 建模技术，通过车轮建模讲解了 NURBS 曲线和曲面的创建等基础知识。

第 5 章 Maya 材质与贴图，讲解了 UV 与造型原理，以及材质和贴图原理。

第 6 章 Maya 灯光、镜头及渲染，讲解了 Maya 灯光和摄影机的运用，以及渲染设置和批量渲染等知识。

第 7 章 Maya 动画，介绍了动画原理、骨骼绑定、绘制权重和二足四足动物的运动规律。

在教材内容上针对动画创作的特点把握三维软件学习的核心与重点，通过举一反三的案例制作和深入浅出的理论讲解帮助读者学习三维软件的主要内容，夯实造型基础，读者只需跟着案例进行练习，便可掌握 Maya 这款大型的三维软件。

本教材由余春娜编写，在成书的过程中，李兴、刘晓宇、高思、王宁、杨宝容、杨诺、白洁、张乐鉴、张茫茫、赵晨、赵更生、马胜、陈薇等人也参与了部分编写工作。由于作者编写水平所限，书中难免有疏漏和不足之处，恳请广大读者批评、指正。

本教材提供了所有案例的项目文件、视频教程以及 PPT 课件等立体化教学资源。读者可扫描下面的二维码，推送到自己的邮箱后下载获取（注意：请将这几个二维码下的压缩文件全部下载完毕后，再进行解压，即可得到完整的文件）。

编 者

Maya 2017 目录

第 1 章 概述

第 2 章 Maya 初识

第 3 章 Maya 多边形建模技术

第 4 章 NURBS 建模技术

第 5 章 Maya 材质与贴图

第 6 章 Maya 灯光、镜头及渲染

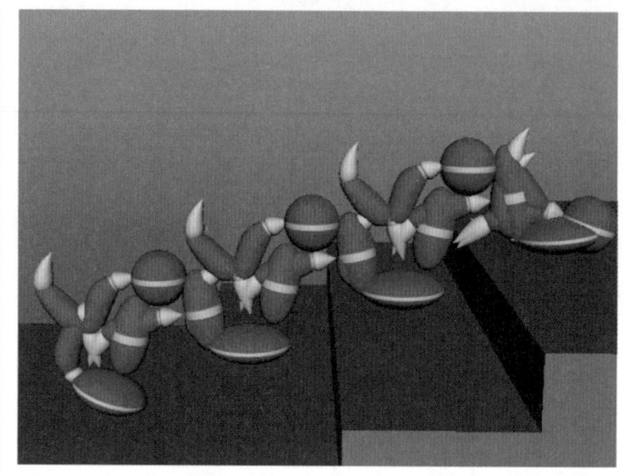

第 7 章 Maya 动画

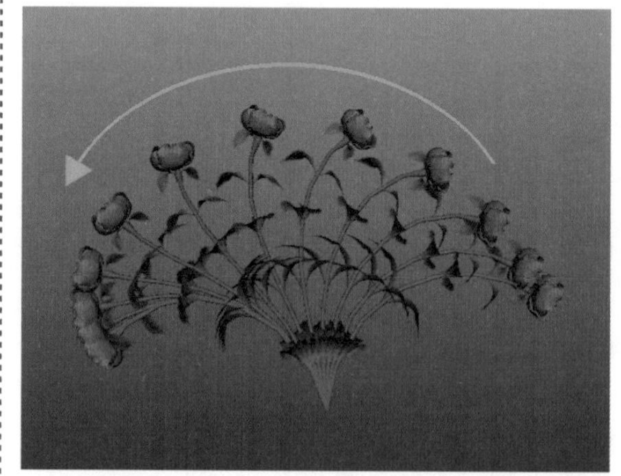

第 1 章 Maya 2017 概述

本章通过数字虚拟空间与现实空间的相互对照，三维软件的应用领域以及如何学习应用 Maya 软件，使初学者直观地了解 Maya 软件和应用领域的一些基础知识。

本章重点

- 数字虚拟空间原理
- 虚拟造型与色彩
- 三维软件应用范围
- 如何学习应用三维软件

1.1 数字虚拟空间原理

如今计算机技术已经日趋成熟，虚拟空间基本上已经可以成为真实世界的一个镜像空间。你在真实世界内所能构想和操控的一切，都可以在虚拟空间中得到实现。真实世界中你自身会受控于各种物理、化学规律或现实因素等，但在虚拟空间中你却可以作为规则的制定者，去实现现实世界中很难完成的事。所以说虚拟空间是给予应用者更大自由度的可控制空间。

在进入或者应用这一虚拟空间之前，首先想要提醒大家的是你需要明白自己使用这个空间做什么？这一说法有些类似于人生哲学上的三大命题："你是谁？你从哪里来？你要到哪里去？"可能看到这里一部分人会觉得好笑，认为这只不过是一本工具书而已，没必要搞得这么高深。但是通过教学和大量实践我们看到太多软件应用的从业者迷失在软件之中，却从未思考过这一问题。正是因为对这一个命题还没想清楚就去开始学习应用，才导致了最大问题的所在，就像一个人入世后从没想过自己未来的理想一样。现实是个空间，虚拟也是个空间，你来到这就要准备好，并去思考在这里要做什么，如图 1–1 所示。

图 1–1

与真实世界一样，每个人都会有自己的职业定位，你可以是医生、司机、建筑师、教师或者是科学家等。人们所从事的一切工作或活动都与这个世界息息相关，都是在自己的岗位上进行劳动来改变这个世界，控制这个世界上一切可以控制的事物发展变化，包括形体上、色彩上的，甚至是事件上、情感上的。

在虚拟空间中我们几乎可以设计出全部的事情。例如，建筑设计师可以通过在虚拟空间的设计盖出一座大厦，如图 1–2 所示；地图的测量员可以在虚拟空间中制作出整个地球的路线，然后应用到汽车的 GPS 导航上，如图 1–3 所示。

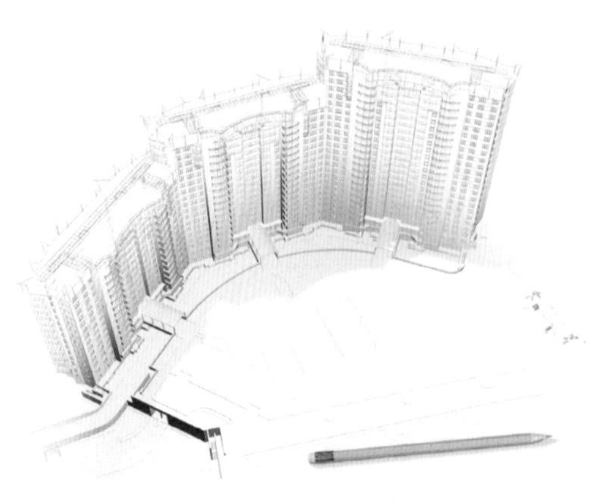

图 1–2

图 1–3

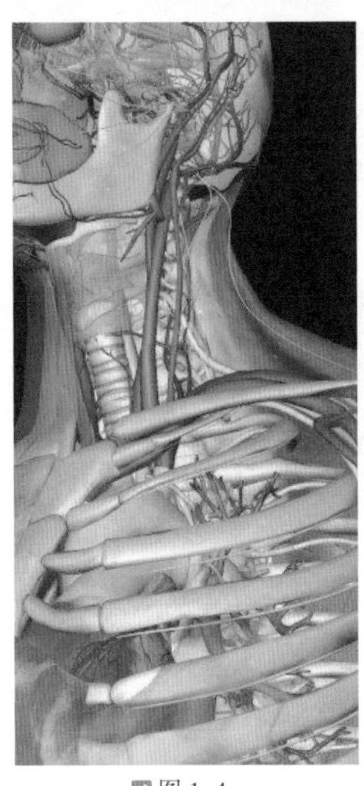

一个导演也可以制作出一个不存在的怪兽吓倒观众，这些都是虚拟空间能够带给我们的。所以其实对于一个建筑师来说，虚拟空间就是他的施工场地，一个人可以坐在计算机前控制万丈高楼平地起的壮观场面；对于一个医生来说，就是他的手术台，他可以研究人体任何一个部分去分析病因，如图 1–4 所示；同样对于一个导演来说，虚拟空间就是他的片场，所有的设备与人员都可以在计算机上进行控制，如图 1–5 所示。

图 1–4

图 1–5

还有一类人就是科学家，他们不断地探索这个现实世界是怎样的，不断地了解和分析其中的规律，从而在计算机中模拟一个现实的翻版来供各行各业的人们使用。

本书作为一本针对动画与视觉媒体艺术类从业者的入门书，想让大家知道其实掌握三维技术并不难，引导大家在打好根基的基础上再自由地发挥，具备举一反三的能力。所以本书并未全面涉及所有的应用技术讲解，而是通过多年的创作实践选取了使用频率最高、最能对创作产生直接影响的技术手段进行讲解。

1.2 虚拟造型与色彩

虚拟造型与虚拟色彩单从名字上看感觉比较虚幻，实则对于应用者来说，想要理解其中的原理并不难，真实空间中的造型与色彩经验都可以在虚拟空间中得以无缝转换。在 2000 年左右，由于软硬件的限制，那时的计算机图形技术还比较落后，软件应用者在虚拟空间中甚至需要手动输入空间的数字坐标来控制一个物体的位置以及改变其外形。而如今随着技术的成熟，不论你是在 Photoshop 类的平面软件里绘制一幅作品，还是在三维软件里靠灯光贴图来构造一个场景，直观的操作都变得很简单。总的来说，你在真实世界里学到的造型与色彩原理都可以在虚拟空间中得到应用，没有本质的区别，仅仅是应用手段上略有不同，稍加练习即可上手。所以这一节我们对造型与色彩的基本原理问题不做具体讨论，需要引起大家注意的是软件中没有造型、没有色彩，它仅仅是个工具。一个简单的道理是，画不画得出一张像样的画，研究铅笔没有用。软件还是一样的软件，即使本书中涉及的全部功能你都学会了，如果不对造型、色彩基础进行深入的研究，还是无法做出足够好的作品。本书也不是那种拿大量模仿作品做实例的书，盲目增长你的自信心，照猫画虎的实例只能哄你在计算机前增加那么一点点兴趣而已。

1.3 三维软件应用范围

就如同之前讲到的一样，虚拟空间是以现实世界为依据创造出来的一个翻版，因此它所能达到或触及的领域非常广泛。

具体的应用领域有建筑业、电影业、电视业、动画产业、汽车工业、气象、医疗及制药、市政规划、灯光照明、家用产品、电子游戏、服装、展会、GPS导航、环境设计、教育、仓储、运输、企业管理、现代艺术等你所想象不到的领域。它的延展性非常广，关键的问题还是在于不要认为学会了使用三维软件就能从事以上所有行业，它只能作为一个工具来辅助你的行业应用，如图 1-6 所示。

图 1-6

1.4 如何学习应用三维软件

Less is more 这句话对初学者是相当重要的，我们经常看到初学色彩的一些人，喜欢把全部的绘画工具都买下来，大、中、小号的笔十几种全部备齐，生怕笔刷之间的型号差距太大，同时还要兼顾笔刷软硬度、各种颜色、各种油与调色剂，整个美术用品店的材料差不多全要买齐。然后在开始画的时候将所有颜色按渐变逐个挤上，笔按大小逐个摆上，双手可及之处都是工具和颜料。整个以人为圆心所有用具如孔雀开屏一般。

一旦开始画了，你会发现过不了多长时间，他的画面就会陷入混乱。原因很简单，他将所有的工具与颜料都在画布上试了个遍，这种没有主次的方法只能徒增烦恼。我们见过成熟画家的调色盘，往往是使用的原色种类并不多，画笔也就那么几支，但是你可以看到经过艺术家之手后调色盘上的颜色是那么丰富多彩、充满变化，画面更是细腻而富有层次。学习三维软件也是同样的道理，每个命令模块就好比美术用品店的材料，如图 1-7 所示。它们都有主次关系，需要互相协调配合，理解单独命令并不难，但能深入应用好命令之间的关系却尤为重要。因此，一开始在没有充分了解命令之间的关系时不要像学英文单词一样开始背单词命令，这样做只会事倍功半。需要逐级掌握、熟练运用，逐步增加应用命令的范围。好像下围棋一样，不要急于将所有棋子铺满，它们之间的逻辑关系大于你所看到的点。经常会看到一种人，他可以把 Maya、3ds Max、XSI、Nuke、After Effects 等软件在短期内熟悉，你问他任何一个命令他都可以迅速找到，但你让他做出个像样的材质都做不出来。

图 1-7

在学习过程中也要注重类似于“意在笔先”的道理，先掌握一部分命令，开始制作你想要的作品，在做的过程中首先要思考最终的效果，然后根据这种效果在软件中去寻找你所需要使用的命令，这样随着你的作品效果逐渐显现，相应的命令也得以掌握，同时也提高了作品的水准。记住早期的软件开发者也需要遵循导演的创作需求来进行软件的编写，我们现在的学习过程亦然。只不过现有的软件实现手段已经趋于完美了，就像 Maya 早期的那句宣传语：“只有你想不到的，没有它做不到的”。每一次的软件升级换代也是遵循着这一道理，应用者要创作出一个实际效果，如果软件中有现成的命令手段，就去直接使用，如果没有就找程序员进行沟通编写一个出来，所以针对三维软件来说，按需所取是一个事半功倍的学习方法。

第 2 章

Maya 2017

| Maya 初识

本章介绍了关于 Maya 软件界面、Maya 界面操作、基本操作的知识、Maya 项目文件创建及管理，以及常用工具的使用方法。

| 本章重点

- 选择 Maya
- Maya 界面结构
- Maya 界面操作和布局
- Maya 项目文件的创建和管理

2.1 选择 Maya

关于 Maya 与 3ds Max、XSI 等几大三维软件强弱对比的争论，从软件诞生那天起，就从来没有停止过。网络上可以搜索到的关于软件之间性能对比的口水帖就达几十万。其实同样类型的问题在我们的生活中也很常见，日系、美系、德系车的好坏，苹果和安卓系统到底哪个强大，这一切都是发展变化的。其实这几款软件的基本功能都相差不多，就像无论苹果手机还是小米手机，如果你只是用它打电话、发短信，就没什么太大区别，其他的扩展功能略有不同，但终归都是手机。只是细枝末节的小选择，形成了使用者的操作习惯，长时间使用后才会出现适应的问题。所以初学者没必要纠结于软件的选择，任何一款软件运用得当都将最大限度地发挥出你的创造力。经历过 Maya 的学习过程，你也将逐渐发现 Maya 与其他软件命令的相似之处。从本质上说这几大软件并没有什么太大不同。

在这里稍微谈及一些 Maya 的应用感受，从整体上说模块分类很清晰，没有太强大的一键式命令，但可调节性和自由度很高，因此依靠操作者自行组合运用的强度就比较大。学习起来是先易后难，它会强迫你进行思考再操作。所以 Maya 的学习过程更像是接触一个话不多的人，交流的过程并不复杂，但是需要你去仔细地理解他。在经过不断地学习和运用之后，你会形成一套自己和 Maya 进行交流的方式，在这个过程中每个人都会有属于自己的方法，因此它是一款比较偏重于塑造个性化操作的软件，如图 2–1 所示。

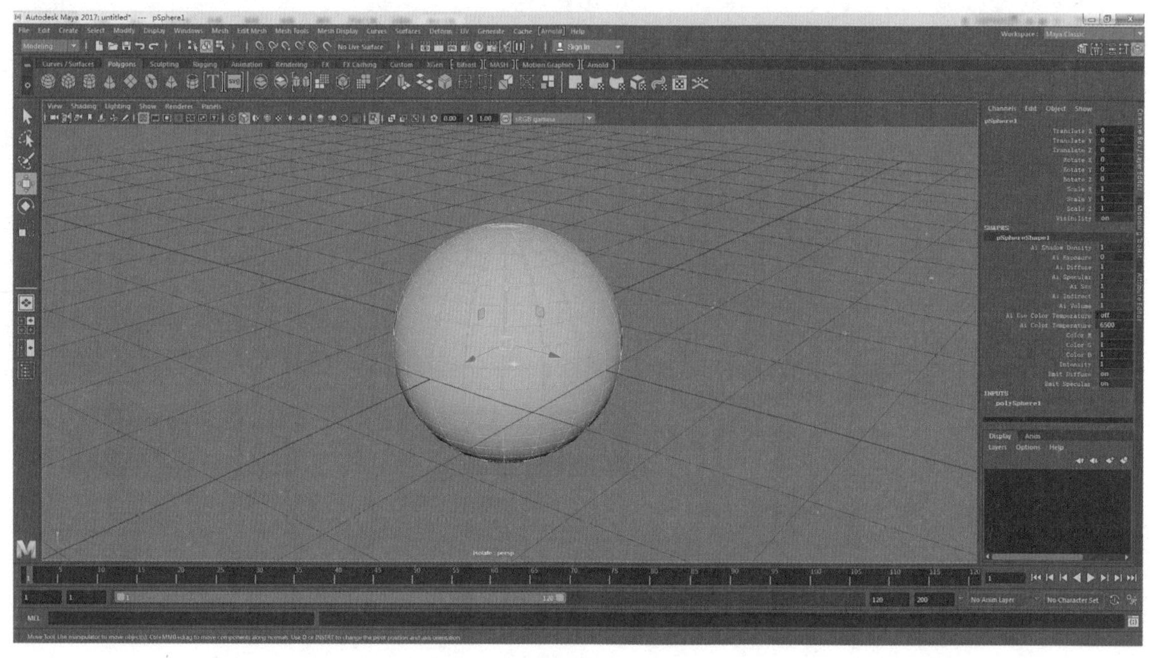

图 2–1

所以本书会将基本的一些核心命令模块介绍给大家，但之后如何深层次地运用需要再进行大量的练习和思考。

2.2 Maya 界面结构

正确安装 Maya 软件后，双击桌面上的 Maya 图标，打开 Maya 界面，如图 2–2 所示。

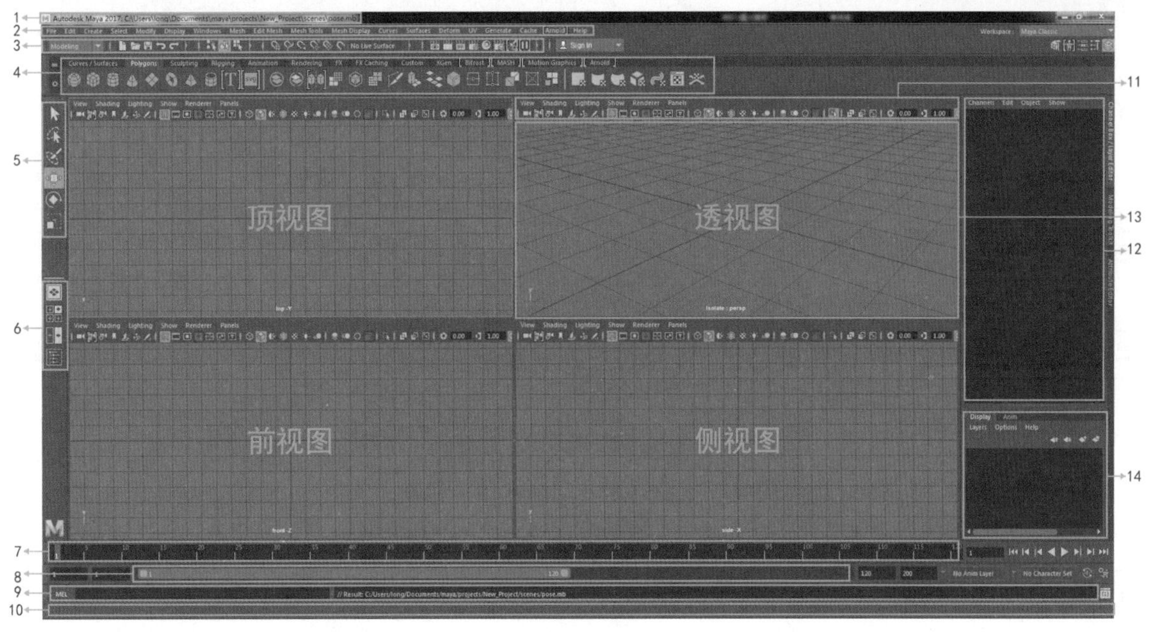

图 2-2

1-Title Bar（标题栏） 2-Menu Bar（主菜单） 3-Status Line（状态行）
4-Shelf（工具栏） 5-Tool Box（工具箱） 6-Quick Layout（快速布局按钮）
7-Time Slider（时间滑块） 8-Range Slider（范围滑块） 9-Command Line（命令行）
10-Help Line（帮助行） 11-View Menus（面板菜单）12-Channel Box（通道栏）
13-Workspace（工作区） 14-Layer Editor（层编辑器）

1. 标题栏（Title Bar）

Maya 目前的版本对中文名称的支持并不十分完善，建议在使用时，避免中文路径以及中文名称的出现，如图 2-3 所示。

图 2-3

2. 主菜单（Menu Bar）

Maya 的命令有很多，不能同时显示全部命令，所以用分组的形式显示，可以切换不同的菜单组，同时菜单内容也会发生相应的变化，但是公共菜单部分和最后一个菜单是固定不变的，如图 2-4 所示。

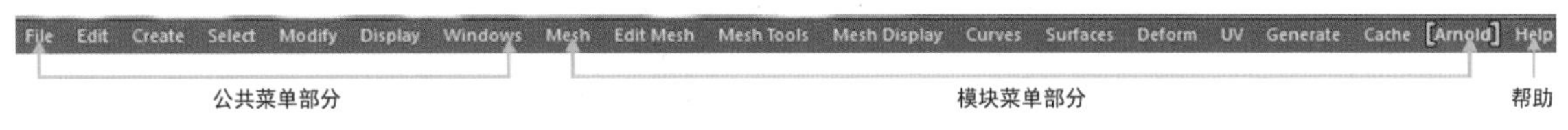

图 2-4

- File（文件）菜单：用于文件的管理。
- Edit（编辑）菜单：用于对象的编辑。
- Create（创建）菜单：创建一些常见的对象，例如几何体、摄像机、灯光等。
- Select（选择）菜单：用于对象的选择。
- Modify（修改）菜单：提供对象的一些修改功能，例如冻结变换、轴心点、属性等操作。
- Display（显示）菜单：提供与显示有关的所有命令。
- Windows（窗口）菜单：用于打开各种类型的窗口和编辑器。

注 意

（1）除了 Help（帮助）菜单外，在展开的菜单中单击顶部的双横线，每个菜单都可以单独拆下，变为活动命令面板，方便一些命令的反复使用。

（2）如果命令后边有小框的标记，单击小框标记可以设置参数。

3. 状态行（Status Line）

状态行包含菜单组切换和一些视图操作时的工具按钮，如图 2-5 所示。

图 2-5

从模块切换中可以选择不同的菜单组，分别是 Modeling（建模）、Rigging（装备）、Animation（动画）、Dynamics（动力学）、Rendering（渲染）和 Customize（自定义）。

4. 工具栏（Shelf）

工具栏中放置了一些常用工具及自定义项目的集合。通过创建自定义工具栏，可以把常用的工具和操作组织在一起，还可以把各种操作语言作为命令工具放置在工具栏中，以简化操作过程，如图 2-6 所示。

图 2-6

5. 工具箱（Tool Box）

工具箱中包括几个使用最频繁的常用操作工具和视图布局按钮，其中选择、移动、旋转、缩放和显示操纵器这几个常用工具的快捷键为 Q、W、E、R、T，可以快速切换到这些工具，如图 2-7 所示。

6. 快速布局按钮（Quick Layout）

快速布局按钮在工具箱下边，这些按钮可以实现窗口布局的快速切换，如图 2-8 所示。

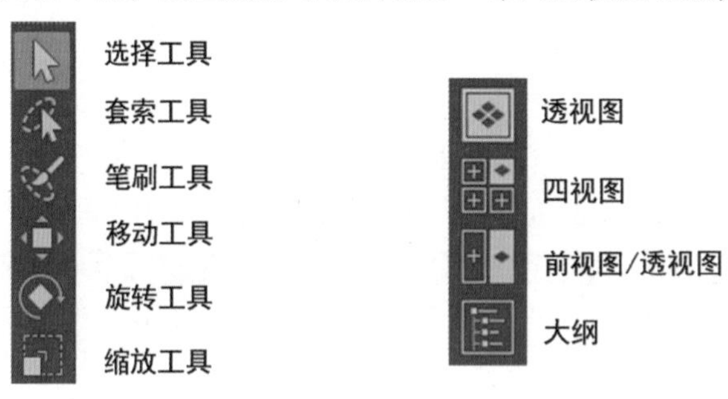

图 2-7　　图 2-8

7. 时间控制器（Time Controller）

在制作动画时经常需要调整时间，例如修改当前时间、修改时间范围、播放动画等。其中 Time Slider（时间滑块）、Range Slider（范围滑块）和 Playback Controls（播放控制器），可以从动画控制区快速地访问和编辑动画参数，如图 2-9 所示。

图 2-9

★ ：Go to Star（跳到时间范围起始帧）/Go to End（跳到时间范围结束帧）。

★ ：Step Back Frame（上一帧）/Step Forward Frame（下一帧）。

★ ：Step Back Key（上一关键帧）/Step Forward Key（下一关键帧）。

★ ：Play Forwards（倒放动画）/Play Backwards（播放动画）。

★ Auto Keyframe Toggle（自动记录关键帧）：会为对象的指定参数自动记录关键帧，在刚开始使用时要手动记录第一个关键帧，这样系统才会知道要对哪几个参数记录关键帧，而不是全部记录。

★ Animation Preferences（动画参数）：打开 Maya 参数设置窗口，可以设置播放速度、播放速率等。

8. 命令行（Command Line）

命令行是用来运行 Maya 的 MEL 命令或脚本命令。MEL 栏分为两部分，左边的是输入栏，用来键入命令，右边的是显示系统的回应、错误消息和警告等，如图 2-10 所示。

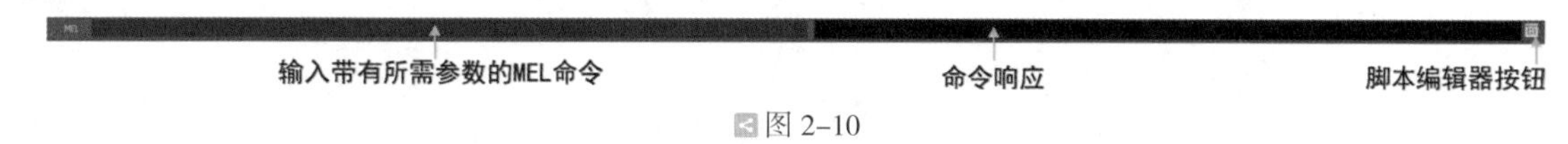

图 2-10

9. 面板菜单（View Menus）

面板菜单中包含了与视图有关的菜单命令，每个视图上方都有一个面板菜单，如图 2-11 所示。

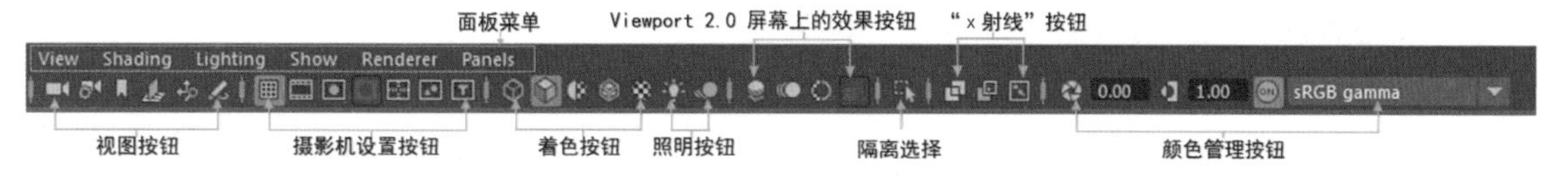

图 2-11

10. 通道栏（Channel Box）

使用通道栏不但可以快速访问所选节点属性，而且还可以修改相关参数，如图 2-12 所示。通道栏还记录了当前选择对象的大量数据信息，包括位置、历史等。

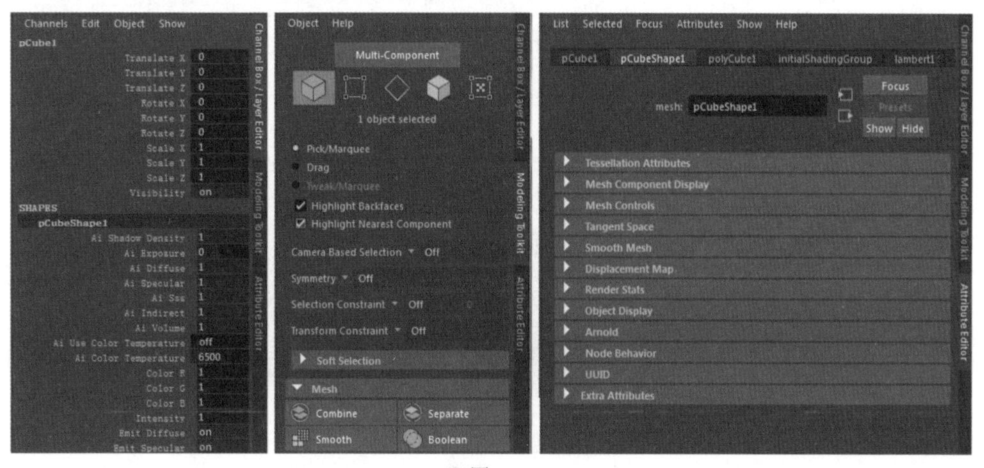

图 2-12

11. 工作区（Workspace）

工作区是在 Maya 操作中完成各项工作的重要区域，打开 Maya 时，默认状态下工作区显示为透视图，用户可以根据自己的需要改变工作区的面板布局。工作区中每个面板或视图都有各自的菜单，用来从各个角度显示场景和模型，也可以显示不同的编辑窗口，如图 2–13 所示。

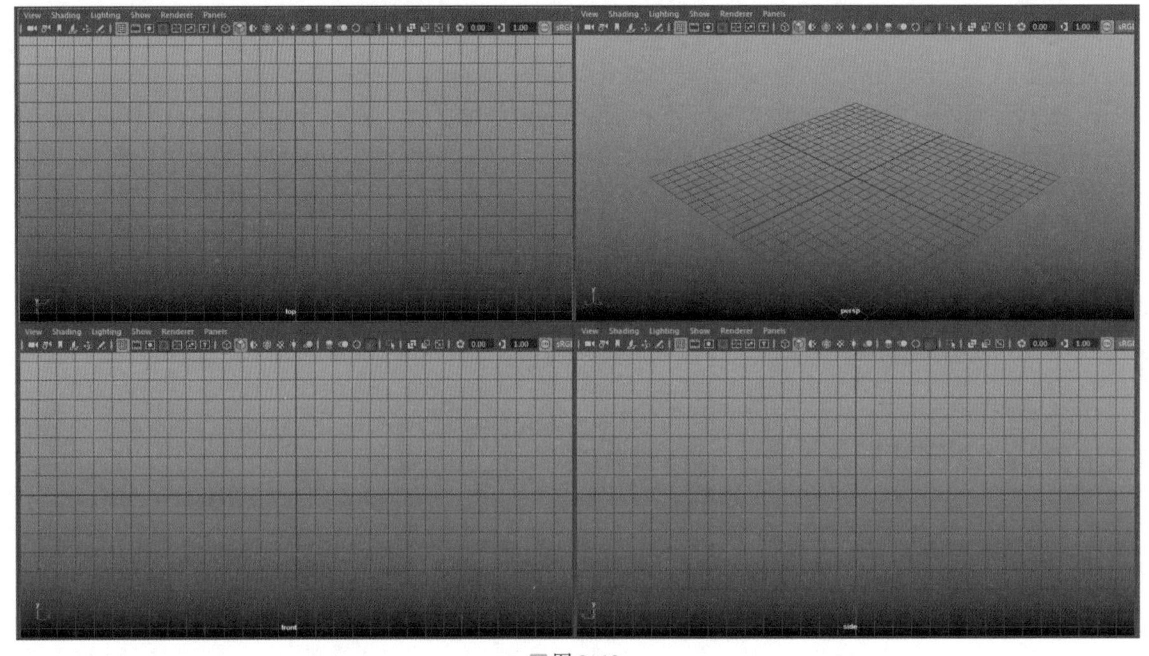

图 2–13

12. 层编辑器（Layer Editor）

Layer（层）有两种类型：Display（显示层）和 Anim（动画层）。

Display（显示层）是一个对象集合，可以快速地选择、隐藏或者以模板形式分离场景中易混淆的对象，专门用于设置对象在场景视图中的显示方式。

Anim（动画层）可以非破坏性地创建和混合各阶段的动画，创建一个层来管理新的关键帧动画，也可以在原有动画的基础上继续新增关键帧而不影响原有的动画曲线。

使用层可以将对象进行分组管理，在视图中很容易将其隐藏，并可以将它作为模板，或者单独对它们进行渲染。在 Layer Editor（层编辑器）中可以创建层、将对象添加到层中、使层可见或不可见等。单击第 1 个指示器可以打开（V）或关闭（为空）可见性；单击第 2 个指示器可以将显示类型改变为 Template（T）[模板]、Reference（R）[参考] 或 Normal（空白）[标准]；双击第 3 个指示器可以从调色板中进行查看和选择，如图 2–14 所示。

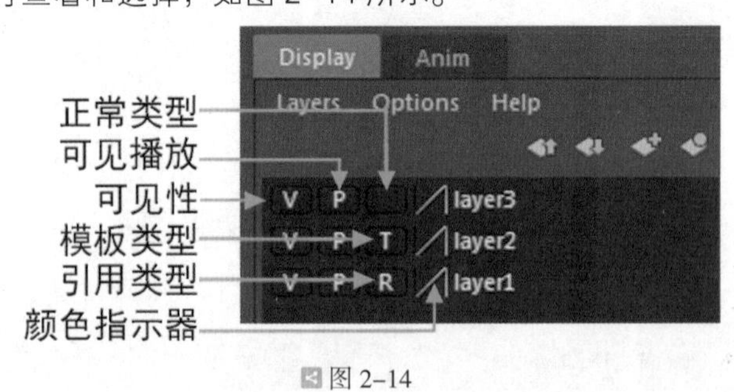

图 2–14

2.3 Maya 界面操作和布局

2.3.1 视图的操作方法

在工作区内，物体不动，通过当前摄像机可以调整画面，基本的操作方法是，键盘上的 Alt 键配合鼠标左键、中键和右键组合使用，同时其他非空间视图窗口同样适用，例如 Graph Editor（曲线图编辑器）、Render Editor（渲染编辑器）、Hypershade（材质编辑器）等。

如图 2–15 所示，工作区的透视图中两条黑色线相交的点为世界坐标中心，三色的坐标分别为视图空间的 3 个轴向。

图 2–15

1. 旋转视图界面

通过 Alt+LMB（鼠标左键）在工作区内可以进行当前摄像机角度的旋转。透视图适用，其他非透视视图与非空间视图窗口不可用。

注 意

Alt+LMB（鼠标左键）只能在透视图中操作。

2. 平移视图界面

通过 Alt+MMB（鼠标中键）在工作区内可以进行当前摄像机横向与纵向的轴移。

3. 推拉视图界面

通过 Alt+RMB（鼠标右键）在工作区内可以进行当前摄像机的推拉。鼠标由左向右滑动为拉近镜头，工作区视图放大；反之，鼠标由右向左滑动为推远镜头，工作区视图缩小。

4. 框显当前选择（Frame Selection）

快捷键为选中对象物体后在工作区内按键盘上的 F 键，当前被选中的对象物体在当前视图内最大化显示。适用于多种视图窗口，例如 Graph Editor（曲线图编辑器）、Render Editor（渲染编辑器）、Hypershade（材质编辑器）等。

5. 框显全部（Frame All）

快捷键为在工作区内按键盘上的 A 键，当前视图显示所有对象，使所有对象最大化。

6. 上一个视图（Previous View）/ 下一个视图（Next View）

在工作区视图内进行旋转、平移和推拉操作时，按键盘上的 [和] 键可返回到上一个摄像机视图或下一个摄像机视图。

2.3.2 视图的布局

Maya 中所有的视图都对应了 1 个摄像机，Maya 内置了 4 个摄像机，Persp 为 1 个透视摄像机，Side、Front 和 Top 为 3 个正交摄像机。它的切换命令在 Panels（面板组）| Layouts（布局）视图菜单中，如图 2-16 所示。

系统默认的视图为 Persp（透视图）单屏显示，这是 Maya 特有的一种显示布局，只要将鼠标箭头放置在某个视图上，快速按一下空格键，可以恢复原来的划分视图。

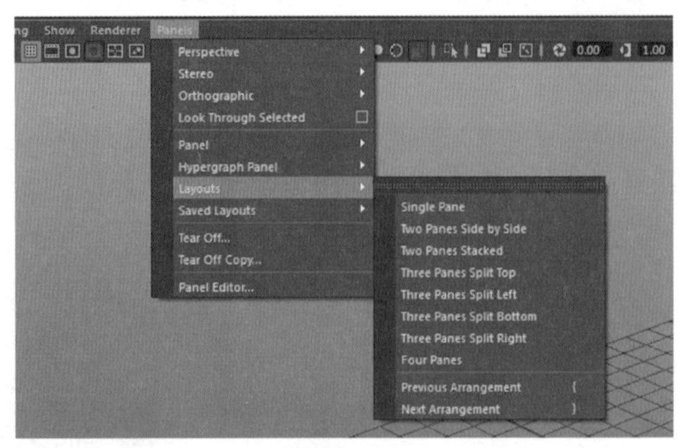

图 2-16

2.3.3 摄像机视图

在 Maya 中通常使用透视图和正交视图的摄像机来观看场景。透视摄像机可以通过在视图中翻转、跟踪和平移的方法来调整；正交视图没有透视，和透视图不同，在正交视图中不能控制本身的旋转，并且摄像机在推拉运动时场景没有透视变化。

1. 透视图

（1）设置透视图

我们可以通过摄像机来观察场景，摄像机的位置、方向和属性决定了通过摄像机所看到的视图，我们可以切换到透视图，也可以创建新的透视图。

（2）切换到透视图

执行 Panels（面板组）| Perspective（透视图）命令，并选择合适的摄像机视图。

（3）创建新的透视图

创建新的透视图，从几个不同的透视图查看对象是非常有用的。

执行 Panels（面板组）| Perspective（透视图）| New（新视图）命令，新建一个摄像机，如图 2-17 所示。

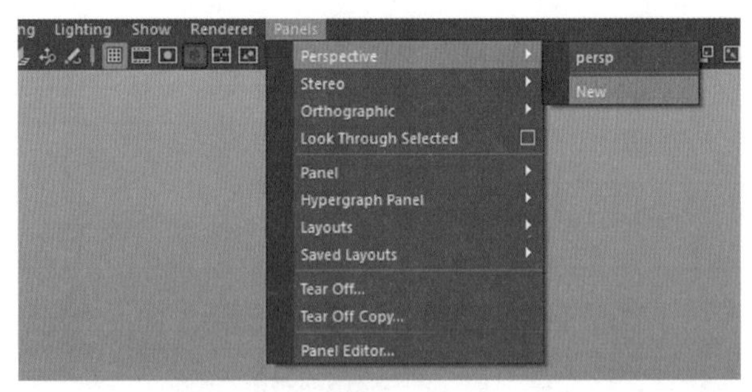

图 2-17

2. 正交视图

（1）设置正交视图

3 个正交摄像机分别从 Top（顶）视角、Front（前）视角和 Side（侧）视角来显示三维工作空间，这些视图没有景深变化。

（2）切换到正交视图

执行 Panels（面板组）| Orthographic（正交视图）命令，选择 Top、Front 或 Side 来激活正交视图。

（3）创建新的正交视图

执行 Panels（面板组）| Orthographic（正交视图）| New（新视图）命令，并选择一个新的视图，Maya 将新创建的正交视图作为当前视图，如图 2-18 所示。

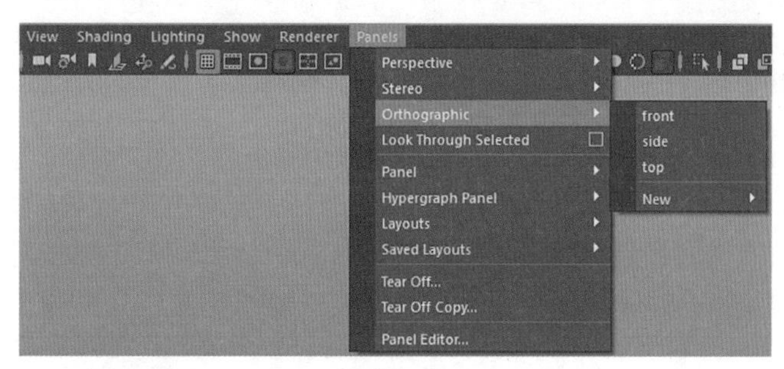

图 2-18

2.3.4 光照和纹理显示

1. 操作方法

✱ Lighting（照明）| Use Default（使用默认光）：使用默认灯光将视图中的对象照亮。

✱ Lighting（照明）| Use All Light（使用全部灯光）：使用场景内的所有灯光照亮曲面。

✱ Lighting（照明）| Use Selected Lights（使用选择灯光）：在视图和 Render View（渲染视图）窗口中使用已选择的灯光照亮曲面。

✱ Lighting（照明）| Two Sided Lighting（双面照明）：打开该项，照明对象的两面，即对对象内表面也进行照明处理，当摄像机放置在对象内部时也可以看到照明效果，默认是开启的。

2. 常用显示快捷键

✱ 快捷键 1 为低质量显示模式，如图 2-19 所示。

✱ 快捷键 2 为中质量显示模式，如图 2-20 所示。

✱ 快捷键 3 为高质量显示模式，如图 2-21 所示。

✱ 快捷键 4 为网格显示模式，如图 2-22 所示。

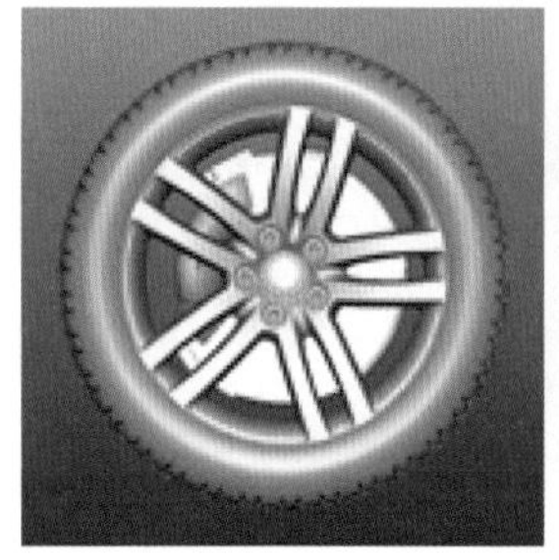

图 2-19

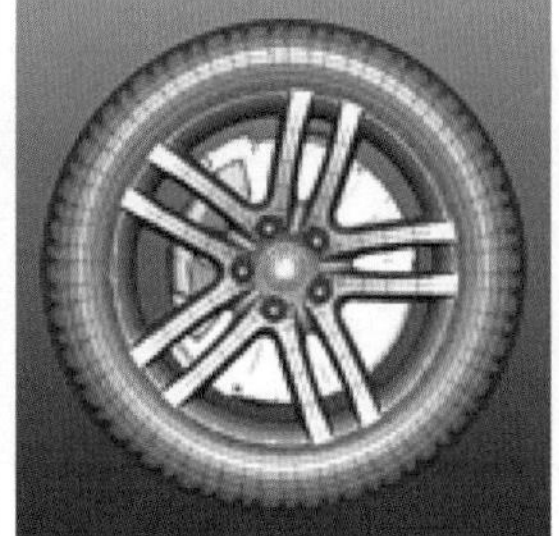

图 2-20

图 2-21

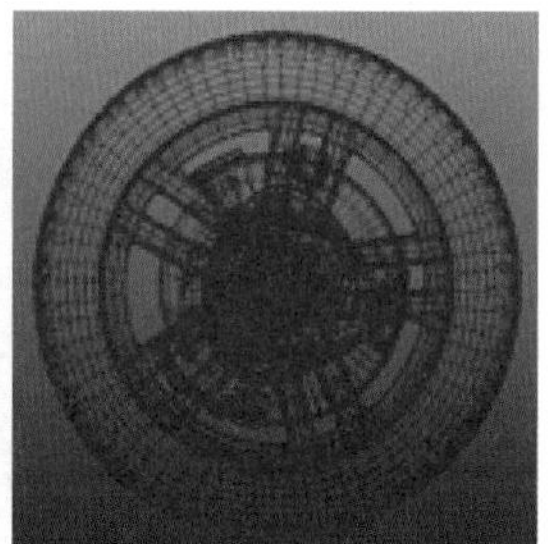

图 2-22

✱ 快捷键 5 为实体显示模式，如图 2-23 所示。

✱ 快捷键 6 为纹理显示模式，如图 2-24 所示。

✱ 快捷键 7 为灯光显示模式，如图 2-25 所示。

图 2-23

图 2-24

图 2-25

2.4 Maya 项目文件的创建和管理

项目(Project)是集合了所有制作时和Maya文件有关的场景文件，包括工程文件、纹理贴图、声音、渲染图、特效与动画缓存等，在制作的过程中场景所有涉及的路径和目录都为当前项目的子目录，保存场景文件或是其他文件时会自动保存到项目所在路径的子目录中，方便制作的同时也整合文件，项目窗口界面如图 2–26 所示。

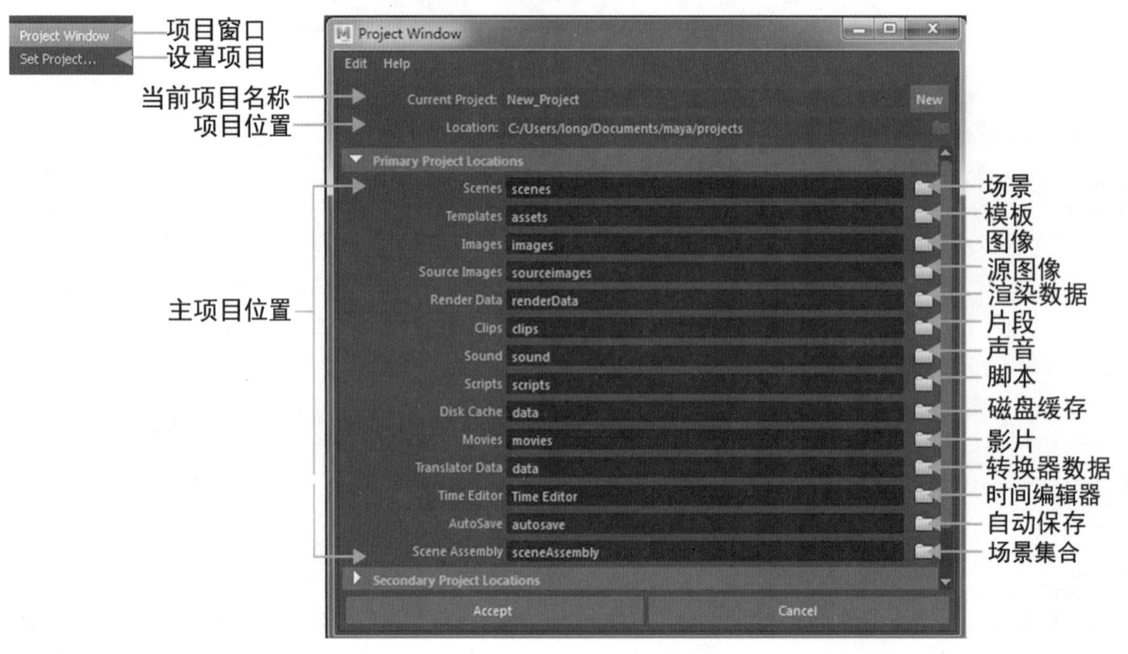

图 2–26

1. 创建新项目（Project）

STEP 1 执行 File（文件）| Project Window（项目窗口）命令，打开项目窗口，单击 New 按钮，在 Current Project（当前项目）文本框中输入项目名称。

STEP 2 单击 按钮，选择项目位置。

STEP 3 单击 Accept 按钮，项目文件创建完成。

2. 设置项目（Set Project）

STEP 1 执行 File（文件）| Set Project（设置项目）命令。

STEP 2 选择项目名称。

STEP 3 单击 Set 按钮，设置项目完成。

3. 保存场景（Save Scene），保存当前场景

STEP 1 选择 File（文件）| Save Scene（保存场景）命令。

STEP 2 在 File Name（文件名称）文本框中输入场景名称。

STEP 3 单击 Save As 按钮，场景保存完成。

第3章 Maya 2017

Maya 多边形建模技术

本章由浅入深地讲解了 Maya 多边形建模技术，并通过对自行车各个部位零件的建模组合，以及制作复杂的动物模型，使读者更为深入地理解更多工具的使用方法。

本章重点

- Polygons（多边形）的基础知识
- 应用案例——雪人建模
- 应用案例——自行车建模
- 软件功能与造型能力
- 非生物模型拆分与规律
- 生物模型布线与规律
- 应用案例——巨蜥建模
- 应用案例——古代小女孩建模

多边形是在 Maya 中创建计算机三维模型的一种几何形体，Maya 的三维建模方式包括多边形（Polygons）、NURBS 曲面和细分（Subdiv）曲面。多边形在计算机三维动画中运用广泛，是一种常用的构建模型的方式。

多边形是直边形状（3 个边或 3 个边以上），是由点和连接它们的边定义的。多边形的内部区域称为面。点、边和面是多边形的基本组件，使用这些基本组件可以选择和修改多边形。

使用多边形建模时，通常使用四边多边形（也称为四边面），少数部分会使用到三边多边形（也称为三边面）。Maya 还支持使用四边面以上的边创建多边形，但不常用于建模。

3.1 Polygons（多边形）的基础知识

3.1.1 Polygons 的概念

Polygons 是由顶点和边定义的，可以说它是由一系列三边或多边的空间几何表面构成的，简单分为点、线、面 3 个子级别，多边形建模就是通过调整点、线、面，达到最终想要的模型效果。

多边形可以选择使用的元素有 Vertex（顶点）、Edge（边）、Face（面）、UV 坐标和顶点面，很少情况下同时选择多种元素，而是每次只对其中的一种进行操作。

在 Maya 中新建一个几何体，选中模型，单击鼠标右键会弹出快捷菜单，如图 3-1 所示。

在快捷菜单中分别选择 Edge（边）、Vertex（顶点）、Face（面），可以对模型进行调整，如图 3-2 所示。

- Edge（边）的快捷键为 F10。
- Vertex（顶点）的快捷键为 F9。
- Face（面）的快捷键为 F11。
- Object Mode（物体模式）的快捷键为 F8。

图 3-1

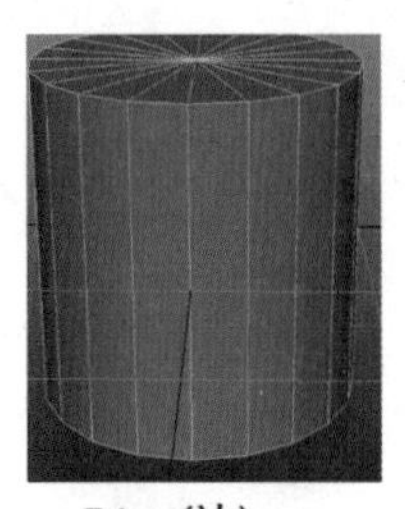

Edge（边）

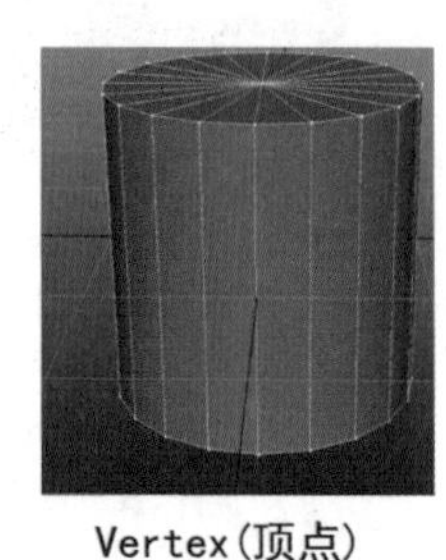

Vertex（顶点）

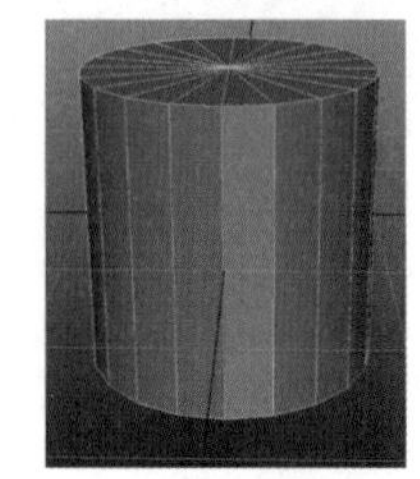

Face（面）

图 3-2

3.1.2 Polygons 的常用命令

1. Create Polygon Tool（创建多边形工具）

执行 Mesh Tools（网格工具）| Create Polygon （创建多边形）命令，绘制一个平面多边形，如图 3-3 所示。

2. Extrude（挤压）

Extrude（挤压）可以将面或边挤出厚度。

选择多边形面，执行 Edit Mesh（编辑网格）| Extrude（挤压）命令，对面进行挤出，使其有厚度，如图 3-4 所示。

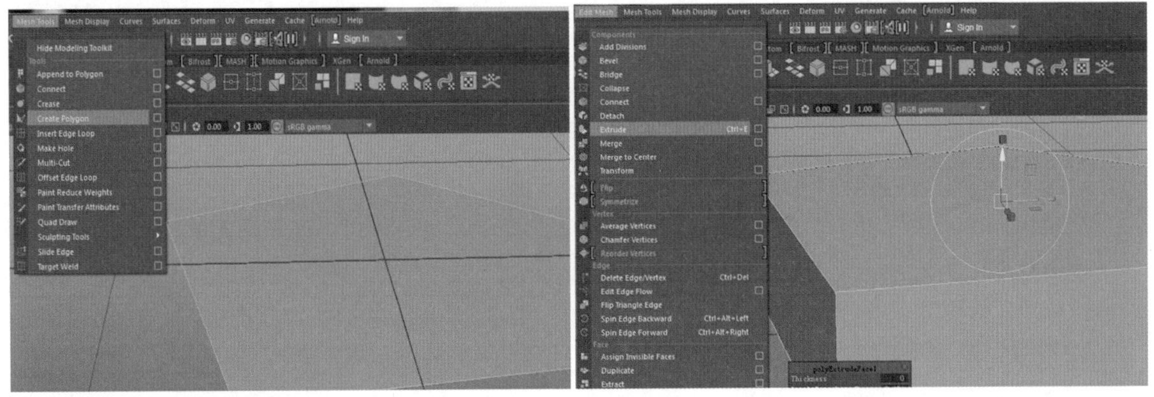

图 3-3　　图 3-4

3. Bevel（倒角）

Bevel（倒角）可以平滑粗糙的拐角和边界，它就是用孤独面取代两个相邻之间的共享边。

选中模型，单击鼠标右键，在弹出的菜单中选择 Edge（边）命令，然后选择需要倒角的边，执行 Edit Mesh（编辑网格）| Bevel （倒角）命令，如图 3-5 所示。选中模型，在属性编辑器中可以设置倒角参数。

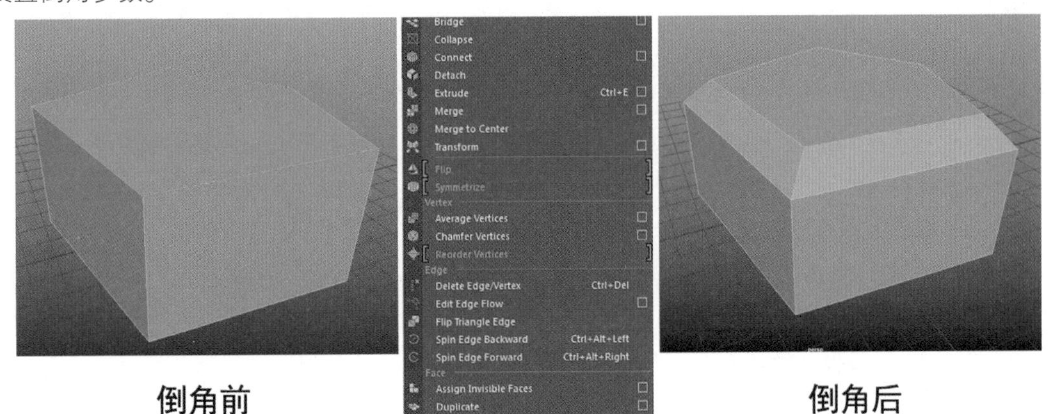

图 3-5

4. Booleans（布尔运算）

Booleans（布尔运算）根据表面间的相互关系来决定操作对象保留哪一部分，Booleans（布尔运算）共有 3 种运算方式：Union（并集）、Difference（差集）和 Intersection（交集），如图 3-6 所示。

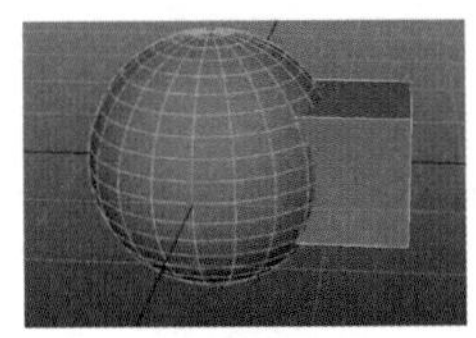

初始状态

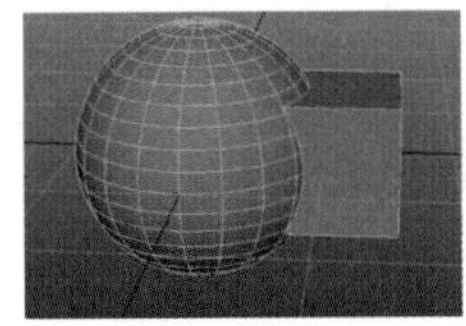

Union（并集）

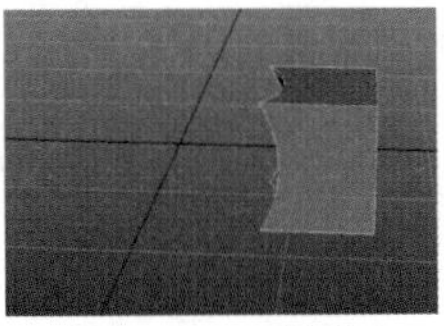

Difference（差集）

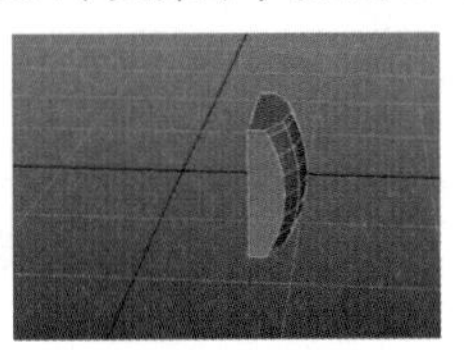

Intersection（交集）

图 3-6

* Union（并集）：用于计算出两个结合体合在一起的状态。
* Difference（差集）：从第 1 个对象中减去第 2 个对象，计算结果与选择顺序有关。
* Intersection（交集）：只保留两个对象共有的部分。

5. Multi-Cut（多切割）

使用 Multi-Cut（多切割）可以在模型上自由地添加新的点、线和面，也是建模布线中常用的工具。

选中模型，执行 Mesh Tools（网格工具）| Multi-Cut（多切割）命令，在模型上自由地添加点或线，按回车键添加成功，如图 3-7 所示。可以单击 Multi-Cut（多切割）后边的小方框设置捕捉磁体数和磁体容差参数。

6. Insert Edge Loop（插入循环边）

使用 Insert Edge Loop（插入循环边）可以在多边形上插入一条新的环状线。

选中模型，执行 Mesh Tools（网格工具）| Insert Edge Loop（插入循环边）命令，在模型上添加循环边，如图 3-8 所示。

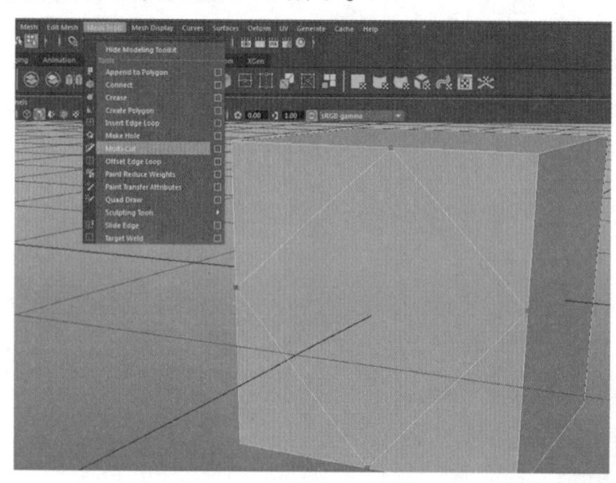

图 3-7

图 3-8

7. Merge（合并）

Merge（合并）命令可以将两个以上的点合为一个点。

框选模型的两个点，执行 Edit Mesh（编辑网格）| Merge（合并）命令，两个点合并成一个点，如图 3-9 所示。

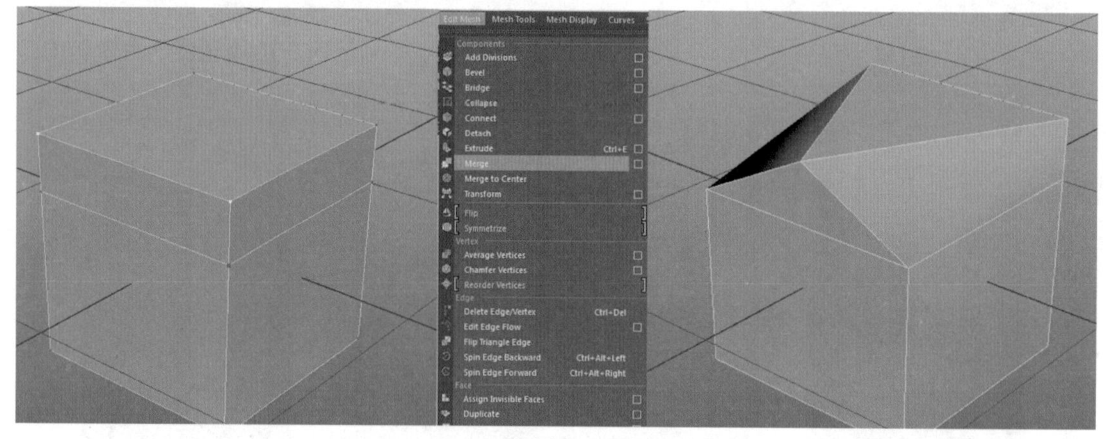

图 3-9

8. Combine（结合）

Combine（结合）命令可以使多个独立的 Polygons 模型结合为一个独立的 Polygons 模型。

选择两个模型，执行 Mesh（网格）| Combine（结合）命令，两个模型结合为一个独立的模型，如图 3-10 所示。

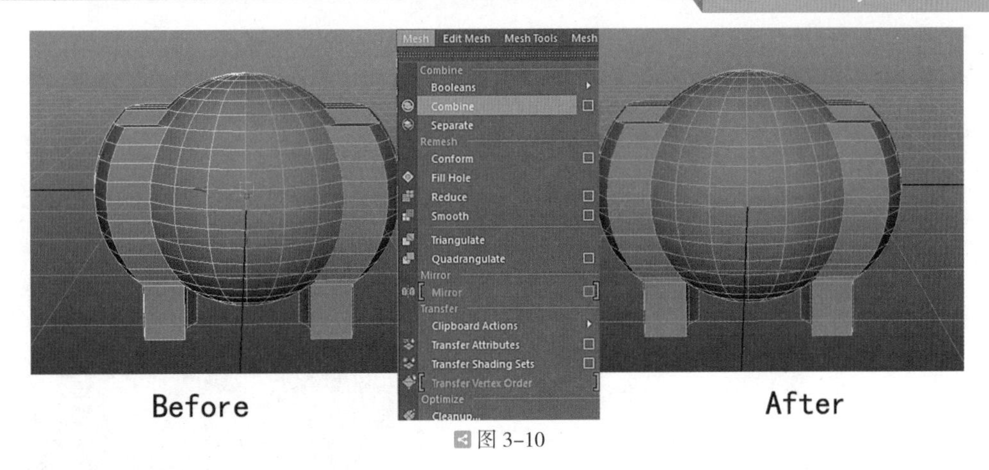

图 3-10

9. Fill Hole（填充洞）

Fill Hole（填充洞）命令可以填充 Polygons 模型出现的缺口。

选择需要填充面四周的线，执行 Mesh（网格）| Fill Hole（填充洞）命令，模型的缺口就会被填充，如图 3-11 所示。

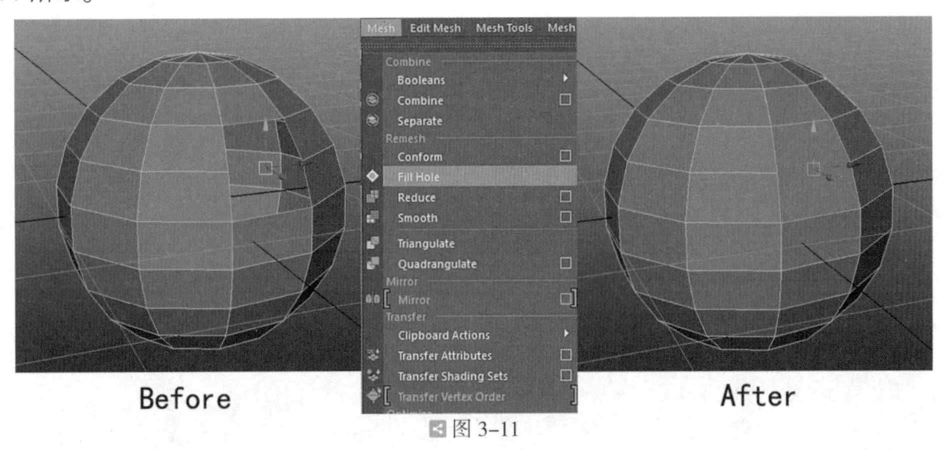

图 3-11

10. Smooth（光滑）

Smooth（光滑）命令可以增加低精度模型面的倍数，从而达到使模型光滑的目的。

选中模型，执行 Mesh（网格）| Smooth（光滑）命令，增加了模型的面数，使模型更加光滑，如图 3-12 所示。可以单击 Smooth（光滑）后边的小方框设置其参数，达到想要的效果。

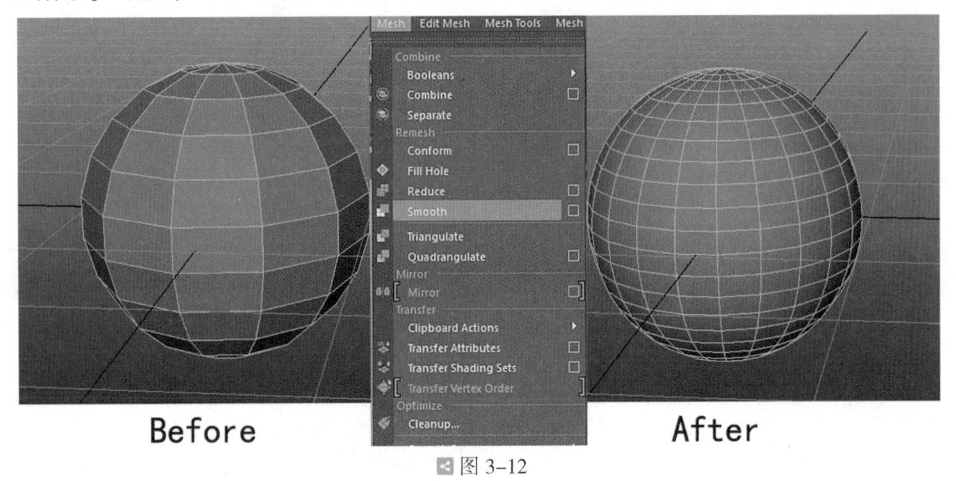

图 3-12

3.2 应用案例——雪人建模

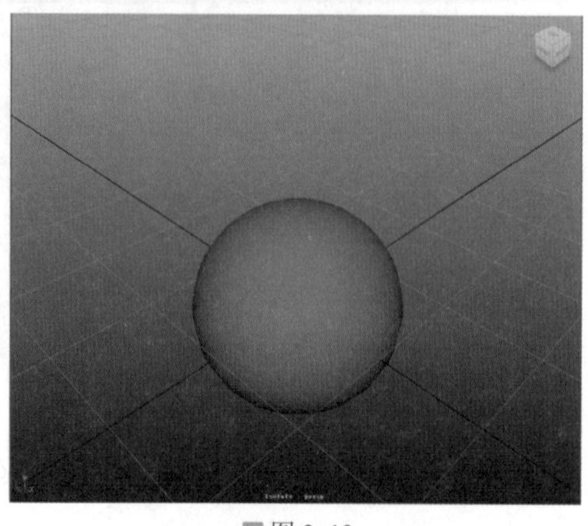
图 3-13

STEP 1 执行 File（文件）| New Scene（新建场景）命令，新建一个场景。

STEP 2 单击按钮，创建多边形球体，按 5 键实体显示，如图 3-13 所示。

STEP 3 选择球体，按 Ctrl+D 键复制一个多边形球体，使用快捷键 W 将其移动到多边形球体上方，使用快捷键 R 将复制的多边形球体的 3 个轴向同时缩小到雪人头部大小，略比作为身体部分的多边形球体小一些，如图 3-14 所示。

STEP 4 按 Ctrl+D 键继续复制多边形球体，使用快捷键 W 将复制的多边形球体移动到雪人头部的前方，然后继续将复制的多边形球体缩小（快捷键 R）到雪人眼睛的大小，移动到雪人左眼位置。使用相同的方法制作雪人的右眼，如图 3-15 所示。

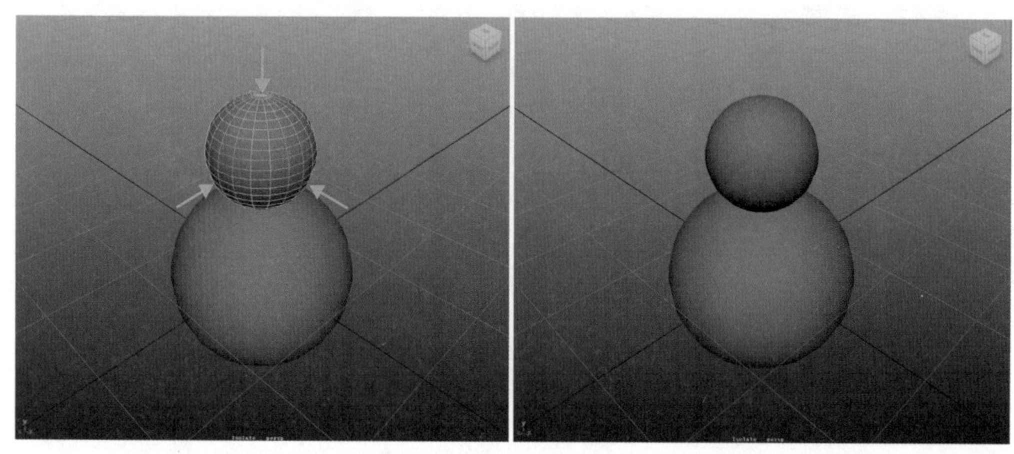
图 3-14

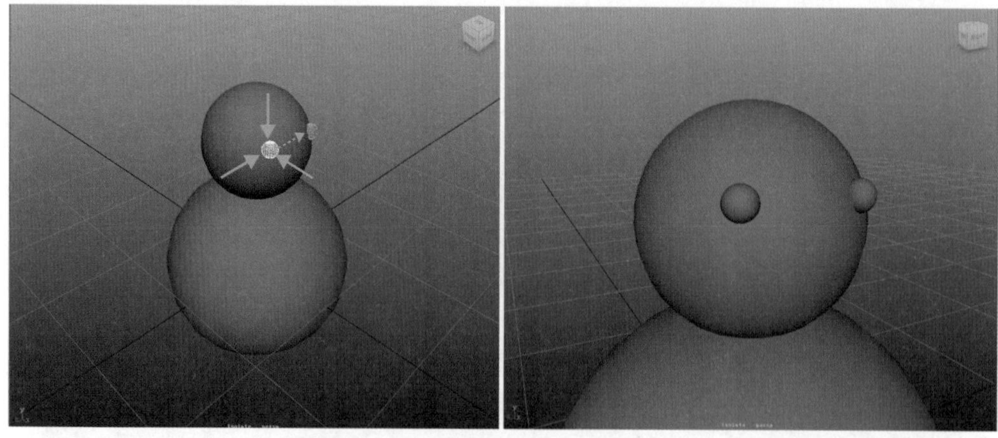
图 3-15

STEP 5 单击按钮，创建一个多边形圆锥体，移动位置、旋转角度并调整大小到合适状态，作为雪人的鼻子，如图 3-16 所示。

STEP 6 单击按钮，创建一个多边形圆柱体，移动位置并调整大小到合适状态，作为雪人的帽子，使用快捷键 E 向右旋转多边形圆柱体 X 轴 20°，再复制出一个多边形圆柱体，整体放大一些然后再缩小 Y 轴，将其压扁作为帽子的帽檐部分，如图 3-17 所示。

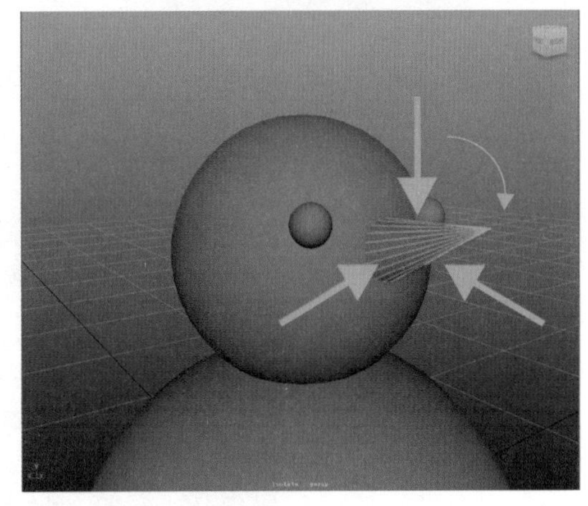
图 3-16

STEP 7 单击按钮，创建一个多边形球体，缩小且压缩 Y 轴成圆盘状作为雪人的扣子部分，移动到雪人身体前方并旋转到合适角度紧贴身体，再复制两个依次移动旋转至合适位置，如图 3-18 所示。

STEP 8 单击按钮，创建一个多边形圆柱体，设置 Scale X、Scale Y、Scale Z 轴参数为 0.05、0.50、0.05，移动旋转到左手臂位置调整到合适状态，按 Ctrl+D 键复制一个，移动并旋转到右边作为右手臂，制作完成，如图 3-19 所示。

STEP 9 执行 File（文件）| Save Scene（保存场景）命令，在 File Name 文本框中输入 Snow_Boy，单击 Save As 按钮保存场景。

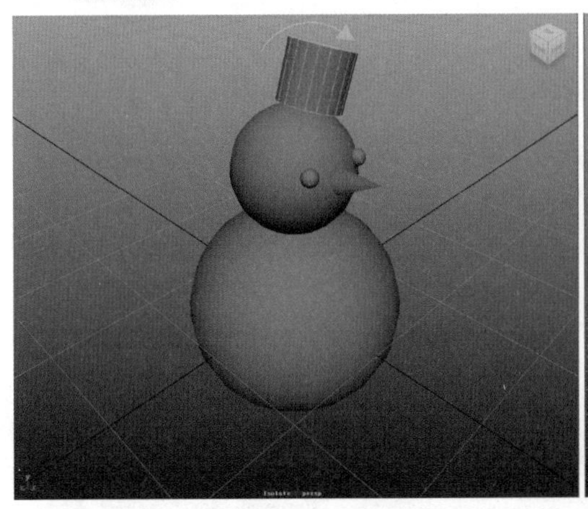

图 3-17

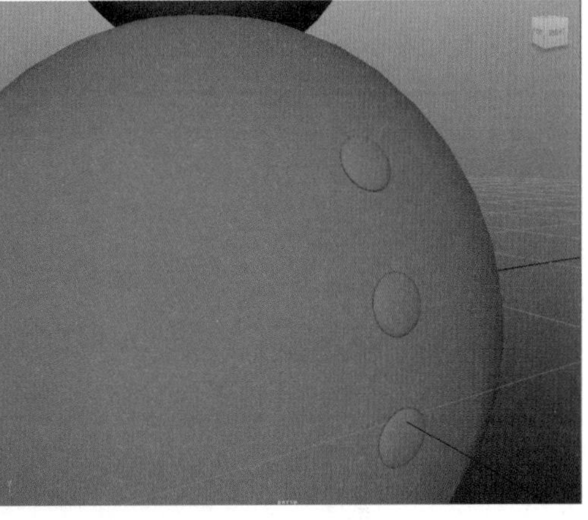
图 3-18

图 3-19

3.3 应用案例——自行车建模 

3.3.1 创建参考图

STEP 1 执行 File（文件）| New Scene（新建场景）命令，新建一个场景，也可以按 Ctrl+N 键，单击 Don't Save（不保存）按钮，不保存当前场景。

STEP 2 按空格键切换到侧视图，在侧视图面板菜单中执行 View（视图）| Image Plane（图像板）| Import Image（导入图像）命令，在弹出的对话框中选取自行车参考图，单击 Open（打开）按钮导入图片，如图 3-20 所示。

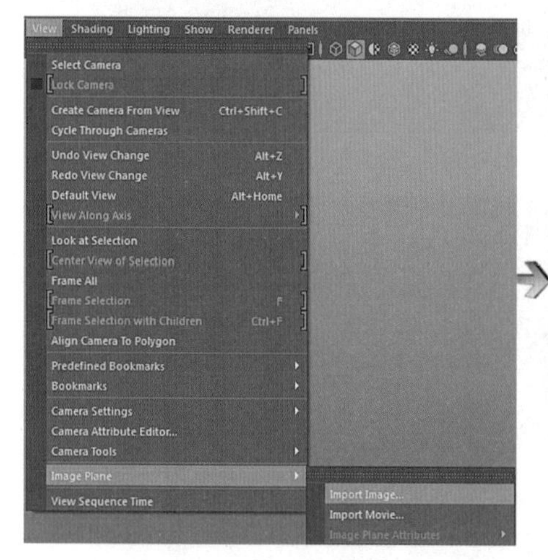

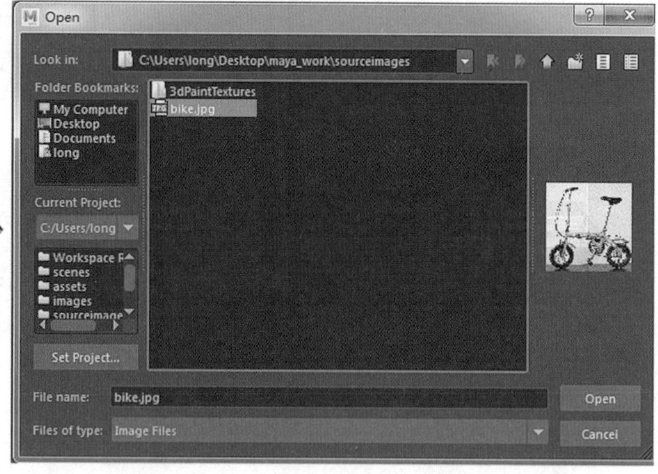

图 3-20

STEP 3 按 Ctrl+A 键打开图像属性编辑器，更改 imagePlaneShape1（图像平面形状）| Placement Extras（放置附加选项）选项区中的参数，设置 Image Center（图像中心）为 -10、15、0，Width（宽度）为 30，Height（高度）为 30，如图 3-21 所示。

STEP 4 执行 File（文件）| Save Scene（保存场景）命令，保存场景文件名为 Bicycle。

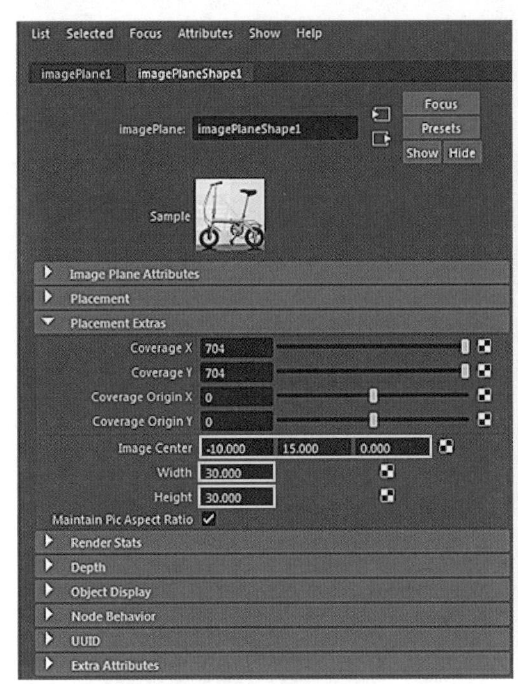

图 3-21

3.3.2 制作前车架

STEP 1 单击按钮创建立方体，按 5 键实体显示，移动位置（快捷键 W）与缩放大小（快捷键 R）到与参考图相符，单击鼠标右键，在弹出的菜单中选择 Face（面）命令，选取两端的面并删除，如图 3-22 所示。

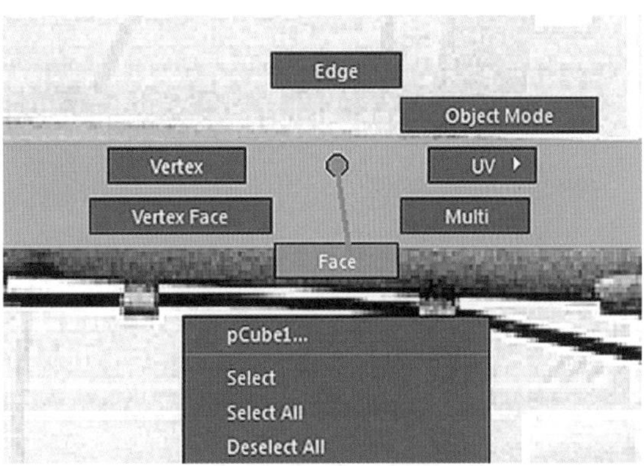

图 3-22

STEP 2 选中模型，执行 Edit Mesh（编辑网格）| Bevel（倒角）命令，更改通道栏内的倒角参数，设置 Offset（偏移）为 0.3，使新增面缩小，如图 3-23 所示。按 3 键平滑网格预览，如图 3-24 所示。

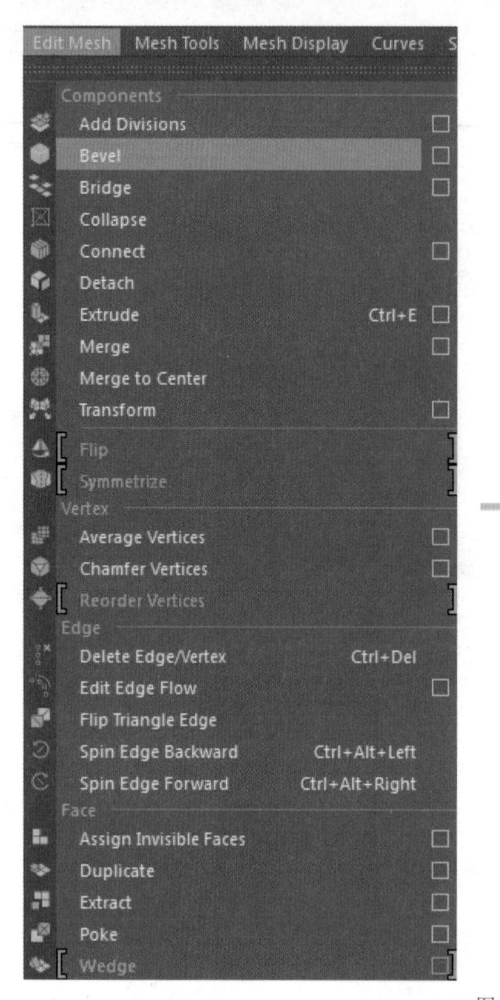

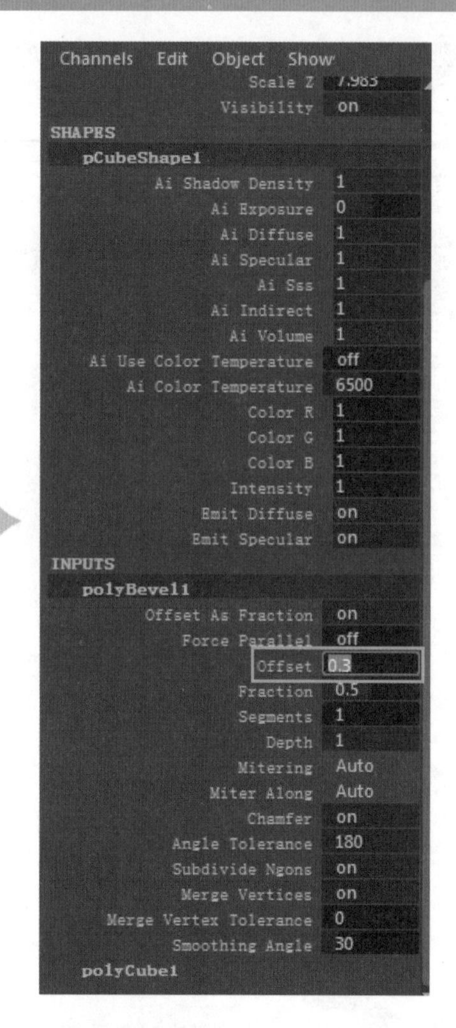

图 3-23

图 3-24

提 示

倒角（Bevel）可以对多边形网格的边或面进行切角圆滑，通过将每个顶点和每条边扩展到一个或多个新的面来进行圆滑，这些面会偏移原始边的位置并改变命令选项沿着指向原始面中心的方向缩放这些面。

常用参数有：①Offset（偏移）用于缩放扩展后新的面的大小与距离。②Segments（分段）用于增加倒角边圆滑段数。

3.3.3 制作车架

STEP 1 单击按钮创建立方体，移动位置（快捷键 W）与缩放大小（快捷键 R）到合适位置，执行 Mesh Tools（网格工具）| Insert Edge Loop（插入循环边）命令，在需要挤出的部分插入新的两个循环边，单击鼠标右键，在弹出的菜单中选择 Face（面）命令，如图 3-25 所示。选取所需挤出的面，单击按钮依次按照参考图挤出这两个面，调整位置与大小，如图 3-26 所示。

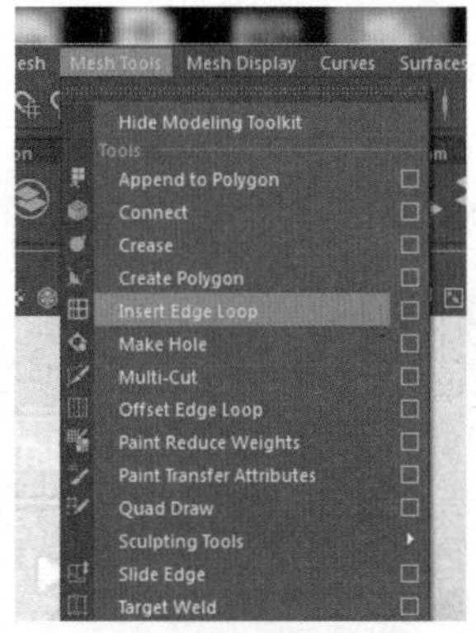

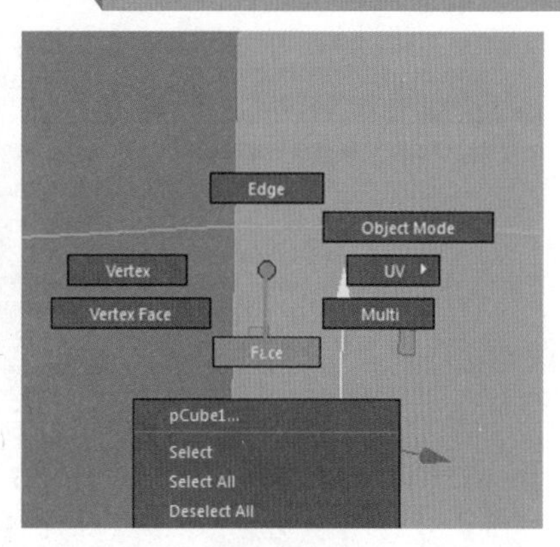

图 3-25

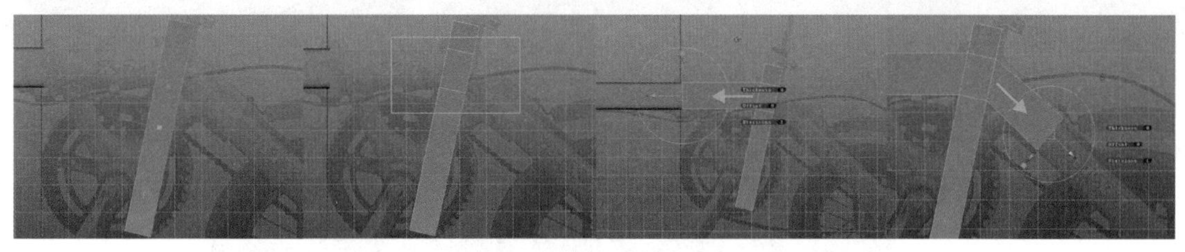

图 3-26

提 示

衔接部分原理一样，但是可以分为两种方法制作，如图 3-27 所示。

图 3-27

STEP 2 方法一：在挤出的部分插入新的循环边，选择面，依照参考图向下挤出，使用插入循环边工具在模型右边部分增加新的循环边，选择新增面向左挤出，如图 3-28 所示。

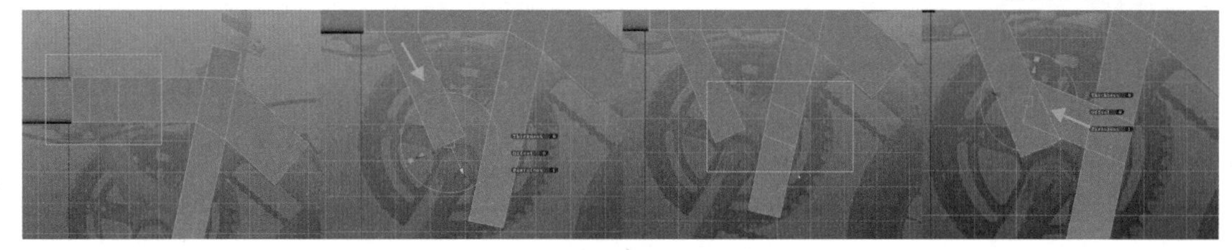

图 3-28

STEP 3 在模型左边部分插入循环边，使边的数量相对应，将模型右边部分挤出的面调整至边与边重合，重合后的两个面为多余的，将其删除，并框选相邻两个点，执行命令将其余 3 对相邻的点合并，如图 3-29 所示。

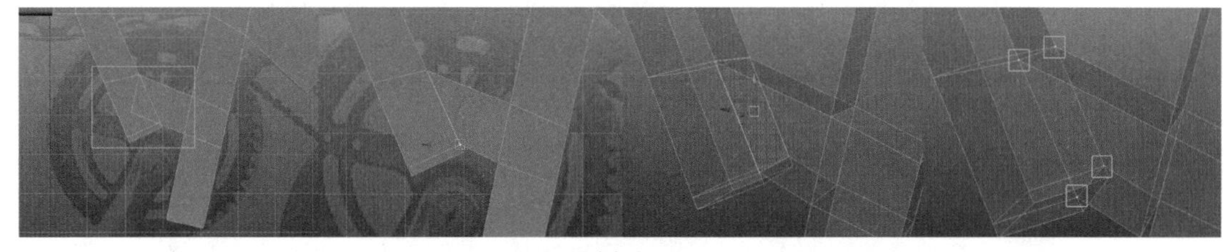

图 3-29

STEP 4 方法二：执行 Mesh Tools（网格工具）| Insert Edge Loop（插入循环边）命令，在选定位置插入 3 条新循环边，将多余的面删除。按 Shift 键加选需要桥接面的循环边，单击 Edit Mesh（编

辑网格）| Bridge（桥接）命令右侧的□按钮，将 Divisions（分段）改为 0（默认为 5），单击 Apply（应用）按钮执行桥接命令，如图 3-30 所示。

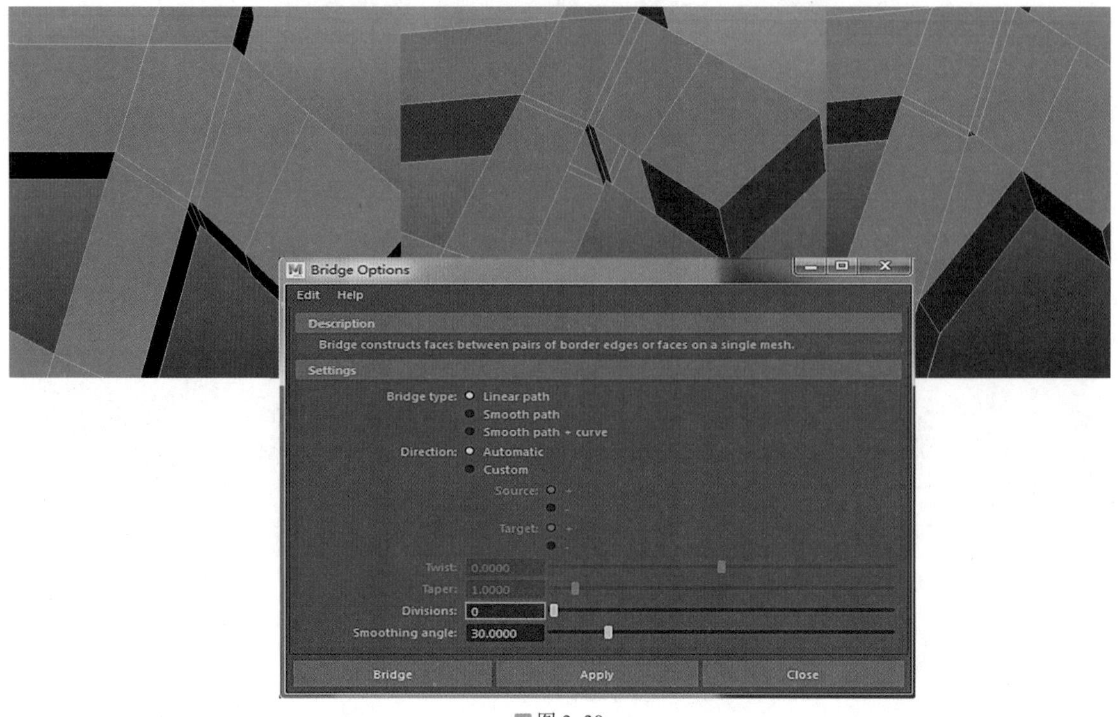

图 3-30

提 示

桥接（Bridge）是在各对边与边之间构建面，生成桥接面并合并到原始网格中。边与边之间桥接必须确保选定的边位于同一多边形网格中；每个选中的边与边的数量是相同的（包含非边界边）；与选定边关联的各个面上的法线方向是一致的。

注 意

① 边界边的桥接

按住 Shift 键加选所需要桥接的边界边，执行 Edit Mesh（编辑网格）| Bridge（桥接）命令进行桥接，如图 3-31 所示。

② 非边界边的桥接

选定需要桥接的非边界边，执行桥接命令，更改通道栏内的命令参数，如图 3-32 所示。

Linear path（线性路径）改为 Smooth path（平滑路径）；增加 Divisions（分段）的段数，使桥接出的新增面更加圆滑，如图 3-33 所示。

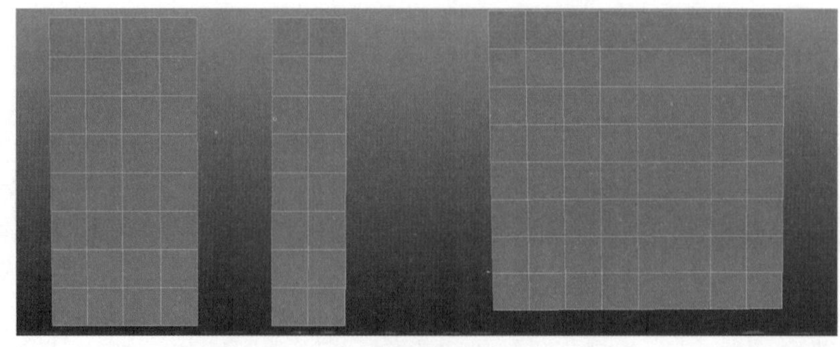
图 3-31

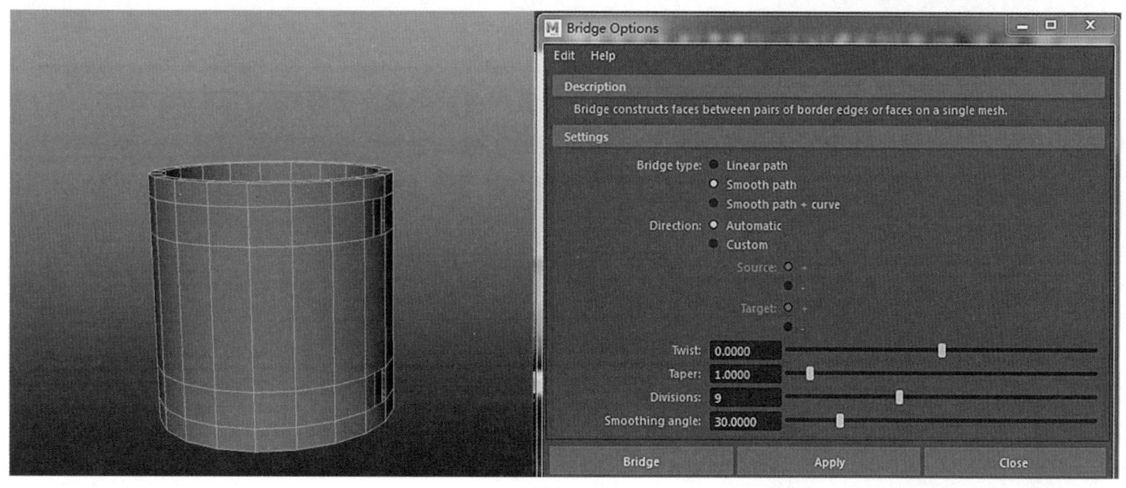

图 3-32

STEP 5 模型完成后按 3 键平滑网格预览，模型过于平滑变形，需要在模型转折处插入循环边以约束模型转折的硬度，在所有转折的地方插入新的循环边。再次平滑网格预览，模型转折处已被修正而不过于平滑，如图 3-34 所示。

图 3-33

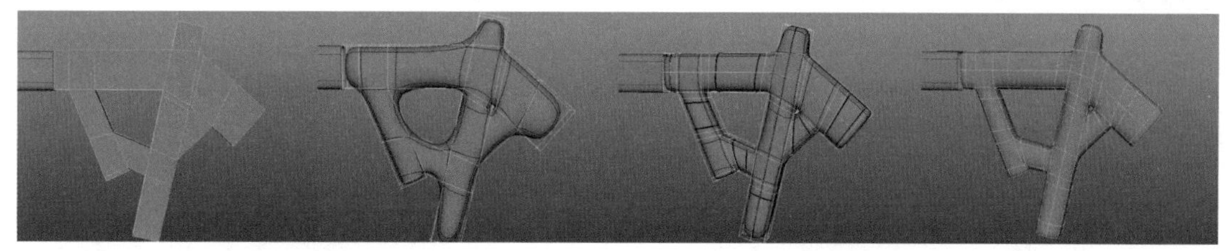

图 3-34

3.3.4 制作轴轮

STEP 1 单击按钮创建多边形圆柱体，缩放大小并移动到合适位置，将圆柱体属性 Subdivisions Axis（轴向细分数）设为 25（默认为 20），选定多余的面将其删除，只保留五分之一的面，如图 3-35 所示。

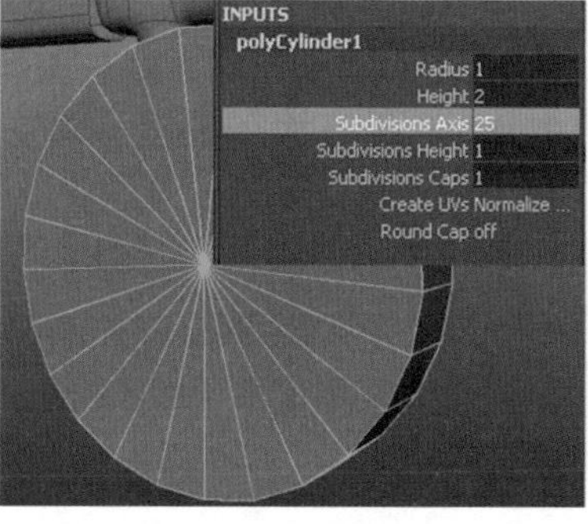

图 3-35

STEP 2 执行 Mesh Tools（网格工具）| Multi-Cut（多切割）命令，可以在工具栏中单击按钮，分割出如图 3-36 所示的面，将分割出的面删除。

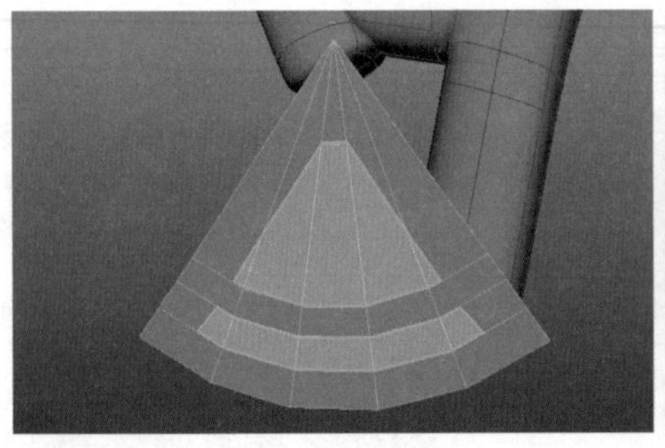
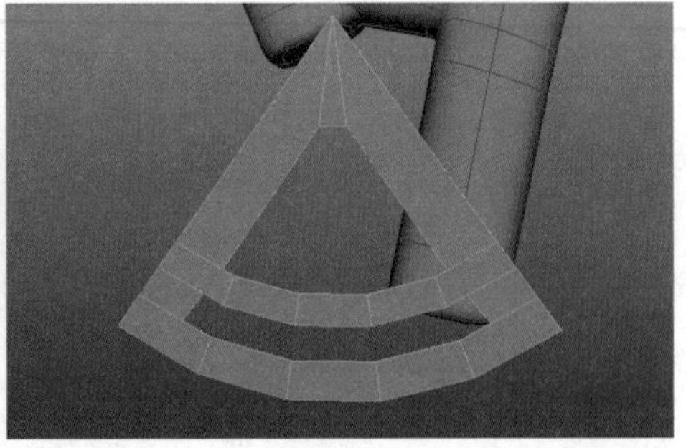

图 3-36

提 示

✶ Multi-Cut（多切割）：通过跨面绘制一条线以指定分割位置来分割网格中的一个或多个多边形面。

✶ Snap Step %（捕捉步长 %）：指定在定义切割点时使用的捕捉增量，默认值为 25%。

✶ Cut/Insert Edge Loop Tool（切割 / 插入循环边工具）：包括 Smoothing Angle（平滑角度）、Edge Flow（边流）和 Subdivisions（细分数）。

✶ Smoothing Angle（平滑角度）：指定完成操作后是否自动软化或硬化插入的边。如果将 Smoothing Angle（平滑角度）设置为 180（默认值），则插入的边将显示为软边；如果将 Smoothing Angle（平滑角度）设置为 0，则插入的边将显示为硬边，如图 3-37 所示。

✶ Edge Flow（边流）：启用后，新边遵循周围网格的曲面曲率。

✶ Subdivisions（细分数）：指定沿已创建的每条新边出现的细分数目。顶点将沿边放置，以创建细分，在预览模式中，这些顶点是黑色的，从而帮助你区分切割点和细分，如图 3-38 所示。

图 3-37

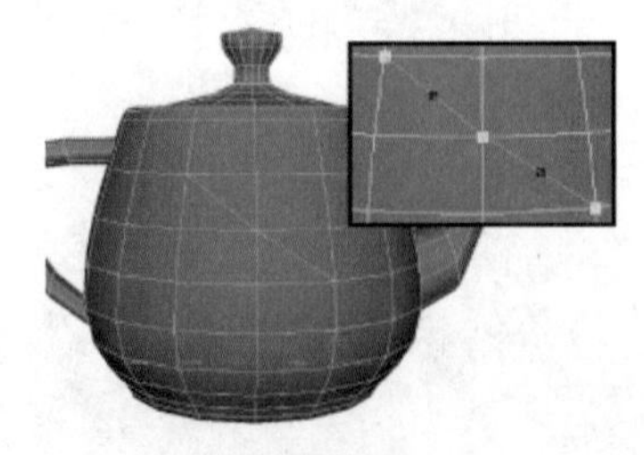

图 3-38

STEP 3 执行 Mesh Tools（网格工具）| Multi-Cut（多切割）命令，添加新的边，删除被分割的面，如图 3-39 所示。

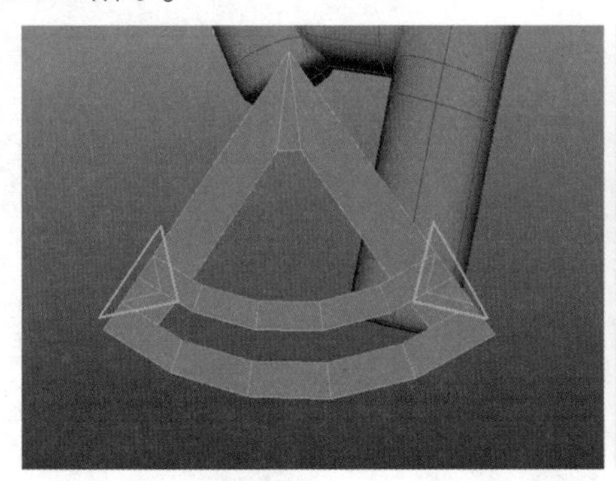
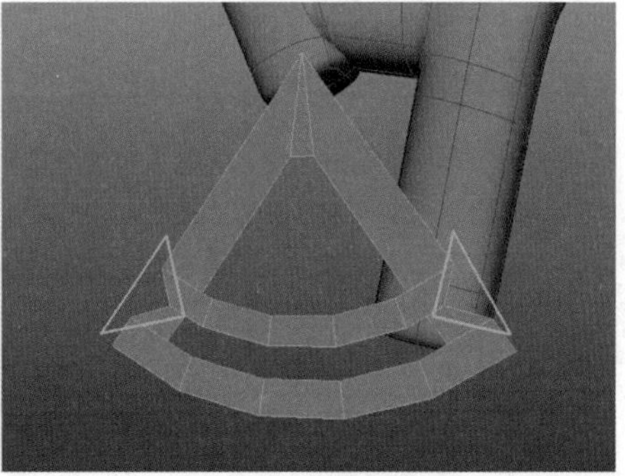

图 3-39

STEP 4 使用多分割工具分割出新的边，如图 3-40 所示。

STEP 5 选择模型，执行 Edit（编辑）| Delete by Type（按类型删除）| History（历史）命令，删除历史。在选中模型的状态下，执行 Edit（编辑）| Duplicate（复制）命令（快捷键 Ctrl+D），复制新模型并旋转，更改新模型通道栏内的 Rotate Y 为 72，执行 Edit（编辑）| Duplicate with Transform（复制并变换）命令（快捷键 Shift+D），再连续按 Shift+D 键 3 次，则默认在 Y 轴上旋转递增 72°，如图 3-41 所示。

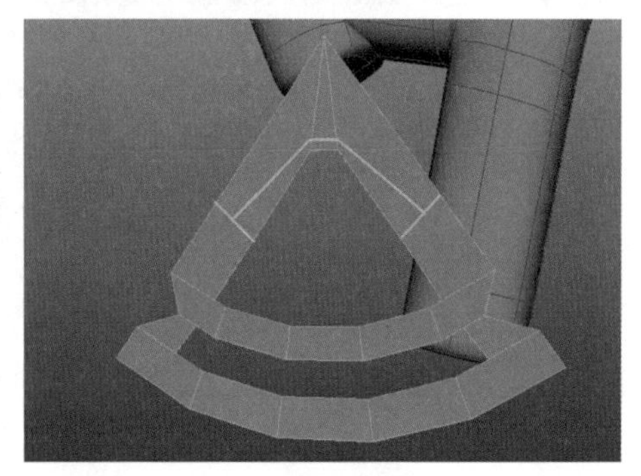

图 3-40

STEP 6 选定这 5 个模型，执行 Mesh（网格）| Combine（结合）命令，使其结合为 1 个模型，选中如图 3-42 所示的所有边缘点进行缝合。

图 3-41

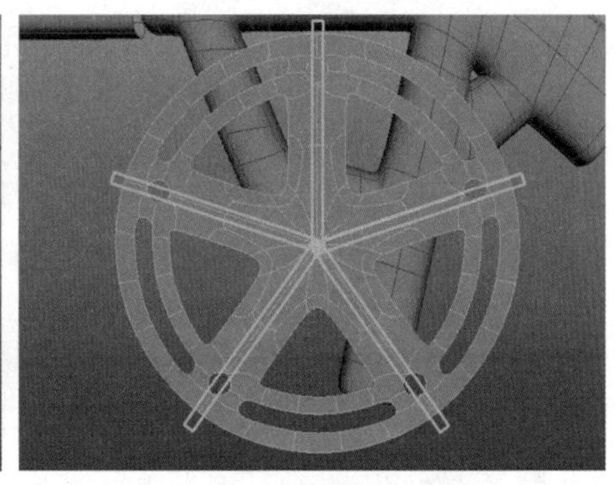

图 3-42

STEP 7 选中模型，单击按钮向外挤出厚度，如图 3-43 所示。

STEP 8 选择图 3-44 所示的面，单击按钮向外进行挤出，使其有一定的厚度作为凸起部分。

STEP 9 选择轴轮侧面的 1 个边，按住 Ctrl 键单击鼠标右键，在弹出的对话框中选择 Edge Ring Utilities（环形边工具），再次弹出对话框后选择 To Edge Ring（环形边）并释放鼠标，这样就由选定 1 个边到选定了整个环形边，如图 3-45 所示。执行 Edit Mesh（编辑网格）

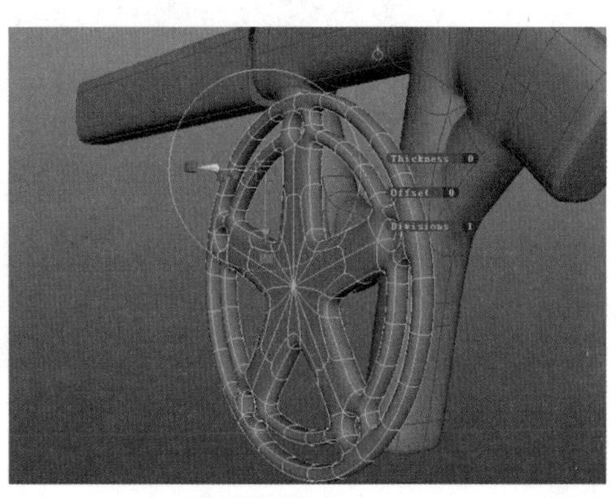

图 3-43

| Bevel（倒角）命令，更改通道栏内的 Offset（偏移）为 0.6（默认为 0.5），如图 3-46 所示。

图 3-44

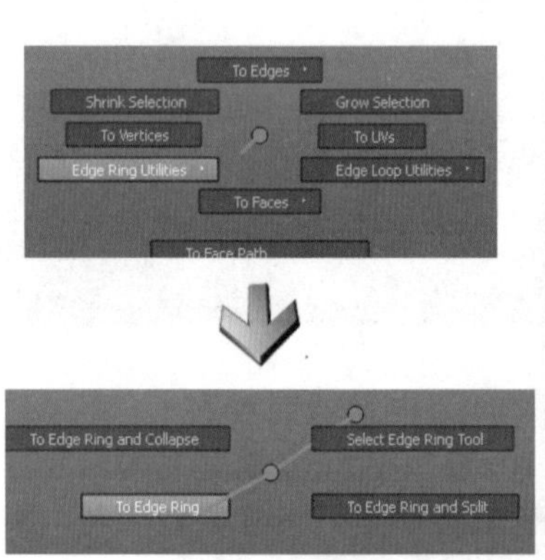

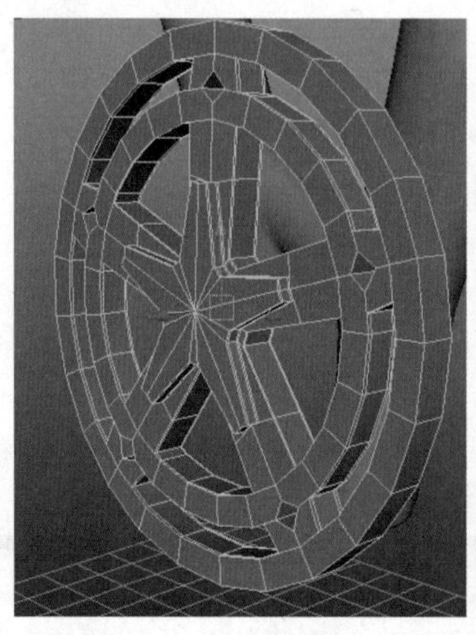

图 3-45

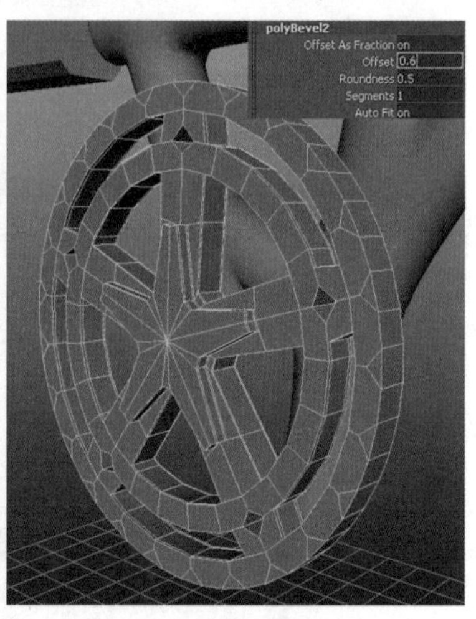

图 3-46

STEP10 执行 Windows（窗口）| Settings/Preferences（设置 / 首选项）| Preferences（首选项）| Modeling（建模）命令，将方框里的对号去掉。选择轴轮侧面的 1 个面，按住 Shift 键双击鼠标左键，选定相邻边面，则选定整个环形边面，单击按钮挤出，调整轴轮上齿的形状，如图 3-47 所示。

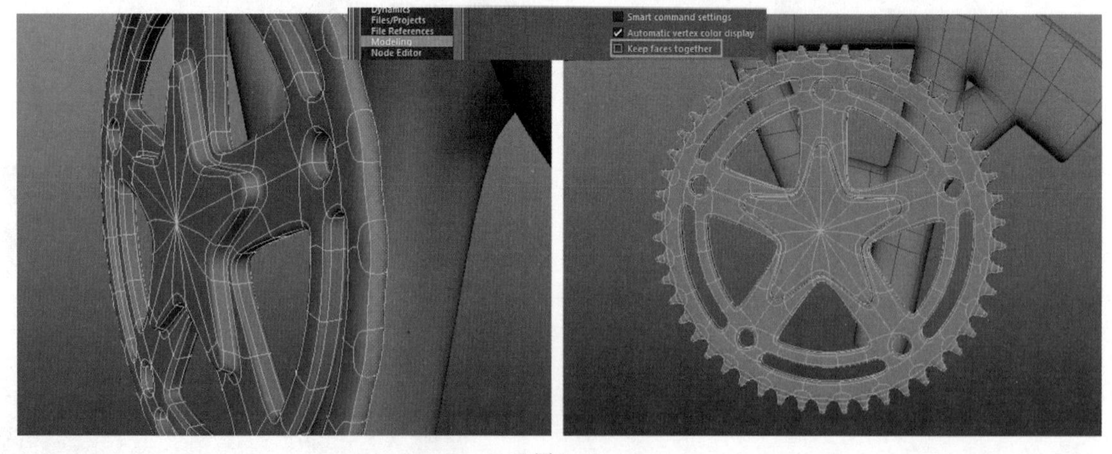

图 3-47

STEP11 结合已学方法，参照图片制作轴轮的保护盖，如图 3-48 所示。

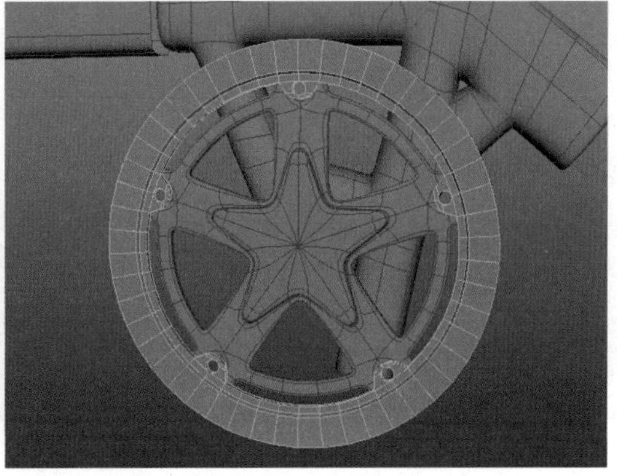

图 3-48

3.3.5 制作曲柄

STEP 1 单击按钮创建圆柱体，移动位置与缩放大小到与参考图相符，选择顶面与底面向外挤出两次，挤出面的大小逐渐缩小，如图 3-49 所示。

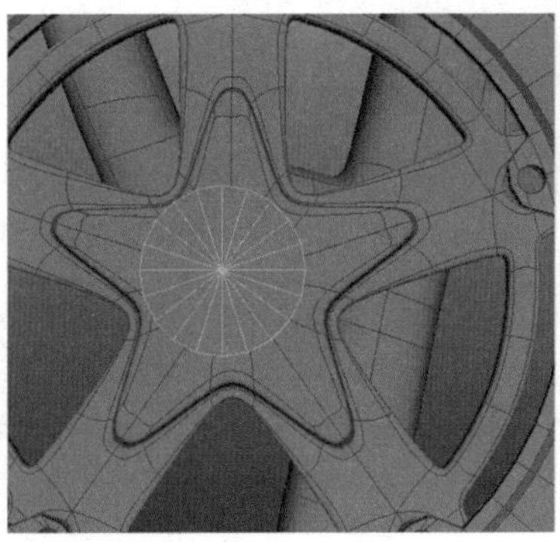
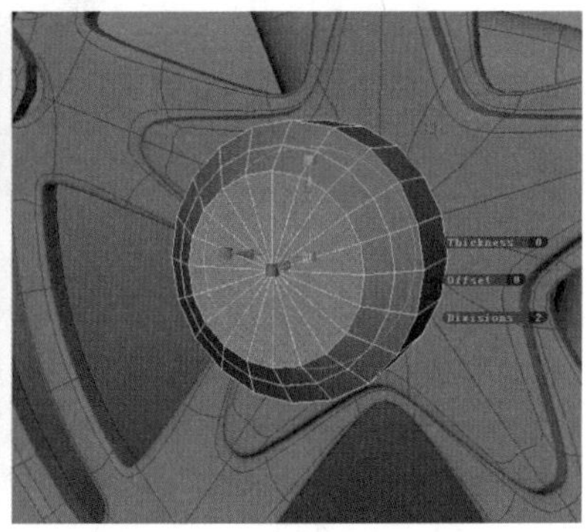

图 3-49

STEP 2 选择圆柱体下方一半的侧面，执行 Edit Mesh（编辑网格）| Extrude（挤出）命令，参照参考图向下挤出曲柄的长度，如图 3-50 所示。

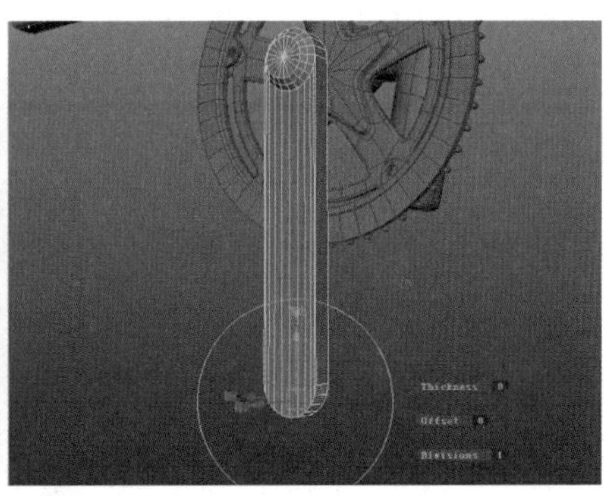

图 3-50

STEP 3 执行 Mesh Tools（网格工具）| Insert Edge Loop （插入循环边）命令，在挤出的面上插入 3 条新的循环边，切换到点模式，调整新循环边点的位置，循环边大小如图 3-51 所示。

STEP 4 单击鼠标右键，在弹出的菜单中选择 Face（面）命令，切换到面模式，选择如图 3-52 所示的面，向外移动一定的厚度，制作曲柄凸起的部分。再选中凸起部分的上半部分面，向内移动形成凹陷形状，如图 3-53 所示。

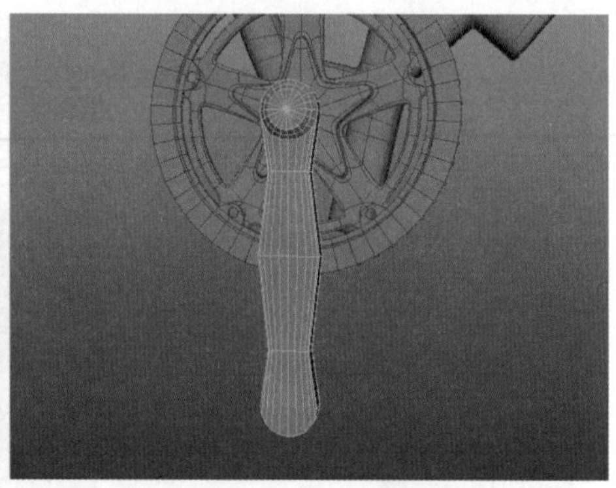

图 3-51

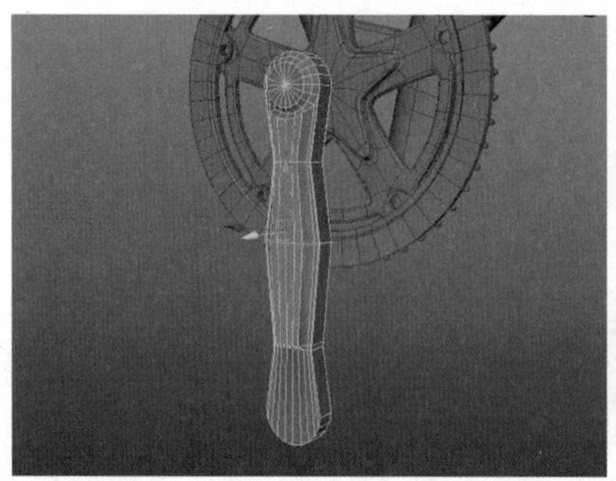

图 3-52

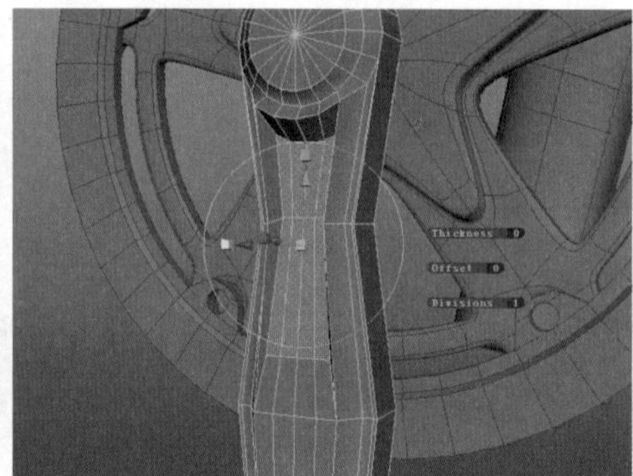

图 3-53

STEP 5 选择曲柄模型，按 3 键平滑网格预览，曲柄制作完成，如图 3-54 所示。

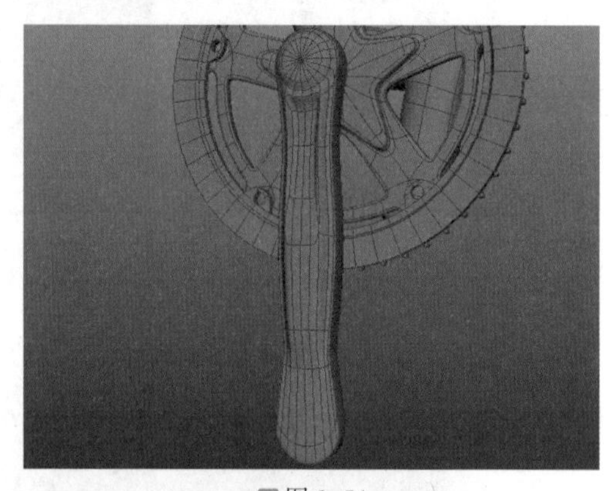

图 3-54

3.3.6 制作脚蹬

STEP 1 单击按钮创建多边形平面，在新模型通道栏内的 polyplane1 选项区中设置 Subdivision Width（细分宽度）与 Subdivision Height（细分高度）为 2（默认为 10），移动位置与缩放大小到合适状态，如图 3-55 所示。

图 3-55

STEP 2 取消 Keep Faces Together（保持面的连接）前面方框的对号，然后选择所有面，挤出向各个面本身缩小的面，删除挤出的面，如图 3-56 所示。

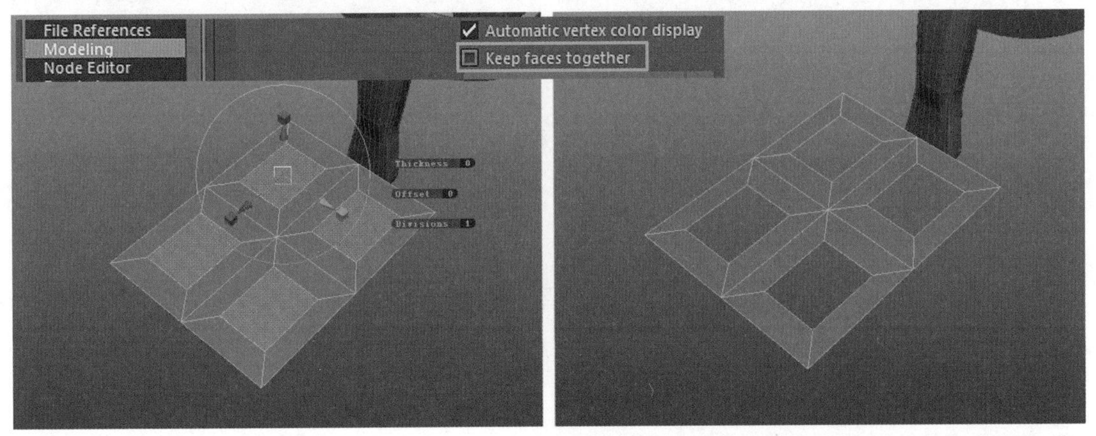

图 3-56

STEP 3 勾选 Keep Faces Together（保持面的连接），选择所有面，单击按钮，向下挤出一定的厚度，如图 3-57 所示。

STEP 4 选择脚蹬模型四角的顶边，执行 Edit Mesh（编辑网格）| Bevel（倒角）命令，将 Offset（偏移）更改为 1（默认为 0.5），如图 3-58 所示。

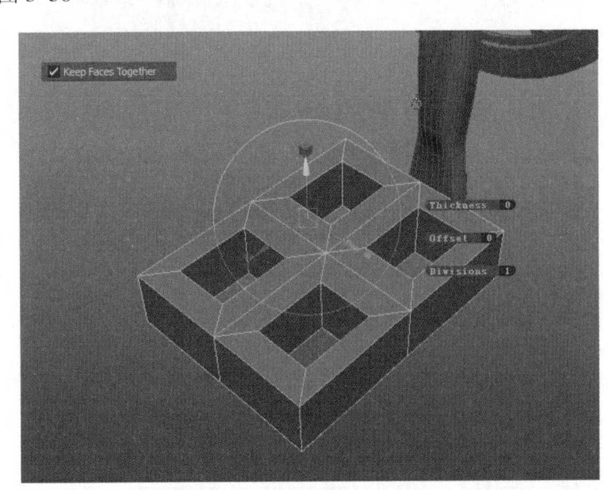

图 3-57

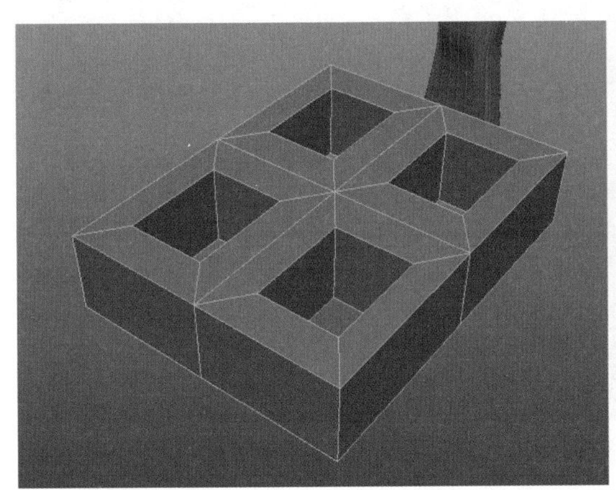

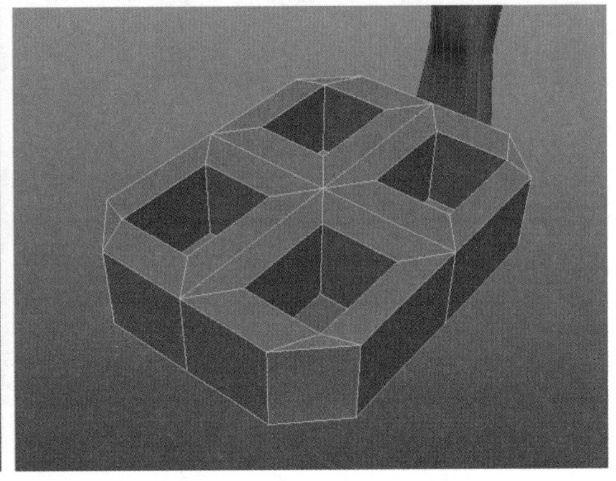

图 3-58

STEP 5 取消 Keep Faces Together（保持面的连接）前面方框里的对号，选中图中所示的面，单击按钮缩小挤出的面，再次单击按钮向模型内部挤出，形成凹槽状，如图 3-59 所示。

STEP 6 执行 Mesh Tools（网格工具）| Multi-Cut（多切割）命令，在模型上添加新的边，如图 3-60 所示。

STEP 7 选择图中所示的面，执行 Mesh（网格）| Smooth（平滑）命令，平滑这些面，设置 Divisions（分段）为 2（默认为 1），增加这些面的分段，如图 3-61 所示。

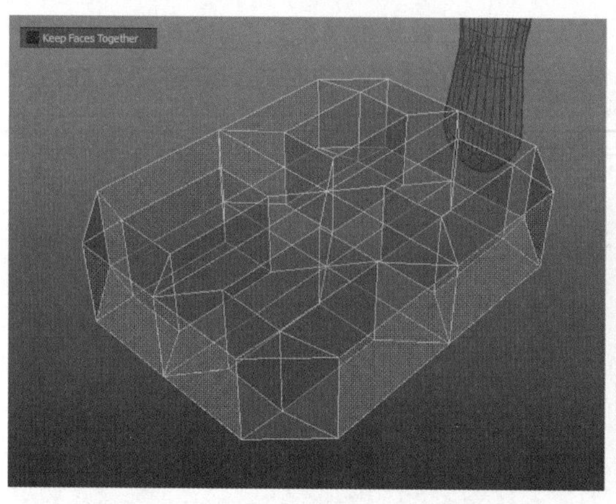

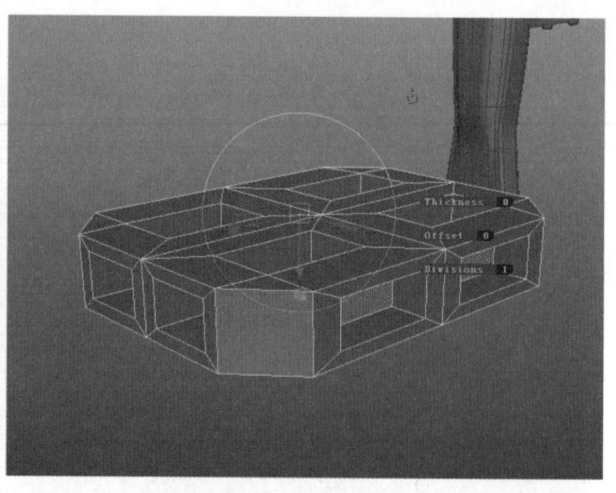

图 3-59

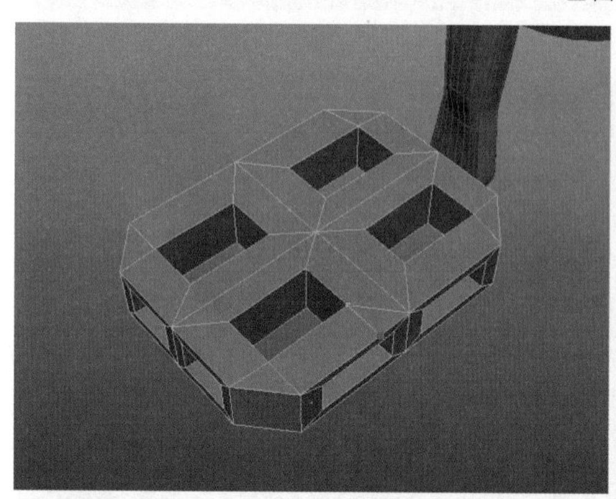

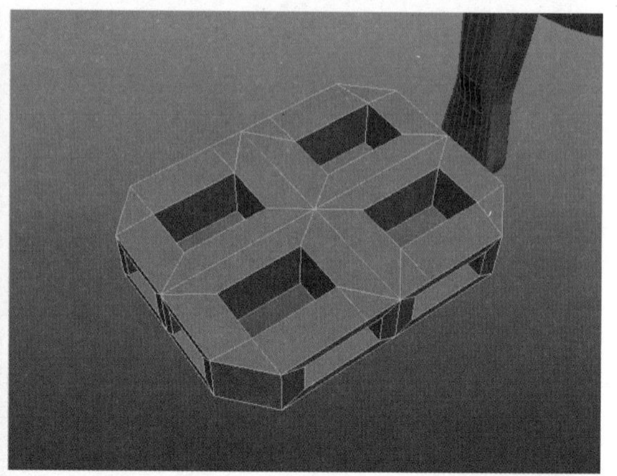

图 3-60

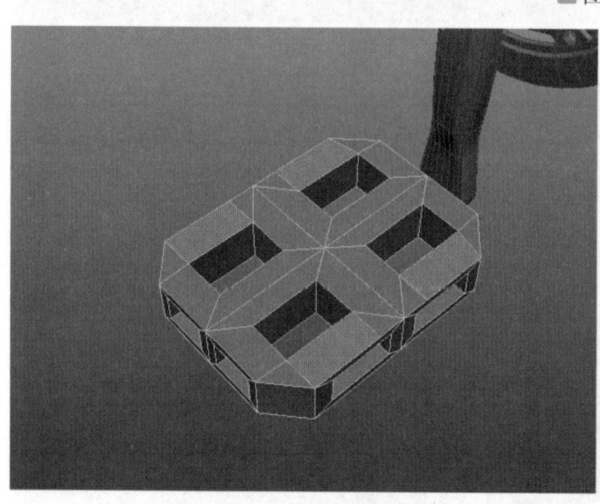

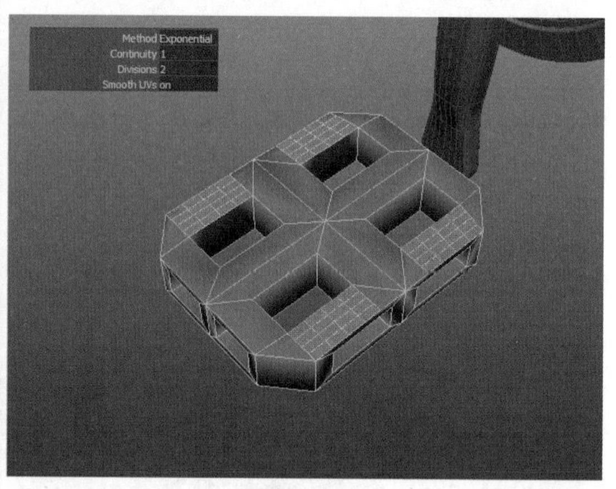

图 3-61

STEP 8 保持这些面的选择状态，取消 Keep Faces Together（保持面的连接）前面方框里的对号，执行挤出命令，使这些面向上挤出并缩小形成脚蹬上的防滑部分，并创建脚蹬与曲柄的连接部分，脚蹬制作完成，如图 3-62 所示。

STEP 9 按 Ctrl+G 键将脚蹬、曲柄及其两者之间的连接部分群组，按住 D 键不放单击鼠标左键，选择这个组的坐标中心，将其移动至轴轮的中心点，复制这个组并将其 Scale X 参数更改为 -1，使其镜像翻转，旋转 X 轴使其与原来组的角度相加为 180° ，如图 3-63 所示。

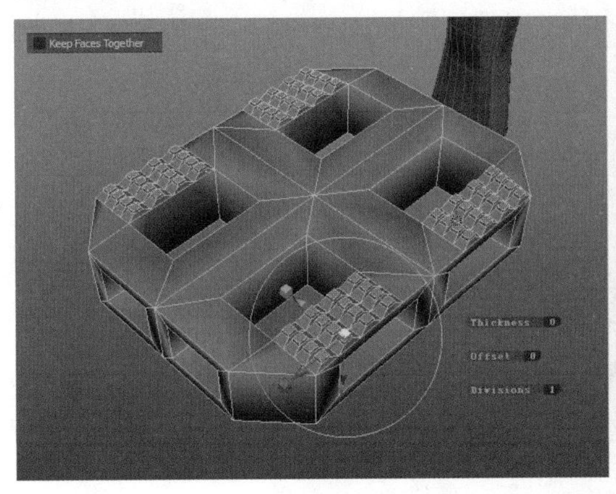

图 3-62

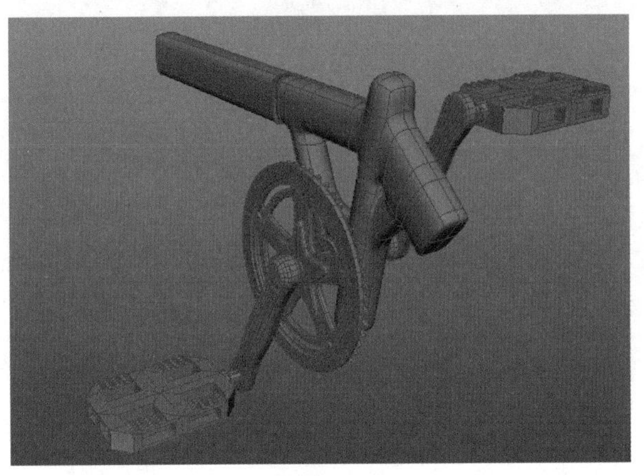

图 3-63

3.3.7 制作后叉

STEP 1 单击按钮，创建多边形圆柱体，移动位置与缩放大小至合适状态，选择并删除多余的面，如图 3-64 所示。

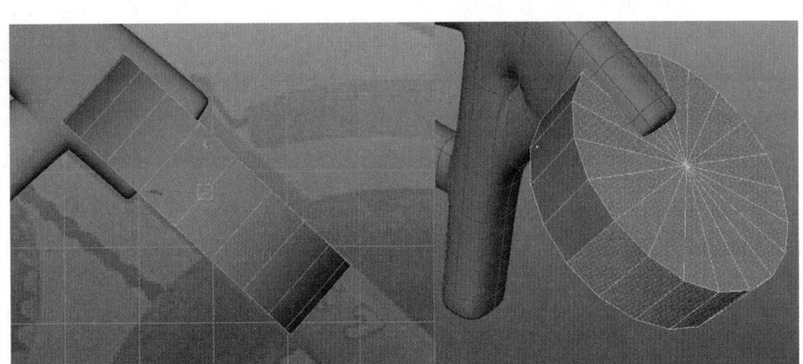

图 3-64

STEP 2 将剩余的面向内挤出，使其有一定的厚度，选择向下的面向下挤出，如图 3-65 所示。

STEP 3 将挤出的部分进行点的调整，使结束部分垂直于世界坐标中心，选择模型边缘循环边，执行 Edit Mesh（编辑网格）| Bevel（倒角）命令，使模型边缘更加平滑，如图 3-66 所示。

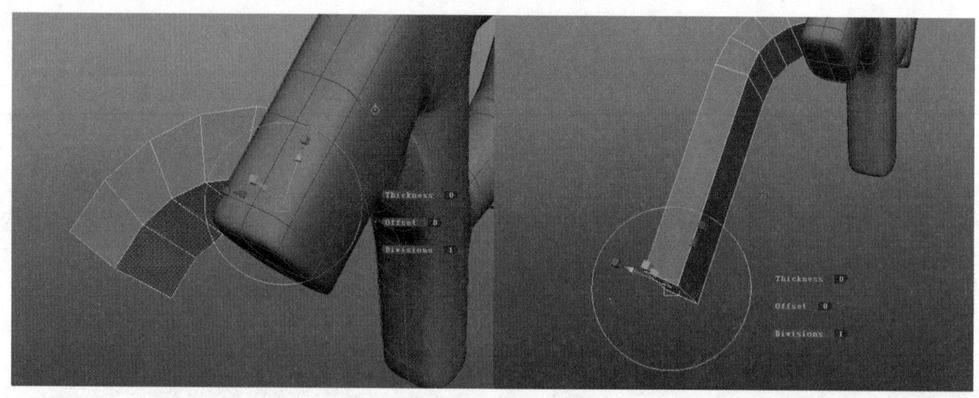

图 3-65

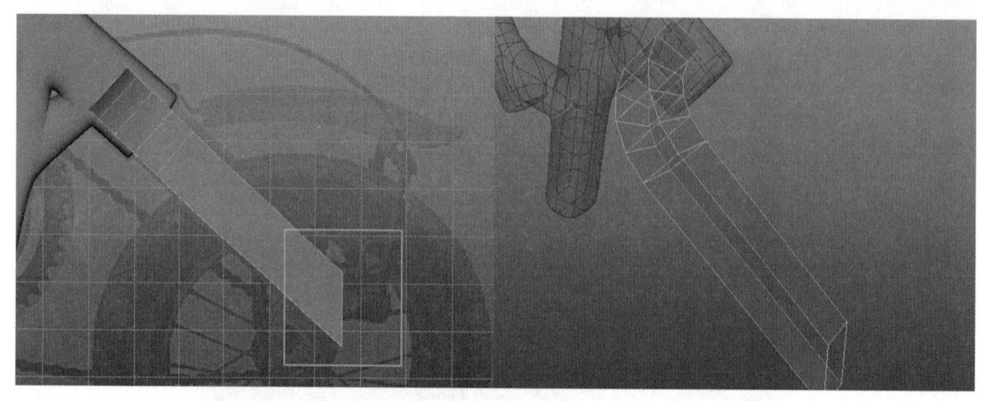

图 3-66

STEP 4 在结尾处插入新的循环边以固定模型边缘，在平滑网格预览时不会变形，如图 3-67 所示。

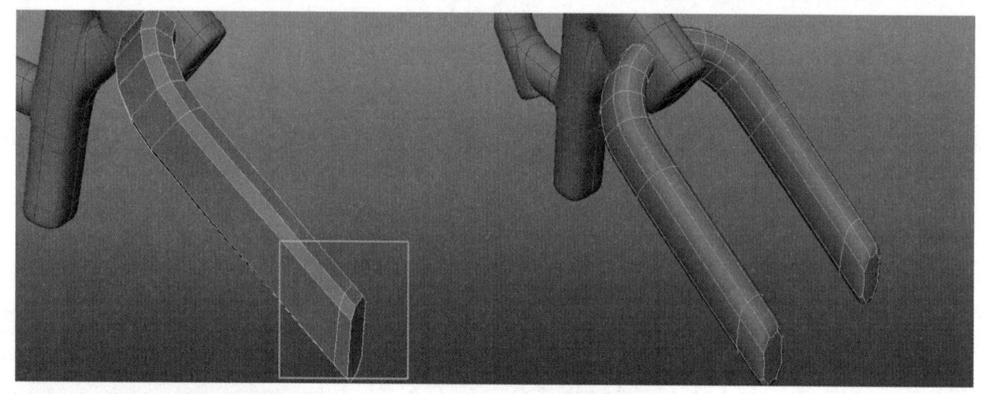

图 3-67

3.3.8 制作支架链接

STEP 1 执行 Mesh Tools（网格工具）| Create Polygon（创建多边形）命令，创建支架的形状。执行 Mesh Tools（网格工具）| Multi-Cut（多切割）命令，分割多边形，使多边形分割边的形状如图 3-68 所示，将边相交部分的两个面删除。

STEP 2 选择删除后的网格，将其挤出一定的厚度，再在所有模型转折处插入新的循环边以固定模型，使其在平滑预览显示时不会变形；选择模型，执行 Modify（修改）| Freeze Transformations（冻结变换）命令，使模型属性值还原为默认值，按 Ctrl+D 键复制出新模型，将通道栏内的 Scale X 改为 -1（默认为 1），使其镜像，如图 3-69 所示。

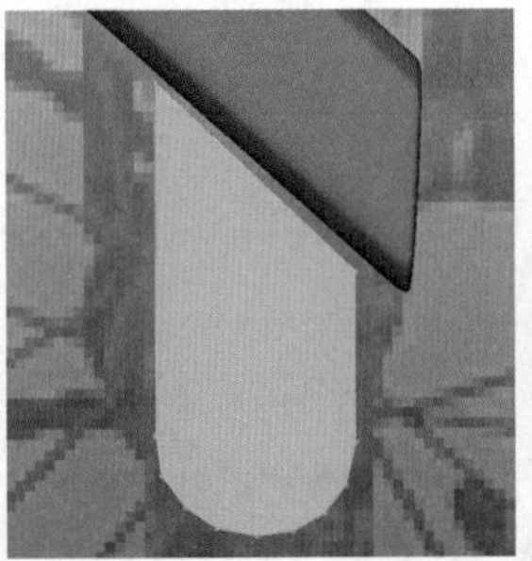
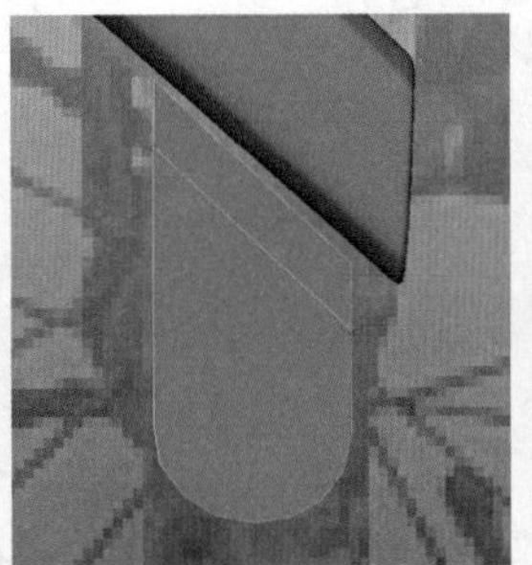

图 3-68

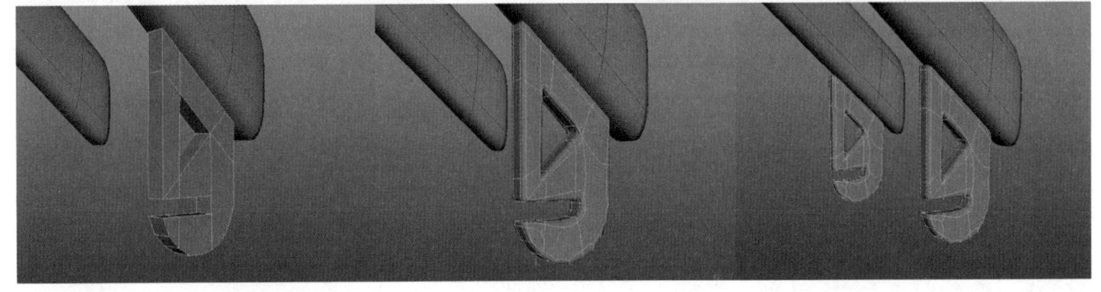

图 3-69

3.3.9 制作支架

STEP 1 执行 Mesh Tools（网格工具）| Create Polygon（创建多边形）命令，创建自定义多边形，在模型转折处使用交互式分割工具分割多边形，选择模型下部的面进行旋转，结合移动使模型下部有一定的角度转折，如图 3-70 所示。

STEP 2 挤出模型使其有一定的厚度，再在所有模型转折处插入新的循环边以固定模型，使其在平滑预览显示时不会变形，如图 3-71 所示。

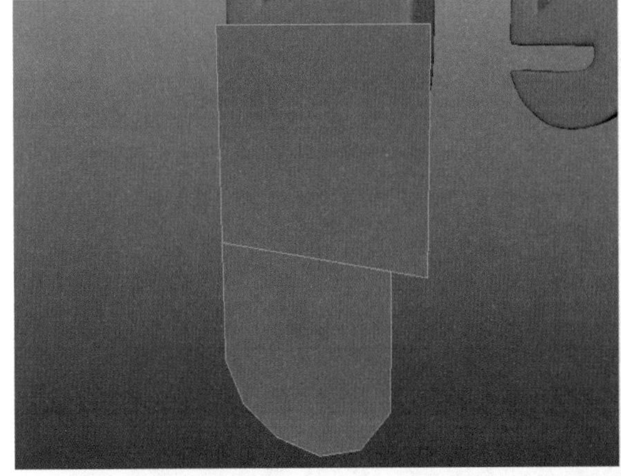
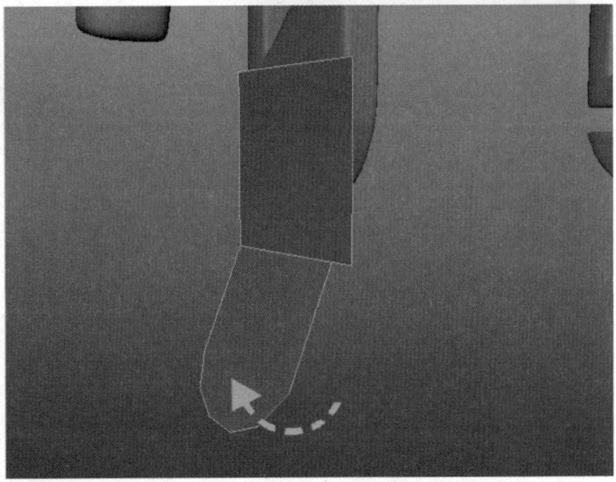

图 3-70

STEP 3 单击按钮创建立方体，缩放与移动到合适的位置，在模型外侧插入新的循环边，选中向上的面并向上挤出，做出钩状模型，在模型转折处插入新的循环边，平滑网格预览，如图 3-72 所示。

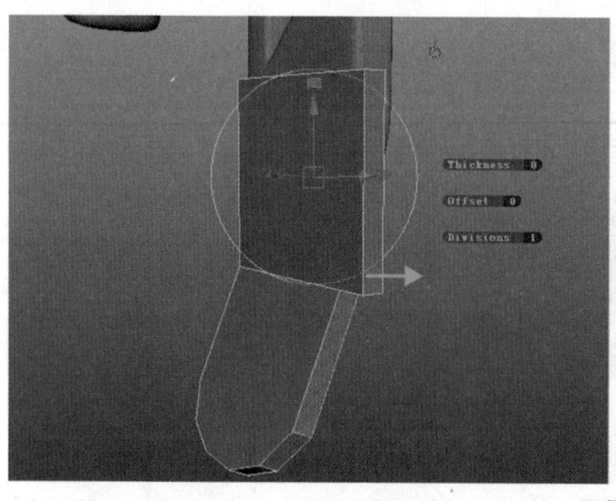

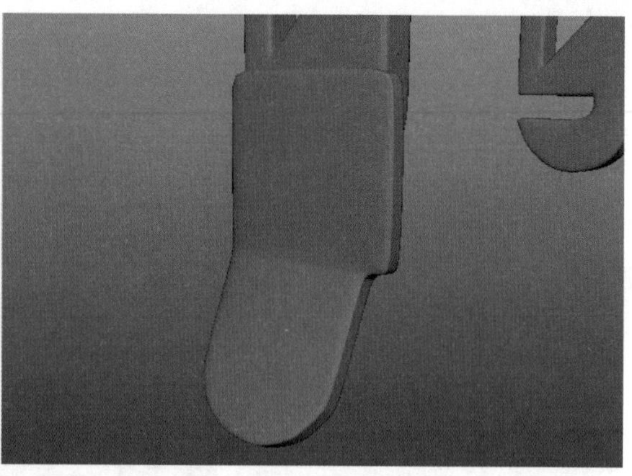

图 3-71

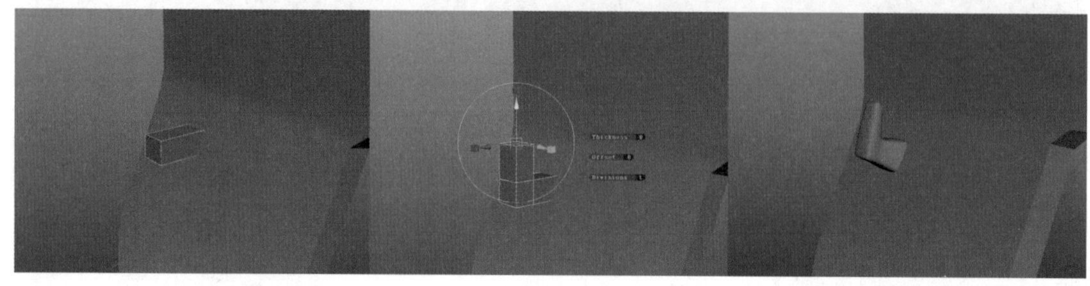

图 3-72

STEP 4 单击按钮创建圆柱体，移动位置、旋转角度与缩放大小，调整到合适状态，在模型上端插入两条新的循环边，将上端面缩放为扁圆形。选中下端底面，向世界坐标的水平方向挤出，使支架底端能与地面接触，如图 3-73 所示。

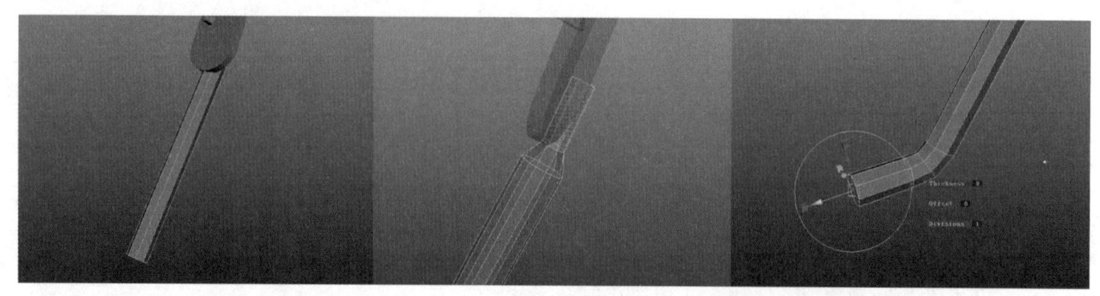

图 3-73

STEP 5 在支架中段部分插入 4 条新的循环边，选择如图 3-74 所示的 4 个面，执行 Edit Mesh（编辑网格）| Bridge（桥接）命令，更改通道栏内的 Curve Type（曲线类型）为 Blend（混合）［默认为 Linear（线性）］。选择桥接出新的面，缩放大小并开启平滑网格预览，如图 3-75 所示。

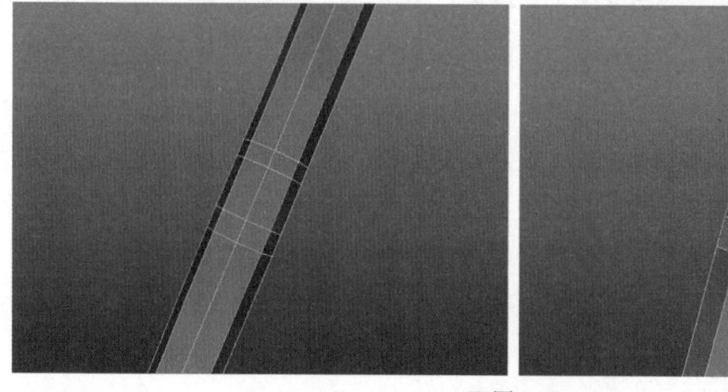
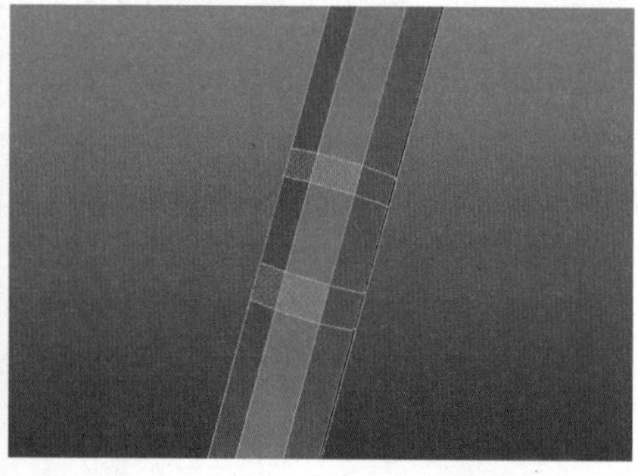

图 3-74

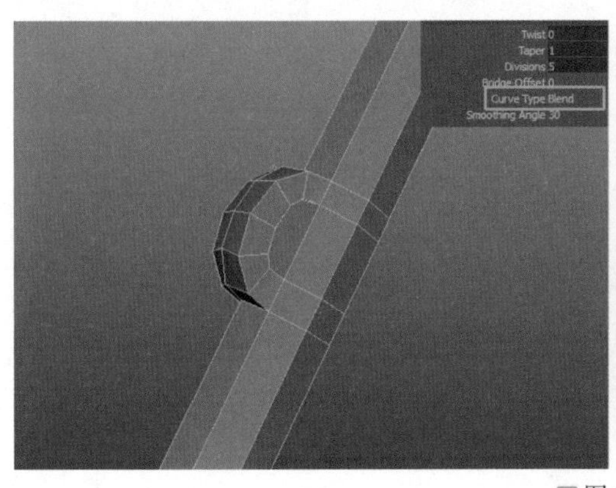

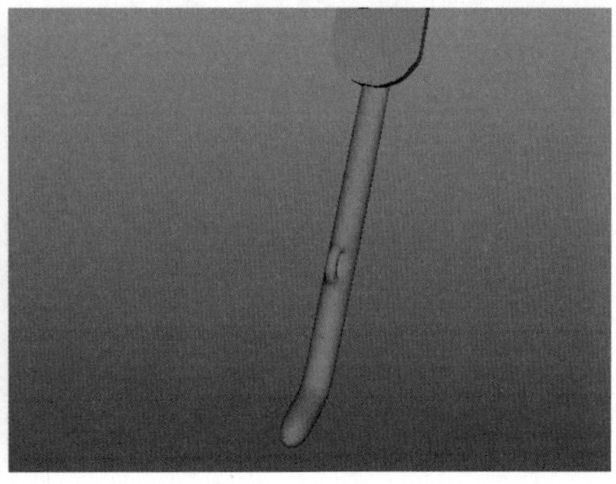

图 3-75

STEP 6 执行 Create（创建）| Polygon Primitives（多边形基本体）| Helix（螺旋线）命令，创建螺旋线，设置 Coils（圈数）为 20（默认参数为 3），Height（高度）为 2.5（默认参数为 2），Width（宽度）为 0.2（默认参数为 2），Radius（半径）为 0.03（默认参数为 0.4），Subdivisions Coil（圈数细分）为 8（默认参数为 50），结合移动与旋转放置到合适位置，如图 3-76 所示。

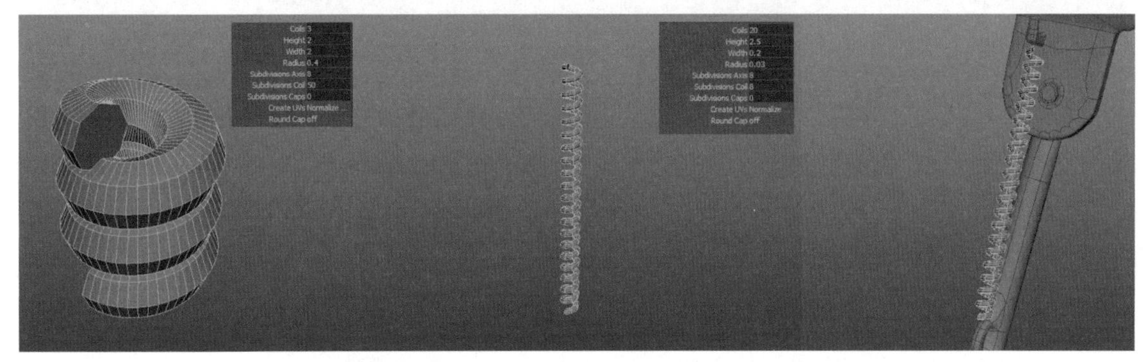

图 3-76

STEP 7 按空格键切换到侧视图，执行 Create（创建）| Curve Tools（曲线工具）| EP Curve Tool（EP 曲线工具）命令，创建曲线，延伸制作弹簧两端部分与挂钩关联的曲线。切换到透视视图，选择曲线，按住鼠标右键不放，向左拖曳至 Control Vertex（控制顶点）后释放，移动调节曲线顶点的位置，使其更符合模型造型，如图 3-77 所示。

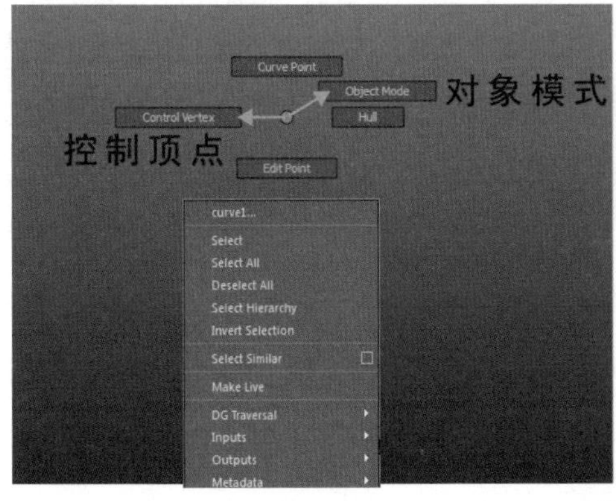

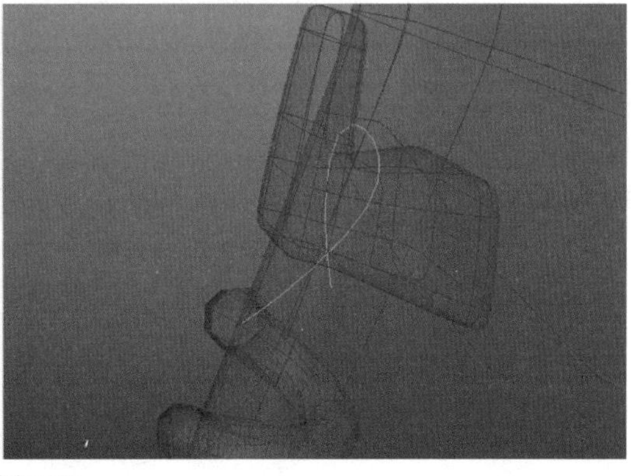

图 3-77

STEP 8 选择螺旋线顶端的面，按住 Shift 键加选 NURBS 曲线执行挤出命令，将通道栏内挤出命令参数 Divisions（中段数）设置为 10，如图 3-78 所示。

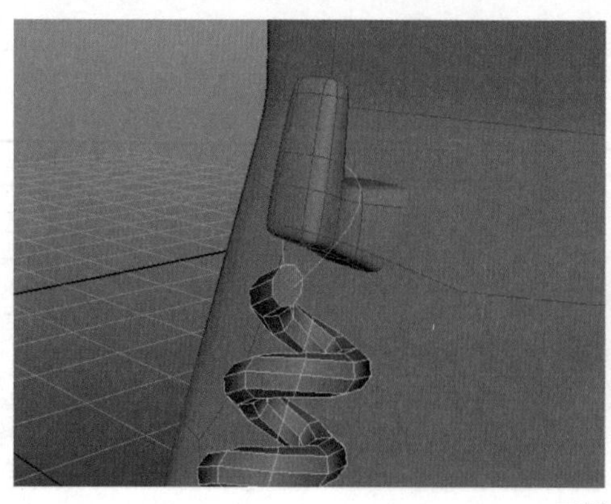

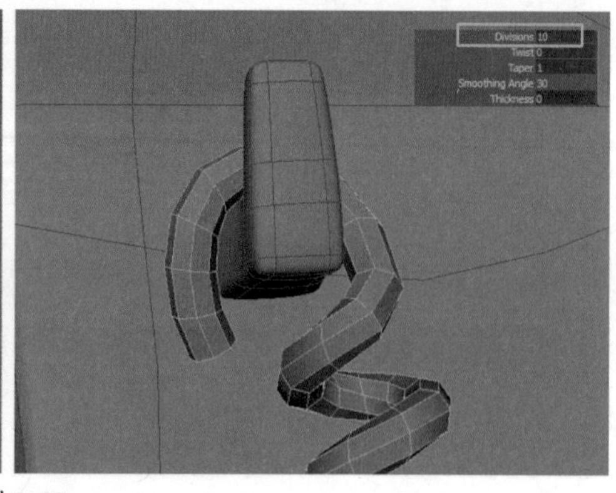

图 3-78

STEP 9 结合以上步骤制作螺旋线的下端，使螺旋线挂钩在支架上，如图 3-79 所示。

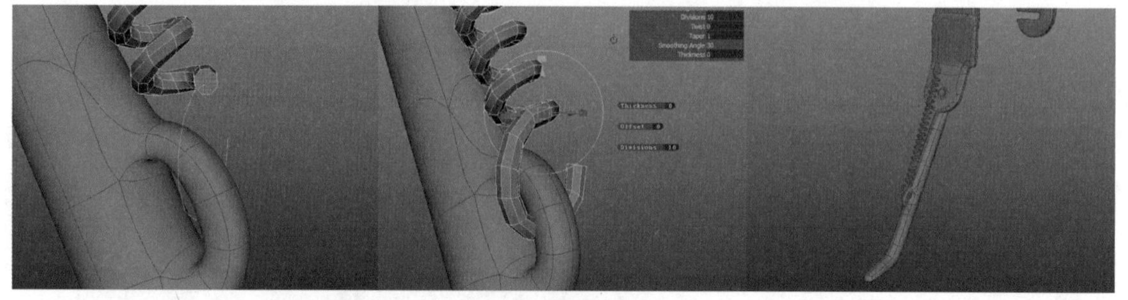

图 3-79

3.3.10 制作辐条与轮胎、轮辋、飞轮

STEP 1 单击按钮创建圆柱体，更改属性内的 Subdivisions Caps（端面细分数）为 0（默认为 1），挤压加循环边制作辐条链接盘，同样使用圆柱体创建辐条，如图 3-80 所示。

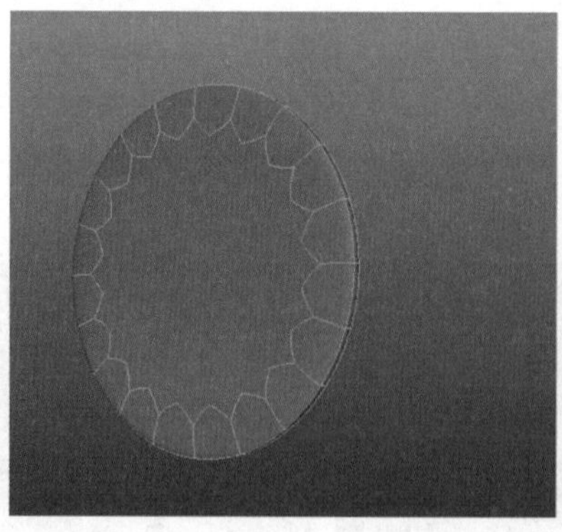

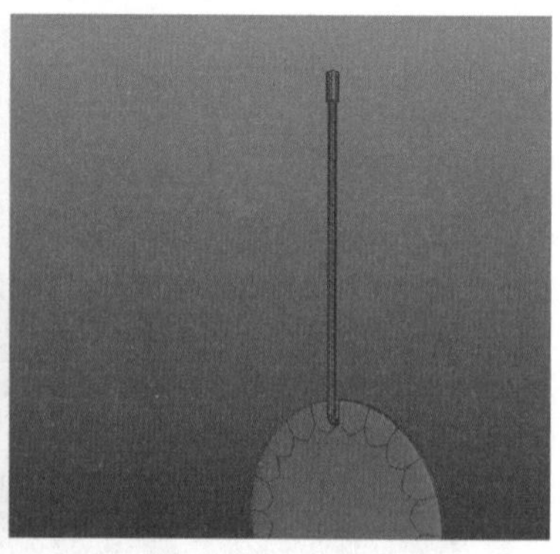

图 3-80

STEP 2 选择创建完成的辐条模型，将菜单模块由 Modeling（建模）切换成 Animation（动画），执行 Deform（变形）| Lattice（晶格）命令，更改通道栏内的 T Divisions（分段数）为 2（默认参数为 5），选择晶格，在界面空白处按住鼠标右键不放，向上滑动鼠标选择 Lattice Point（晶格点）释放鼠标，选择顶部的晶格点进行位置移动，如图 3-81 所示。

STEP 3 选择模型，执行 Edit（编辑）| Delete by Type（按类型删除）| History（历史）命令，删除变形晶格，变形效果保留，按 D 键不放并单击鼠标左键，选择这个模型的坐标轴，将其移动至辐条链接盘中心点，选择辐条模型，执行 Modify（修改）| Freeze Transformation（冻结变换）命令，冻结模型的数值，还原归零，在选中辐条模型的状态下，执行 Duplicate with Transform（复制并变

换）命令（快捷键 Shift+D）进行复制，旋转其 X 轴 60°（手动在通道栏内的 Rotate X 文本框中输入 60），再连续使用复制并变换命令（快捷键 Shift+D）4 次，则默认在 X 轴上旋转递增 60°，如图 3–82 所示。

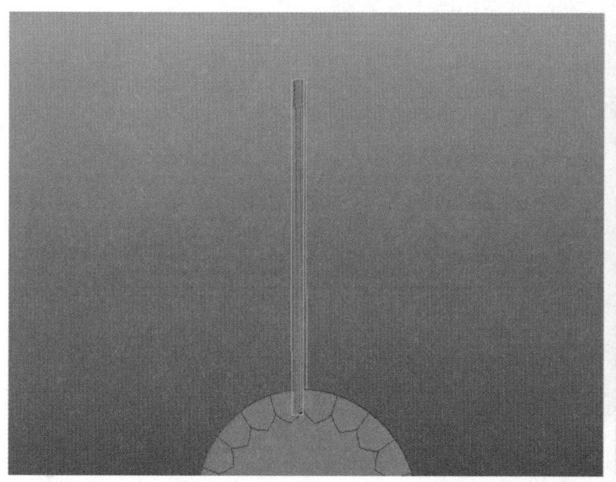

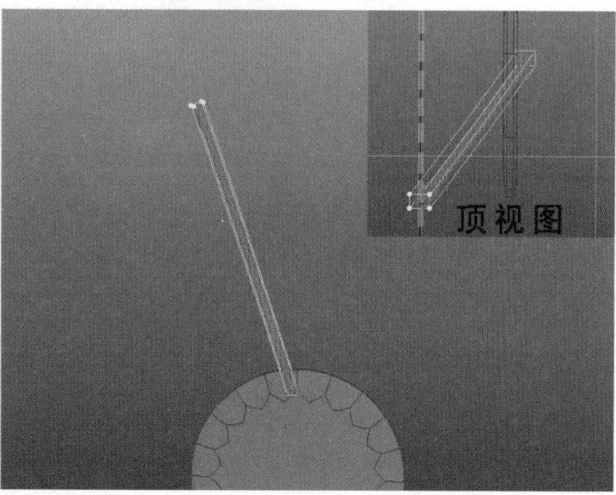

图 3–81

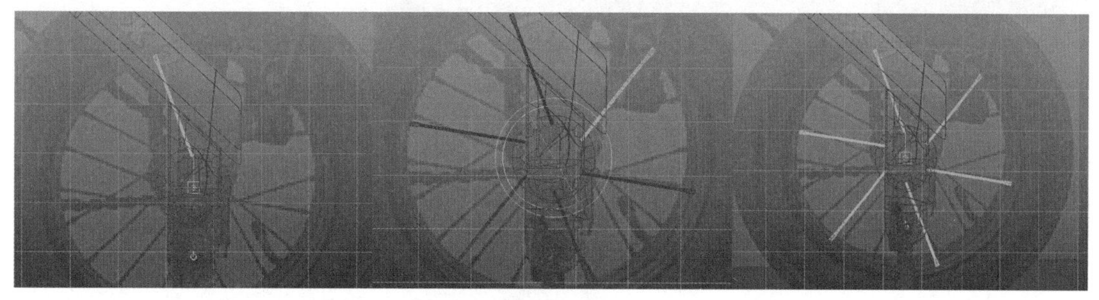

图 3–82

STEP 4 选择这 6 根辐条模型，执行 Mesh（网格）| Combine（合并）命令，使它们结合为 1 个网格模型，按住 D 键不放并单击鼠标左键，选择这个模型的坐标轴，将其移动至辐条链接盘中心点，按 Ctrl+D 键复制模型，更改复制后模型的 Rotate X 轴参数为 15，Scale Z 轴参数为 –1，如图 3–83 所示。

STEP 5 选择所有辐条和链接盘模型，执行 Edit（编辑）| Group（分组）命令，使模型群组，也可以按 Ctrl+G 键，使它们结合为 1 个组网格模型。按住 D 键不放单击鼠标左键，选择这个组的坐标轴，将其移动至辐条链接盘中心点，按 Ctrl+D 键复制这个组，更改复制后组的 Rotate X 轴参数为 30，Scale X 轴参数为 –1，移动 X 轴让两组的辐条尾端交合在 1 条线上，如图 3–84 所示。

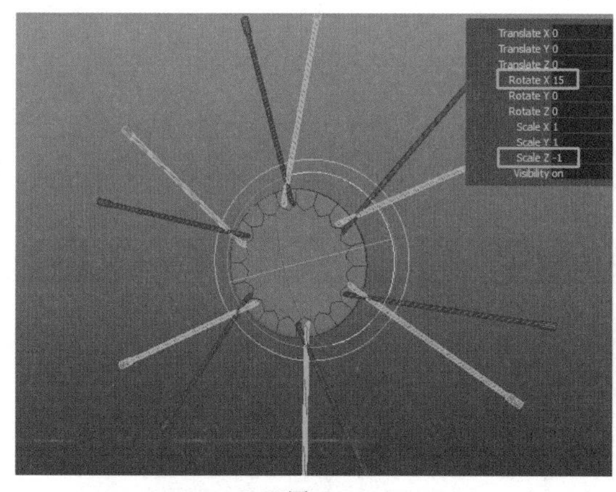

图 3–83

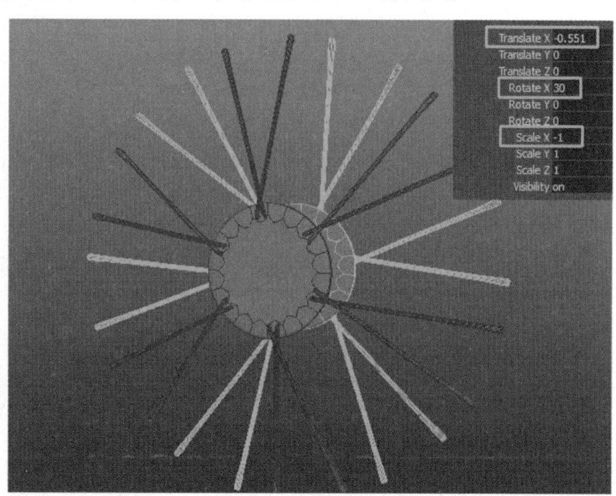

图 3–84

STEP 6 总结所学命令，结合挤出、倒角、插入循环边等工具以及调点等操作制作轮胎、轮辋与飞轮，如图 3-85 所示。

图 3-85

3.3.11 制作前叉、前叉合件、前轮胎与前辐条

STEP 1 结合上节所学命令，制作前叉合件模型，如图 3-86 所示。

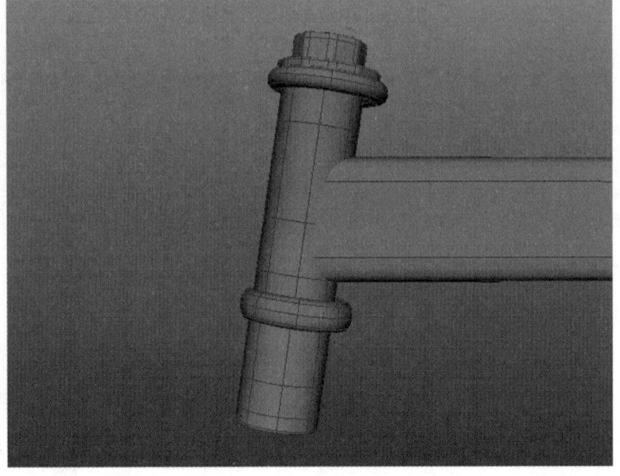

图 3-86

STEP 2 使用多边形圆柱体、多边形基础体，结合多切割、挤出、倒角、插入循环边工具命令、调点等操作制作前叉，如图 3-87 所示。

STEP 3 将上节制作完成的后面的轮胎、轮辋与辐条群组复制和移动位置至前轮胎位置，如图 3-88 所示。

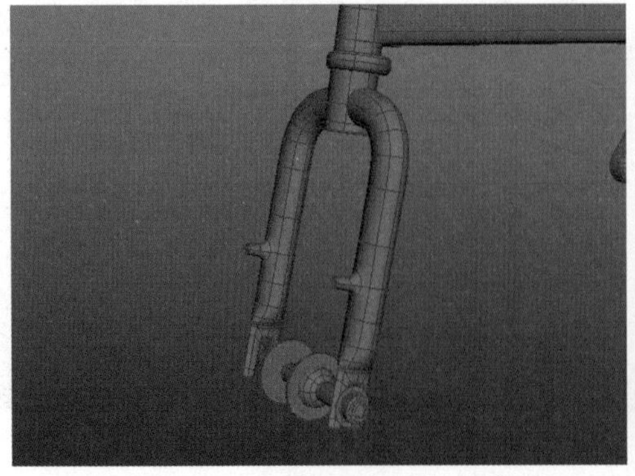

图 3-87

图 3-88

3.3.12 制作车把

STEP 1 创建多边形圆柱体，结合挤出、插入循环边等工具和调点等操作制作车把的主要部分，如图 3–89 所示。

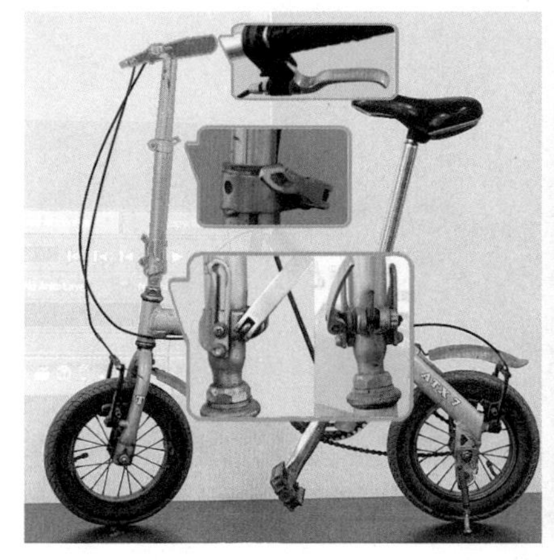

图 3–89

STEP 2 创建多边形圆柱体、多边形基础体，结合挤出、插入循环边工具、多切割、创建多边形、倒角等命令制作车把调节扣和刹车手把，如图 3–90 所示。

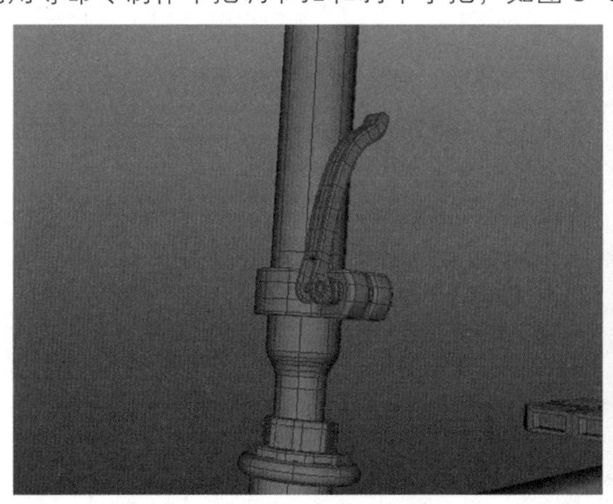
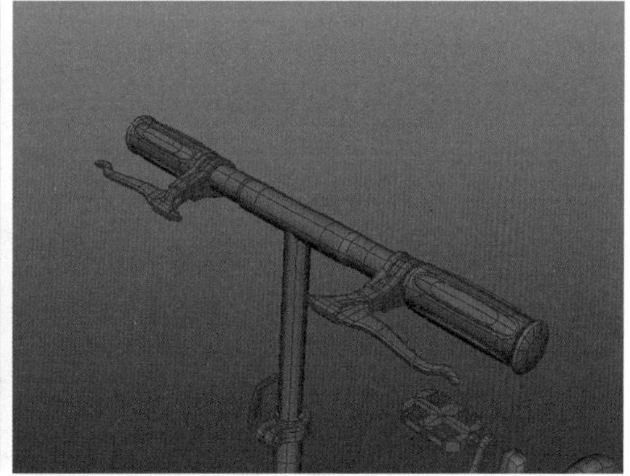

图 3–90

STEP 3 车把制作完成，如图 3–91 所示。

图 3–91

3.3.13 制作鞍座

利用多边形、正方体等多边形基础体，结合挤出、插入循环边工具以及在平滑预览网格显示开启的情况下调整点的位置，制作不规则的鞍座模型，如图 3–92 所示。

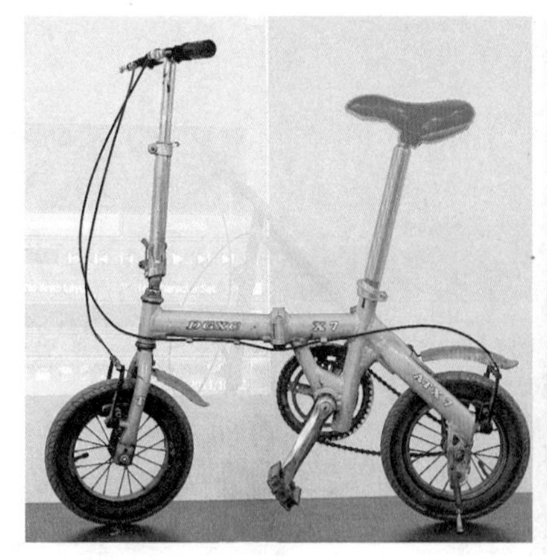

图 3-92

3.3.14 制作车闸

STEP 1 创建多边形圆柱体与正方体等多边形基础体，结合挤出、倒角、插入循环边工具等命令和调点等操作制作前后车闸，如图 3–93 所示。

图 3-93

STEP 2 创建 3 个多边形管道作为固定闸线的金属圈，移动、旋转调整至合适位置，如图 3–94 所示。

STEP 3 按空格键切换到侧视图，执行 Create（创建）| Curve Tools（曲线工具）| EP Curve Tool（EP 曲线工具）命令，沿着参考图单击鼠标左键创建曲线的顶点，创建完成后切换到透视图，选择曲线，单击鼠标右键不放，向左拖曳至 Control Vertex（控制顶点）后释放，移动调节曲线顶点的位置使其

更符合模型所需，如图 3-95 所示。

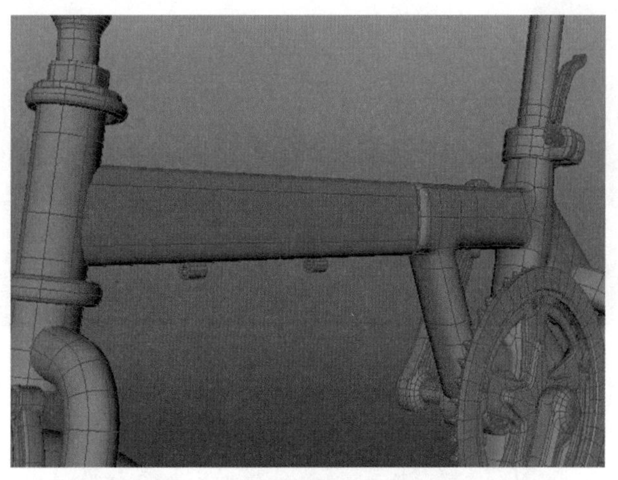

图 3-94

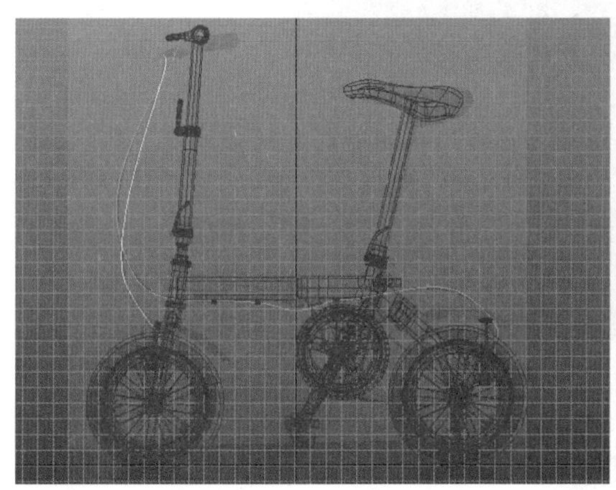

图 3-95

STEP 4 执行 Create（创建）| NURBS Primitives（NURBS 基本体）| Circle（圆形）命令，创建曲线圆形，按空格键切换到侧视图，在侧视图的任意位置按下鼠标左键并拖曳到圆形大小合适时释放鼠标，如图 3-96 所示。

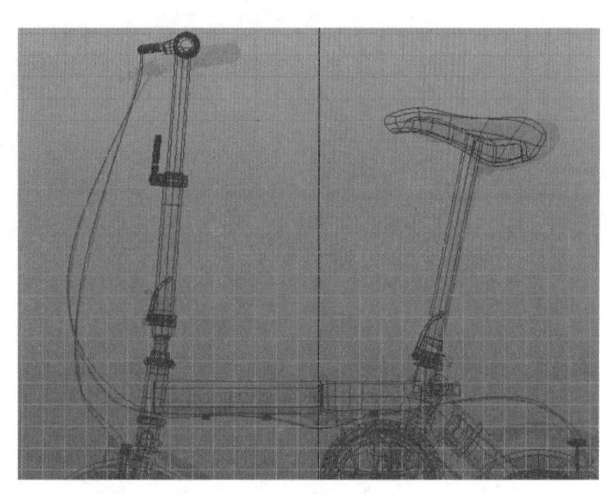

图 3-96

STEP 5 选择曲线圆形，按住 Shift 键加选曲线闸线，单击 Surfaces（曲面）| Extrude（挤出）后的方块，调整参数设置，如图 3-97 所示。

STEP 6 选择曲线圆形，按住 Shift 键加选另一条曲线闸线，再次执行挤出命令，选择曲线圆形并调整大小到合适状态。

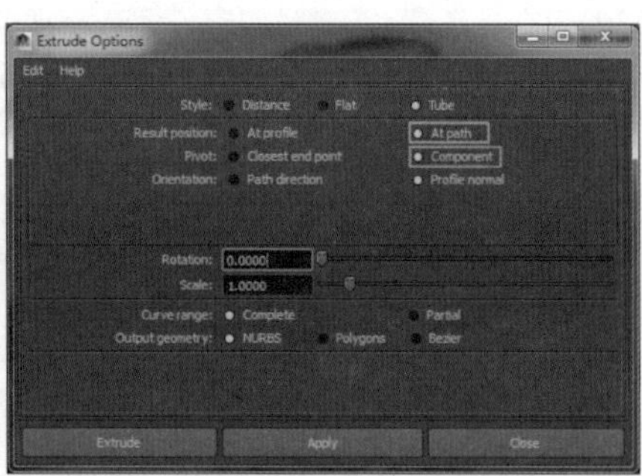

图 3-97

STEP 7 车闸制作完成，效果如图 3-98 所示。

图 3-98

3.3.15 制作前后挡泥板、车架链接、链条等零件

STEP 1 使用多边形立方体、圆柱体等多边形基础体，结合挤出、倒角、插入循环边工具等命令与调点操作，制作前后挡泥板和车架链接，如图 3-99 和图 3-100 所示。

图 3-99

STEP 2 创建多边形圆柱体，通过挤压、侧面挤压等命令和调点等操作制作链条组件模型，如图 3-101 所示。

STEP 3 按空格键切换至侧视图，执行 Create（创建）| Curve Tools（曲线工具）| EP Curve Tool（EP 曲线工具）命令，沿着参考图链条位置单击鼠标左键，创建曲线的顶点，使其链接轴轮与飞轮，并再次按空格键切换回透视图，调整曲线位置，如图 3-102 所示。

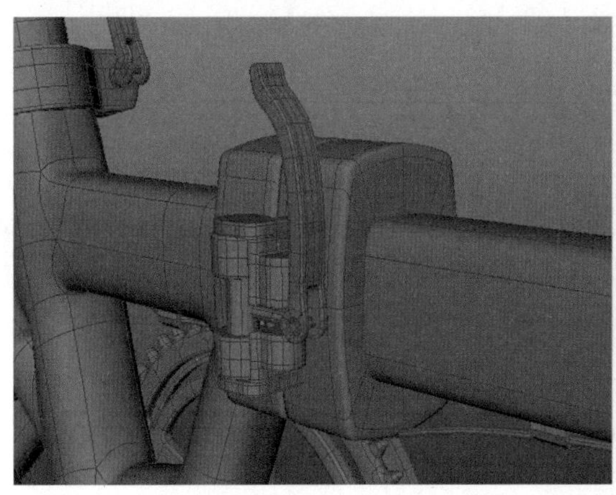
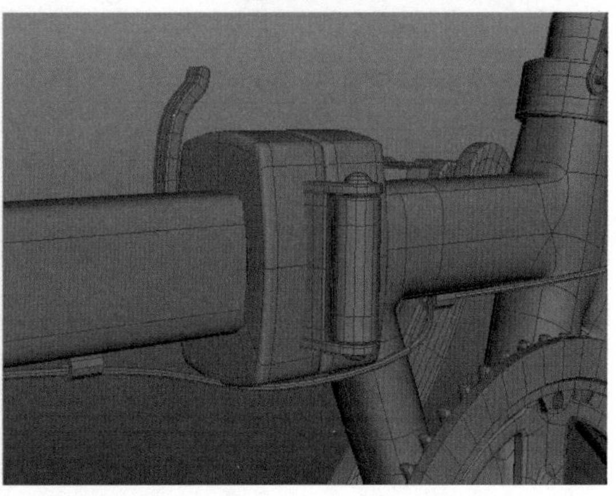

图 3-100

图 3-101

图 3-102

STEP 4 切换 Modeling(建模)模块至 Animation(动画)模块，选择链条组件，按住 Shift 键加选曲线，执行 Constrain（约束）| Motion Paths（运动路径）| Attach to Motion Path（连接到运动路径）命令，制作运动路径动画，链条组件被连接到曲线上，调整通道栏内的 motionPath1 | Front Twist(前方向扭曲) 参数为 90，使链条组件在曲线上的方向正确，如图 3-103 所示。

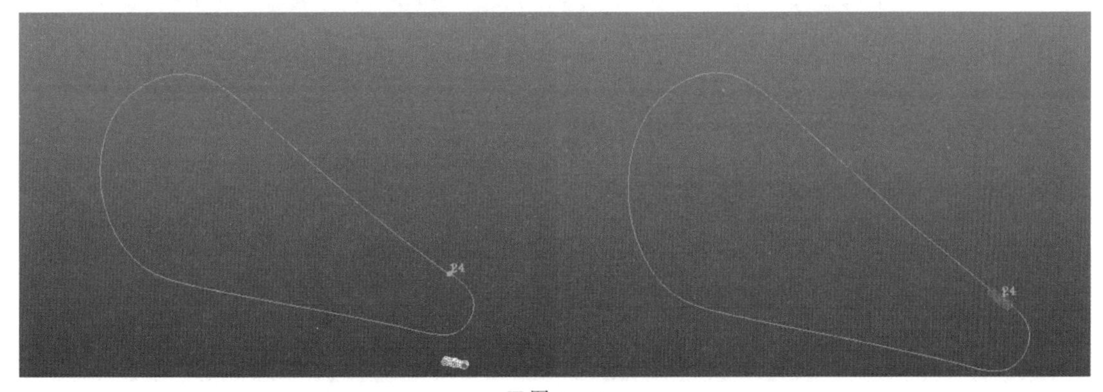

图 3-103

STEP 5 选择链条组件模型，单击 Visualize(可视化) | Create Animation Snapshot(创建动画快照) 后的方块按钮，弹出动画快照选项调整参数，设置 End time（结束时间）为 24（默认参数为 10），Increment（增量）为 0.4（默认参数为 1），设置完成后单击 Apply 按钮，如图 3-104 所示。

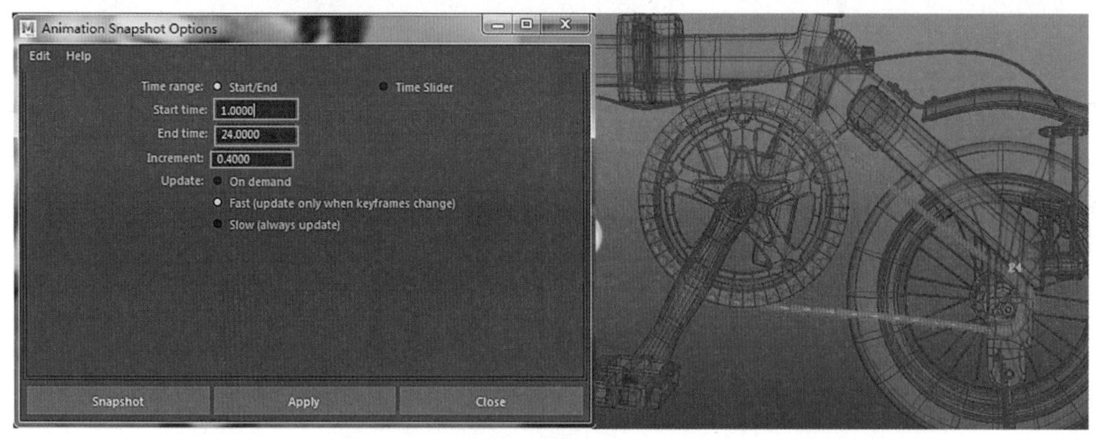

图 3-104

STEP 6 仔细观察发现链条组件分布不均匀，还需要进一步调整。曲线开始点或结束点显示数字 1 或 24，单击其中某一数字，选择通道栏内的 motionPath1，执行 Windows（窗口）| Animation Editors（动画编辑器）| Graph Editor（曲线图编辑器）命令，打开曲线编辑器。框选这条曲线，单击工具栏中的线性切线按钮，使这条运动曲线为直线，这样链条组件就均匀分布在链条曲线上了，如图 3-105 所示。

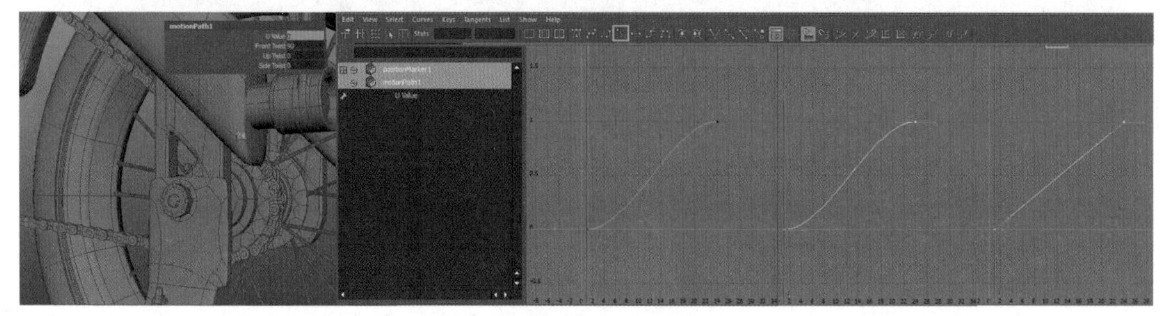

图 3-105

STEP 7 自行车制作完成，如图 3-106 所示。

图 3-106

3.4 软件功能与造型能力

对于初学者来说，最大的一个误区就是将软件功能与造型能力画等号。首先我们要探讨一下造型能力指的是什么？在现实中我们通过画笔或者雕刻刀在纸上或者泥土上塑造形体。通过这一手段，我们不断练习的是眼对形体的观察，然后进行平面或者立体的再现。素描作业是将一个立体空间的形体投射在平面上的一个图像，在这一过程中，我们不断地用眼去测量每一个局部与其他局部之间的位置、整体与局部的关系、空间关系，然后再用眼测量形体上的明暗度，塑造平面图像上的立体空间关系。通过这种长期的训练，我们的眼、脑、手逐渐形成一种协调，这样看到的形体能很快地再现于纸上。雕塑的练习也是如此，只不过我们将明暗变为塑造形体的深度。眼的观察从测量明暗程度转为对深度空间、远近凹凸的观察，然后通过我们的塑造再现了立体空间上的形体。这两种方式的长期练习会逐渐增强一个人的观察与再现能力，同时也能逐渐让我们在不断的练习中掌握各种形体的各种形态规律，使得我们在不具备条件进行实物观察的情况下，也能够将物体的形体再现出来，如图 3–107 所示。

图 3–107

传统意义上认为只有通过素描或者雕塑这类训练才能够具备这种能力，使得人们认为一个人的画就是他的造型能力。这些仅仅是造型能力的体现，造型能力其实已经是一个人身体上和思维上的一部分。就像一个足球运动员一样，他有一个好的控球能力，不是指的那个足球很好，我们知道他是经过长期的训练才能具有这种身体上的协调能力。同样传统绘画上基于条件的限制，我们看到一个形体以后，想要把它再现出来，只能用笔、纸或者泥来进行塑造。所以说这些只是我们的工具和手段，画只是一个载体，我们自身的锻炼才是最主要的。我们经常会看到初学三维软件的人，逐渐发现自己造型能力不足的时候，就会有人开始拿起纸笔练习素描。这种方法是没有问题的，但一定要明白要练习的是你的观察与协调能力。也有另外一些人使用软件进行造型，做出的形体很准确，但你给他纸笔让他画出来，就一塌糊涂。这就说明这类人还是具备一定的造型能力，只不过运用的工具不同而已。

这时我们就能够理解到，笔和纸是一种工具，软件功能与命令也是一种工具，我们都可以通过这些不一样的工具与载体进行造型能力的锻炼。

3.5 非生物模型拆分与规律

制作典型的建筑类或机械类结构模型时，需要将其拆分为多个基本的多边形结构，尽可能地将复杂模型或复杂部分拆分为基本形状，从创建简单的多边形基本体到编辑、修改、增加细节、变形、组合多边形逐步制作复杂多边形，如图 3–108 和图 3–109 所示。

图 3–108

图 3-109

3.6 生物模型布线与规律

制作三维生物模型时，不论是写实角色、卡通人物、怪物或动物，首先需要了解人或动物的肌肉结构与关节链接，因为角色的布线原理来自人物头部的骨骼与肌肉走向，例如眼眶部分与嘴部周围的布线都是按照眼轮匝肌和口轮匝肌的环状组织来构成，最终形成放射状的布线。

布线是实现结构体现的一种手段，关键是结构的理解，清楚地分析和理解面部肌肉的走向分布和运动收缩方式，这些提供了布线的指导方向，如图 3-110 所示。

有效并快速地掌握布线规律，可在创建模型初期，在对参考图进行分析与理解时，使用 Photoshop 软件以绘图的方式进行模拟布线，提前设想与分析布线的规律与走势，如图 3-111 所示。

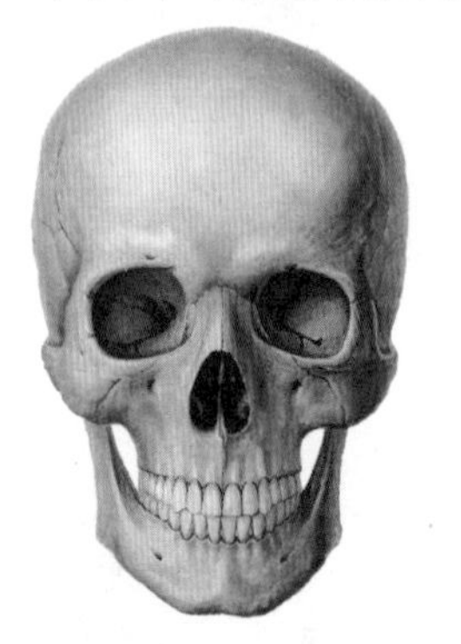

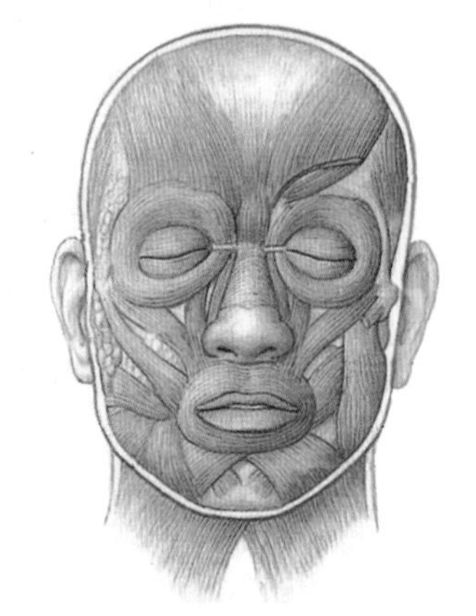

图 3-110

图 3-111

3.7 应用案例——巨蜥建模

3.7.1 创建参考图

STEP 1 执行 File（文件）| New Scene（新建场景）命令，新建一个场景。按空格键切换到侧视图，执行面板菜单 View（视图）| Image Plane（图像平面）| Import Image（导入图像）命令，如图 3-112 所示，在弹出的对话框中找到巨蜥的参考图 Lizard.jpg，单击 Open 按钮导入图像。

STEP 2 按 Ctrl+A 键打开属性编辑器，更改 imagePlane1 | Placement Extras | Image Center 文本框中的第一个参数为 -12、第二个参数为 8.8，切换到透视视图，参考图创建完成，如图 3-113 所示。执行 File（文件）| Save Scene（保存场景）命令，文件名为 Lizard。

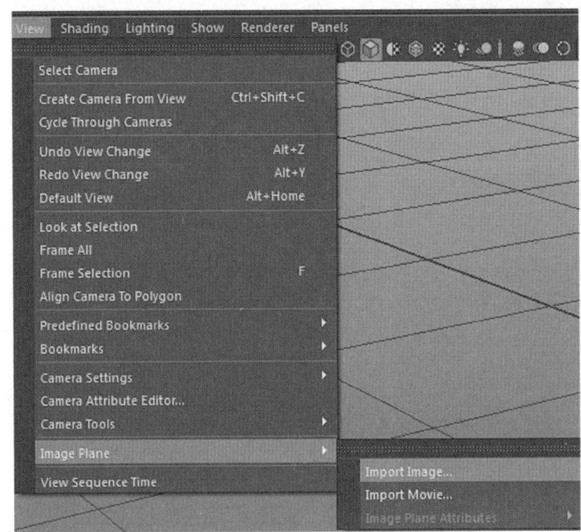

图 3-112

图 3-113

3.7.2 创建主体

STEP 1 单击按钮创建多边形立方体，执行 Mesh（网格）| Smooth（平滑）命令，将立方体细分一次，选择细分后的立方体一半的面删除，如图 3-114 所示。

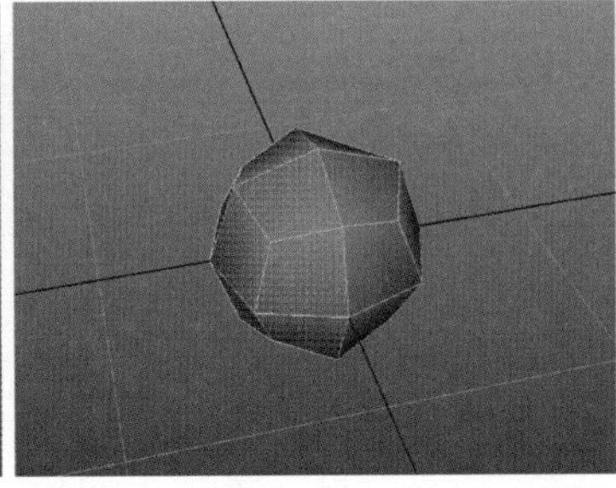

图 3-114

STEP 2 单击 Edit（编辑）| Duplicate Special（特殊复制）后的方块按钮，弹出特殊复制对话框，更改参数设置，将 Geometry type（几何体类型）由 Copy（复制）更改为 Instance（实例），Scale（缩放）X 轴更改为 -1（默认为 1），单击 Apply 按钮，执行特殊复制命令，创建一个与被复制模型镜像的选择副本，可以实现在变换被复制模型的同时对副本应用变换，如图 3-115 所示。

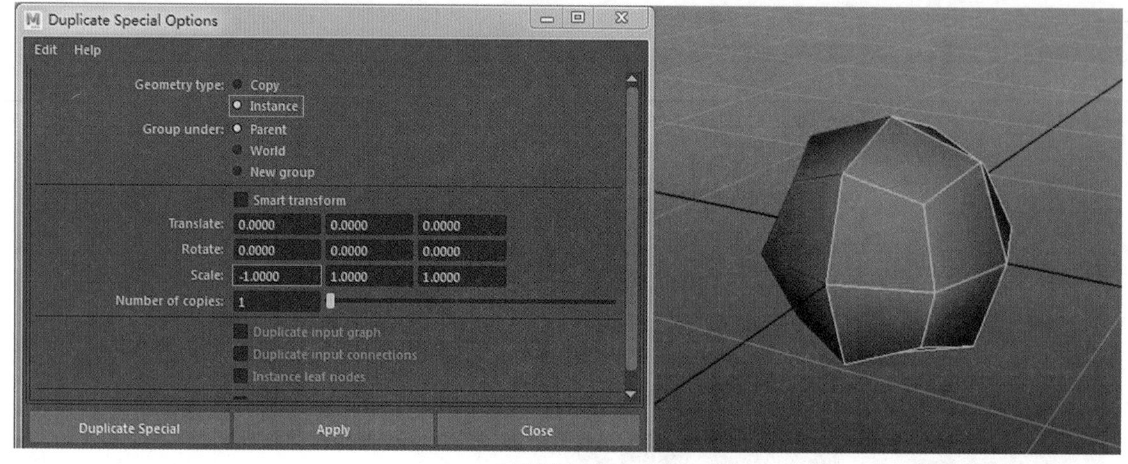

图 3-115

STEP 3 选择模型的点进行调整，使这段模型成为巨蜥的身体中段，选择前端的面向前进行挤出至头部，如图 3-116 所示。

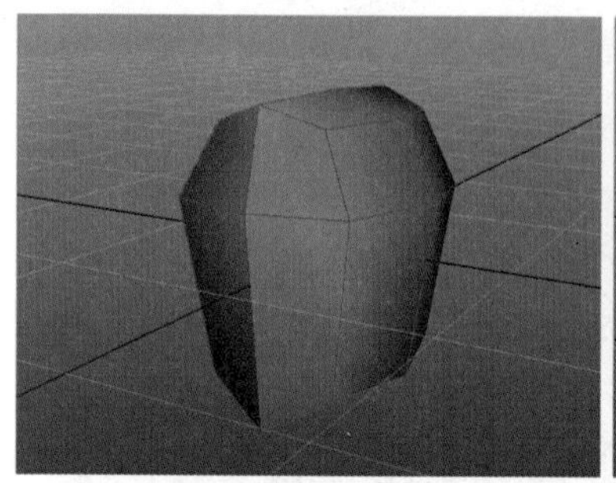
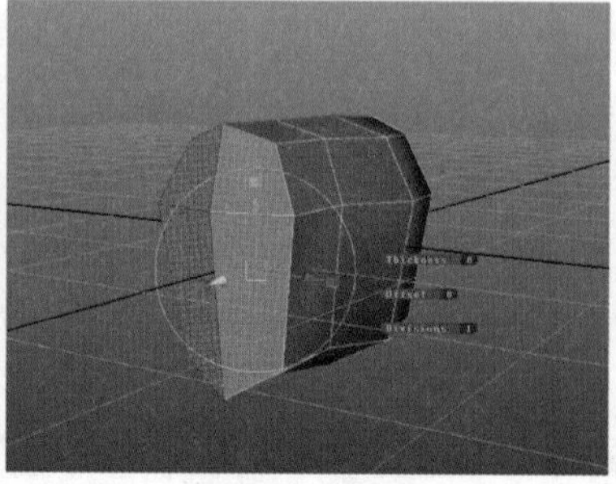
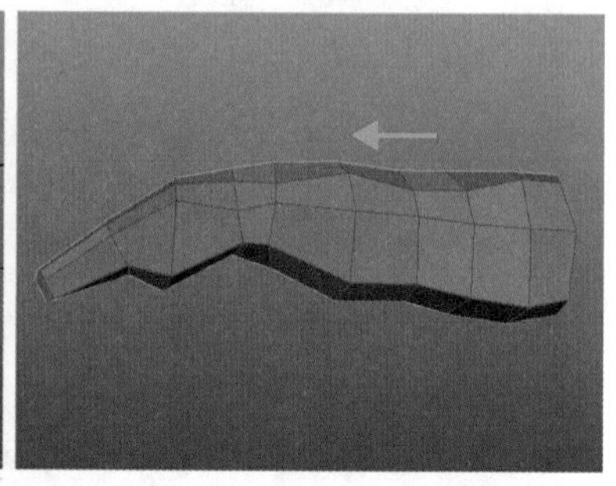

图 3-116

STEP 4 选择尾端的面向后挤出至尾巴，进行点的调整，删除被复制模型与副本中间不需要的面，如图 3-117 所示。

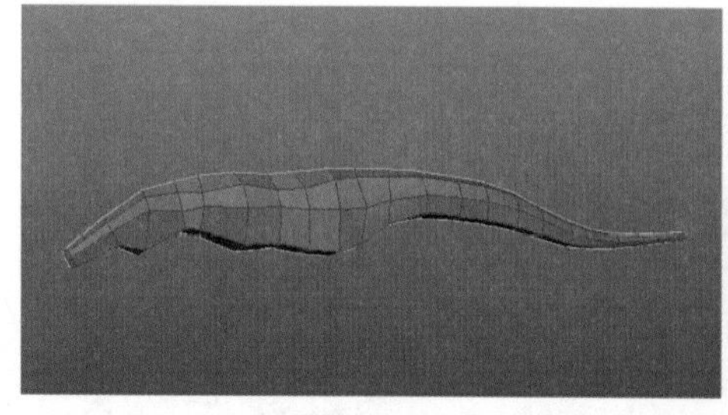
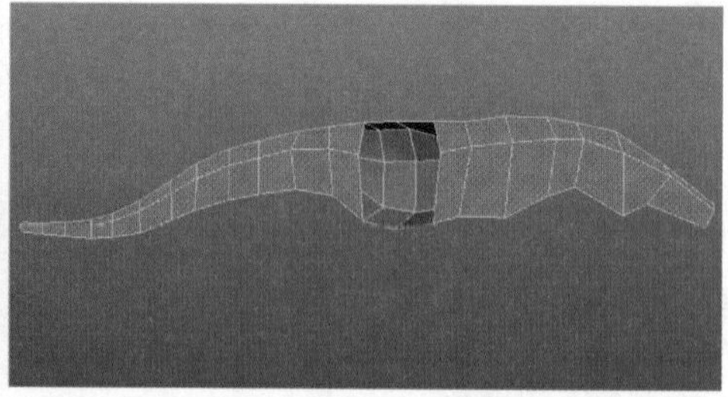

图 3-117

STEP 5 选择相对应的面挤出巨蜥的前肢与后肢，进行点的调整，如图 3-118 所示。

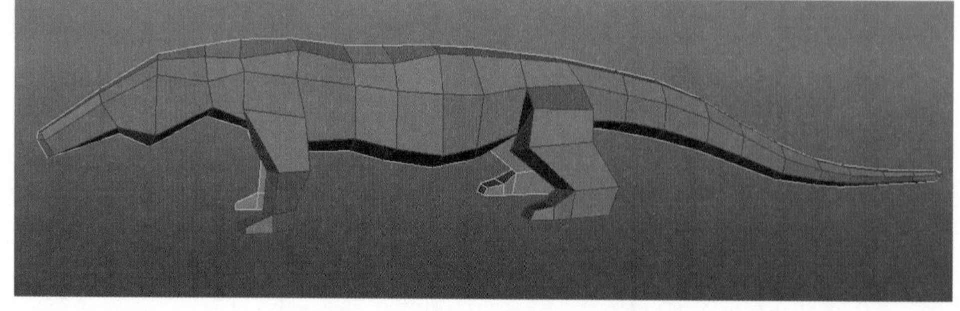

图 3-118

STEP 6 使用插入循环边工具在巨蜥头部插入新的循环边并进行点的调整，如图 3–119 所示。

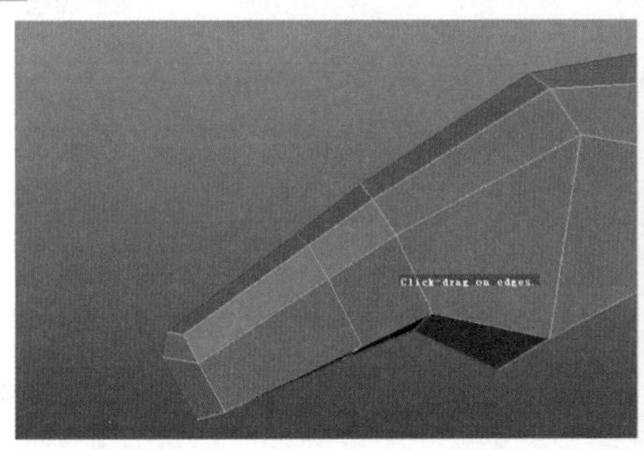

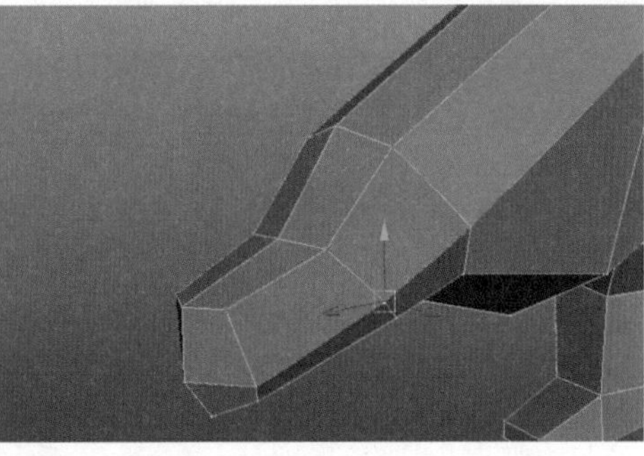

图 3–119

STEP 7 继续使用插入循环边工具在巨蜥前肢与后肢插入新的循环边并进行点的调整，使前后肢区分出来，如图 3–120 所示。

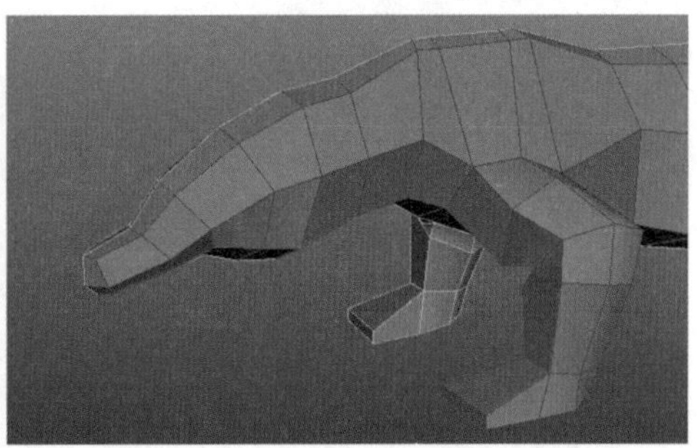

图 3–120

STEP 8 每次插入新的循环边时都要进行点的调整，使每个顶点都支撑到模型结构上，如图 3–121 所示。

图 3–121

STEP 9 在为模型增加新的边时，不仅可以使用插入循环边工具和交互式分割工具，还可以使用倒角命令，对选定的循环边执行倒角命令，使原本的一条边倒角为两条边，如图 3–122 所示。

图 3–122

注 意

自旋多边形边（Spin Edge）命令包括 Spin Edge Forward（正向自旋边）与 Spin Edge Backward（反向自旋边），选择多边形网格上的边进行基于选定边方向正向或反向旋转边，但只能旋转附加到两个面的边，如图 3-123 所示。

① 选择需要旋转的边。

② 执行 Edit Mesh（编辑网格）| Spin Edge Forward（正向自旋边）命令，可以按 Ctrl+Alt+←键；或执行 Edit Mesh（编辑网格）| Spin Edge Backward（反向自旋边）命令，可以按 Ctrl+Alt+→键，如图 3-124 所示。

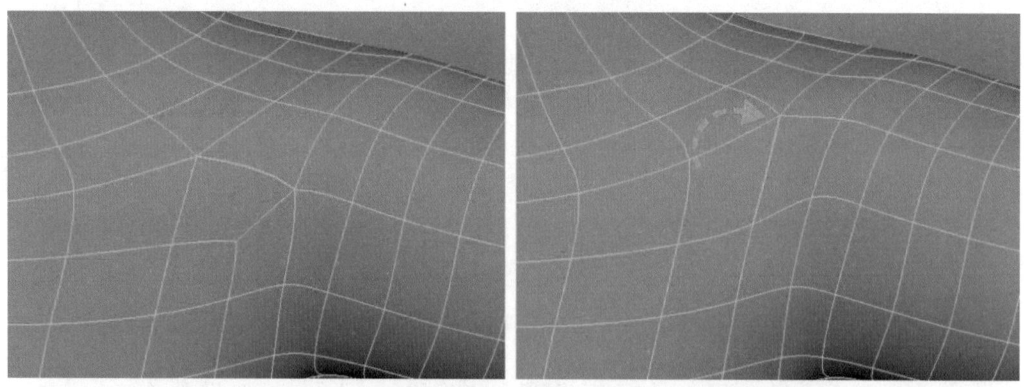

图 3-123

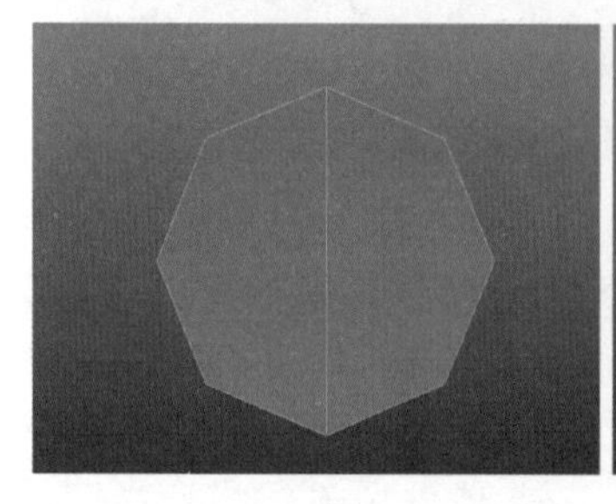

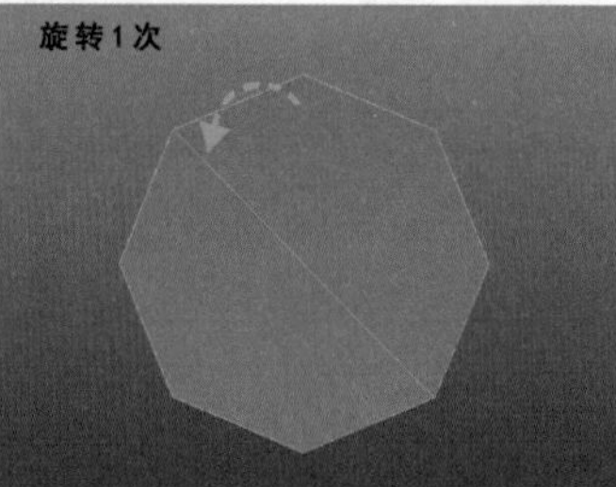

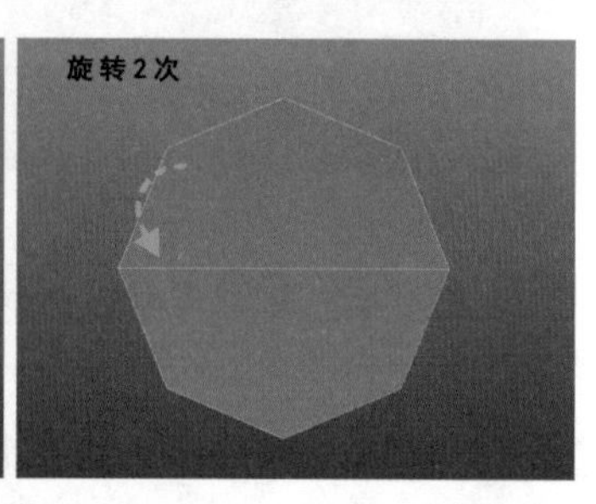

图 3-124

STEP10 使用插入循环边工具增加头部细节并进行调点，再使用挤出与插入循环边工具制作巨蜥脚部并进行调点，塑造巨蜥的结构与特征，如图 3-125 所示。

图 3-125

STEP11 创建完成后效果如图 3-126 所示。

图 3-126

3.8 应用案例——古代小女孩建模

3.8.1 创建参考图

STEP 1 执行 File（文件）| New Scene（新建场景）命令，新建一个场景。按空格键切换到侧视图，执行面板菜单 View（视图）| Image Plane（图像平面）| Import Image（导入图像）命令，在弹出的对话框中找到小女孩的参考图 Girl.jpg，单击 Open 按钮导入图像。

STEP 2 按 Ctrl+A 键打开属性编辑器，更改 imagePlane1 | Placement Extras | Image Center 文本框中的第一个参数为 -12、第二个参数为 11，切换到透视视图，参考图创建完成，如图 3-127 所示。

图 3-127

3.8.2 制作头部

STEP 1 单击按钮创建多边形立方体，执行 Mesh（网格）| Smooth（平滑）命令，将立方体细分一次，选择细分后的立方体一半的面删除，如图 3-128 所示。

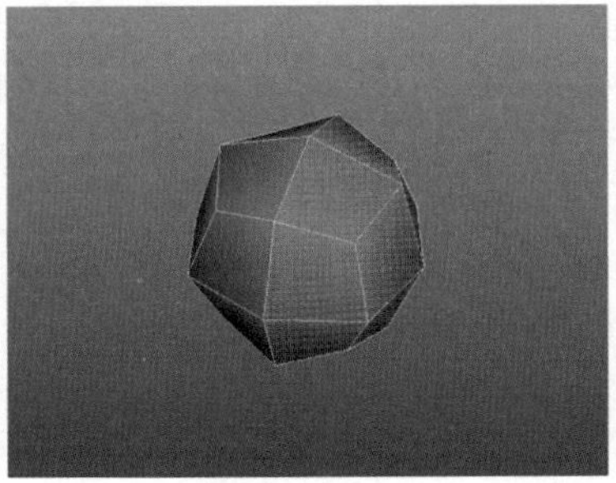

图 3-128

STEP 2 单击 Edit（编辑）| Duplicate Special（特殊复制）后的方块按钮，弹出特殊复制对话框，更改参数设置，将 Geometry type（几何体类型）由 Copy（复制）更改为 Instance（实例），Scale（缩放）Z 轴更改为 -1（默认为 1），单击 Apply 按钮，执行特殊复制命令，创建一个与被复制模型镜像的选择副本，可以实现在变换被复制模型的同时对副本应用变换，如图 3-129 所示。

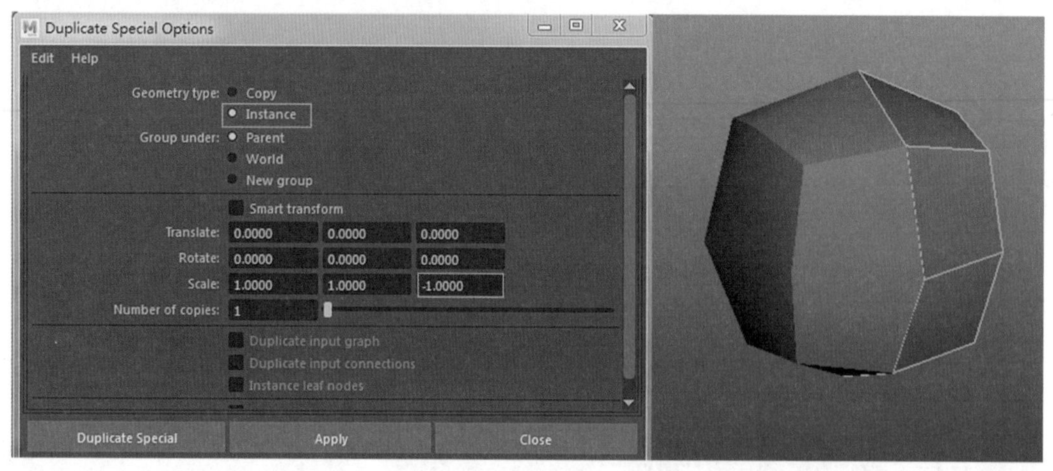

图 3-129

STEP 3 调整点的位置使模型有基本的头部结构，先定位眼睛的位置；在模型下半部使用插入循环边工具插入新的循环边，调整点的位置定义鼻子与颧骨的位置；继续在上半部插入新的循环边，调整点的位置定义额头与颞骨的位置，如图 3-130 所示。如果使用雕塑的方法同步进行头部模型制作，可以进行对比与分析，如图 3-131 所示为同步制作时的效果图。

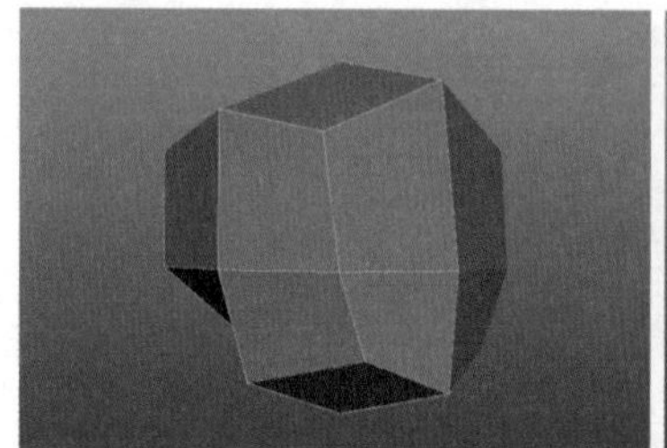
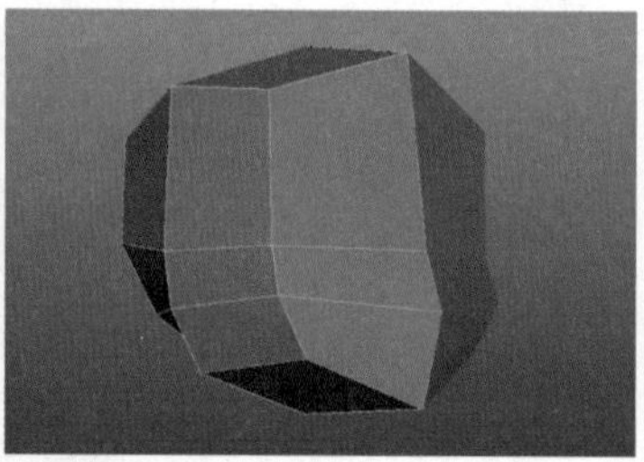
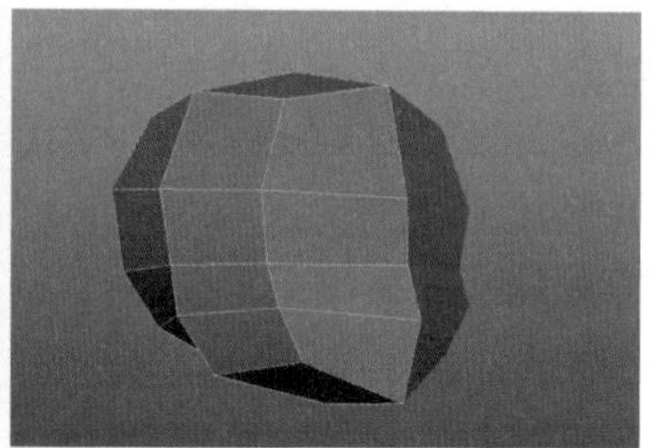

图 3-130

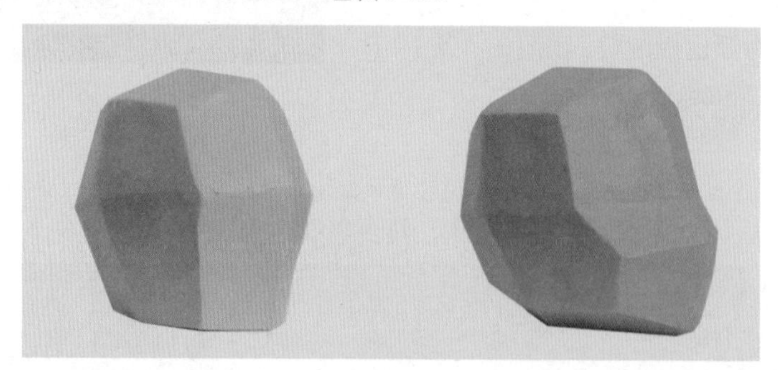

图 3-131

STEP 4 使用插入式循环边工具插入新的循环边，调整点的位置定义眉弓骨的位置；继续添加新的循环边并调整点的位置，选择底面的面挤出脖子并调整点的位置，如图 3-132 所示。

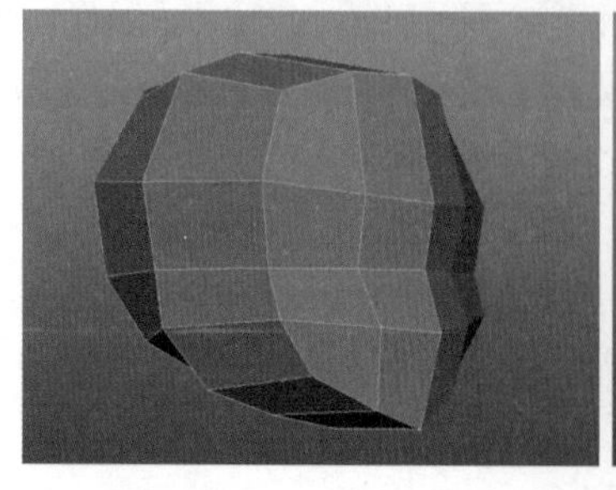
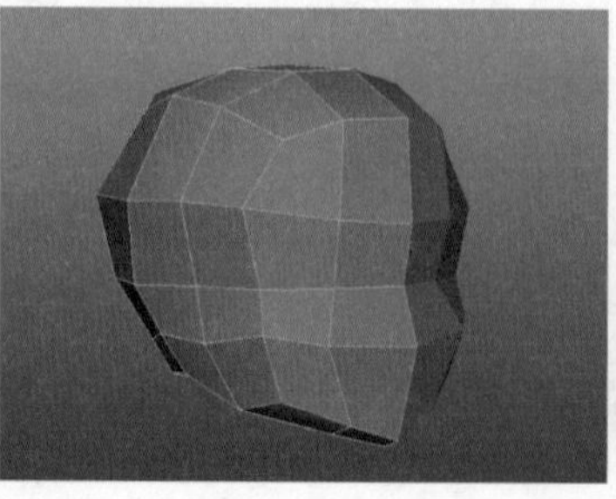
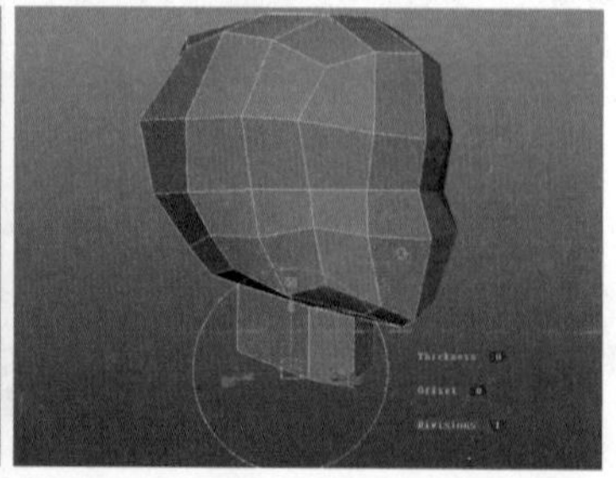

图 3-132

STEP 5 雕塑同步制作时的效果如图 3–133 所示。

图 3–133

STEP 6 执行 Mesh Tools（网格工具）| Multi–Cut（多切割）命令，在鼻子的位置添加边，调整点的位置；使用同样的方法在眼睛部位添加边，调整点的位置，如图 3–134 所示。

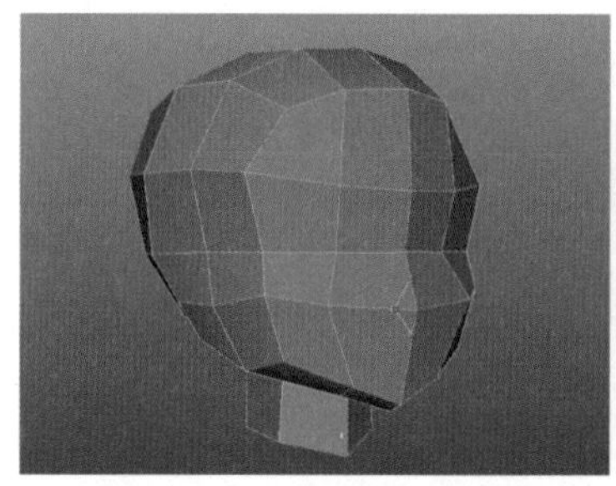
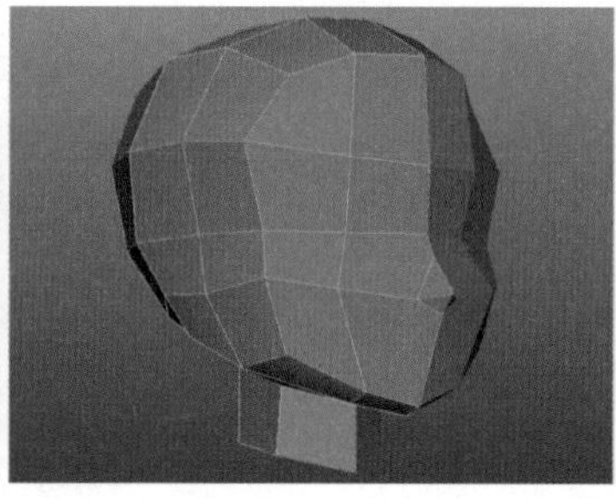
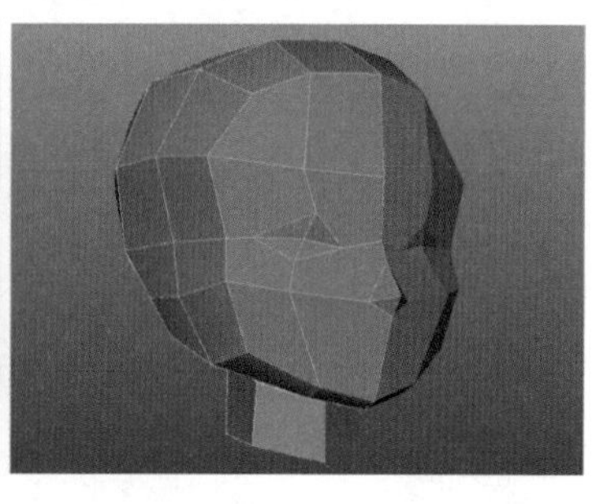

图 3–134

STEP 7 继续添加新的边，增加眼睛周围的结构线，每增加一条边或循环边时都需要调整点的位置后再继续添加下一条边或循环边；添加鼻子、嘴部周围新的边使其有明确的结构，如图 3–135 所示。

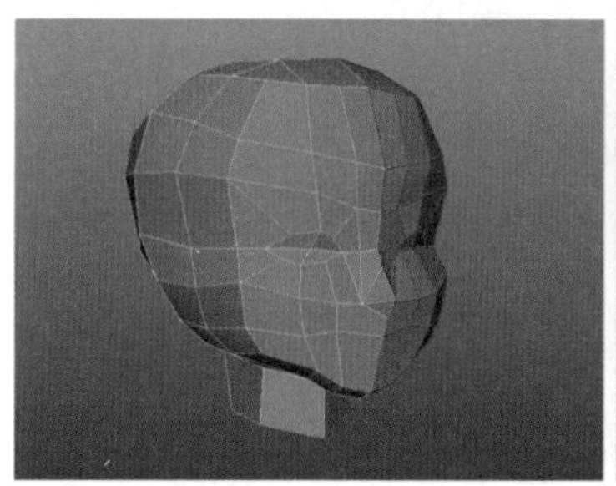
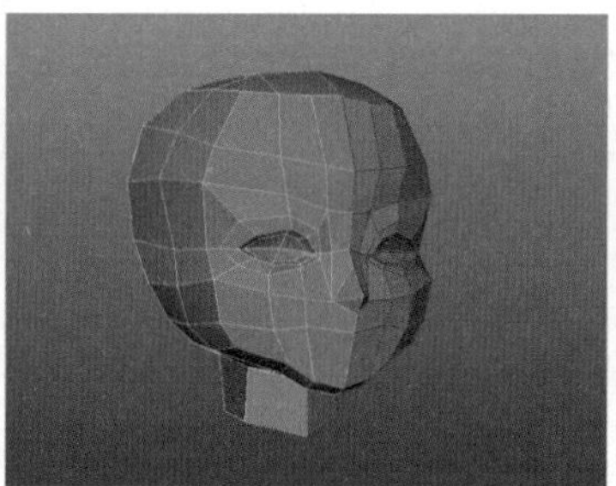
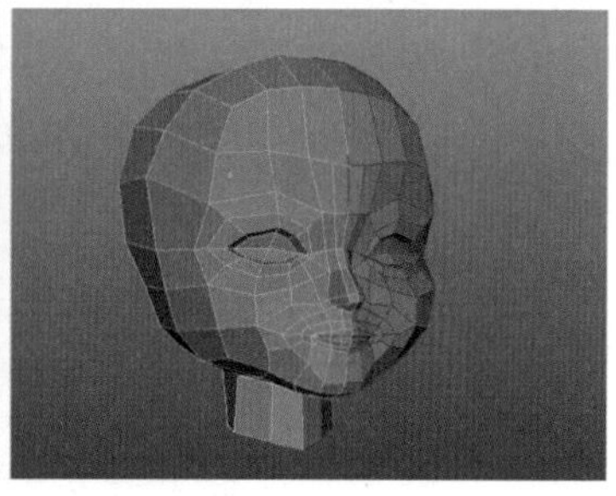

图 3–135

STEP 8 同步制作眼睛、鼻子和嘴的雕塑效果，如图 3–136 所示。

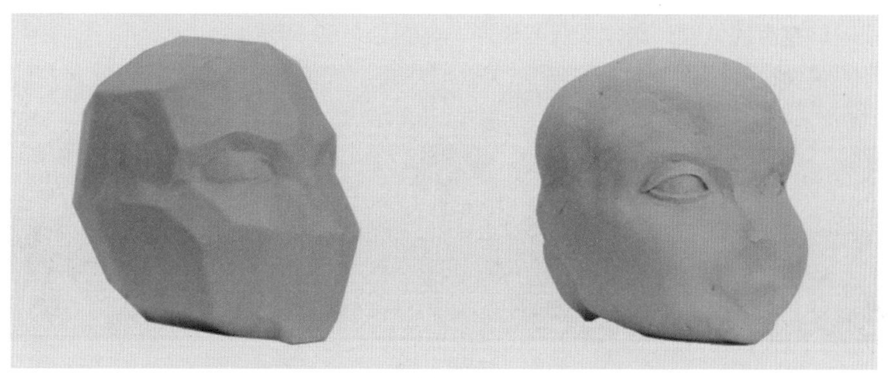

图 3–136

STEP 9 选择模型，按 3 键平滑网格预览显示，调整点的位置使其结构明确。使用自旋多边形边工具依照肌肉与骨骼结构调整脸部的布线，使模型结构与布线更加合理。执行挤出命令制作发髻与耳朵，调整点的位置，头部制作完成，如图 3–137 所示。

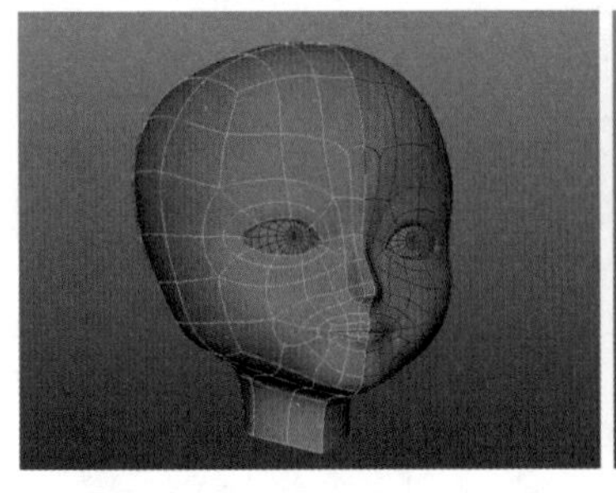
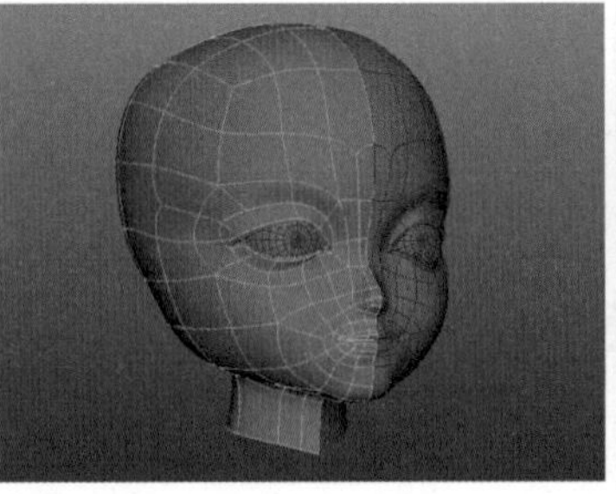
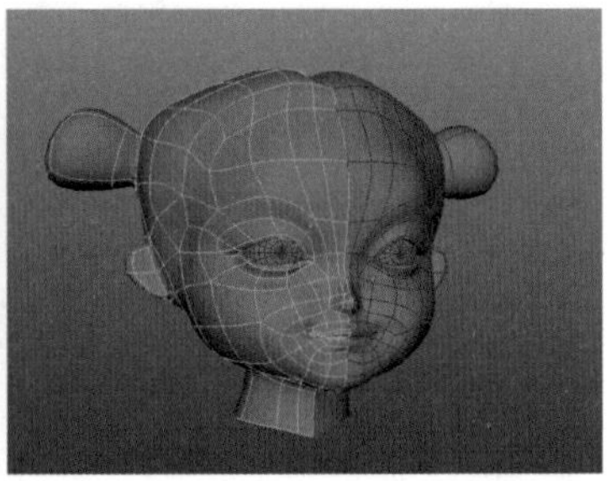

图 3–137

STEP10 同步制作头部的雕塑效果，如图 3–138 所示。

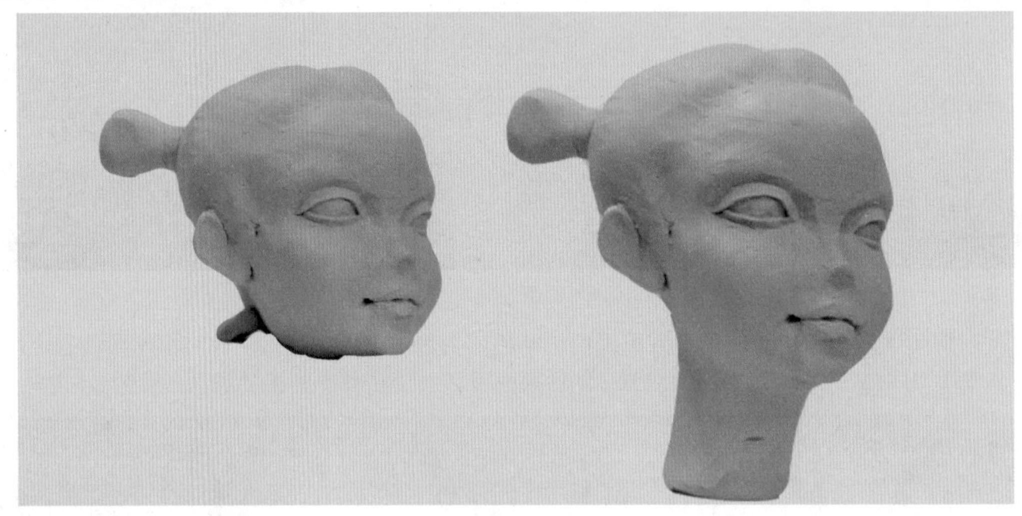

图 3–138

3.8.3 制作衣服

STEP 1 创建多边形立方体，细分一次，将一半的面删除。单击 Edit（编辑）| Duplicate Special（特殊复制）后的方块按钮，弹出特殊复制对话框，更改参数设置，将 Geometry type（几何体类型）由 Copy（复制）更改为 Instance（实例），Scale（缩放）Z 轴更改为 –1（默认为 1），单击 Apply 按钮，执行特殊复制命令，创建一个与被复制模型镜像的选择副本，可以实现在变换被复制模型的同时对副本应用变换。调整点的位置，制作衣服的雏形，如图 3–139 所示。

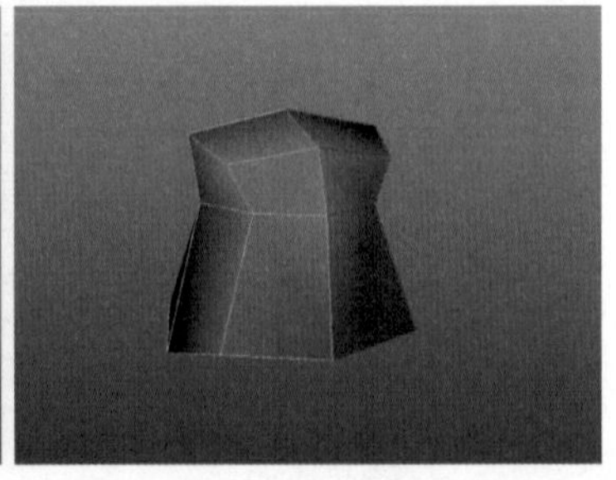

图 3–139

STEP 2 使用挤出命令挤出衣服的袖子与领口，使袖子与身体之间的夹角呈大约 45° ，以方便后期制作，将领口、袖口与底面没有用的面删除；执行插入式循环边命令，添加细分段数增加衣服的结构与细节，按 3 键平滑网格预览；调整点使脖子与领口更加吻合，没有模型的穿插，如图 3–140 所示。

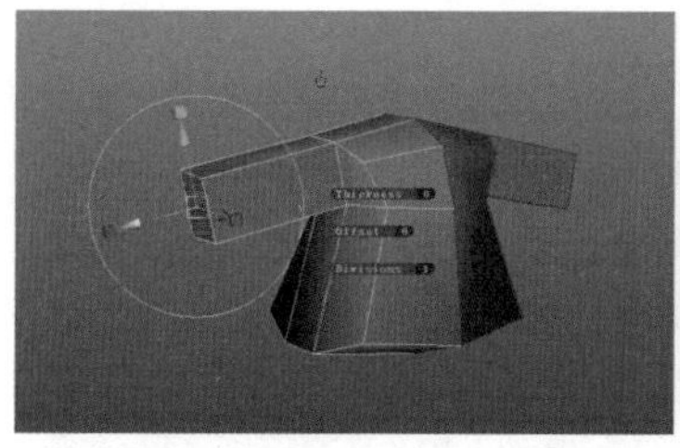

图 3–140

STEP 3 创建多边形立方体，细分宽度并删除立方体一半的面，如图 3–141 所示；执行特殊复制命令将被复制模型与复制模型关联起来。

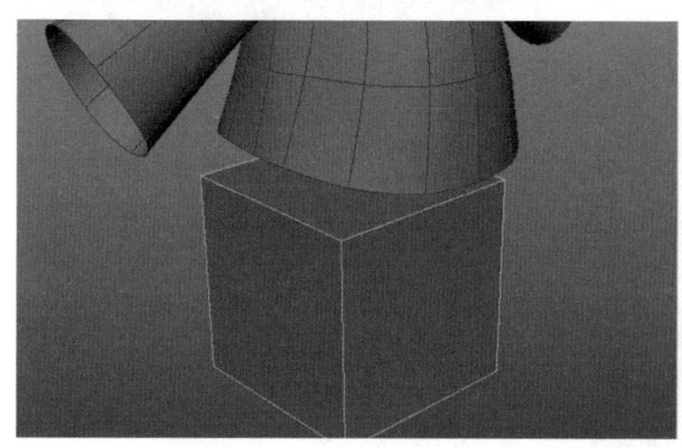
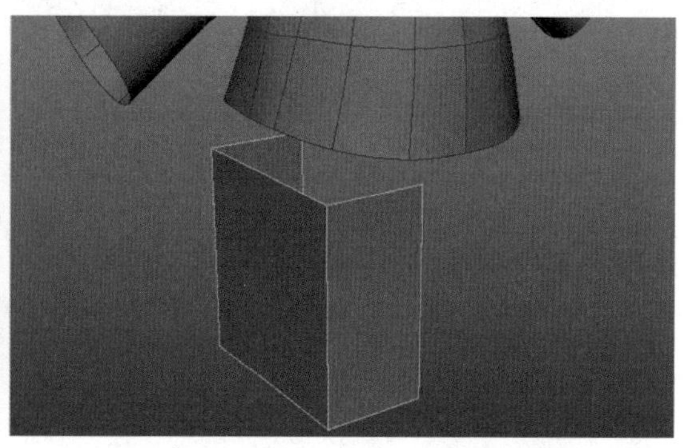

图 3–141

STEP 4 调整点的位置制作裙子的雏形，选中侧面的两条边进行倒角命令，调整点的位置，如图 3–142 所示。

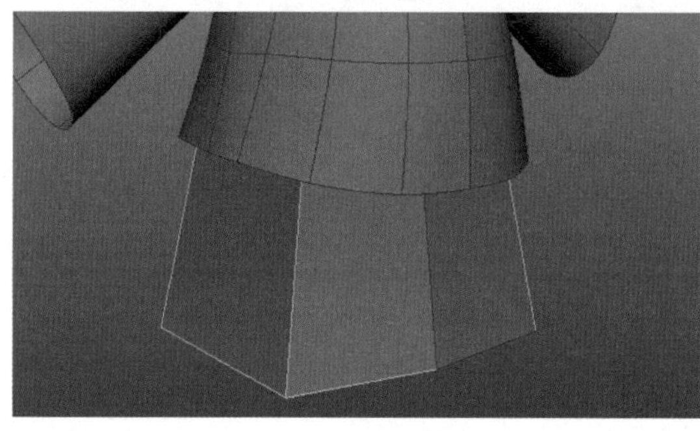
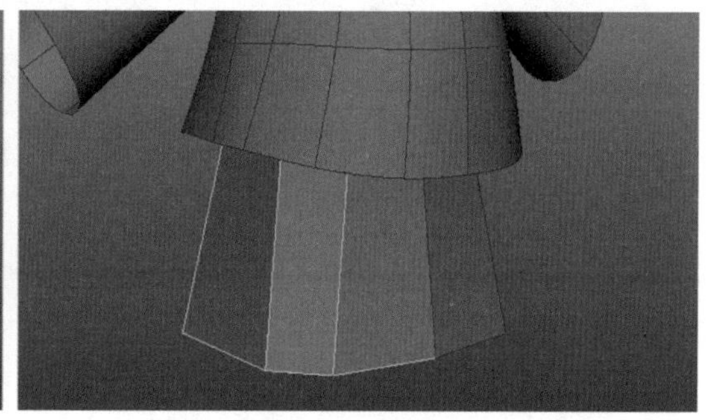

图 3–142

STEP 5 使用插入式循环边工具增加新的边，调整点的位置；按 3 键平滑网格预览，衣服制作完成，如图 3–143 所示。

图 3–143

3.8.4 制作手部

STEP 1 创建多边形立方体，调整通道栏内的物体参数，如图 3–144 所示，调整点的位置制作手掌的雏形。

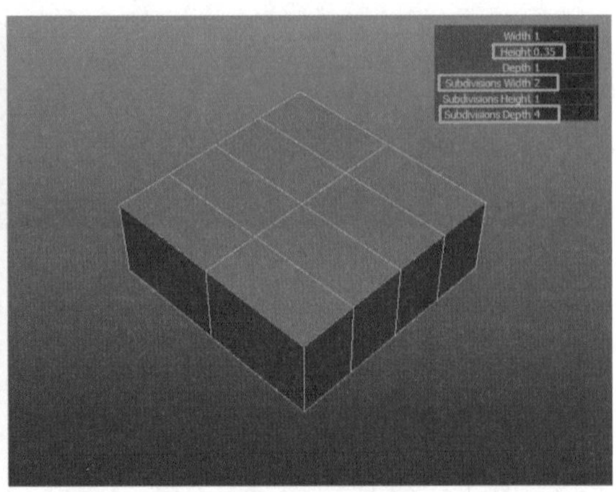

图 3–144

STEP 2 取消 Keep Faces Together（保持面的连接）的勾选，关闭面的连续性，选择手指方向的面挤出三次，调整点的位置，如图 3–145 所示。

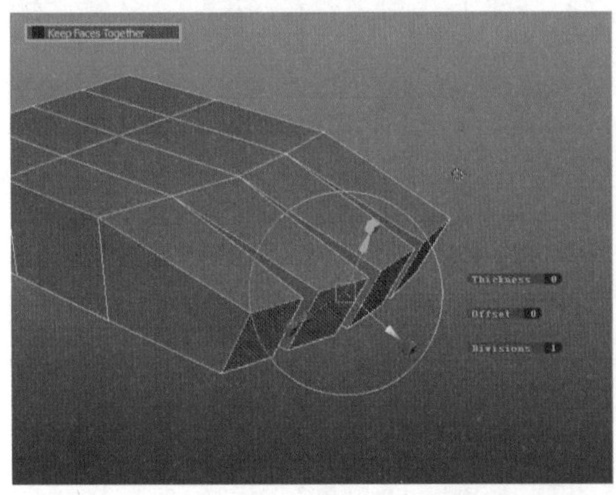

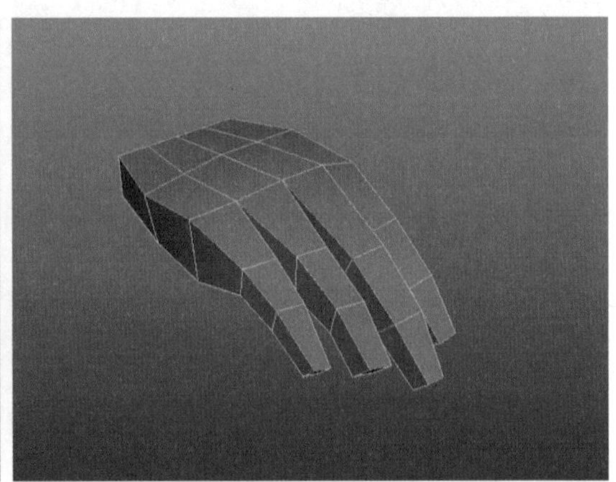

图 3–145

STEP 3 执行挤出命令，挤出大拇指与手腕，增加新边，调整点的位置，修改布线，如图 3–146 所示。

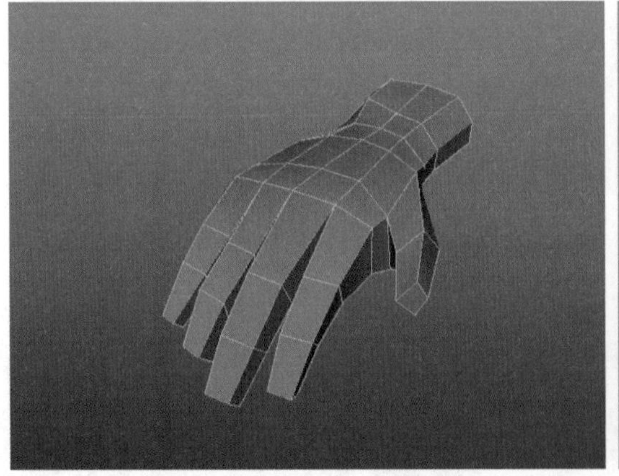

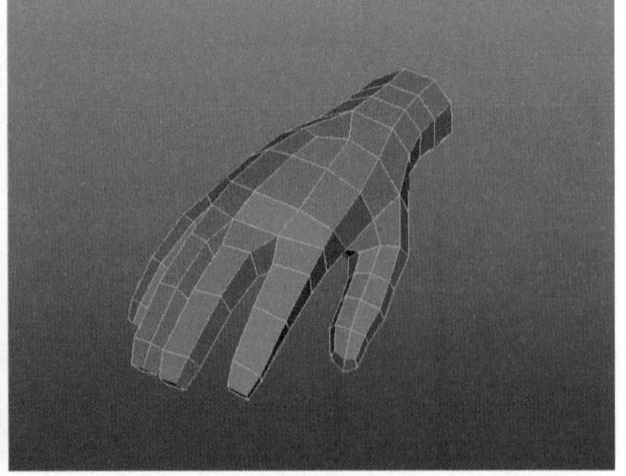

图 3–146

STEP 4 按 3 键平滑网格预览，特殊复制模型，将镜像复制模型移动至对称位置，手部制作完成，如图 3–147 所示。

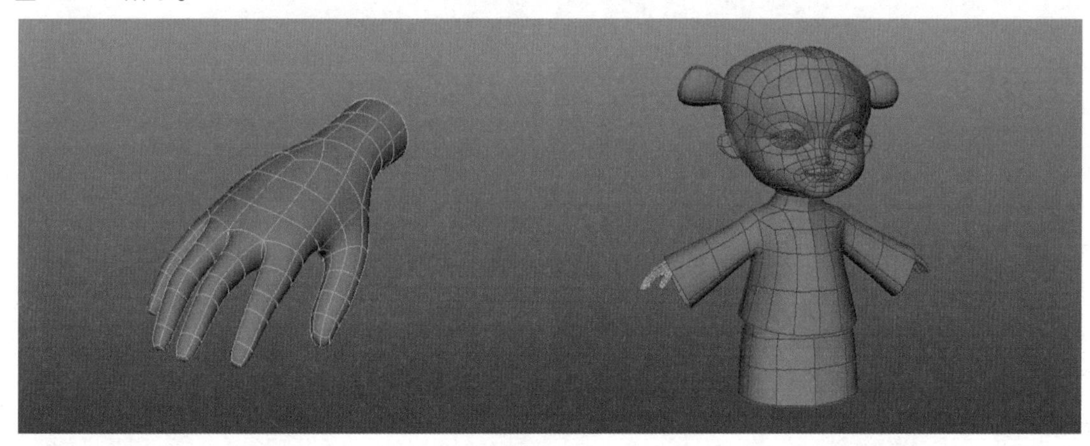

图 3–147

3.8.5 制作鞋子

STEP 1 创建多边形立方体，使用挤出命令向前与向上挤出新的面；使用插入式循环边工具增加新边，调整点的位置并平滑网格预览，如图 3–148 所示。

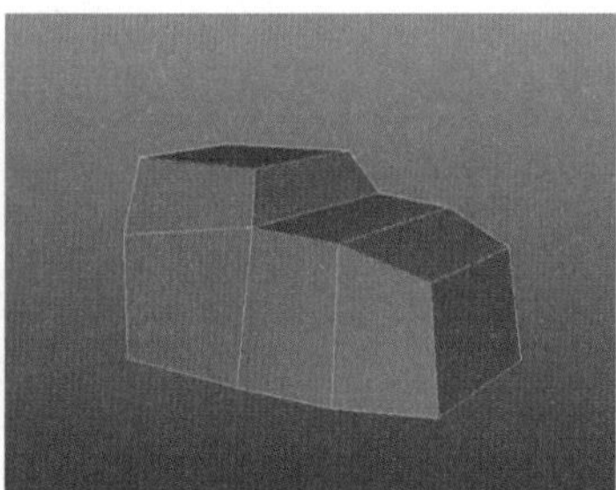
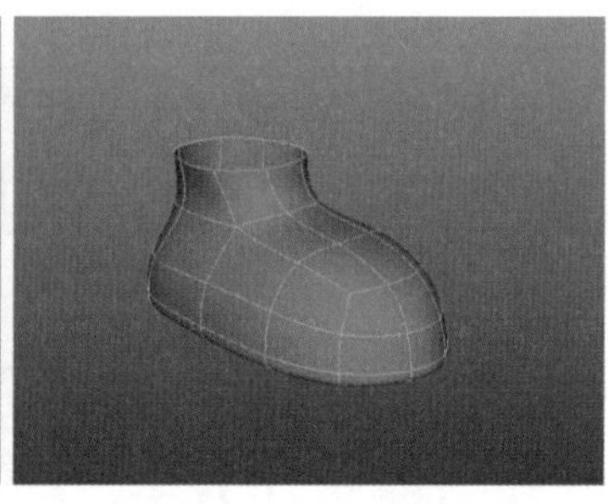

图 3–148

STEP 2 增加新边以丰富鞋帮结构，调整点的位置，制作脚面与脚腕，制作完成后执行特殊复制命令镜像复制另一只鞋，如图 3–149 所示。

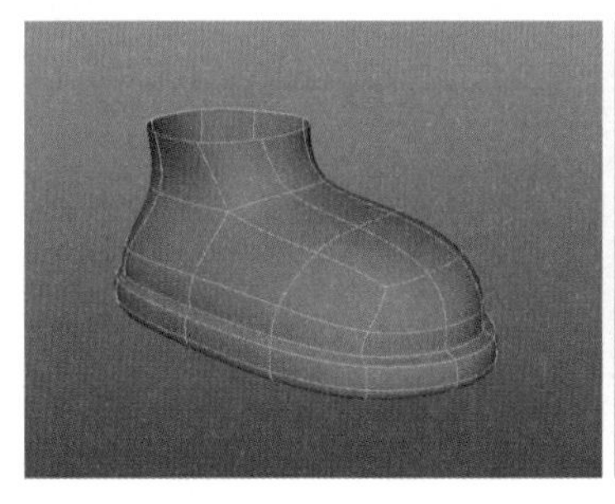
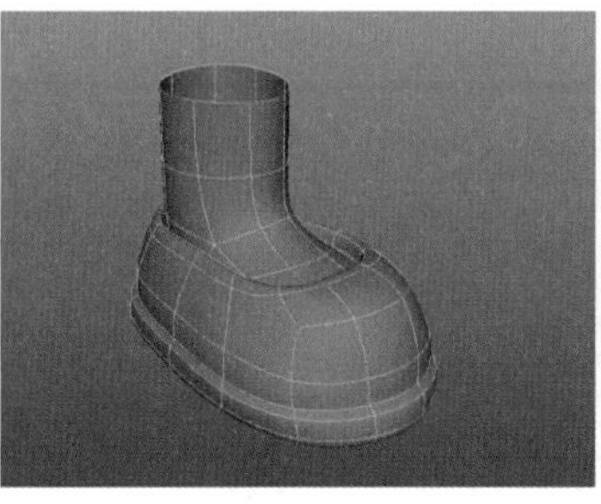
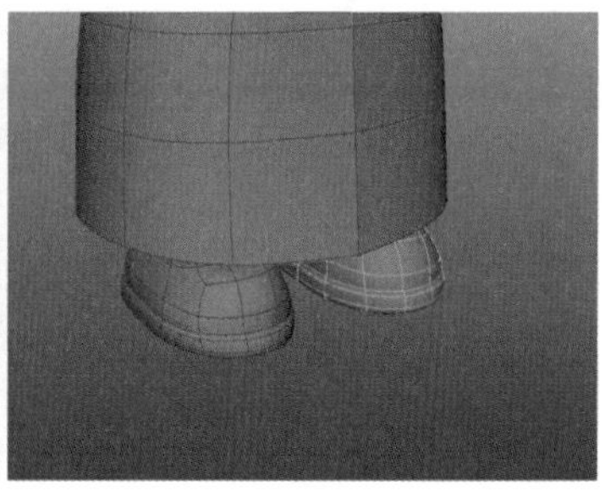

图 3–149

STEP 3 古代小女孩制作完成，如图 3–150 所示。

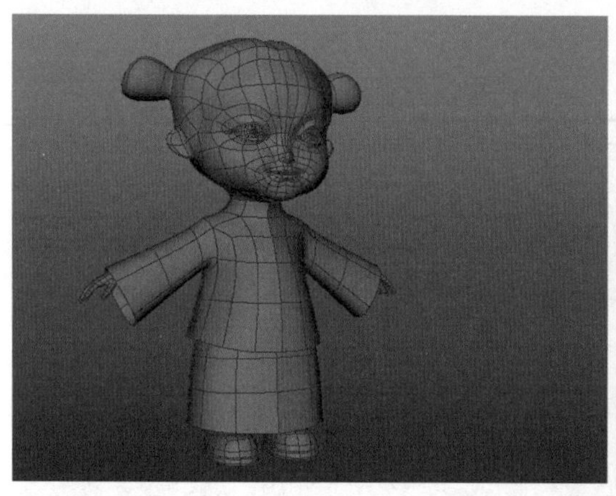
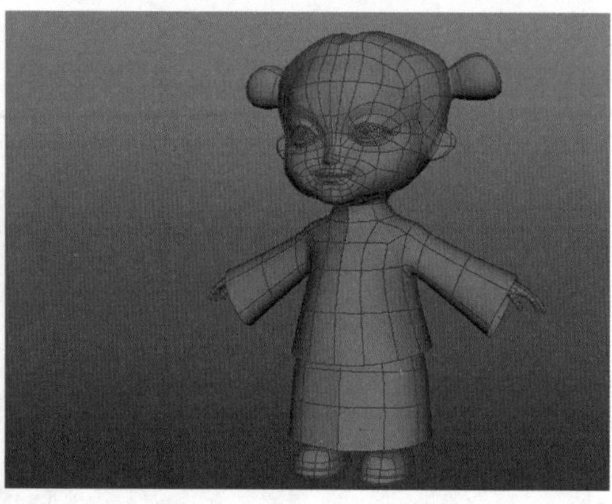

图 3-150

课后练习

内容：

参照三视图照片，利用本章所学的多边形建模知识将自己需要的三维模型制作出来。

要求：

1. 人物模型的形体结构比例准确，先制作出身体的基本大形。

2. 制作模型的过程中，要根据身体结构的走向布线，布线的整洁性和流畅感对模型也是非常重要的。

3. 要随时切换不同的视图观察，调节模型。

第 4 章 Maya 2017

NURBS 建模技术

本章讲解了 Maya 强大的 NURBS 建模技术，通过制作电动车车轮、咖啡杯和绘制吉祥图案的应用案例，详细讲解了 NURBS 建模的基本流程和 NURBS 曲线工具的应用，以及曲面工具的功能和应用。

本章重点

- NURBS 基础知识
- 应用案例——绘制吉祥图案
- 应用案例——制作咖啡杯
- 应用案例——制作电动车车轮

NURBS 建模即曲面建模，是由曲线组成曲面，再由曲面组成立体模型，曲线有控制点，可以控制曲线的曲率、方向、长短。NURBS 建模属于目前两大流行建模方式之一，另一种是多边形建模。

简单地说，NURBS 就是专门做曲面物体的一种造型方法。NURBS 造型总是由曲线和曲面来定义的，所以要在 NURBS 表面里生成一条有棱角的边是很困难的。就是因为这一特点，我们可以用它做出各种复杂的曲面造型和表现特殊的效果，例如人的皮肤、面貌或流线型的跑车等。

4.1 NURBS 基础知识 

4.1.1 NURBS 曲线基础 

1. 曲线的元素

曲线包括控制点、编辑点和壳线等基本元素，不同的元素可以用不同的工具进行编辑操作，如图 4-1 所示。

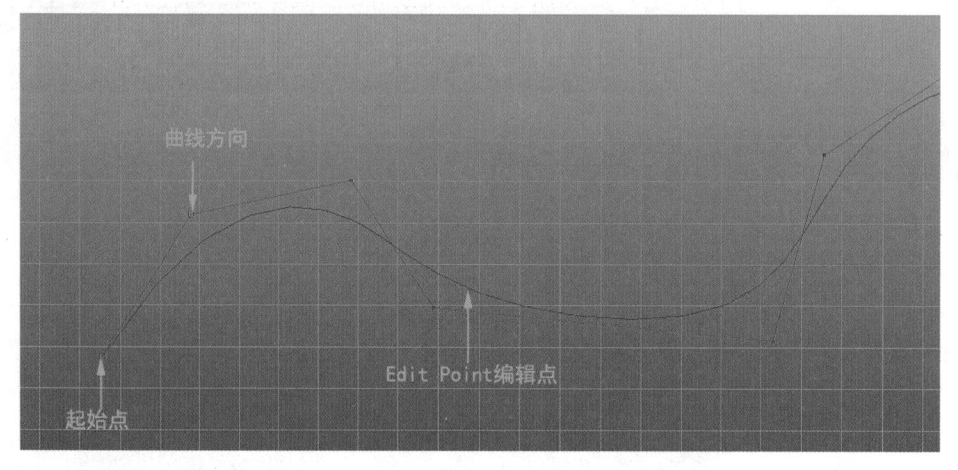

图 4-1

2. 曲线元素的选择和编辑

曲线元素可以通过 F8 键在物体与元素之间切换选择，也可以通过状态栏上的按钮进行选择。通过右键快速标记菜单可对一个或一组 CV 控制点或者编辑点进行移动、旋转和缩放。

3. 曲线元素的删除

选择一个或一组点，按 Delete 和 Backspace 键删除。在绘制曲线时，可以使用这两个键来删除前一次的点，例如使用 Pencil Curve（铅笔工具），要在绘制后进行选择删除。

4.1.2 NURBS 曲面基础

曲面的元素由 CV 点、Isoparm（等参线）、曲面点、曲面面片和壳线组成。与曲线一样，也可以通过 F8 键在物体与元素之间切换选择，也可以通过状态栏上的按钮进行选择。通过右键快速标记菜单可对一个或一组 CV 控制点或者编辑点进行移动、旋转和缩放。为了提高工作效率，按 Ctrl+ 鼠标右键，打开曲面元素的各种选择辅助工具，包括 Grow CV Selection（扩大当前选择的 CV）、Shrink CV Selection（收缩当前选择的 CV）、Select CV Selection Boundary（选择 CV 选择边界）、Select Surface Border（选择曲面边界）4 个辅助工具，快捷方式是选择 NURBS 物体的 CV 点，按 Ctrl+ 鼠标右键，在弹出的菜单中执行相应的命令即可，如图 4-2 所示。

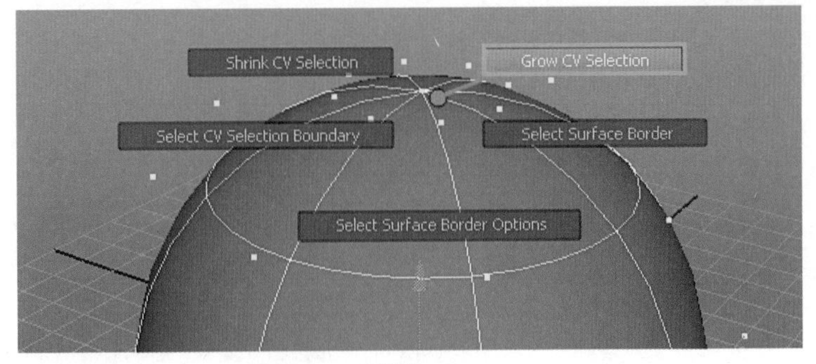

图 4-2

4.1.3 NURBS 曲面精度控制

在制作大场景时，灵活调整 NURBS 模型的显示精度非常重要，对不重要的部分用低精度显示，可以节约大量的系统资源，让制作更流畅。

快捷键为 1、2、3，或者在 Display（显示）| NURBS 中选择 Rough（粗）、Medium（中）和 Fine（精）。

4.1.4 NURBS 的建模流程

NURBS 的建模流程通常是“由线成面”的过程，绘制曲线——编辑曲线——曲线成面——编辑曲面。

Create（创建），建立曲线；Curves（曲线），在菜单中编辑曲线；Surfaces（曲面），将曲线生成曲面；Edit NURBS（编辑曲面），在菜单中编辑曲面。

4.1.5 创建 NURBS 几何体

NURBS 基本几何体包括 Sphere（球）、Cube（立方体）、Cylinder（柱体）、Cone（椎体）、Plane（平面）、Circle（圆环）等。

操作方法

✱ 在 Modeling（建模）主菜单下，执行 Create（创建）| NURBS Primitives（NURBS 几何体）命令，可以在菜单中选择并创建 NURBS 几何体，如图 4-3 所示。

✱ 可以在 Surface 工具栏中直接单击创建几何体，操作简便。

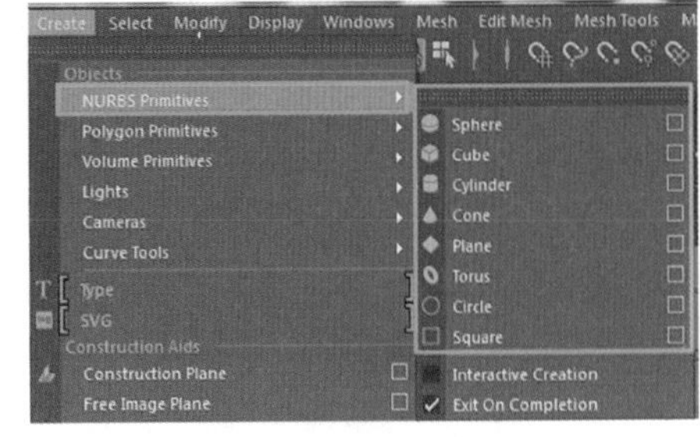

图 4-3

4.1.6 创建 NURBS 曲线

1. CV Curve Tool（CV 曲线工具）

（1）CV 曲线的绘制方法

STEP 1 执行 Create（创建）| Curve Tools（曲线工具）| CV Curve Tool（CV 曲线工具）命令。

STEP 2 按空格键切换到要创建曲线的视图，在视图中单击鼠标左键放置第 1 个点，这是曲线的第 1 个点，以小方块显示。

STEP 3 绘制第 2 个点，显示为 U，代表方向，并产生一条橘黄色的线，这是连接控制点的 Hull（壳线）。

STEP 4 绘制第 3 个点和第 4 个点，会产生 1 条白色曲线。

STEP 5 想要改变刚放置点的位置可以按住鼠标中键进行调整。

STEP 6 绘制完成后按回车键，这时曲线变为绿色，如果要继续绘制新的曲线，可以直接按 Y 键。

（2）编辑曲线

单击鼠标右键，通过弹出的菜单进入 CV 点编辑模式。

2. EP Curve Tool（EP 曲线工具）

创建 EP 曲线的方法与创建 CV 曲线大致相同。在创建 EP 曲线时只需要在视图区域中定义两个编辑顶点即可，如图 4-4 所示。

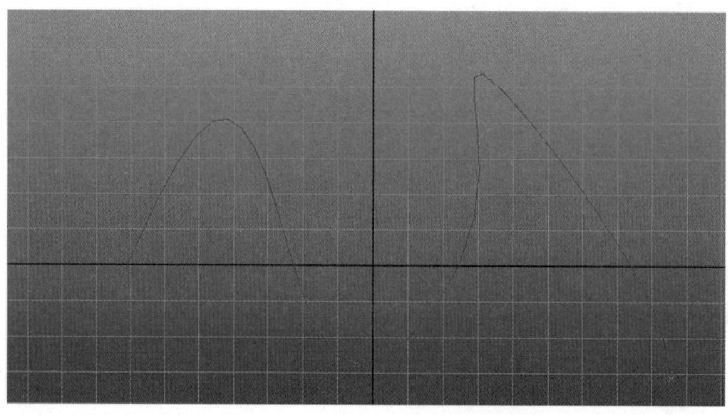

图 4-4

3. 创建 Text（文本）

单击 Create（创建）| Text（文本），然后打开 Attribute Editor(属性编辑器)对其进行修改。可以在 Type(类型)节点的 Attribute Editor(属性编辑器)中找到 Type Attributes(类型属性)。有 4 种公用属性和 4 个包含其他属性的选项卡，如图 4-5 所示。

* Text(文本)属性控制文本自身的对齐和外观。
* Geometry(几何体)属性控制多边形网格的各个方面。
* Texturing(纹理)属性控制网格的着色器指定。
* Animation(动画)属性允许在每个对象的基础上为文本设置动画。

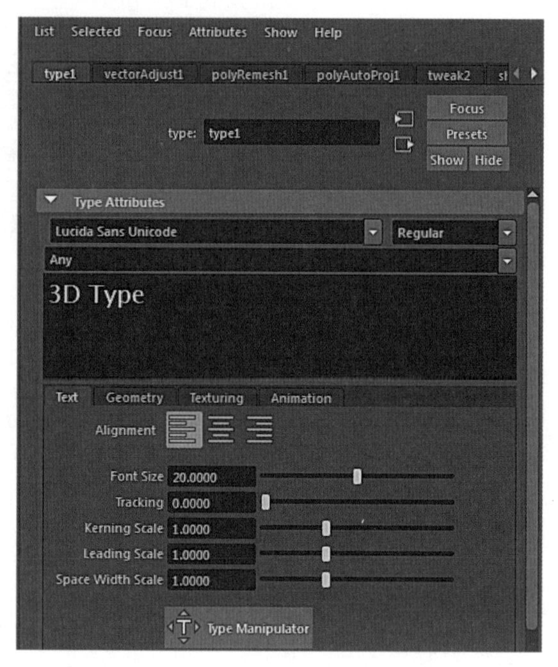

图 4-5

4.1.7 Edit NURBS（编辑 NURBS 曲面）命令菜单

* Duplicate NURBS（复制 NURBS 面片）：复制 NURBS 曲面上的一个或多个面片（Patch）。操作方式：选择 NURBS 曲面上的一个或多个面片（Patch），单击执行。
* Duplicate NURBS(复制 NURBS 面片)/Group With Original(与原始几何体成组)：勾选该项，

复制得到的曲面将作为原曲面的子物体。否则，复制得到的曲面将作为一个单独的节点存在于场景中。

✱ Project Curve On Surface（在曲面上投射曲线）：将一条或多条曲线投射到曲面上，创建表面曲线。

操作方式：首先选择一条或多条曲线、等参线（Isoparm）或剪切边线（Trim Edge），最后选择投射曲面，单击执行。

✱ Active View （当前视图）：沿当前激活视图的法线方向投射曲线。选择该项，投射时一定要选择合适的视图。

✱ Surface Normal （曲面法线）：沿曲面法线投射曲线。投射结果和所选视图无关。

✱ Trim Tool （剪切工具）：根据曲线上的表面曲线剪切曲面。

操作方式：选择带有表面曲线的曲面，单击执行，然后选择要保留的部分或要切除的部分，按回车键结束剪切。

4.1.8 创建 NURBS 曲面

1. Revolve（旋转成面）

使用 Revolve（旋转成面）命令可以将一条曲线沿一个轴旋转产生曲面，Revolve（旋转成面）不仅可以通过曲线旋转成曲面，还可以使用曲面线、等参线和剪切边界线旋转曲面。

操作方法

STEP 1 执行 File（文件）| New Scene（新建场景）命令，新建一个场景。

STEP 2 在侧视图中使用 CV 曲线工具绘制一条轮廓线，按回车键完成绘制。

STEP 3 选择绘制的曲线，执行 Surfaces（曲面）| Revolve（旋转成面）命令，创建旋转曲面，如图 4-6 所示。

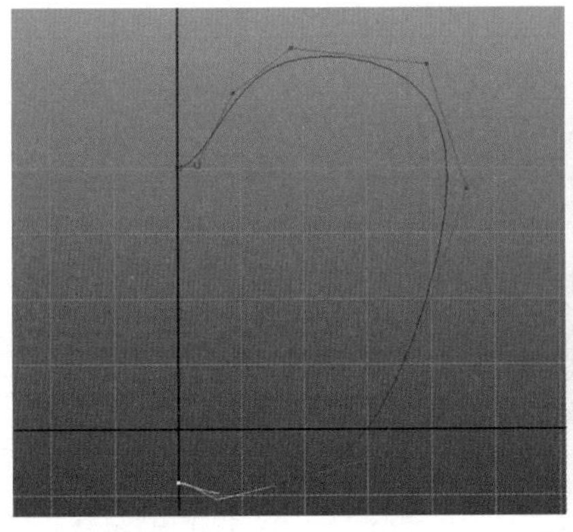
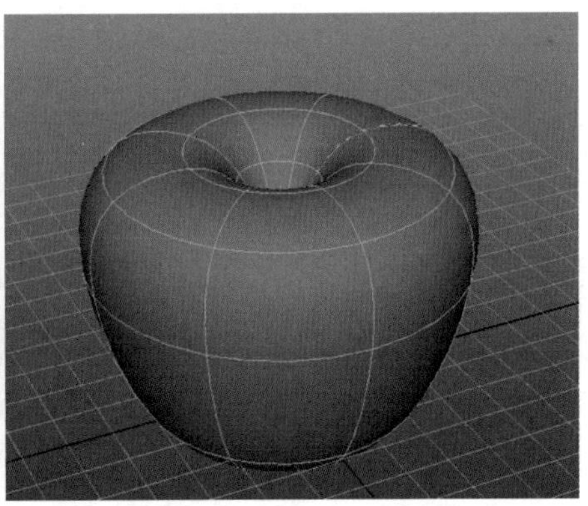

图 4-6

2. Loft（放样成面）

Loft（放样成面）命令可以通过连续的多个轮廓线产生曲面。曲线可以是自由的曲线、曲面曲线或剪切边界线，使用 Loft（放样成面）命令会根据选取曲线的顺序进行放样，先后顺序不同，放样的结果也会不一样。使用 Loft（放样成面）命令时需要两条及两条以上曲线。

操作方法

STEP 1 执行 Create（创建）| NURBS Primitives（NURBS 基本体）| Circle（圆环）命令，创建一个圆环。

STEP 2 选取圆环，执行 Edit（编辑）| Duplicate（复制）命令，复制曲线，使用移动缩放工具调整到合适状态。重复上一命令，复制多条曲线，调整大小和位置。

STEP 3 按住 Shift 键从上到下依次选择所有圆环，执行 Surfaces（曲面）| Loft（放样）命令，通过放样得到花瓶。可以编辑曲线环修改形状，如图 4–7 所示。

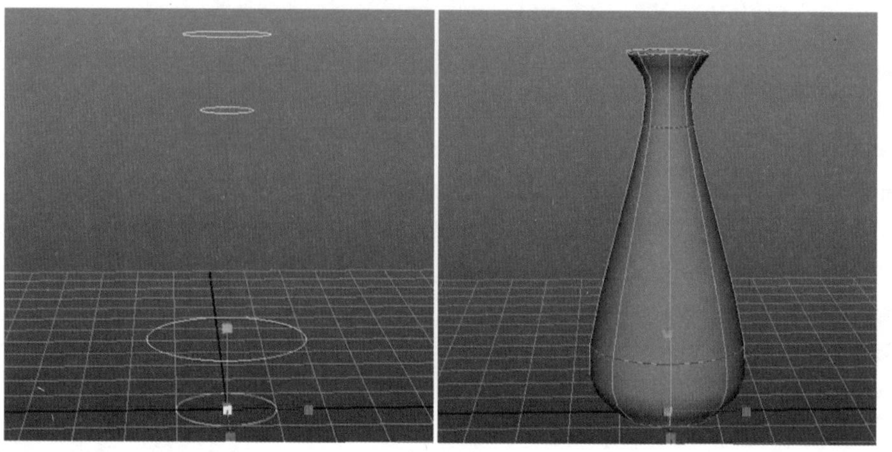

图 4–7

3. Extrude（挤出曲面）

Extrude（挤出曲面）命令可以将一条曲线沿某一个方向或一条路径曲线移动挤出曲面。

操作方法

STEP 1 执行 Create（创建）| NURBS Primitives（NURBS 基本体）| Circle（圆环）命令，在原点创建一个圆环。

STEP 2 使用 CV 曲线工具在前视图的原点位置向上绘制曲线作为挤出路径。

STEP 3 选取圆环曲线，加选挤出路径，单击 Surfaces（曲面）| Extrude（挤出曲面）后的方块按钮，打开 Extrude Options（挤出选项）对话框，设置 Style（挤出类型），单击 Extrude（挤出）按钮挤出曲面，如图 4–8 所示。

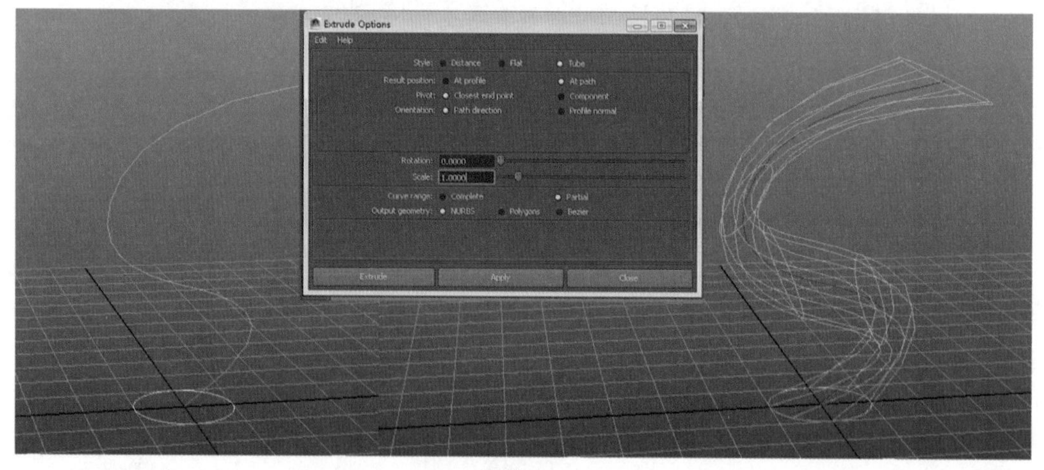

图 4–8

4. Bevel（倒角）

Bevel（倒角）命令可以对曲线创建倒角效果。创建的倒角曲面中包括挤出面和倒角面，在 Bevel（倒角）命令默认设置下形成的曲面，其挤出面和倒角面是一个整体，可以通过 Bevel（倒角）的参数设置得到分开的挤出面和倒角面，在不同模型上指定不同效果的材质。

操作方法

STEP 1 执行 Create（创建）| Text（文本）命令，创建文字曲线。设置大小和字体，创建曲线路径。

STEP 2 选择文本曲线，执行 Surfaces（曲面）| Bevel（倒角）命令，创建倒角曲面，如图 4-9 所示，可以设置倒角参数进行调整。

图 4-9

4.2 应用案例——绘制吉祥图案

STEP 1 新建场景，按空格键切换到侧视图，在侧视图中执行 View（视图）| Image Plane（平面视图）| Import Image（导入图片）命令，选择并导入图片到侧视图，如图 4-10 所示。

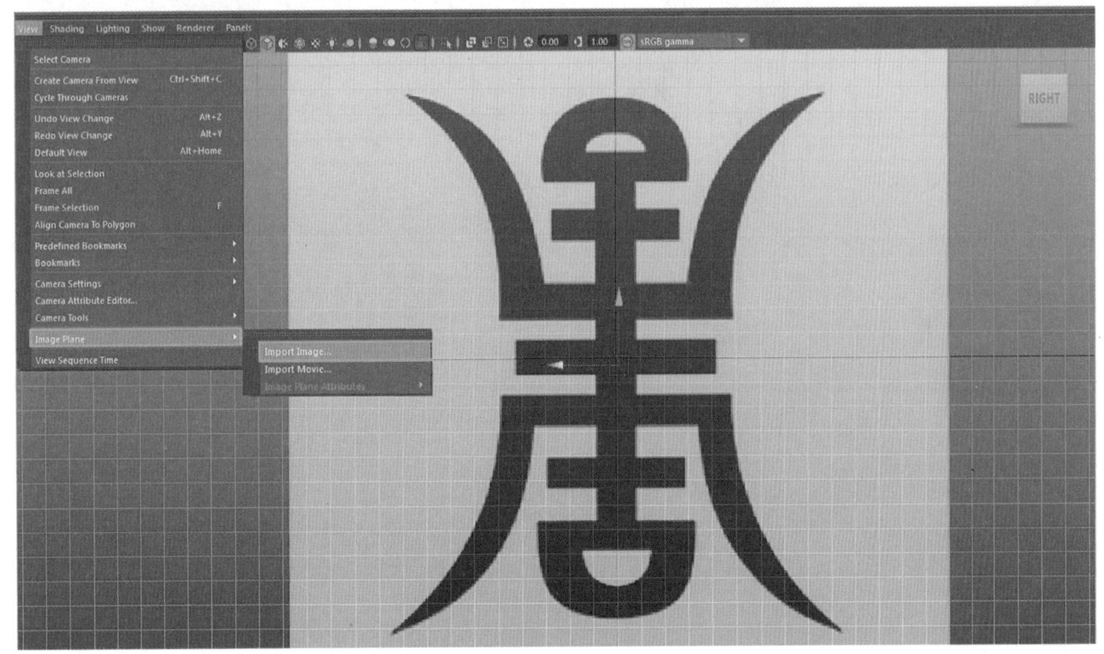

图 4-10

STEP 2 使用 CV Curve Tool（CV 曲线工具）绘制一条复杂曲线，按回车键确定完成绘制，如图 4-11 所示。

STEP 3 选中曲线，单击鼠标右键，在弹出的菜单中选择 Control Vertex（控制顶点）命令，调整点到合适位置，右键切换到物体模式，如图 4-12 所示。

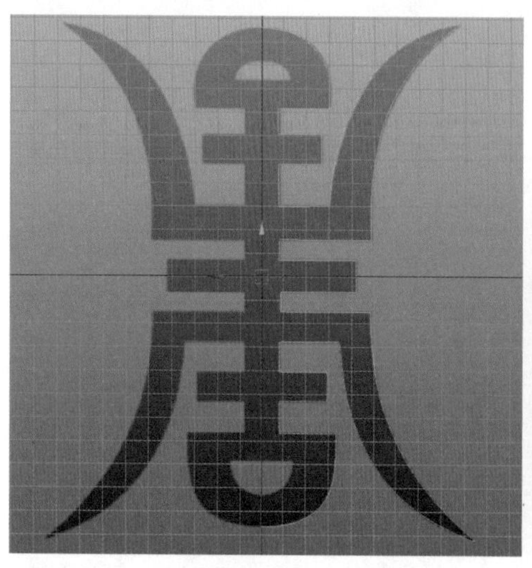
图 4-11

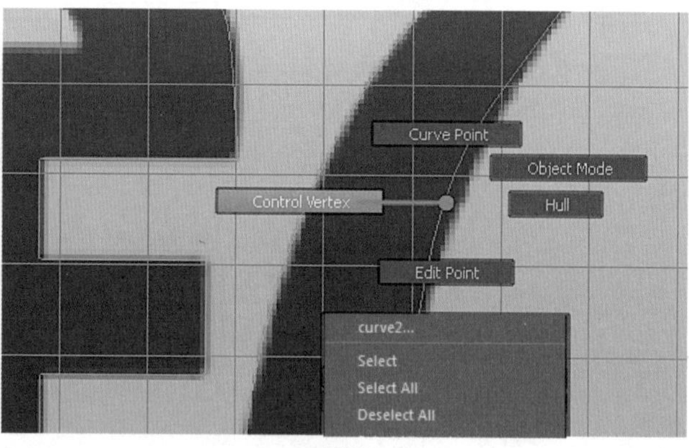

图 4-12

STEP 4 选择曲线，单击 Edit（编辑）| Duplicate Special（特殊复制）后的方块按钮，打开复制选项设置对话框，设置 Scale 为 1、1、-1，沿 Z 轴镜像复制曲线，如图 4-13 所示。

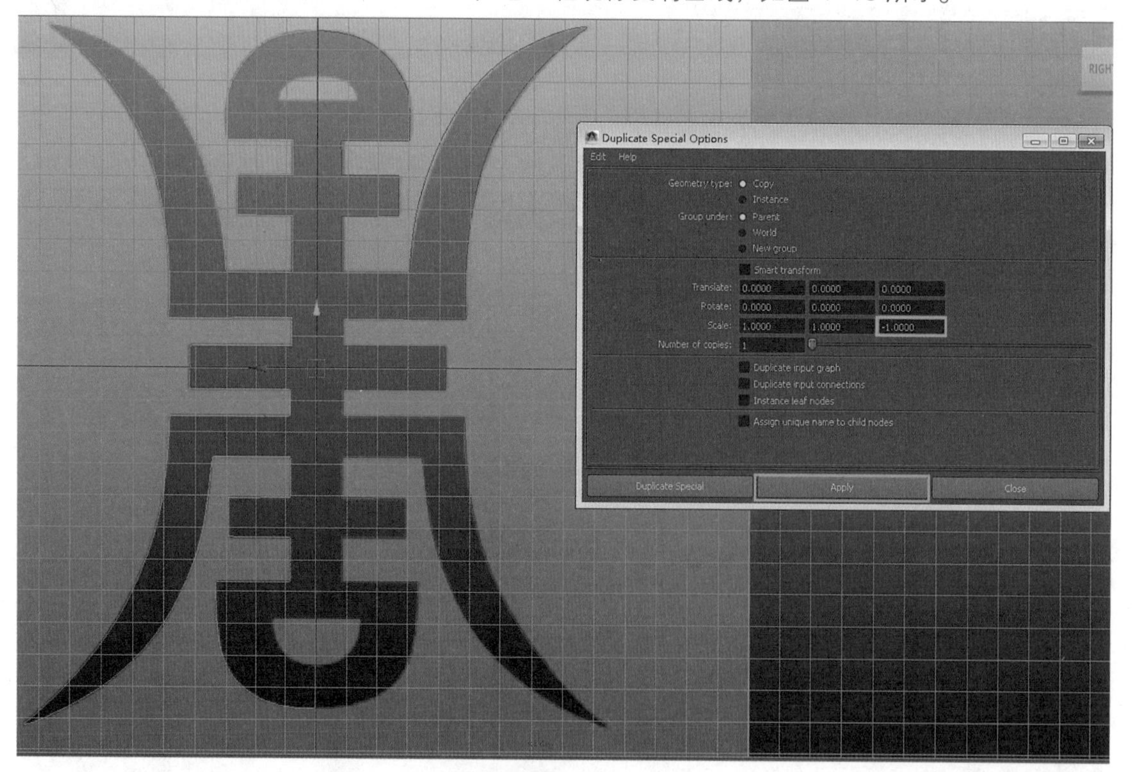

图 4-13

STEP 5 执行 Create（创建）| NURBS Primitives（NURBS 基本体）| Circle（圆环）命令，创建一个圆环，切换到点，调节点的位置，重复上一命令，调整点的位置，如图 4-14 所示。

STEP 6 选取所有曲线，执行 Curves（曲线）| Attach（附加）命令，将曲线合并形成一个整体，再通过 Curves（曲线）| Open/Close（打开 / 关闭曲线）命令将曲线封闭，如图 4-15 所示。

STEP 7 先选择外边的曲线，按住 Shift 键加选里边的两条曲线，执行 Surfaces（曲面）| Planar（平面）命令，形成曲面，如图 4-16 所示。

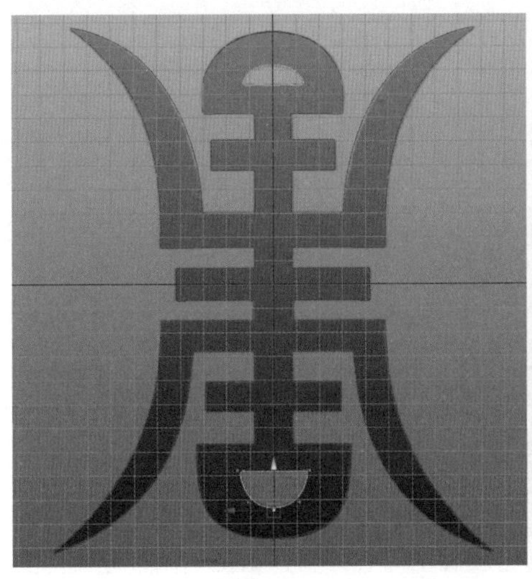

图 4-14

图 4-15

图 4-16

4.3 应用案例——制作咖啡杯

STEP 1 执行 File（文件）| New Scene（新建场景）命令，新建一个场景。

STEP 2 按空格键切换到侧视图，执行 Create（创建）| Curve Tools（曲线工具）| CV Curve Tool（CV 曲线工具）命令，创建杯子的轮廓曲线，如图 4-17 所示。

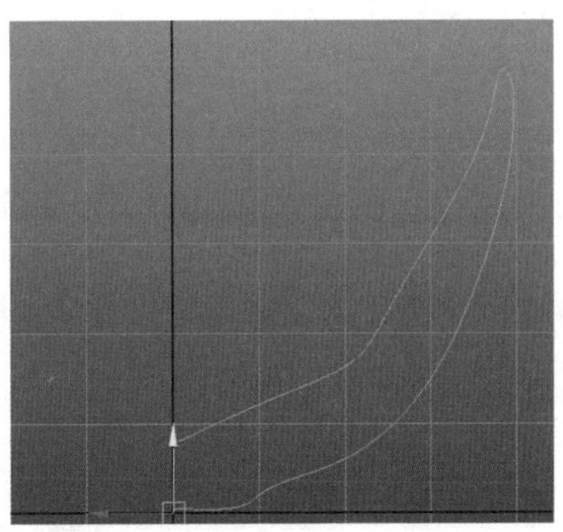

图 4-17

STEP 3 选择曲线，单击鼠标右键，在弹出的菜单中选择 Control Vertex（控制顶点）命令，调整点的位置，如图 4-18 所示。

STEP 4 右键切换到物体模式，执行 Surfaces（曲面）| Revolve（旋转成面）命令，创建旋转曲面，如图 4-19 所示。

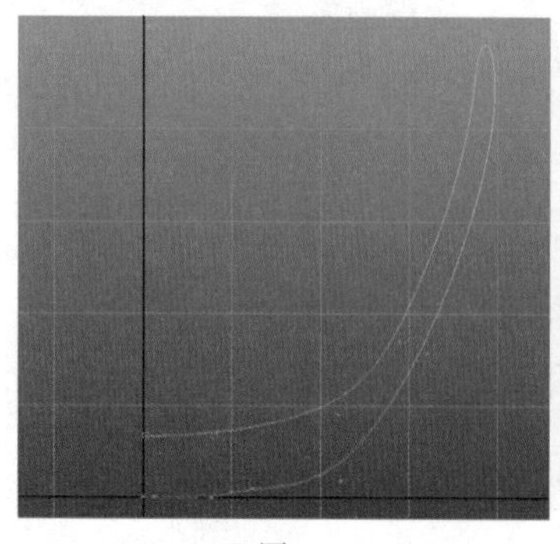

图 4-18

图 4-19

STEP 5 重复上一命令，制作杯子下边的碟子，如图 4-20 所示。

STEP 6 执行 Create（创建）| NURBS Primitives（NURBS 基本体）| Circle（圆环）命令，在原点创建一个圆环，缩放圆环轴向为杯柄横切面形状，在侧视图中使用 CV 曲线工具在合适位置绘制手柄曲线，按回车键完成绘制，如图 4-21 所示。

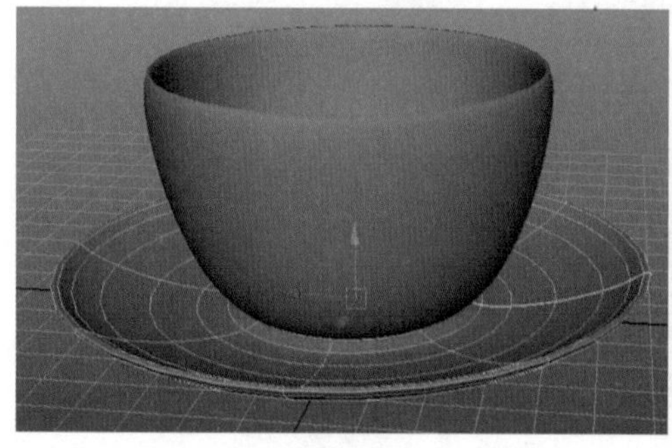

图 4-20

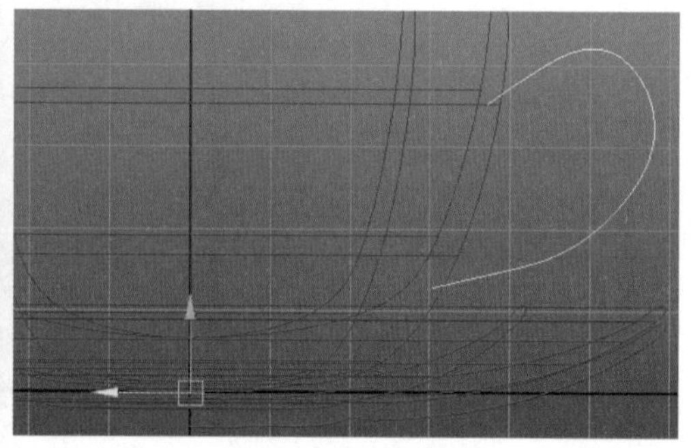

图 4-21

STEP 7 先选择圆环，按住 Shift 键加选手柄曲线，单击 Surfaces（曲面）| Extrude（挤出曲面）后的方块按钮，打开 Extrude Options（挤出选项）对话框，设置 Style（挤出类型）为 Tube（管），Result position（结果位置）为 At path（在路径处），Pivot（枢纽）为 Component（组件），单击 Extrude（挤出）按钮挤出曲面，如图 4-22 所示。

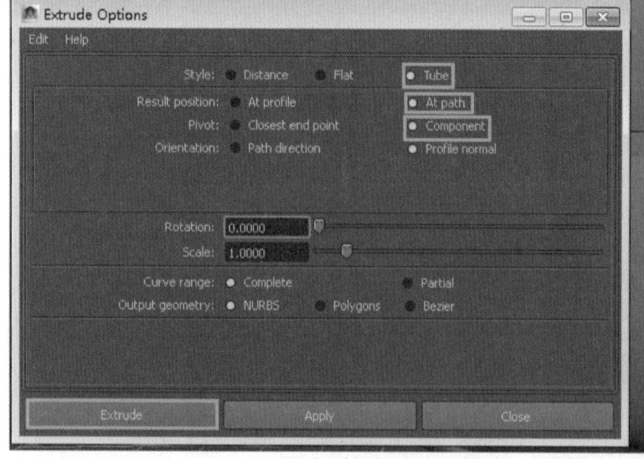

图 4-22

STEP 8 咖啡杯制作完成，如图 4-23 所示。

图 4-23

4.4 应用案例——制作电动车车轮

4.4.1 创建参考图

STEP 1 执行 File（文件）| New Scene（新建场景）命令，新建一个场景。

STEP 2 按空格键切换到侧视图，在面板菜单中执行 View（视图）| Image Plane（图像平面）| Import Image（导入图像）命令，在弹出的对话框中找到车轮参考图 Wheel.jpg，单击按钮导入图像，如图 4-24 所示。

STEP 3 在属性编辑器 imagePlane1 中，更改 Placement Extras（放置附加）选项下拉菜单中的 Image Center（图像中心）参数，调整到合适位置，参考图创建完成，如图 4-25 所示。

图 4-24

图 4-25

STEP 4 执行 File（文件）| Save Scene（保存场景）命令，存储文件，文件名为 Wheel。

4.4.2 制作轮盘

STEP 1 按空格键切换到前视图，执行 Create（创建）| Curve Tools（曲线工具）| CV Curve Tool（CV 曲线工具）命令，创建轮盘的切面曲线，如图 4-26 所示。

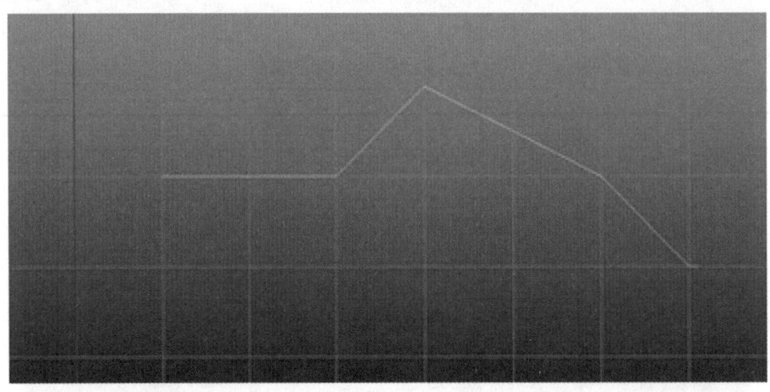

图 4-26

STEP 2 选择曲线，执行 Surfaces（曲面）| Revolve（旋转）命令，制作出轮盘，如图 4-27 所示。

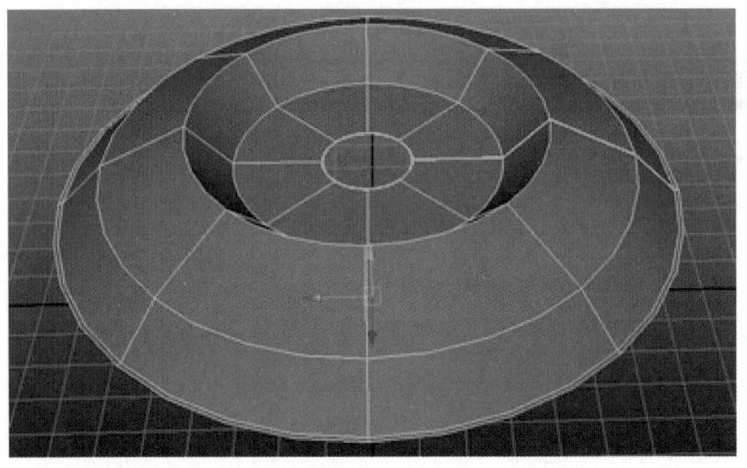

图 4-27

STEP 3 增加段数让轮盘平滑一些。单击 Surfaces（曲面）| Rebuild （重建）后的方块按钮，打开对话框，将 Number of spans U、Number of spans V 参数设为 6、12，单击 Rebuild（重建）按钮完成，如图 4-28 所示。

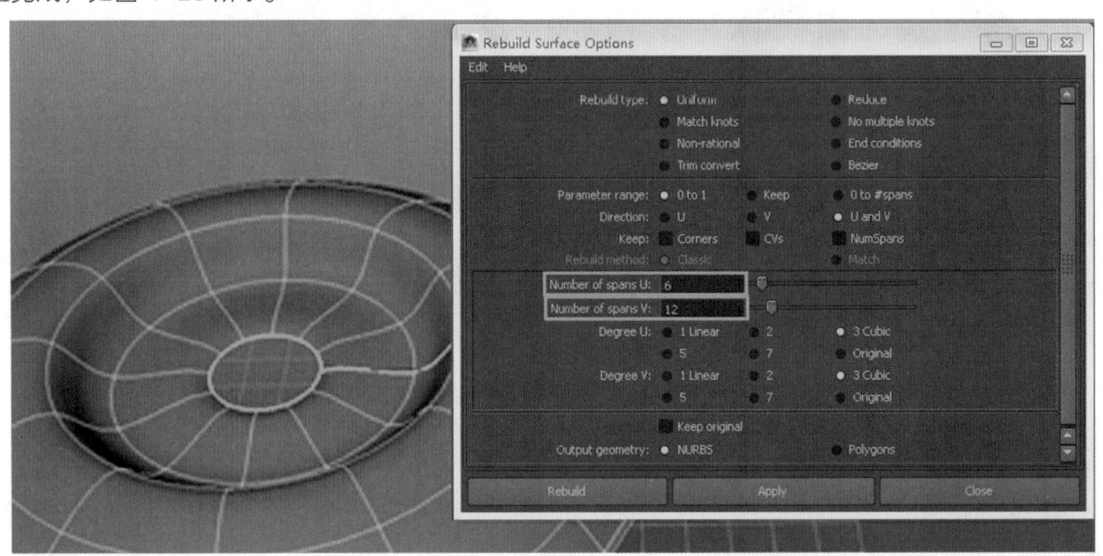

图 4-28

STEP 4 选中轮盘，单击鼠标右键，在弹出的菜单中选择 Isoparm（等参线）命令，按空格键切换到顶视图，选取两条等参线，如图 4-29 黄色实线所示。

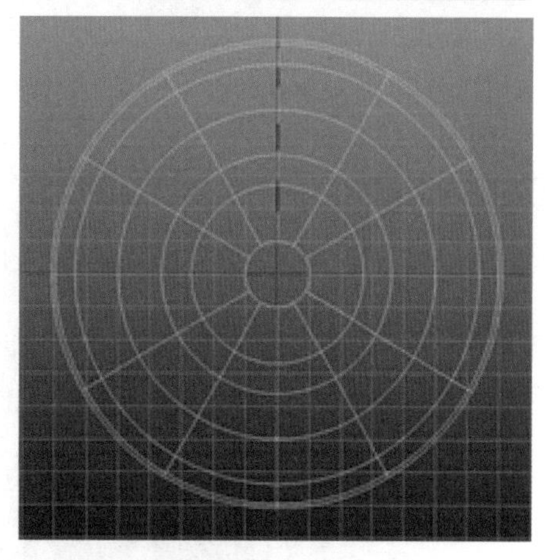

图 4-29

注意

选取等参线时不要选择接缝两边的等参线。

STEP 5 执行 Surfaces（曲面）| Detach（分离）命令，删除其余 5/6 的面，如图 4-30 所示。

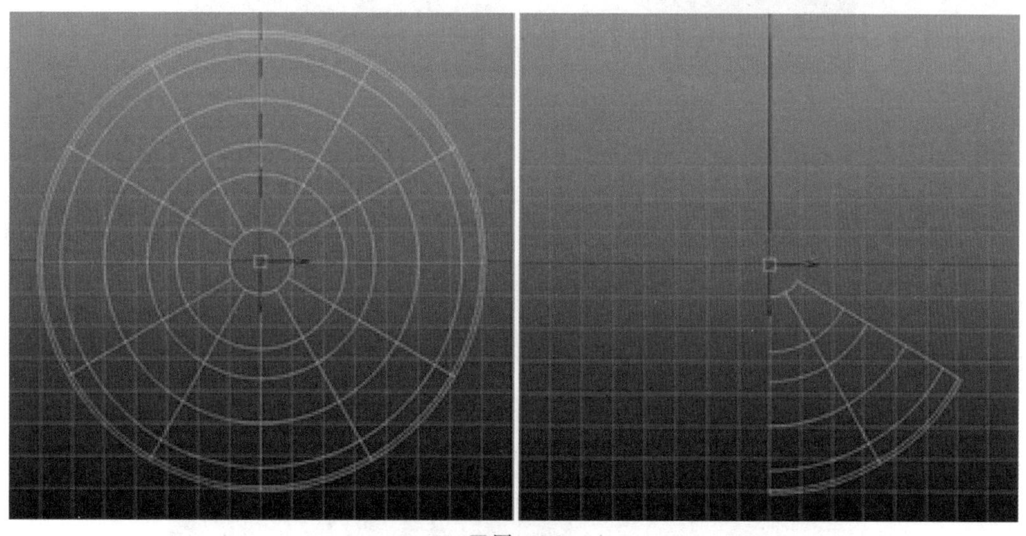

图 4-30

STEP 6 执行 Create（创建）| NURBS Primitives（NURBS 基本体）| Circle（圆环）命令，创建一个圆，调整点的位置，移动至如图 4-31 所示的位置。

STEP 7 选择曲线，复制一条新的曲线，移到下方合适的位置。选择两条曲线，执行 Surfaces（曲面）| Loft（放样）命令，如图 4-32 所示。

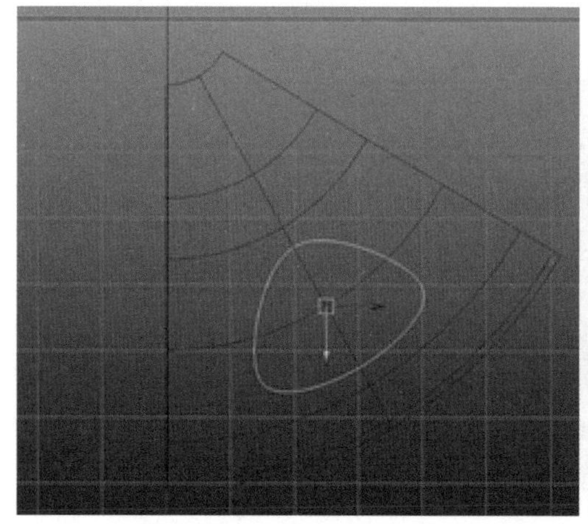

图 4-31

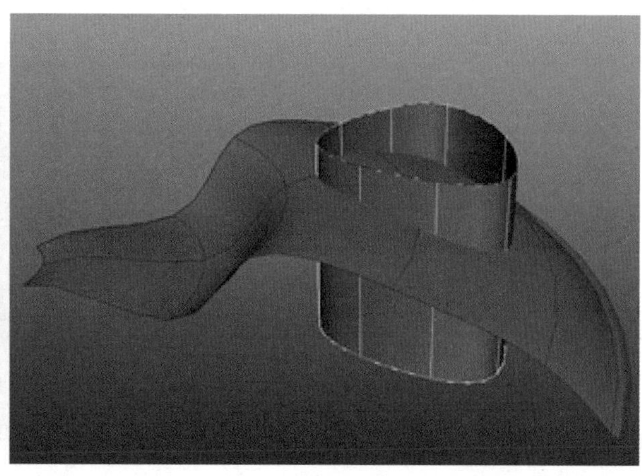

图 4-32

STEP 8 先选择轮盘，加选圆柱物体，执行 Surfaces（曲面）| Intersect （相交）命令，会出现一条相交曲线，选择轮盘，执行 Surfaces（曲面）| Trim Tool（修剪工具）命令，单击轮盘要保留的部分并按回车键，删除圆柱和曲线，如图 4-33 所示。

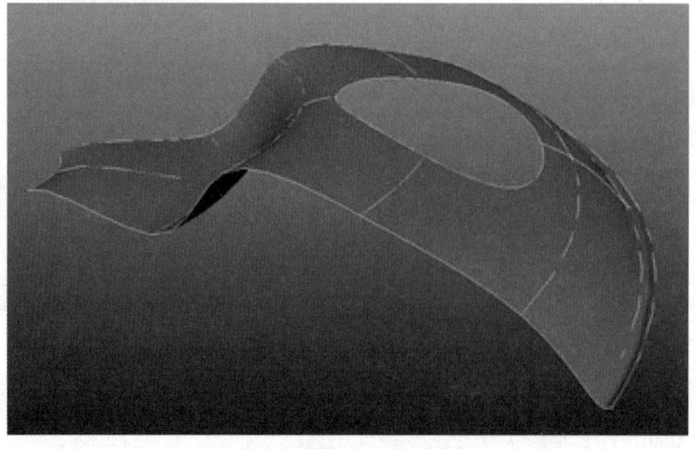

图 4-33

STEP 9 复制一个轮盘，移动至下方，单击鼠标右键，在弹出的菜单中选择 Trim Edge（修剪边）命令，选择上边洞的曲线，按住 Shift 键加选下边洞的曲线，执行 Curves（曲线）| Duplicate Surface Curves（复制曲面曲线）命令，进入点模式，整体缩小复制的曲线，调整曲线的位置，如图 4-34 所示。

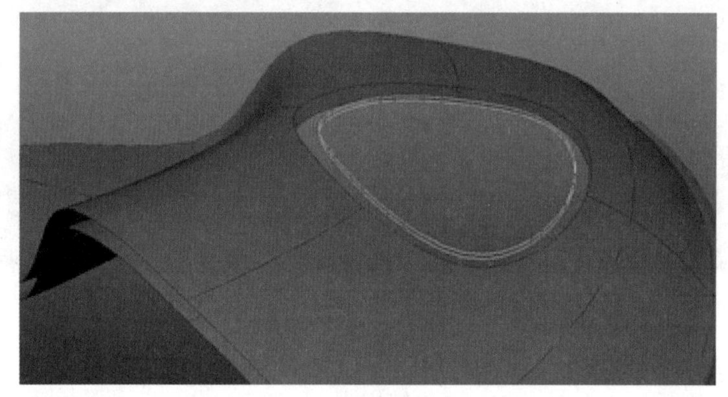

图 4-34

STEP10 选中轮盘，单击鼠标右键，在弹出的菜单中选择 Trim Edge（修剪边）命令，选择洞的边，加选缩小的曲线，执行 Surfaces（曲面）| Loft（放样）命令，得到一个面，同样的方法做出两个曲线的面，如图 4-35 所示。

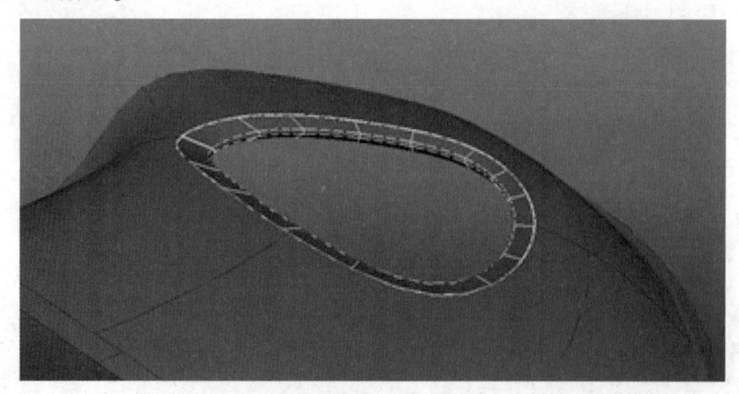

图 4-35

STEP11 选择上下边(一组黄色线),执行放样命令生成面,同样的方法生成另一组,如图 4–36 所示。

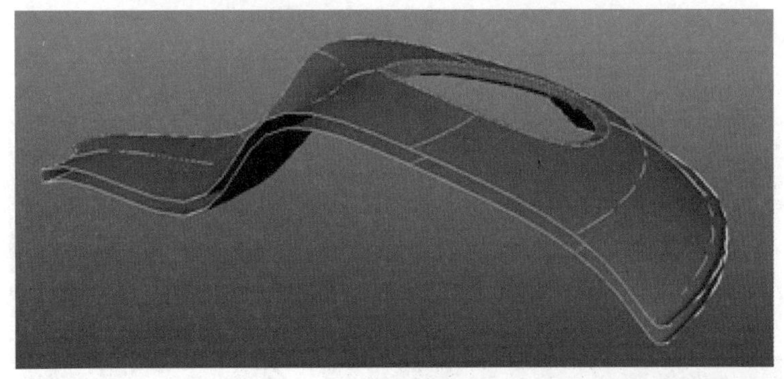

图 4–36

STEP12 框选所有物体，执行 Edit（编辑）| Delete by Type（按类型删除）| History（历史）命令，按 Ctrl+G 键群组，按 Ctrl+D 键复制一个，将 Rotate Y 改为 60，按 Shift+D 键复制并变换 4 次，则默认在 Y 轴上旋转递增 60°，如图 4–37 所示。

STEP13 执行 Create（创建）| NURBS Primitives（NURBS 基本体）| Circle（圆环）命令，创建一个圆环，缩放移动至合适位置，复制一个圆环，将 Rotate Y 改为 90，按 Shift+D 键复制并变换 2 次，则默认在 Y 轴上旋转递增 90°，如图 4–38 所示。

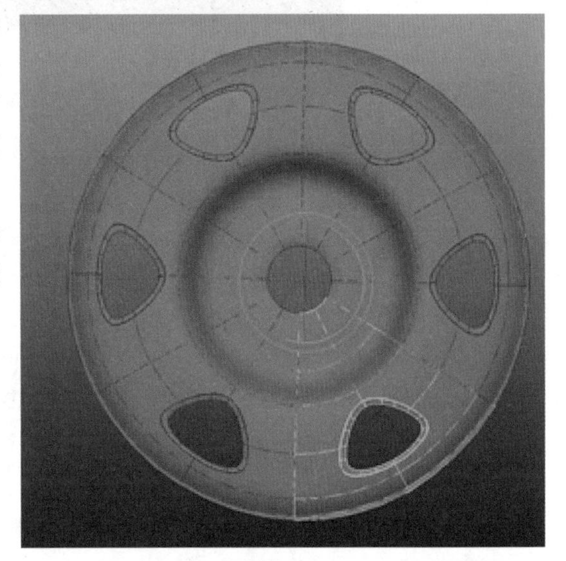

图 4–37

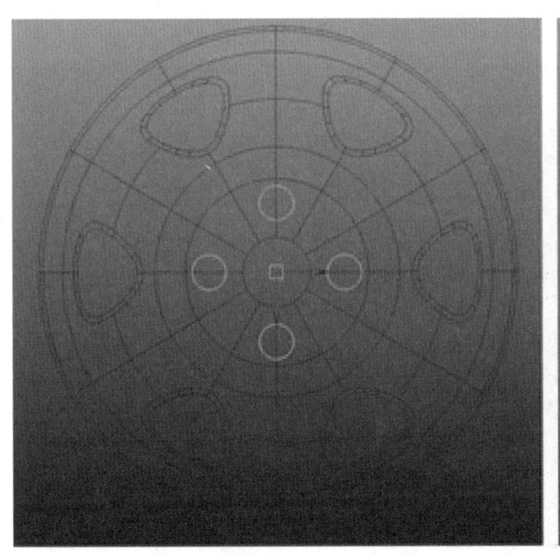

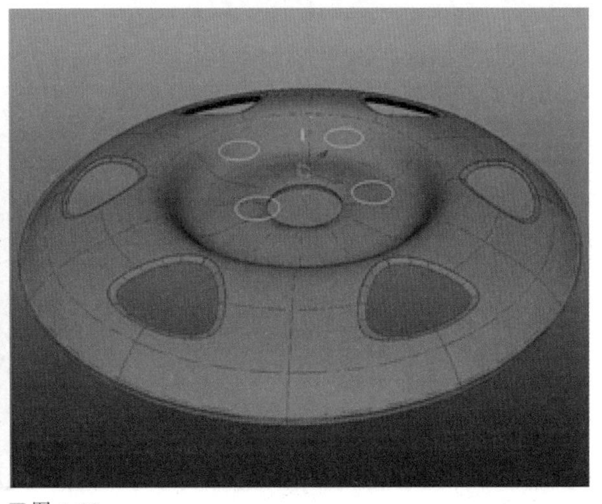

图 4–38

STEP14 选择 4 个圆环，加选上下两层轮盘，执行 Surfaces（曲面）| Project Curve on Surface（在曲面上投影曲线）命令，如图 4–39 所示。

STEP15 选择轮盘，执行 Surfaces（曲面）| Trim Tool（修剪工具）命令，单击轮盘要保留的部分并按回车键，同样的方法修剪剩下的面，如图 4–40 所示。

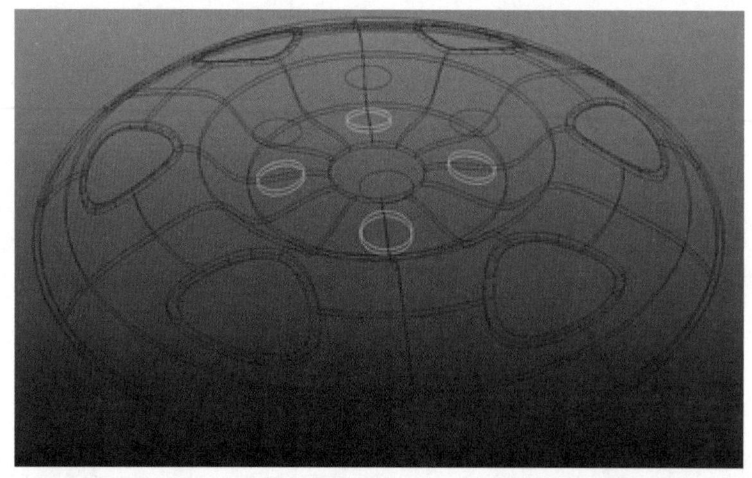

图 4-39

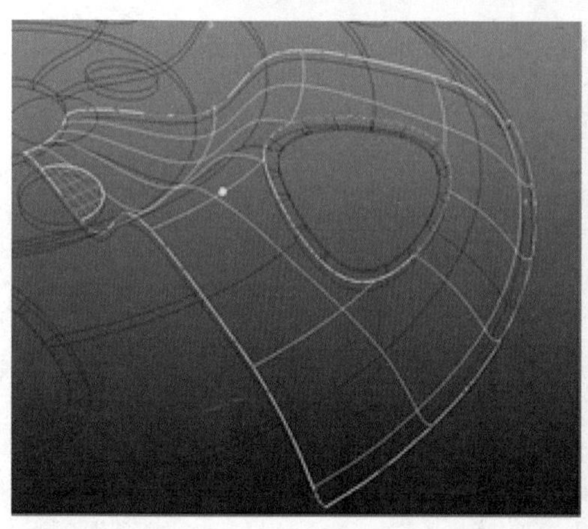

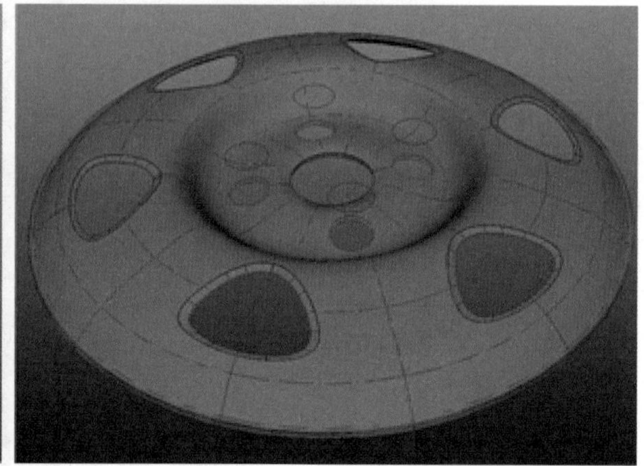

图 4-40

STEP16 单击鼠标右键，在弹出的菜单中选择 Trim Edge（修剪边）命令，选取上下孔的边，执行 Surfaces（曲面）| Loft（放样）命令，如图 4-41 所示。同样方法做出剩下的面。

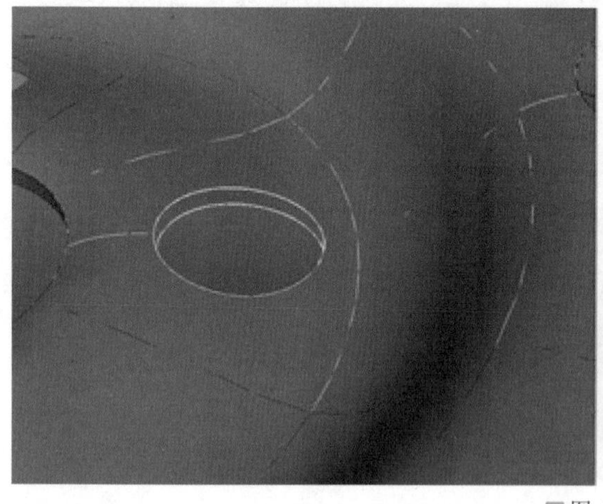

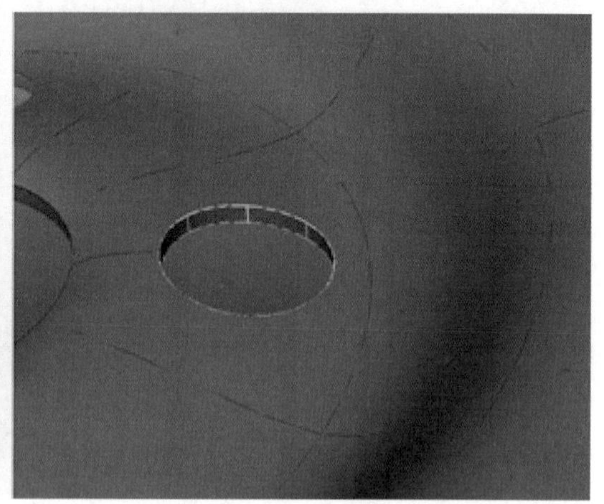

图 4-41

STEP17 轮盘制作完成，如图 4-42 所示。

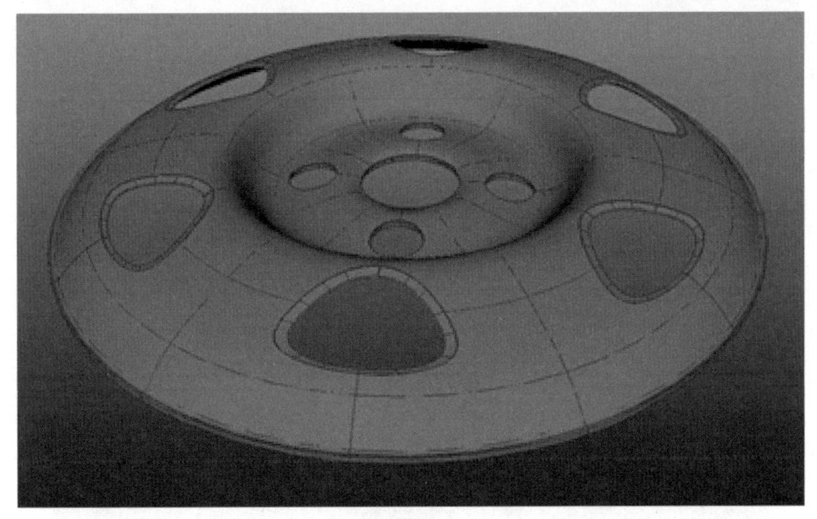

图 4-42

4.4.3 制作轮辋

STEP 1 按空格键切换到侧视图，执行 Create（创建）| Curve Tools（曲线工具）| CV Curve Tool（CV 曲线工具）命令，创建轮辋的切面曲线，如图 4-43 所示。

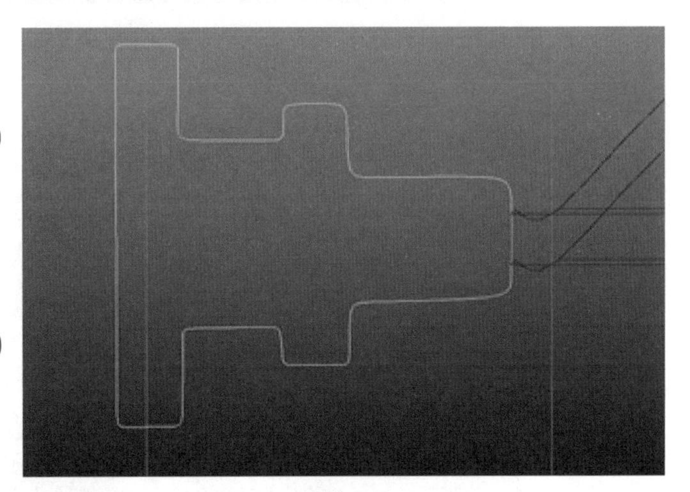

图 4-43

STEP 2 选择曲线，执行 Surfaces（曲面）| Revolve（旋转）命令，旋转成形。单击 Surfaces（曲面）| Rebuild（重建）后的方块按钮，打开对话框，更改参数，如图 4-44 所示。

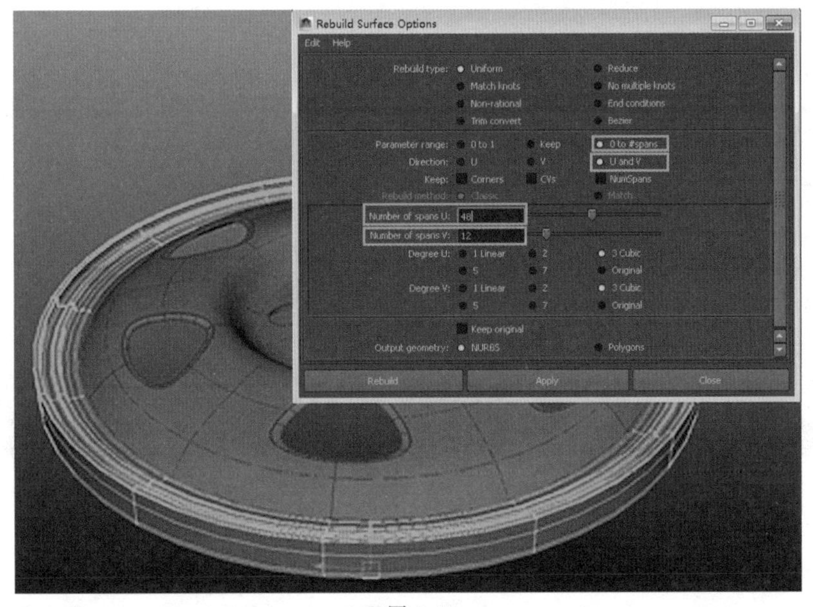

图 4-44

STEP 3 轮辋制作完成，如图 4-45 所示。

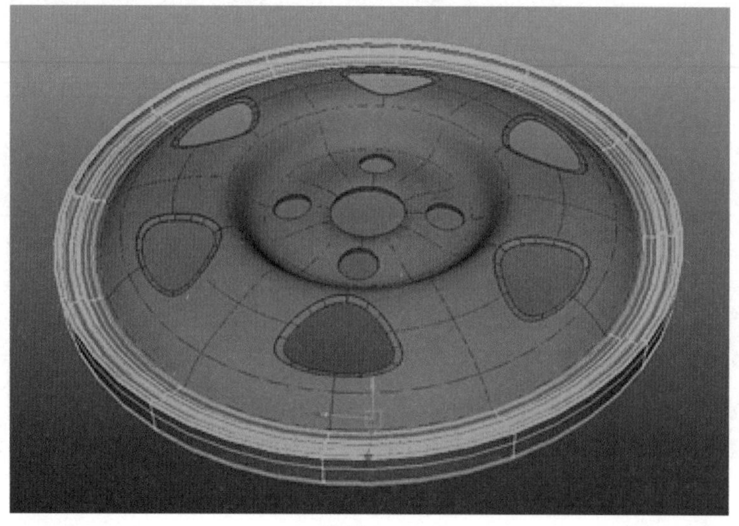

图 4-45

4.4.4 制作轮胎

STEP 1 按空格键切换到侧视图，执行 Create（创建）| Curve Tools（曲线工具）| CV Curve Tool（CV 曲线工具）命令，创建轮胎的切面曲线，如图 4-46 所示。

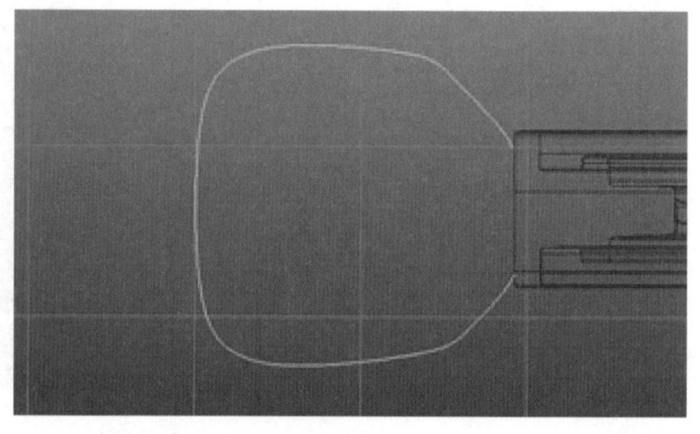

图 4-46

STEP 2 选择曲线，执行 Surfaces（曲面）| Revolve（旋转）命令，旋转成形。单击 Surfaces（曲面）| Rebuild（重建）后的方块按钮，打开对话框，将 Number of spans U、Number of spans V 参数设为 12、42，单击 Rebuild（重建）按钮完成。选中轮盘，单击鼠标右键，在弹出的菜单中选择 Isoparm（等参线）命令，选取两条等参线，执行 Surfaces（曲面）| Detach（分离）命令，删除其余的面，如图 4-47 所示。

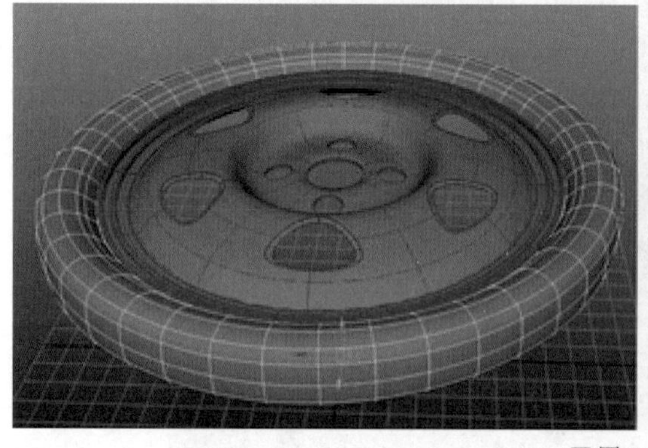

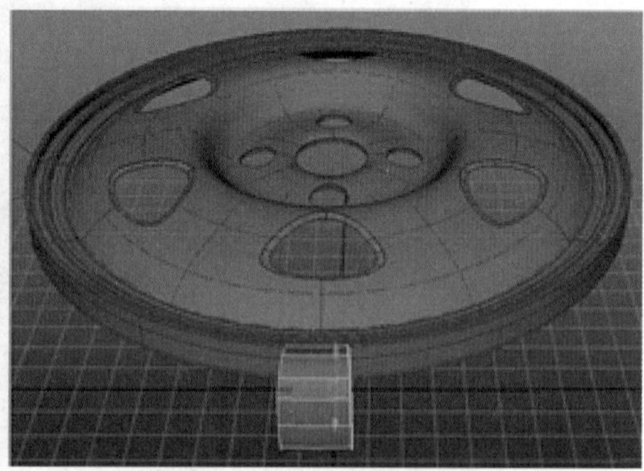

图 4-47

STEP 3 按空格键切换到侧视图，执行 Create（创建）| Curve Tools（曲线工具）| CV Curve Tool（CV 曲线工具）命令，创建 3 条如图 4-48 所示的曲线。

STEP 4 选择 3 条曲线，加选轮胎，执行 Surfaces（曲面）| Project Curve on Surface（在曲

面上投影曲线）命令，删除轮胎投射多余的投影曲线。选择轮胎，复制一个，选中一个轮胎，执行 Surfaces（曲面）| Trim Tool（修剪工具）命令，单击轮胎本身要保留的部分并按回车键。选择另一个轮胎，使用修剪工具，单击轮胎上投影的部分并按回车键，如图 4-49 所示。

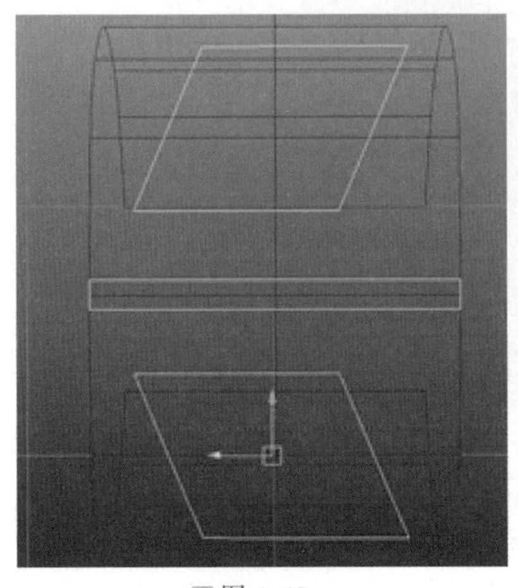

图 4-48

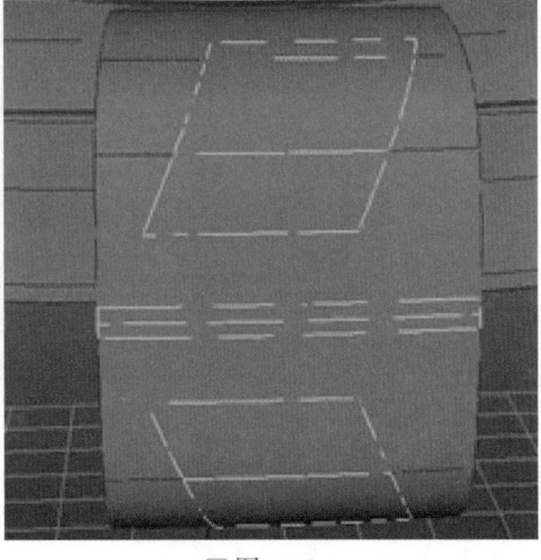

图 4-49

STEP 5 选择轮胎的投影部分，执行 Modify（修改）| Center Pivot（居中枢轴）命令，将其移动至如图 4-50 所示位置。

STEP 6 单击鼠标右键，在弹出的菜单中选择 Trim Edge（修剪边）命令，选取孔的边和上边对应的边，执行 Surfaces（曲面）| Loft（放样）命令，同样的方式生成其他的面，如图 4-51 所示。

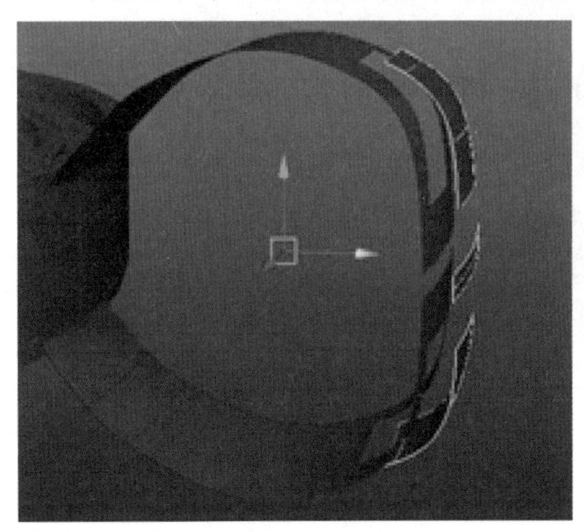

图 4-50

图 4-51

STEP 7 框选轮胎和凸出的所有曲面，将它们群组，选择这个组复制一个，将 Rotate Y 改为 8.57，按 Shift+D 键复制并变换 40 次，则默认在 Y 轴上旋转递增 8.57°，如图 4-52 所示。

STEP 8 车轮制作完成，如图 4-53 所示。

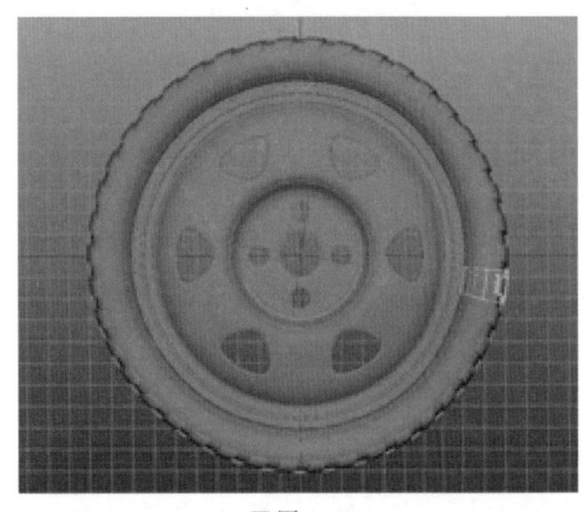

图 4-52

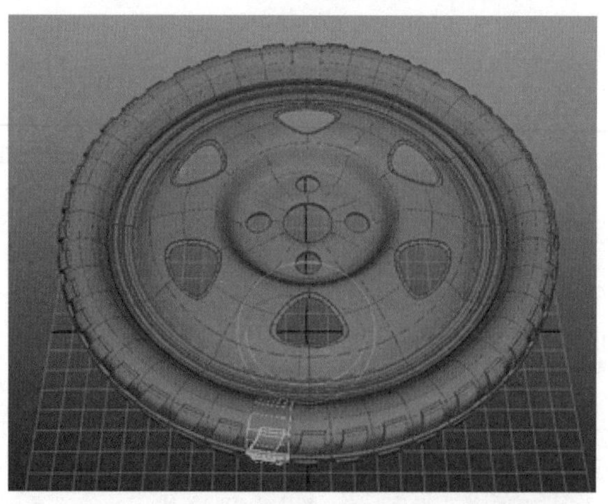

图 4-53

课后练习

内容：

利用已经学习过的曲线成面命令制作如图 4-54 所示的一组静物模型。

图 4-54

要求：

1. 熟练运用曲线和曲面的操作命令，结合点、线、面的元素编辑方法来完成模型的制作，用少量的控制点调节出宽广平滑的表面。

2. 注意把握构图与空间比例的关系。

第 5 章 Maya 2017

Maya 材质与贴图

本章讲解了 UV 与造型原理，以及材质和贴图原理。通过骰子纹理贴图制作、人物贴图制作和木门拟真材质贴图制作 3 个案例，分别着重讲解了 UV、贴图和材质的制作过程，有助于读者对各个过程的理解。

本章重点

- UV 与造型原理
- 编辑多边形 UV
- 应用案例——制作骰子纹理贴图
- Unfold 3D 角色 UV 展开
- 材质原理
- 材质球基本属性
- 材质的观察方法
- 应用案例——制作拟真木门贴图
- 材质与贴图关系

5.1 UV与造型原理

通过之前对三维基本造型方法的学习，大家已经掌握了三维空间中点、线、面的原理，本章主要讲解的内容是怎样在三维空间中对物体进行上色。我们在现实空间中制作雕塑或立体作品的最后一个步骤是对作品进行后期的上色处理，在现实空间中完成这一工作一般直接采用各种工具在物体表面进行刷或者描。仔细思考一下，这一过程其实对于物体的形体不会产生太大影响，物体不会随着上色产生形变，在现实空间中的这一过程可以看作在一个二维空间上进行的平面化处理。这一概念比较难理解，其实是这样的，虽然看上去我们只是用刷子在立体的物体表面上做着重复的三种动作——上下刷、左右刷或者斜着刷，但是这些动作的共同特点就是在表面上做文章，并没有用点力把表面按下去的情况，因为那样就不叫上色了，就是在塑型了。所以总结来说，这样一个过程看似是在立体空间里进行的，实际上是在一个平面空间上进行的。在虚拟空间中就将这样一个过程发展成了一个二维的工序，这种概念就是UV概念，如图5-1所示。

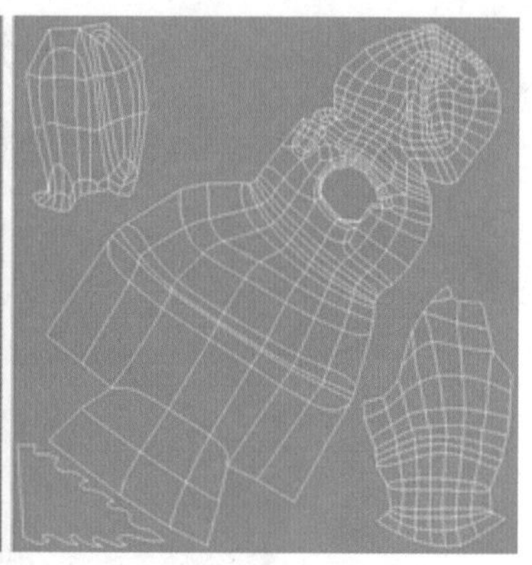

图5-1

在虚拟空间的实际操作中这一概念并不复杂，我们可以用一个小时候玩过的纸模玩具来做例子。这种纸膜玩具是一张印有图形的厚卡纸，将其上的图形逐个剪下来，折一折、粘一粘就变成了一个立体的建筑或者飞机、坦克等。三维软件的UV制作过程就跟它很近似，只不过是反了过来。我们先制作了一个没有任何颜色的三维物体，然后将其变成一个平面图形，再进入到平面软件中绘制其中的贴图，软件再根据点到点的坐标回贴上去就是一个上了色的物体，如图5-2所示。

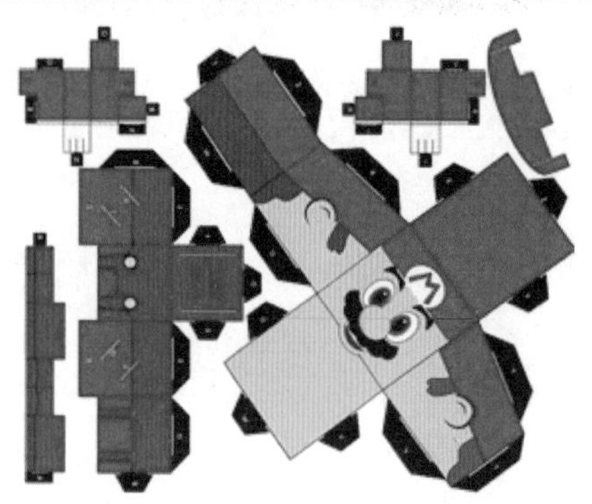

图5-2

这其中有一些基本的概念，就是在三维空间中物体的一个点可以在UV中被拆开，就像我们的纸模上几个三角形虽然都各有一个点，但粘在一起就变成了一个点一样。边也是一样，你也可以将三维的边切开，变成两个独立的UV边。模型的每一个复杂的区域都可以在UV编辑器里独立拆开但不破坏三维模型。这些都是为了将一个三维物体表面转化为平面的过程而设置的。另一个需要注意的就是拆分的UV区域之间如果没有特殊需求都不要有重合，可以试想一下你买回来的纸模上如果出现几个部分的图是印在一起的，你就没办法将它做出来了，三维模型也是一样，如果有重合的 UV，那么在模型上的着色就会有混乱的现象。

5.2 编辑多边形 UV

UV 的重要性体现在它们提供图像纹理贴图到曲面网格之间的连接，即 UV 作为标记点，用于控制纹理贴图上的哪些点（像素）与网格上的哪些点（顶点）对应。应用于不具备 UV 纹理坐标的多边形或细分曲面的纹理不会被渲染。

尽管 Maya 在默认情况下会为许多基本体创建 UV，但在大多数情况下需要重新排列 UV，因为默认排列方式通常不会与创建模型的任何后续编辑匹配。此外，编辑曲面网格时，UV 纹理坐标的位置不会自动更新。大多数情况下，在完成建模之后且在将纹理指定给模型之前，可以映射并排列 UV。否则，更改模型将在模型与 UV 之间创建不匹配，而且会影响任何纹理在模型中出现的方式。

了解 UV 的概念以及如何将它们映射到曲面和随后如何正确布置它们很重要。在 Maya 中工作时，在多边形和细分曲面上生成纹理是必不可少的。如果需要在 3D 模型上绘制纹理、毛发或头发，那么了解 UV 的工作原理也非常重要，如图 5-3 所示。

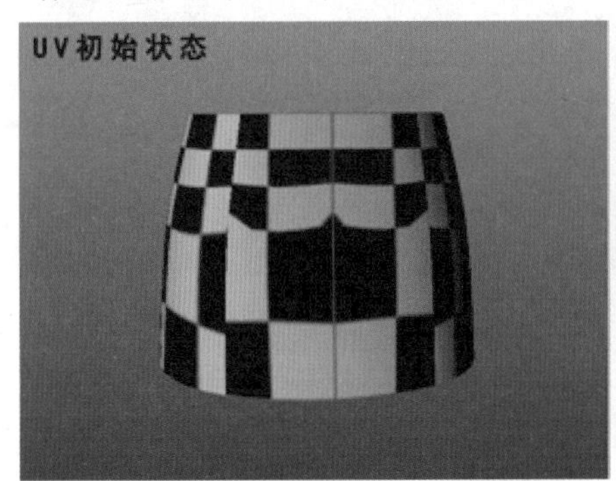

图 5-3

在 Maya 中，有多种方法为多边形重新映射 UV。任何一种 UV 映射技术为曲面网格生成 UV 纹理坐标的方法都是根据曲面网格固有的投影方法，将 UV 纹理坐标投影到曲面网格上。因此，UV 纹理坐标与 3D 世界空间坐标系中的顶点信息具有初始 2D 空间的相关性。正是通过 UV 在纹理贴图与曲面网格之间建立的这种相关性，在曲面上得到定位纹理。

通过上述 UV 映射技术生成的初始映射通常不会产生纹理所需的最终 UV 排列。因此，通常需要使用 UV 纹理编辑器（UV Texture Editor）对 UV 执行进一步的编辑操作。

Maya 中的多边形和细分曲面基本体具有默认的 UV 纹理坐标，可用于纹理贴图。但是，如果以任何方式（如缩放、挤出面、插入或删除边）修改默认的基本体，就需要将一组新的 UV 纹理坐标映射到修改后的对象。

5.2.1 Planar（平面）

映射是以平面投影的形式将投影投射到网格上，适合相对平面的网格或是可从一个摄像机角度可见的网格对象。但是在复杂的多边形上进行平面映射纹理时投影会生成扭曲重叠的 UV，如图 5-4 所示。

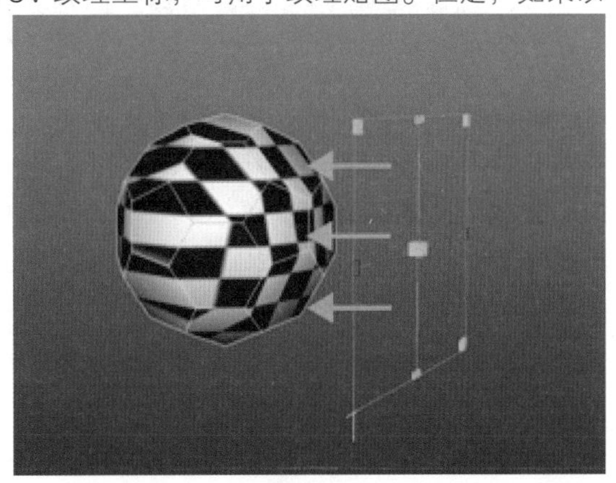

图 5-4

STEP 1 选择需要映射的模型或面，执行 UV ｜ Planar（平面）命令，使用投影操纵器调整与控制 UV 的分布大小，如图 5-5 所示；还可以单击红色交叉线激活显示操纵器的操纵手柄，通过移动、旋转或缩放操纵器来编辑 UV，如图 5-6 所示。

图 5-5

图 5-6

STEP 2 执行 Windows（窗口）｜ UV Editor（UV 编辑器）命令，查看和编辑 UV，如图 5-7 所示。

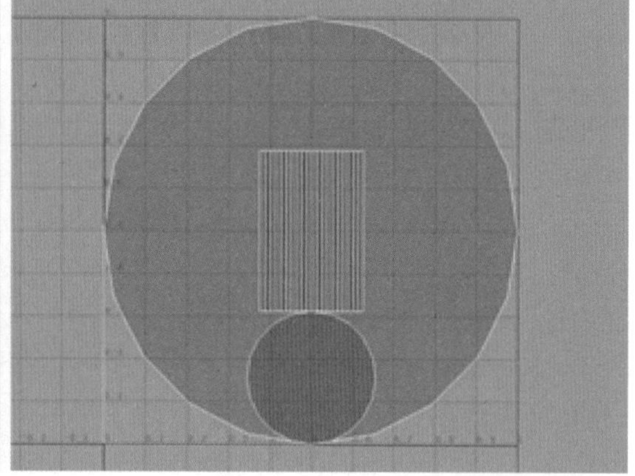

图 5-7

5.2.2 Cylindrical（圆柱形）

圆柱形映射是以圆柱形的投影形状为模型创建 UV。该投影形状绕网格折回，适合完全封闭且在圆柱体可见的图形中使用。

选择需要映射的模型或面，执行 UV ｜ Cylindrical （圆柱形）命令，打开 UV 纹理编辑器查看和编辑 UV；还可以单击红色交叉线激活显示操纵器的操纵手柄，通过移动、旋转或缩放操纵器来编辑 UV，如图 5-8 所示。

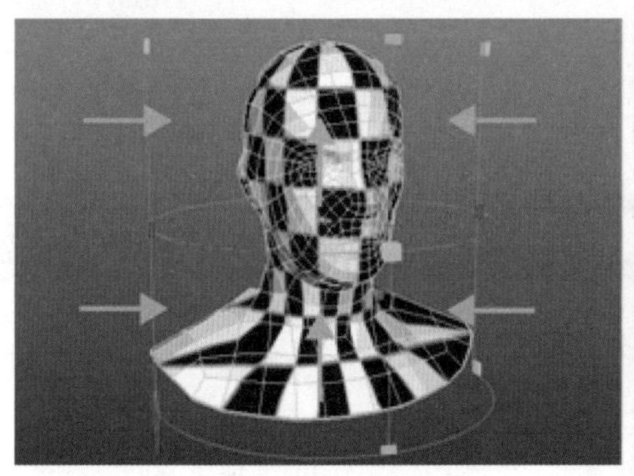

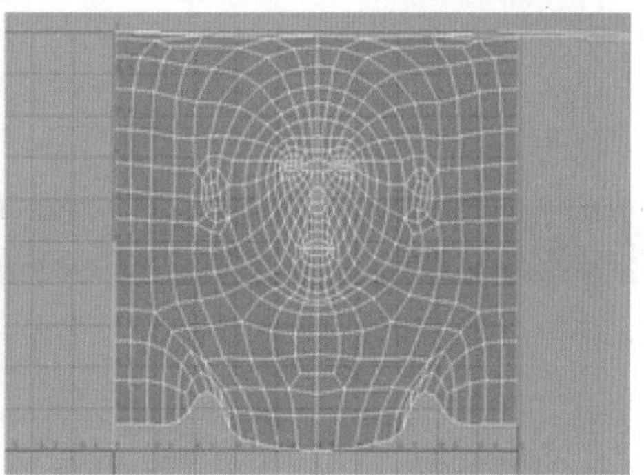

图 5-8

5.2.3 Spherical（球形）

球形映射是以球形的投影形状为模型创建 UV。该投影形状绕网格折回，适合完全封闭且在球体可见的图形中使用。

选择需要映射的模型或面，执行 UV | Spherical（球形）命令，打开 UV 纹理编辑器查看和编辑 UV；还可以单击红色交叉线激活显示操纵器的操纵手柄，通过移动、旋转或缩放操纵器来编辑 UV，如图 5-9 所示。

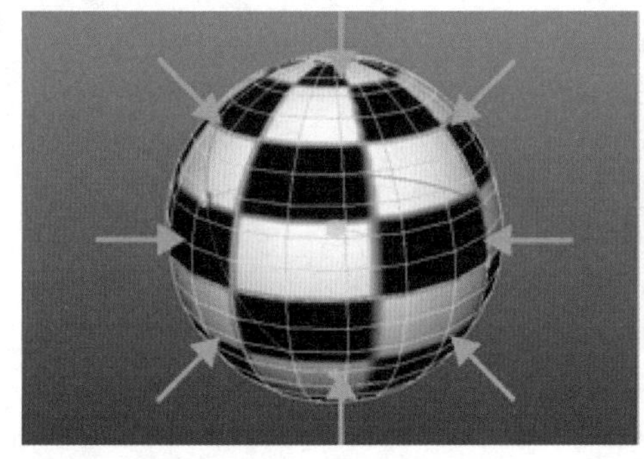

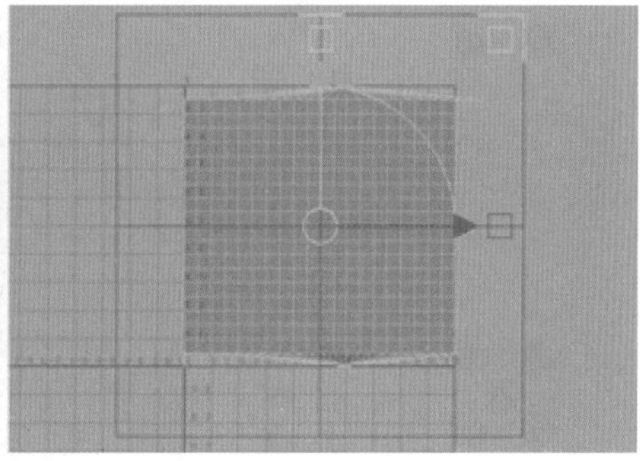

图 5-9

5.2.4 Automatic（自动）

自动映射是向模型同时映射多个面来寻找每个面 UV 的最佳放置，比较适用于映射比较复杂的模型。

选择需要映射的模型或面，执行 UV | Automatic（自动）命令，打开 UV 纹理编辑器查看和编辑 UV；还可以单击红色交叉线激活显示操纵器的操纵手柄，通过移动、旋转或缩放操纵器来编辑 UV，如图 5-10 所示。

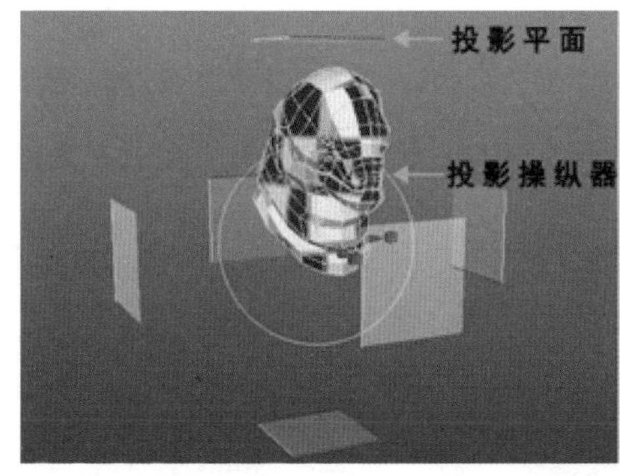

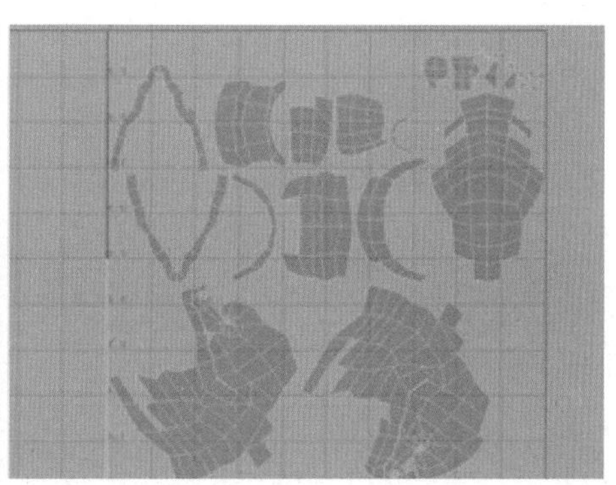

图 5-10

投影操纵器以选定对象为中心在场景视图中出现，具有蓝色平面，该平面对应的平面数由 Automatic（自动）的 Planes（平面）选项设定。浅蓝色表示投影平面背离选定对象的方向，而深蓝色平面表示投影平面朝向选定对象的一侧。

5.3 应用案例——制作骰子纹理贴图

STEP 1 制作一张 256×256 大小、JPG 格式的骰子贴图，存储在工程项目 Source Images 文件夹内，如图 5-11 所示。

STEP 2 单击按钮创建一个多边形立方体，单击鼠标右键，在弹出的菜单中选择 Assign Favorite Material（指定收藏材质）命令，界面右侧的通道栏里显示此模型的材质球；单击 Common Material Attributes（公共材质属性）｜ Color（颜色）后的黑白棋盘格按钮，在弹出的对话框中选择 File（文件），界面右侧通道栏会出现贴图信息，单击按钮，找到贴图单击 Open 按钮，按 6 键显示纹理贴图，如图 5-12 所示。

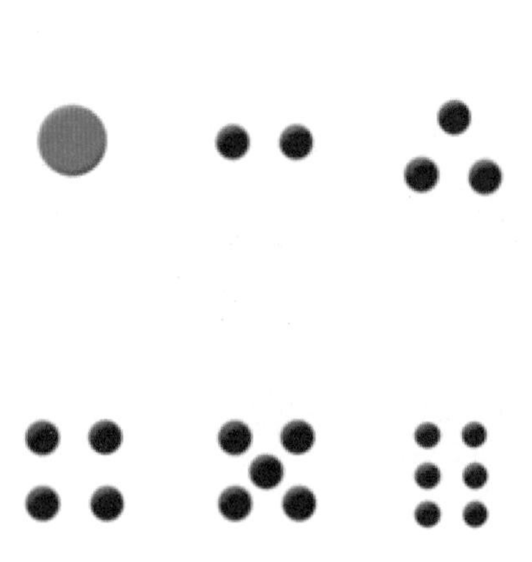

图 5-11

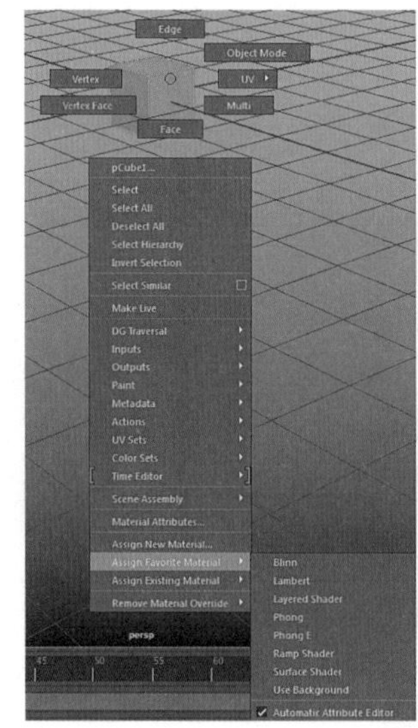

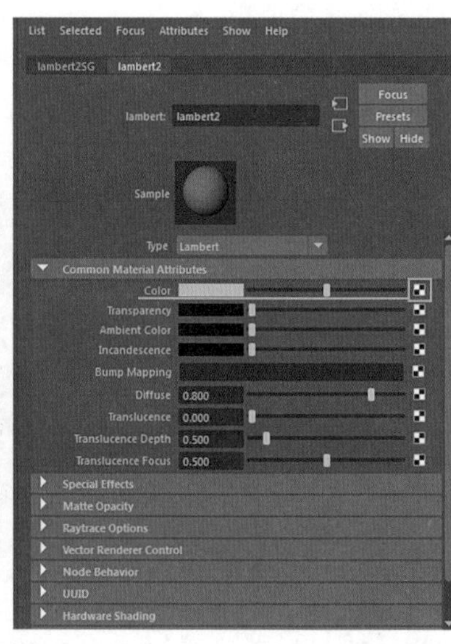

图 5-12

STEP 3 显示纹理贴图后，发现贴图并不符合模型要求，执行 UV ｜ UV Editor（UV 编辑器）命令，打开 UV 编辑器。选择模型，单击工具栏内的按钮，开启切换着色 UV 显示，UV 右线框显示变化为着色 UV，蓝色透明区域为立方体 UV 的覆盖区域，现在并不符合纹理贴图，需要调整 UV 位置，如图 5-13 所示。

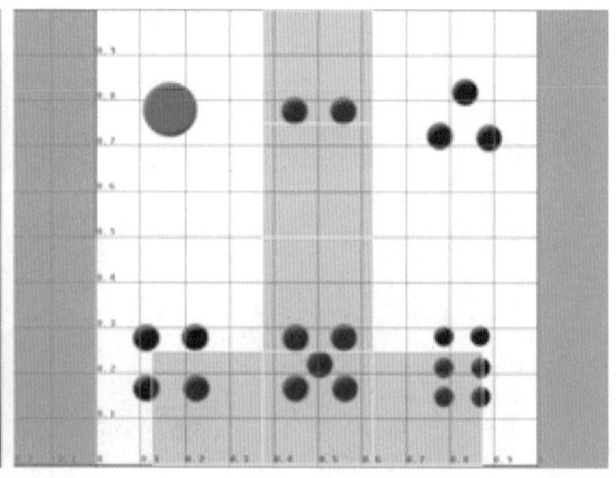

图 5-13

STEP 4 单击工具栏中的按钮，启用暗淡图像，使 UV 显示更加清晰，在 UV 编辑器中单击鼠标右键，在弹出的菜单中选择 Edge（边）命令，单击其中一条边，在 UV 编辑器的菜单栏下执行 Polygons（多边形）| Cut UV Edges（切割 UV 边）命令，如图 5-14 所示。

STEP 5 在 UV 编辑器中单击鼠标右键，在弹出的菜单中选择 UV 命令，框选图中所示的 UV 点，按住 Ctrl 键的同时单击鼠标右键，在弹出的菜单中选择 To Shell 命令，则选定此 UV 相关联的面上的 UV 点，按 W 键将已分割开的 UV 移动至合适位置，如图 5-15 所示。

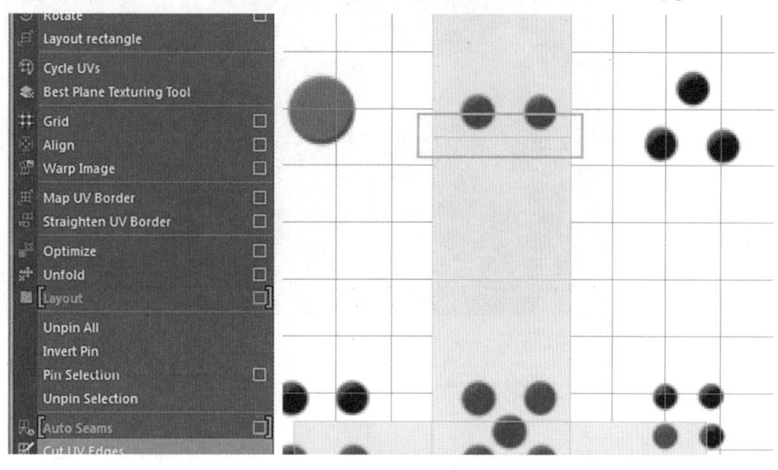

图 5-14

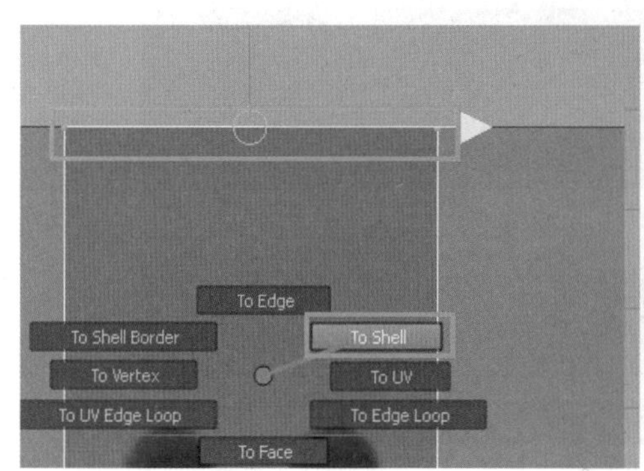

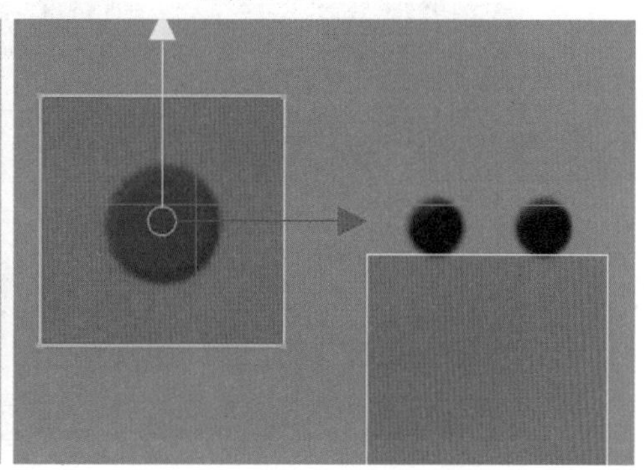

图 5-15

STEP 6 使用同样的方法将所有的面切割分离开，并将其移动至合理的位置（骰子相对两面的数字之和必为 7），骰子纹理贴图制作完成，如图 5-16 所示。

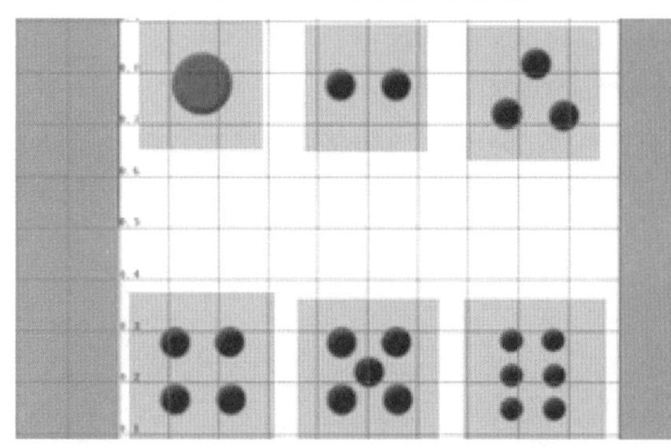

图 5-16

5.4 Unfold 3D 角色 UV 展开

对于复杂的不规则模型，Maya 内部创建和编辑 UV 并不能够满足展开 UV 以划分材质的要求，这就需要更符合要求的外部软件——Unfold 3D。

Unfold 3D 是一款三维角色、道具等建模贴图最好用的软件之一，是能在数秒内自动分配好 UV 的智能软件，如图 5-17 所示。

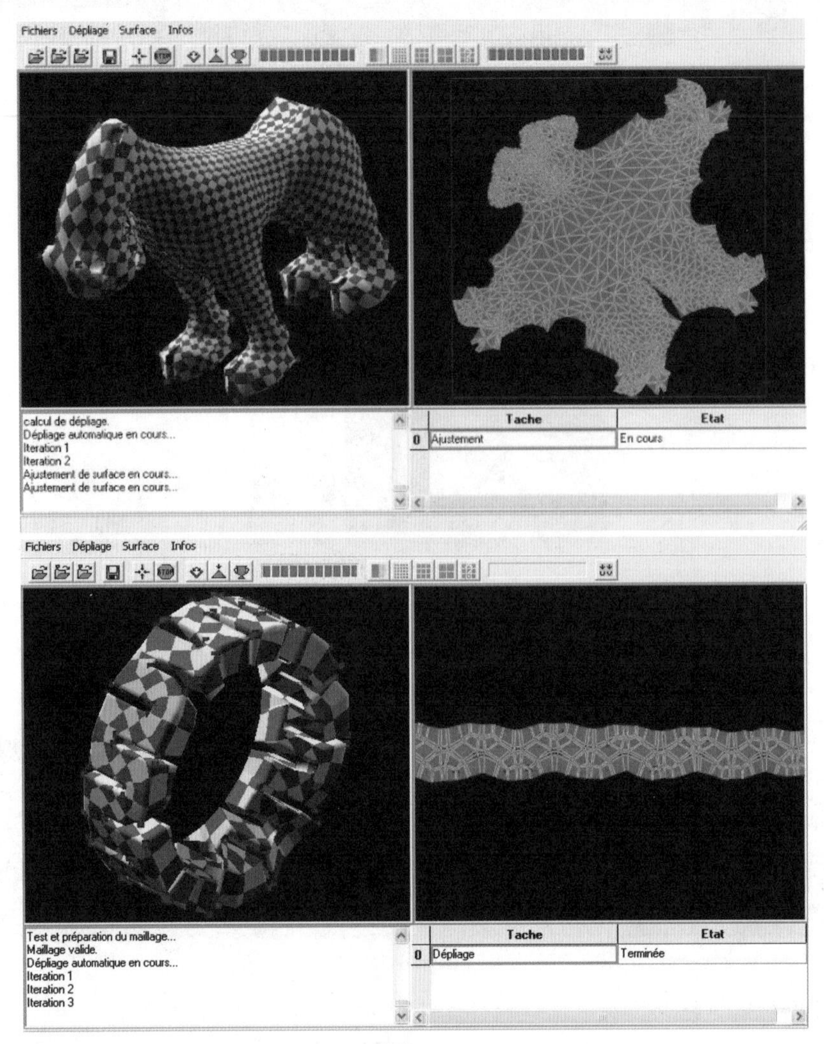

图 5-17

5.4.1 将 Maya 中创建完成的模型先导出为 obj 格式

STEP 1 在 Maya 中打开古代小女孩文件，将头部分开的两部分执行 Mesh（网格）| Combine（结合）命令，选中接缝处的顶点，执行 Edit Mesh（编辑网格）| Merge（合并）命令，将两部分模型合并成为完整的模型，如图 5-18 所示。

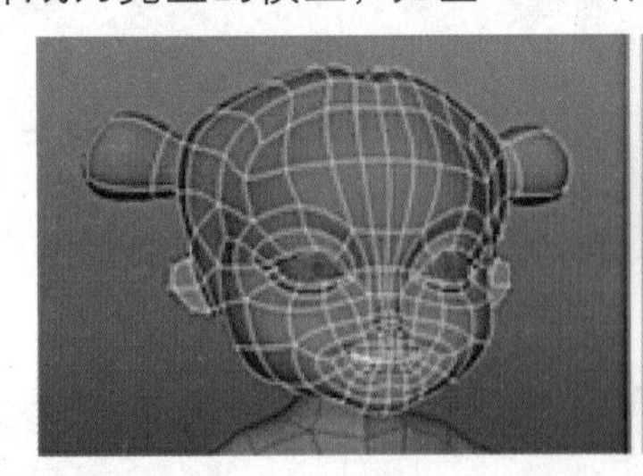
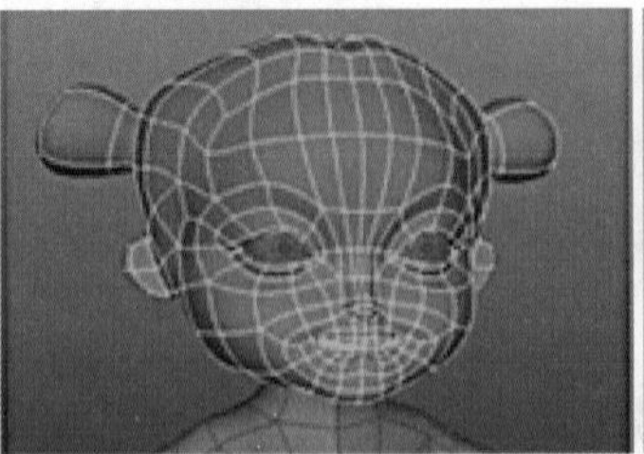
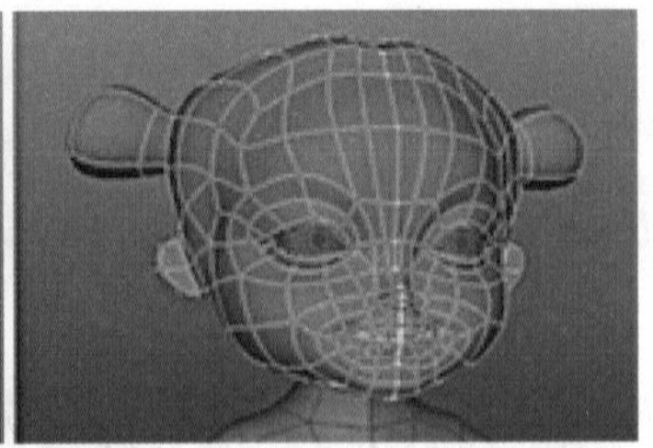

图 5-18

STEP 2 执行 Windows（窗口）| Settings/Preferences（设置 / 首选项）| Plug-in Manager（插件管理器）命令，弹出插件管理器对话框，将 objExport.mll 项勾选，如图 5-19 所示。

STEP 3 选中头部模型，执行 File（文件）| Export Selection（导出选择）命令，在弹出的对话框中设置 File name 为 girl_head，Files of type 为 OBJexport，单击 Export Selection（导出当前选择）

按钮确认输出，如图 5-20 所示。

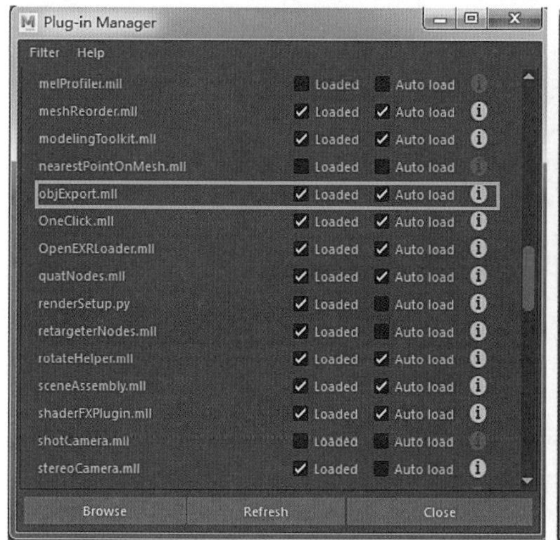

图 5-19

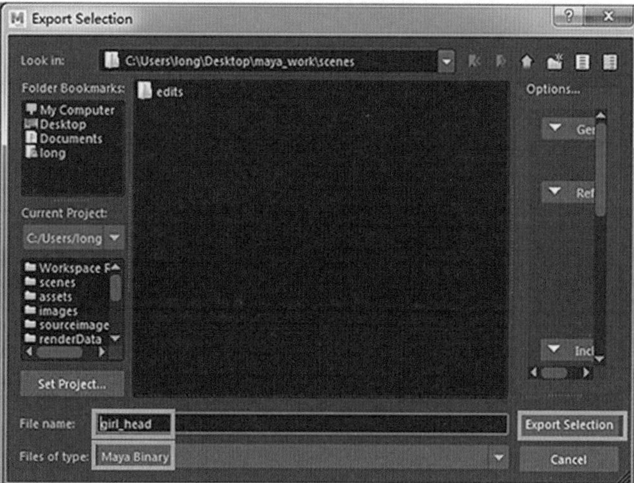

图 5-20

5.4.2 设置 Unfold 3D 键盘和鼠标映射

Unfold 3D 是不需要安装的软件，双击鼠标执行 unfold3dmagic.exe 应用程序，即可打开软件。Unfold 3D 的界面操作和 Maya 有些出入，现在修改参数使 Unfold 3D 的界面操作和 Maya 的界面操作统一，使展开 UV 的过程更加快捷有效，如图 5-21 所示。

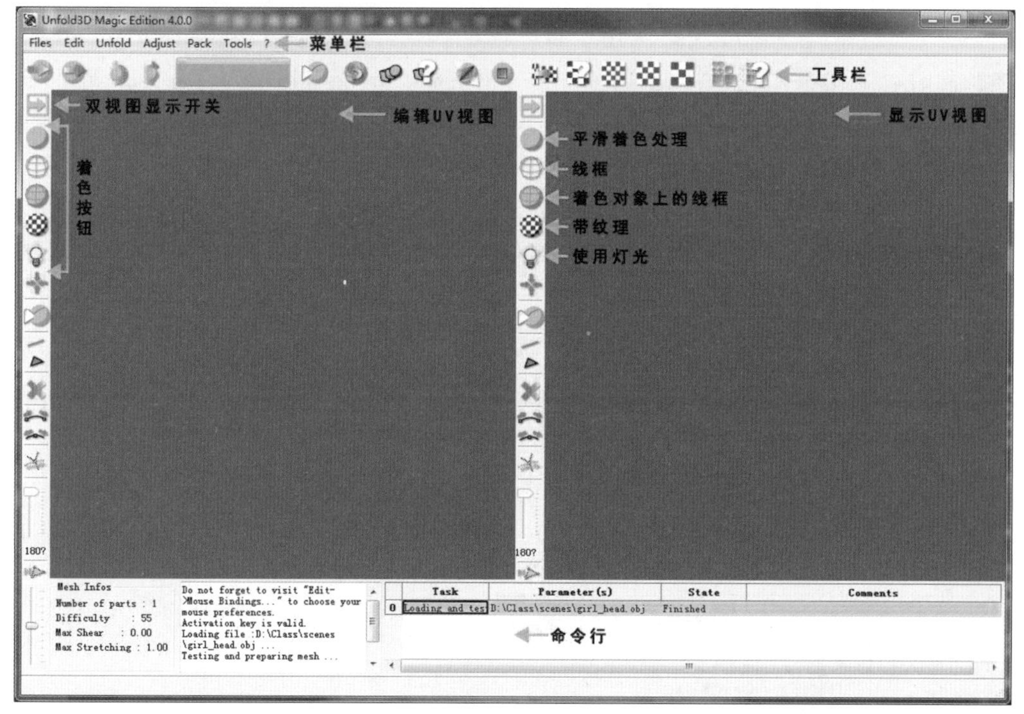

图 5-21

STEP 1 执行 Edit（编辑）| Mouse bindings（鼠标设置）命令，弹出 Key And Mouse Mapping（键盘和鼠标设置）对话框，将 Load presets（读取鼠标预先设置）设置为 Alias Wavefront Maya，如图 5-22 所示。

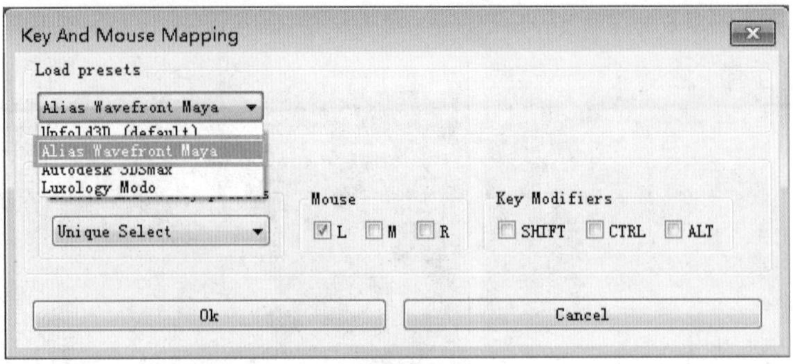

图 5-22

STEP 2 将 Browse and modify presets（浏览并修改预先设置）设置为 Viewport Orbit（视口轨道），将 Mouse（鼠标）设置为 L，更改操作旋转界面视图使用键盘 Alt 键 + 鼠标左键，如图 5-23 所示。

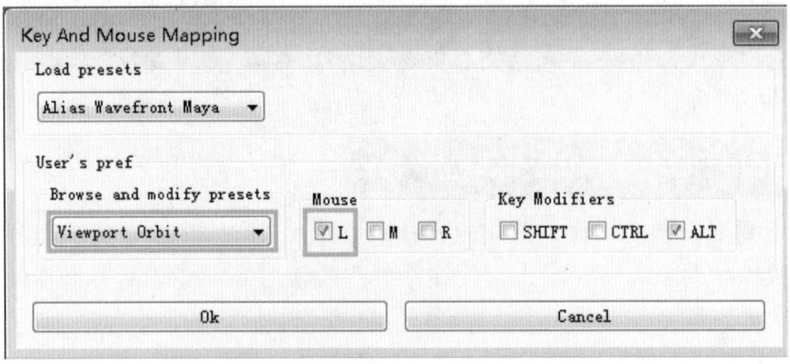

图 5-23

STEP 3 将 Browse and modify presets（浏览并修改预先设置）设置为 Viewport Zoom（视口变焦），将 Mouse（鼠标）设置为 R，更改操作缩放界面视图使用键盘 Alt 键 + 鼠标右键，如图 5-24 所示。

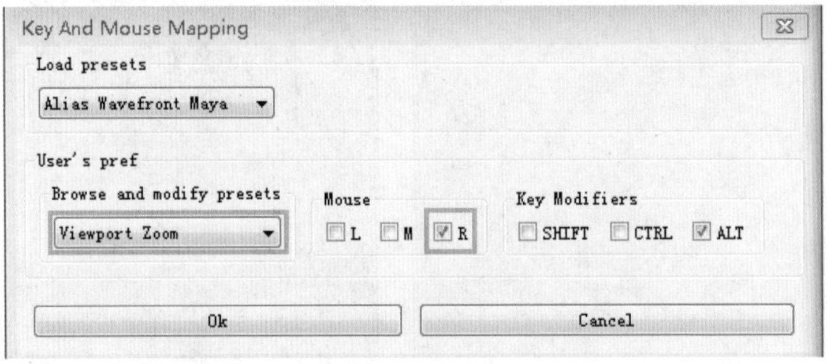

图 5-24

STEP 4 将 Browse and modify presets（浏览并修改预先设置）设置为 Viewport Pan，将 Mouse（鼠标）设置为 M，更改操作平移界面视图使用键盘 Alt 键 + 鼠标中键，如图 5-25 所示。

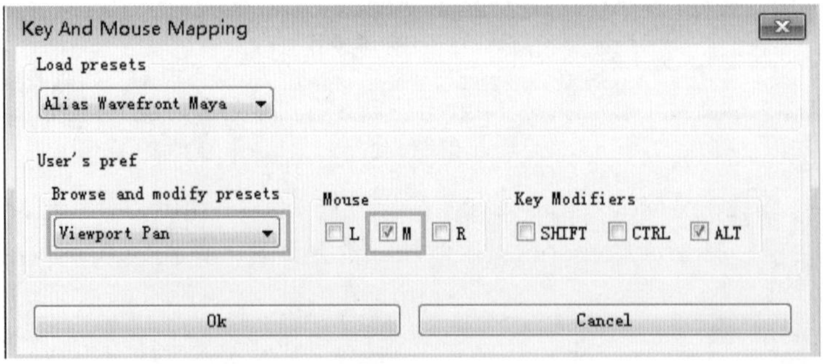

图 5-25

STEP 5 更改完成后单击 OK 按钮，执行 Edit（编辑）| Save Preference（保存首选项）命令。

5.4.3 导入并展开 UV

STEP 1 执行 Files（文件）| Load（读取）命令，在弹出的对话框中找到之前导出的古代小女孩头部的 OBJ 文件并打开，橙黄色的边表示开放的边，如图 5-26 所示。

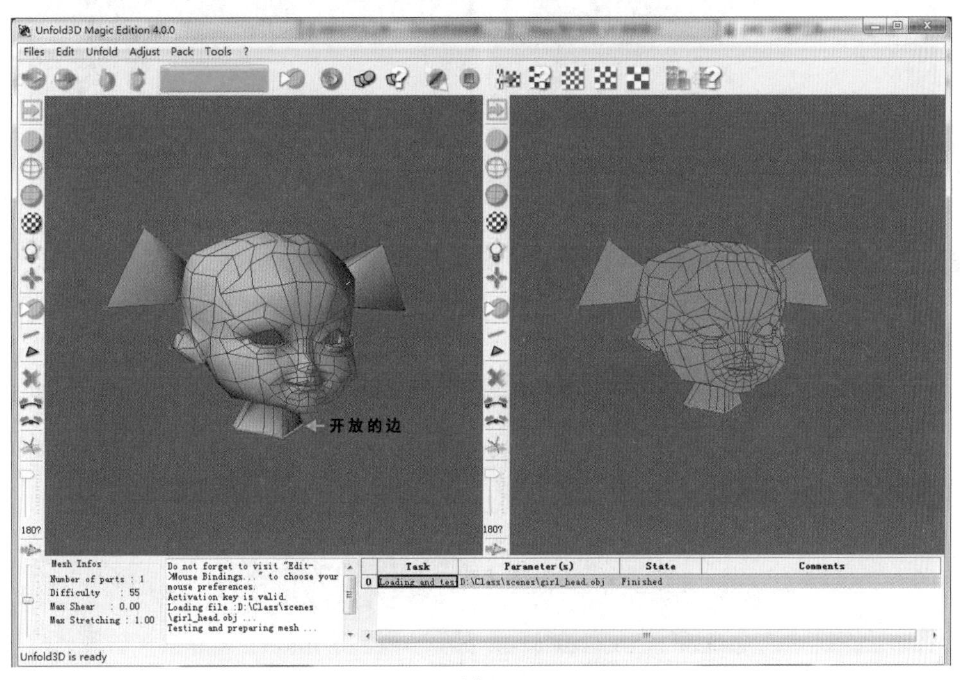

图 5-26

STEP 2 若是出现报错并且无法操作展开 UV，如图 5-27 所示的情况出现红色方块，提示模型错误的地方，需要切换回 Maya 软件，根据提示的位置检查并修改模型，删除多余的面与合并多余的点，重新导出 OBJ 文件，然后导入至 Unfold 3D。

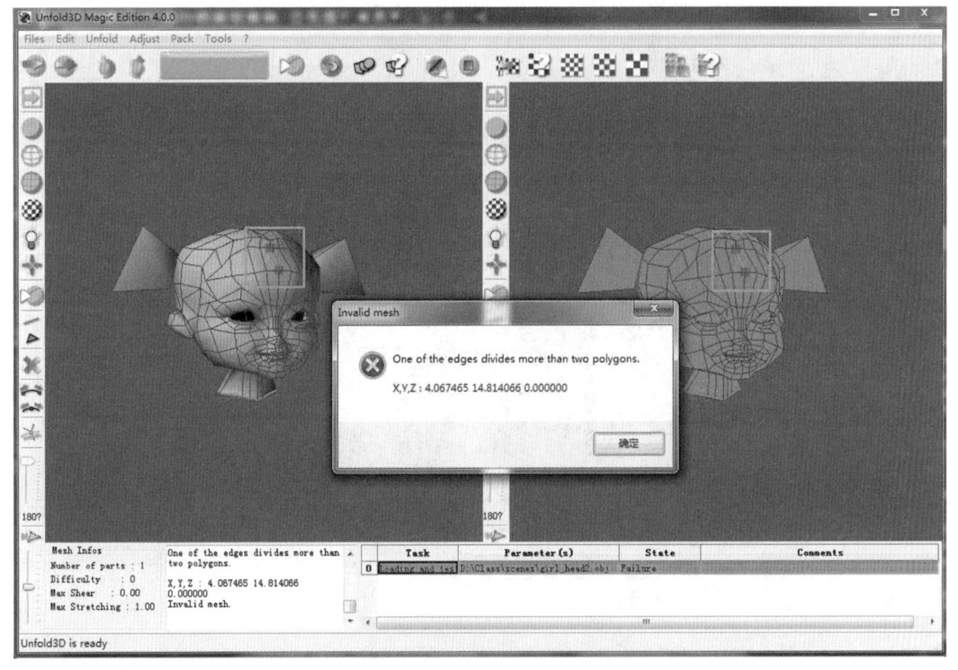

图 5-27

STEP 3 进行分割 UV 的操作时，用鼠标左键单击选定边，颜色为蓝色；按住 Shift 键切换至边选择模式，单击选定边，颜色为高亮；按住 Ctrl 键选择选定边为取消选定边，如图 5-28 所示。

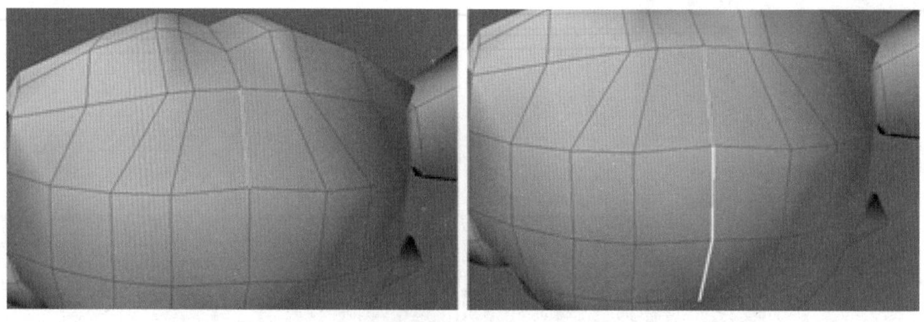

图 5-28

STEP 4 根据结构与贴图的合理性，人物头部的 UV 大致可以分割为“工”字状，依照图 5-29 所示分割古代小女孩头部的 UV，并尽量不要将 UV 的开放边分割到人物的正面，保持 UV 的连续性，避免贴图的接缝不衔接等问题。

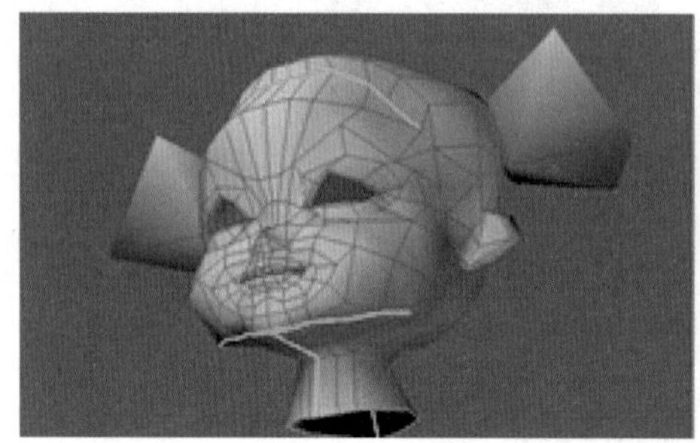

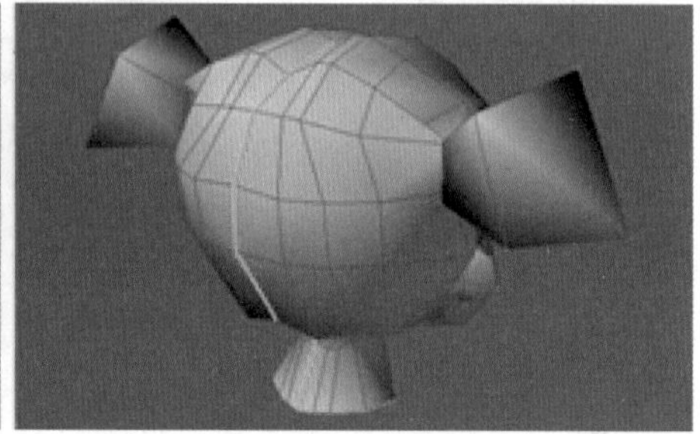

图 5-29

STEP 5 分割完成后单击工具栏中的按钮，将切割出即将沿着此开放边展开 UV，颜色为橙黄色，如图 5-30 所示。

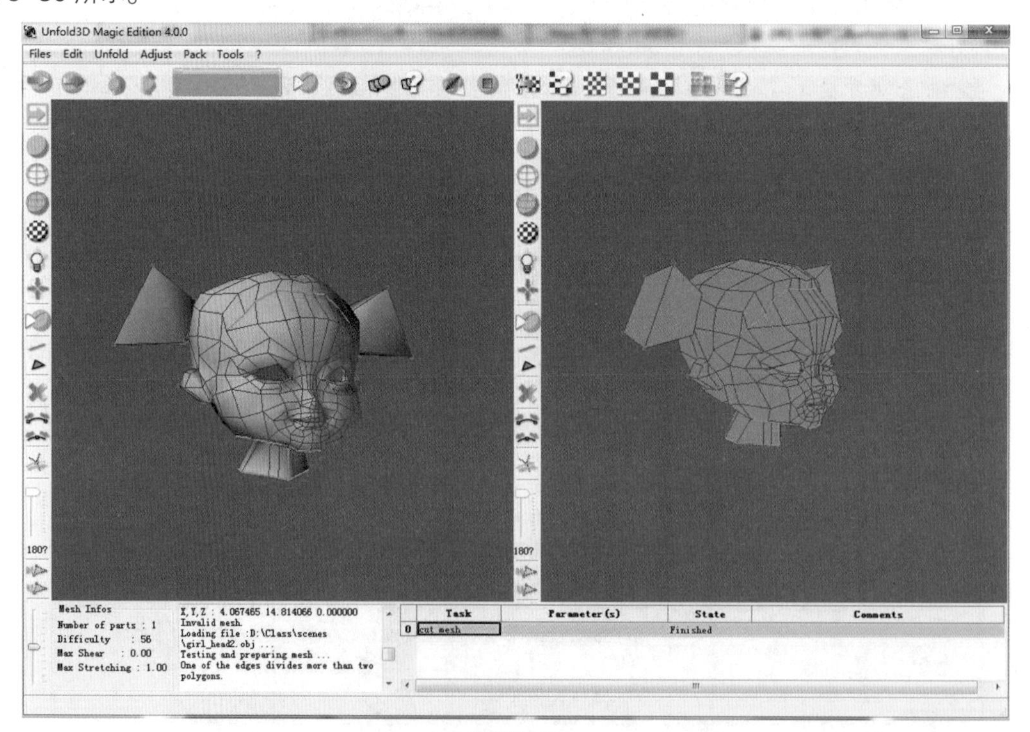

图 5-30

STEP 6 切割 UV 后若是出现连续红色方块视为报错，分割模型的 UV 开放边为非连续性会出现这样的情况，通常是漏选开放边并切割后出现，需要按 Ctrl+Z 键撤销切割，重新检查并分割开放边，如图 5-31 所示。

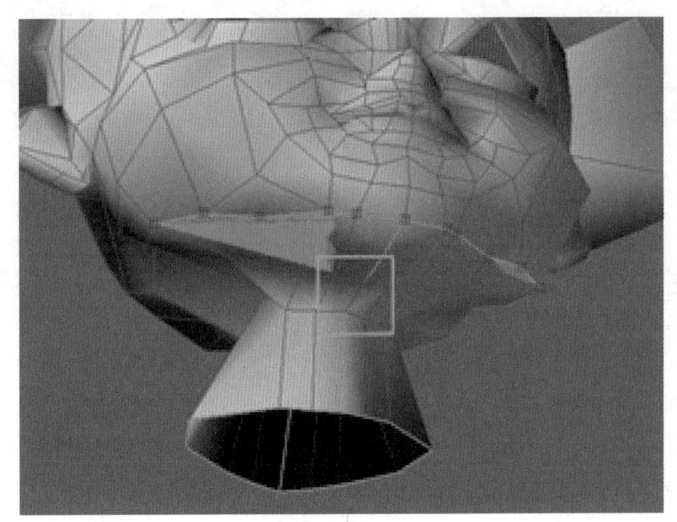

图 5-31

STEP 7 切割 UV 完成后，单击工具栏内的按钮展开模型的 UV，可以在右边的视图中看到展开后的 UV；在视图中显示橙黄色的面，表示部分 UV 有拉伸变形，可以在拉伸变形较为严重的部分继续分割并切割，重新展开以免重叠或拉伸变形，如图 5-32 所示。

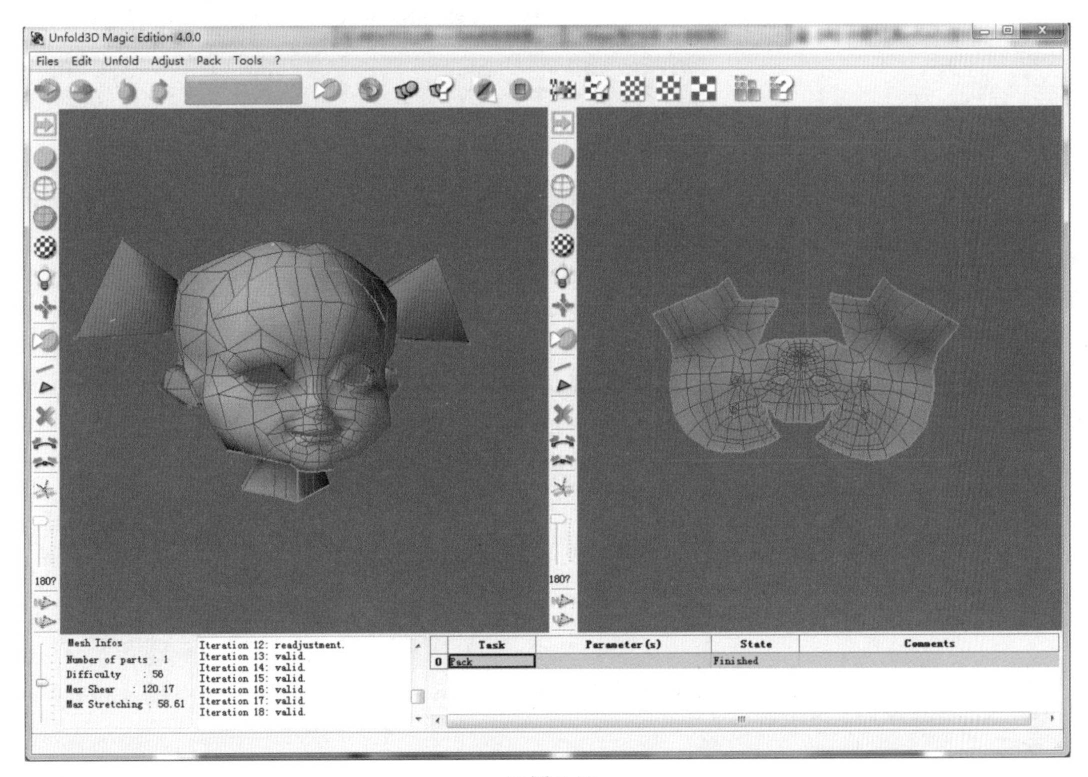

图 5-32

STEP 8 展开后还有轻微的拉伸，按 K 键重新计算展开的 UV 并松弛 UV，如图 5-33 所示。

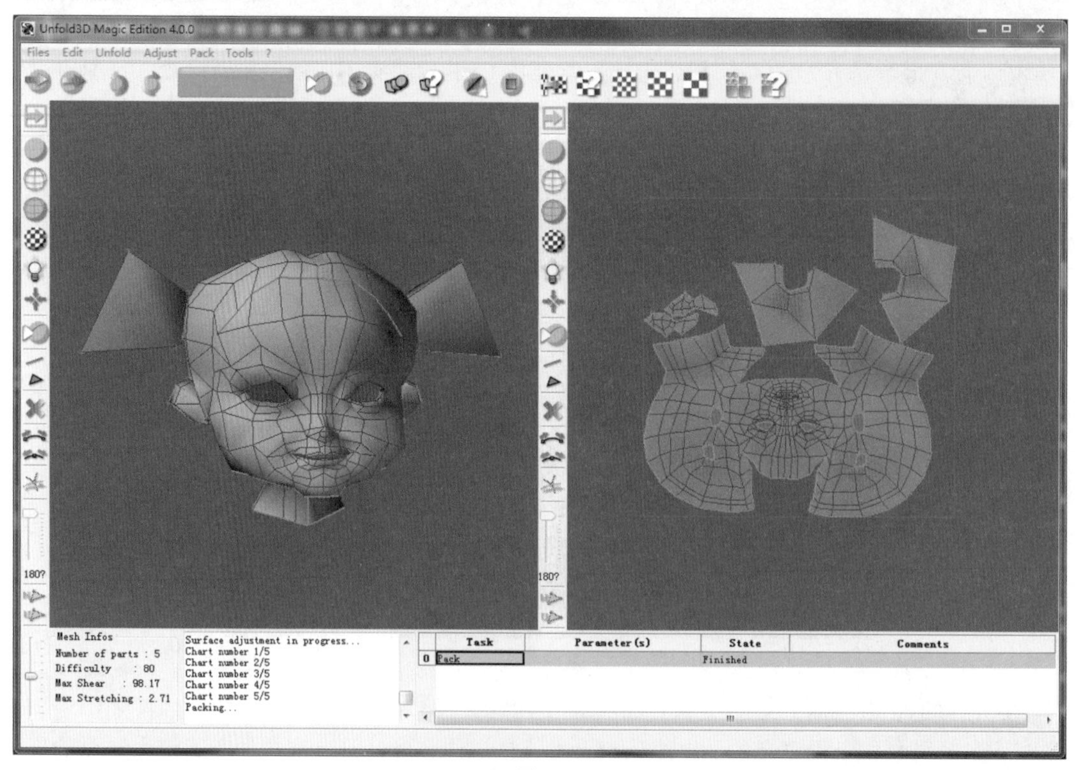

图 5-33

STEP 9 松弛后使 UV 达到需求效果，执行 Files（文件）| Save（保存）命令，现已展开的 UV 将自动保存其模型的副本，其路径和名称与 Maya 统一，名称格式为 X_unfold3d.obj。

5.4.4 在 Maya 中调整

STEP 1 在 Maya 中将未展开 UV 的头部模型删除或隐藏，可以使用快捷键 Ctrl+H。执行 File（文件）| Import（导入）命令，将展开好 UV 的头部模型导入，打开 UV 纹理编辑器，与 Unfold 3D 展开的一样，单击按钮切换着色 UV 显示，如图 5-34 所示。

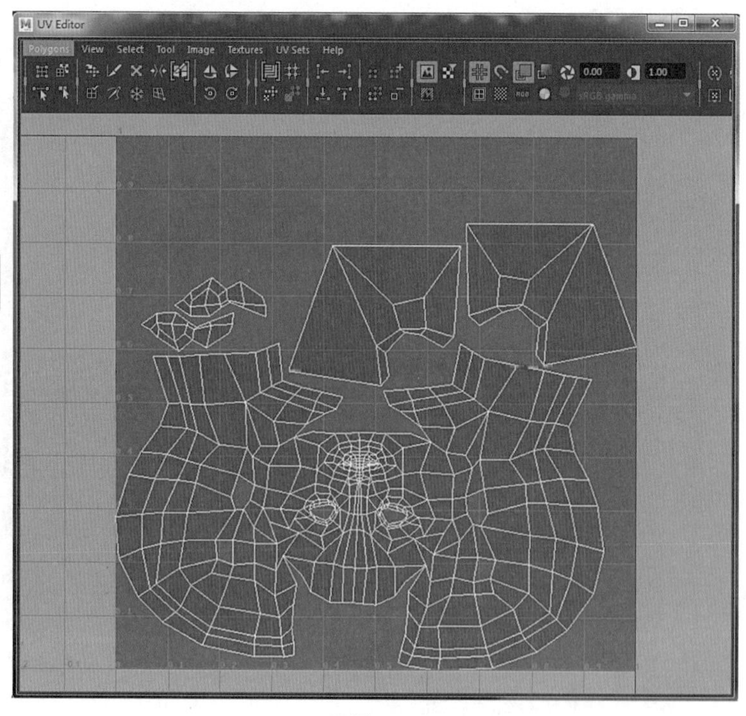

图 5-34

STEP 2 选择模型镜像一半的面并将其删除，相对应的 UV 也会被删除，如图 5-35 所示。

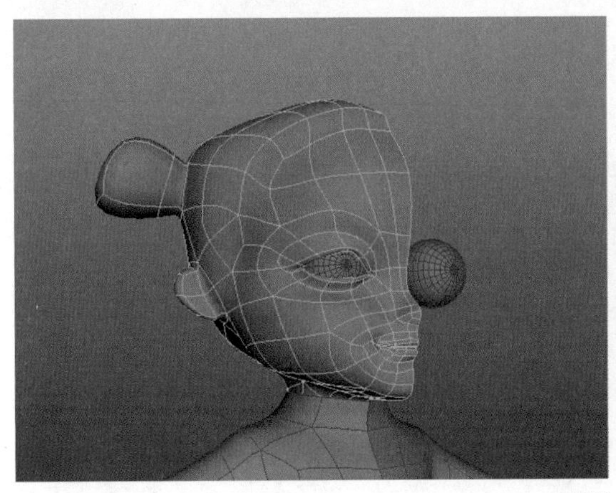
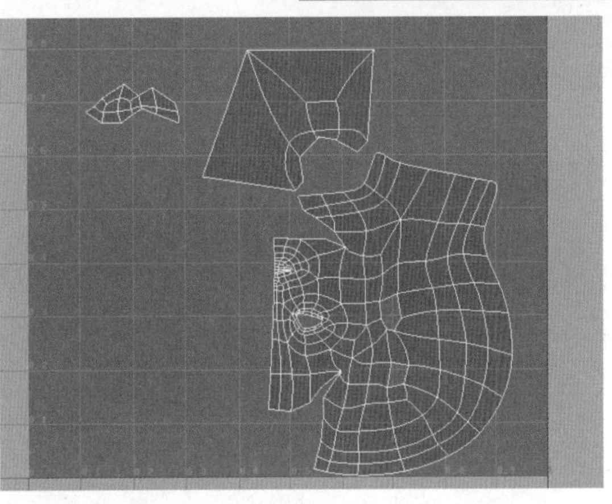

图 5-35

STEP 3 在 UV 纹理编辑器中单击鼠标右键，在弹出的菜单中选择 UV 命令，框选图中所示的部分 UV 点，按住 Ctrl 键不放并单击鼠标右键，在弹出的菜单中选择 To Shell 命令，则选定此 UV 相关联的壳上的 UV 点，如图 5-36 所示。

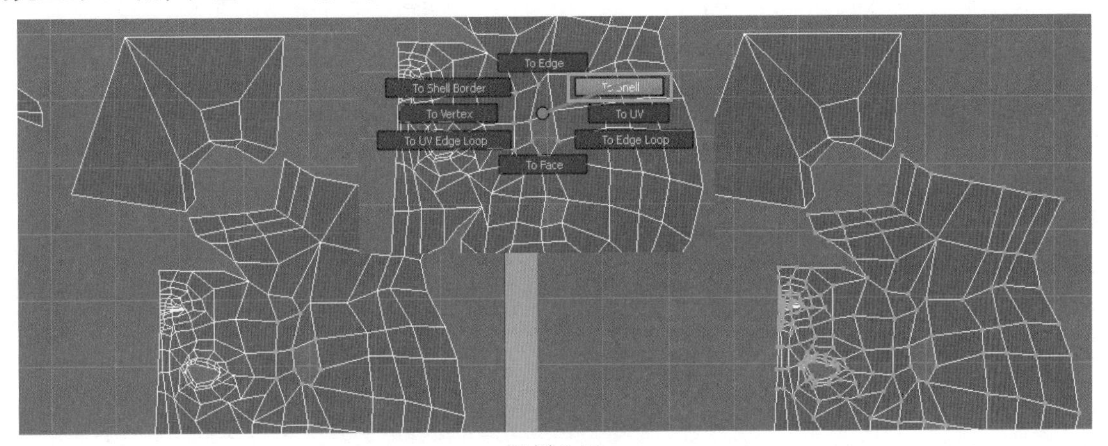

图 5-36

STEP 4 W（移动）、E（旋转）、R（缩放）选定的 UV 点到合适位置，同样的方法调整其余的 UV 点，使 UV 点充分利用纹理贴图区域，如图 5-37 所示。

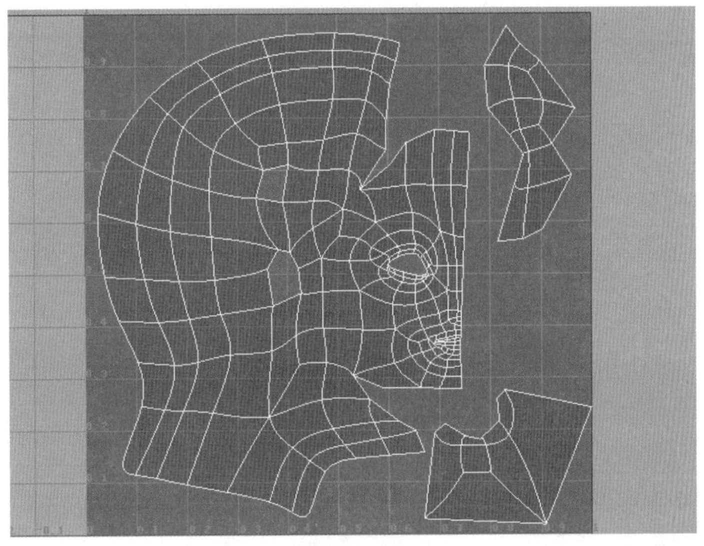

图 5-37

STEP 5 调整 UV 完成后将一半的头部模型镜像复制另一半，选择这两个模型将其结合，然后选中接缝处的顶点将其合并，从而成为完全连续的模型，UV 纹理编辑器中的 UV 显示为紫色表示两个重叠的 UV，如图 5-38 所示。

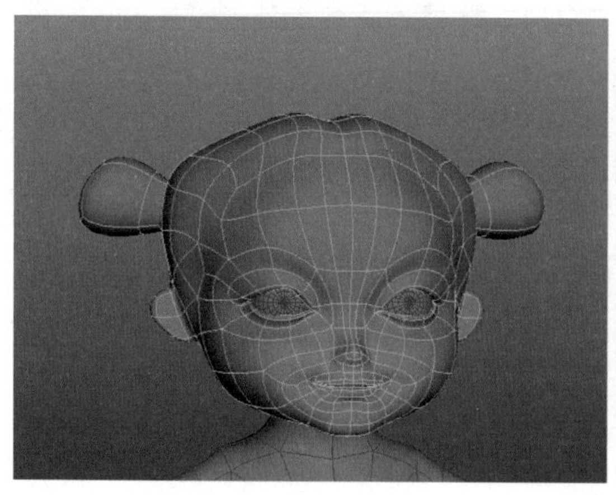
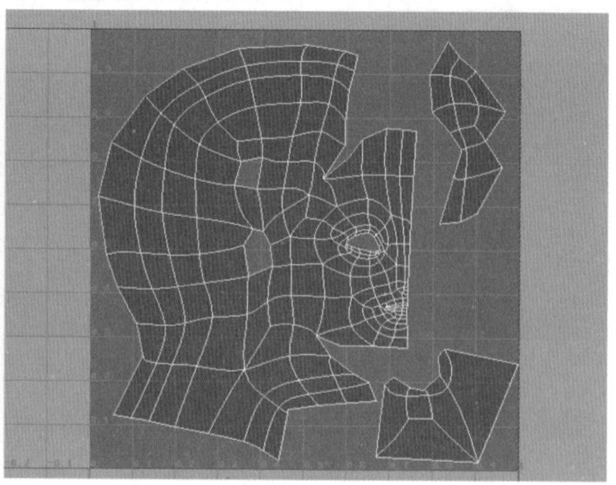

图 5-38

提 示

简单的人物造型可以使用左右镜像重复的 UV，有效地减少制作纹理贴图的时间。

STEP 6 展开模型的头部 UV 已经完成，使用同样的方法展开身体、手部与脚部的 UV，将所有模型的 UV 调整在一个 UV 纹理贴图区域内方便后期制作，如图 5-39 所示。

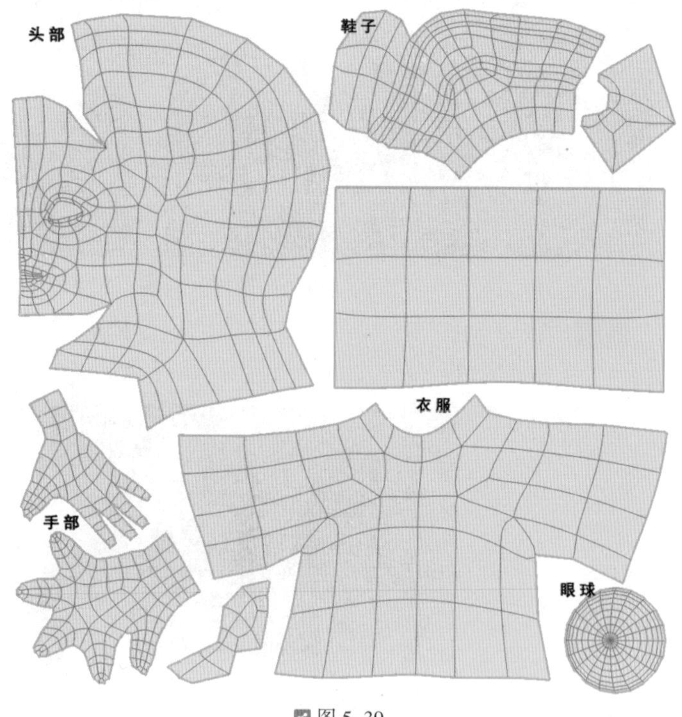

图 5-39

5.4.5 多边形着色

STEP 1 选择需要绘制并已展开 UV 的模型（为了方便给模型绘制颜色，可以将其所有部分结合为一个整体），单击鼠标右键，在弹出的菜单中选择 Assign Favorite Material（指定收藏材质）| Lambert 命令，为模型赋予一个新的材质球，如图 5-40 所示。

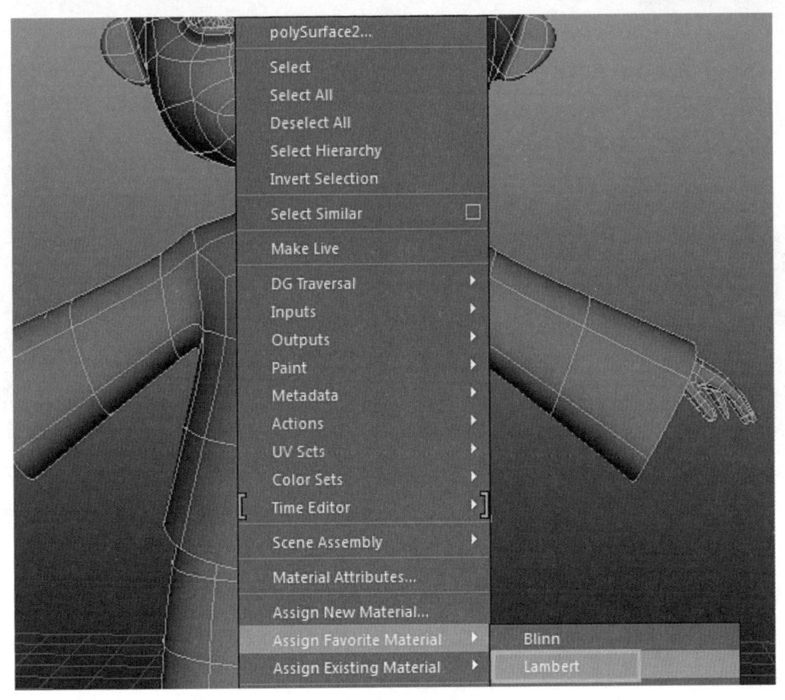

图 5-40

STEP 2 选择模型，单击鼠标右键，在弹出的菜单中选择 Paint（绘制）| 3D Paint（3D 绘制）命令，如图 5-41 所示，在界面的左边会显示 3D Paint 工具的属性。

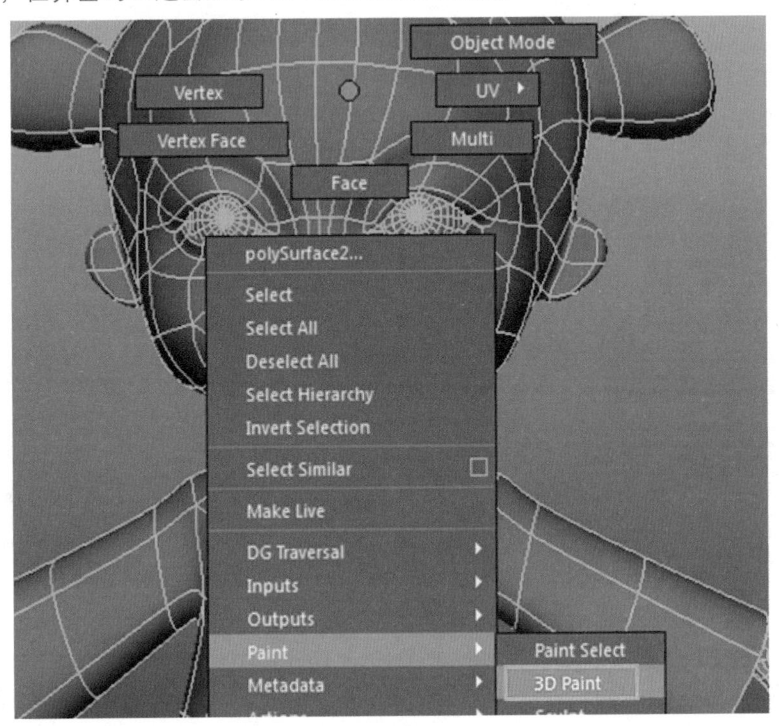

图 5-41

STEP 3 在模型上方移动笔刷时，笔刷轮廓显示为⊠，表明无法在选定的模型上绘制纹理，需要单击工具栏内的 Assign（指定）/Edit Textures（编辑纹理）按钮，将弹出指定 / 编辑纹理对话框，更改 Size X 与 Size Y 为 1024，Image format（图像格式）为 JPEG（jpg），修改完成后单击 Assign（指定）/Edit Textures（编辑纹理）按钮确认，如图 5-42 所示。

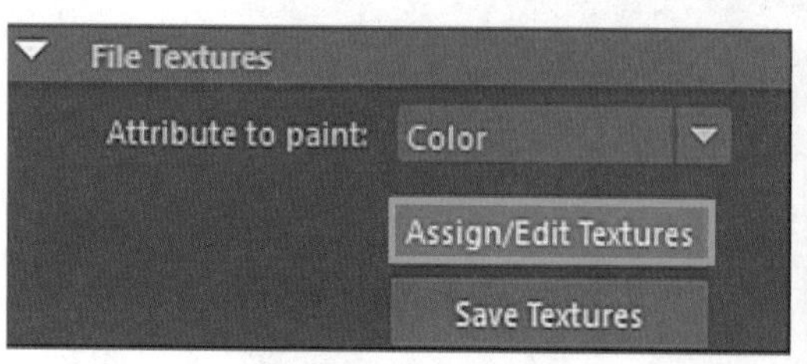

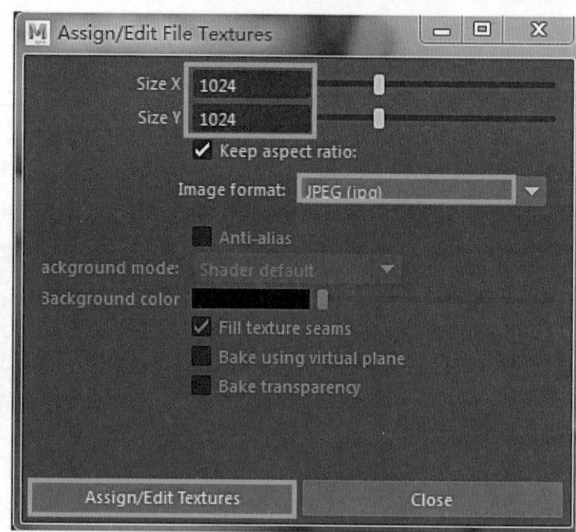

图 5-42

STEP 4 3D Paint Tool（3D 绘制工具）的工具设置窗口。

✱ 笔刷：调整笔刷 Radius（半径），按住 B 键和鼠标左键不放，向左滑动为缩小笔刷半径，反之则为放大笔刷半径。

✱ Artisan：选择画笔样式，单击文件夹按钮可以载入画笔。

✱ 颜色：单击色块直接调换颜色，通过 Opacity（不透明度）参数修改颜色的不透明度（1 为不透明）。

✱ 绘制操作：在 Artisan 项内默认为 Paint（绘制），切换选择 Erase（擦除）或 Clone（克隆），也可以在 Paint Effects 项内选择 Paint（绘制）、Smear（涂抹）或 Blur（模糊）。

STEP 5 绘制纹理贴图时显示绿色线框并不方便，单击 3D Paint 工具属性下的 Display（显示），关闭 Show wireframe（显示线框），绘制纹理贴图完成，如图 5-43 所示。

图 5-43

5.5 材质原理

Maya 材质是整个 Maya 制作体系中不可分割的一部分，在制作过程中，灯光和材质是相辅相成的，两者共同决定了最后的渲染效果。如果一幅作品只有灯光没有材质，那么在渲染时会缺少材质纹理的细节。

材质样本球可以控制颜色、透明度和光泽，还能定义更加复杂的凹凸起伏、反射或大气等。每一种材质都有自己的特殊属性参数。有些材质本身没有体积变化，需要结合其他材质和纹理一起使用才能产生特殊效果。

1. Color（颜色）

通过调整应用于对象的材质颜色属性，更改对象的基本颜色。将纹理作为颜色贴图应用于材质的颜色属性。使用 Ramp Shader（渐变着色器）可以额外控制颜色随灯光和视角发生更改的方式。可以模拟各种特殊的材质和以精细方式调整传统的着色，如图 5-44 所示。

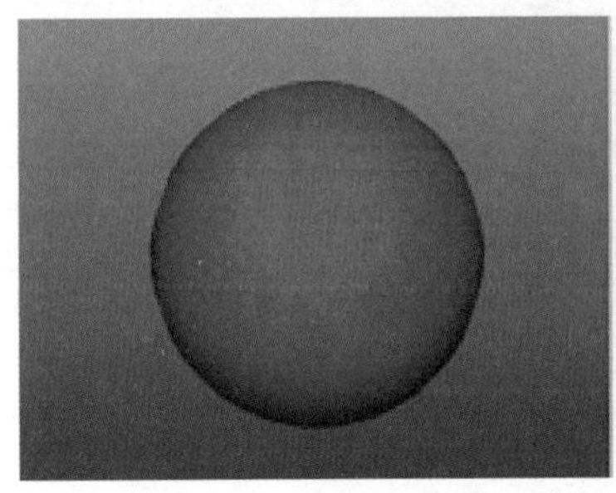

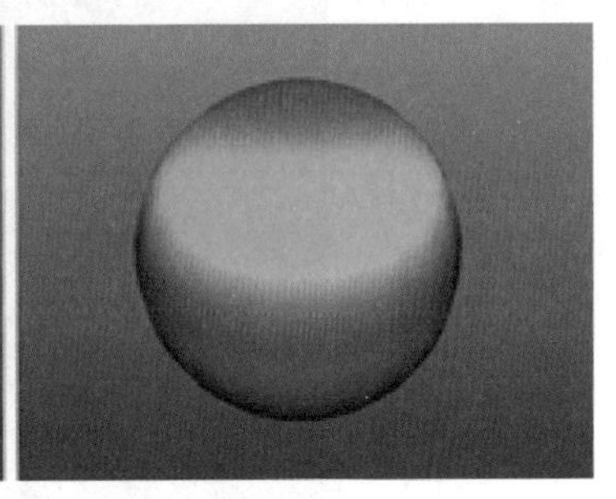

图 5-44

2. Transparency（透明度）

通过调整应用于对象的材质透明度属性，更改对象的透明度级别。将纹理作为透明度贴图应用于材质的透明度属性，指定对象哪些区域为不透明、透明或半透明，如图 5-45 所示。

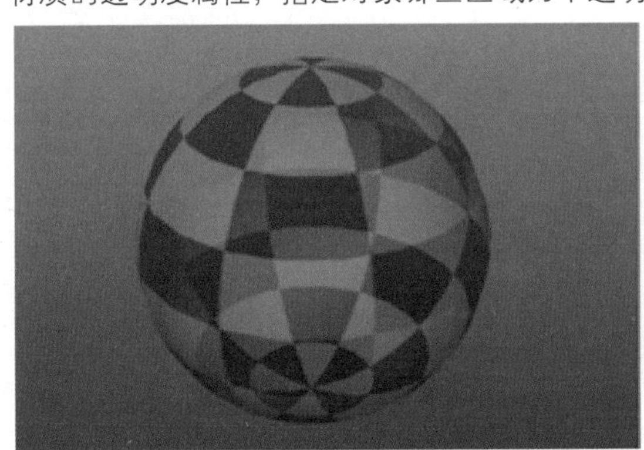
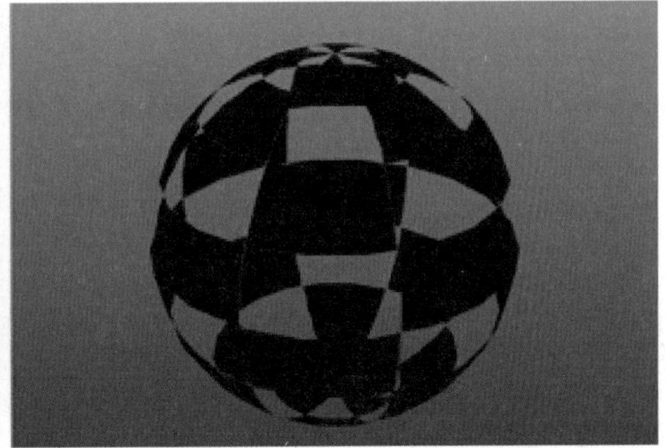

图 5-45

3. Highlight（高光）

通过调整应用于对象的 Specular Shading（镜面反射着色）属性，更改对象镜面反射高光的强度和大小。将纹理作为镜面反射度贴图应用于材质的 Specular Color（镜面反射颜色）属性，指定对象哪些区域有光泽和高光颜色，如图 5-46 所示。

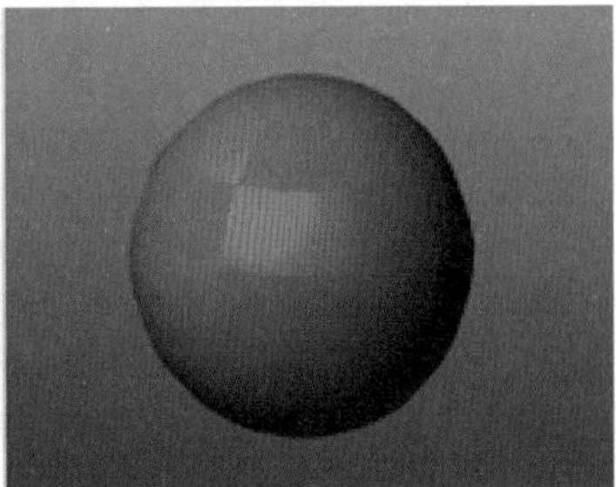

图 5-46

4. Reflection（反射）

可以控制反射率以及其他曲面特性（如折射颜色），如图 5-47 所示。

图 5-47

5. Bump（凹凸）

凹凸贴图用于控制对象表面产生凹凸效果。通过纹理的明暗变化来改变对象表面的法线方向，在渲染时产生凹凸效果，但这种凹凸效果只是一种模拟，并没有产生真正的凹凸效果，如图 5-48 所示。

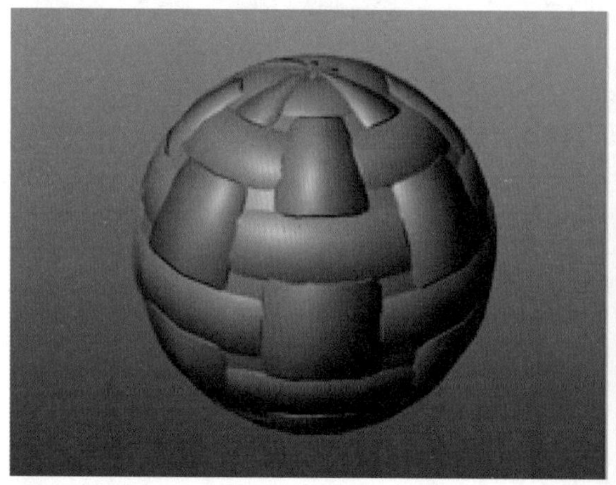

图 5-48

5.6 材质球基本属性

Hypershade 是 Maya 渲染的中心工作区域，通过创建、编辑和连接渲染节点（如纹理、材质、灯光、渲染工具和特殊效果），可以在其中构建着色网络。

在 Maya 主菜单中执行 Windows（窗口）| Rendering Editors（渲染编辑器）| Hypershade 命令，打开 Hypershade 窗口，如图 5-49 所示。

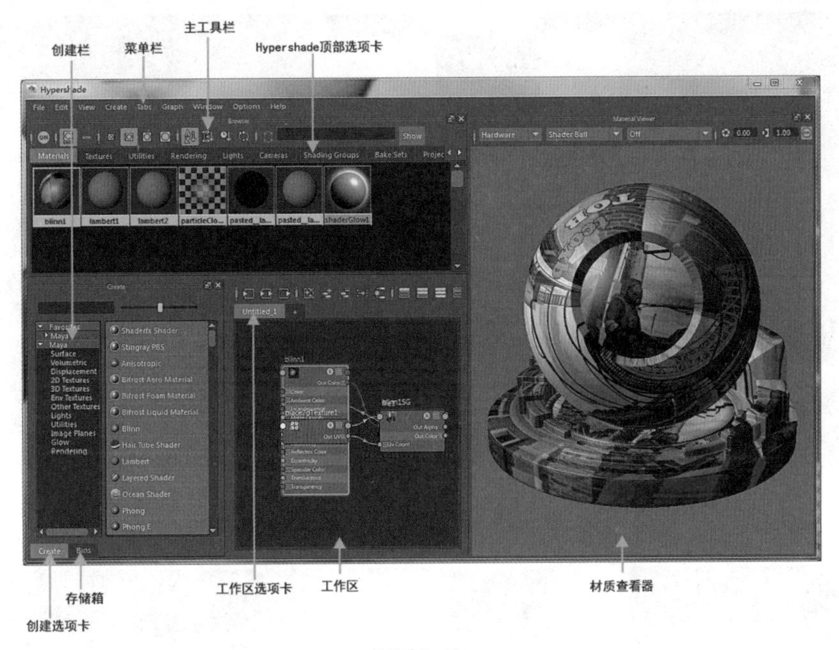

图 5-49

5.6.1 常用类型的材质

✱ Blinn：具有良好的软高光效果，有高质量的镜面高光效果，适用于有机表面，常用于金属、塑料等，如图 5-50 所示。

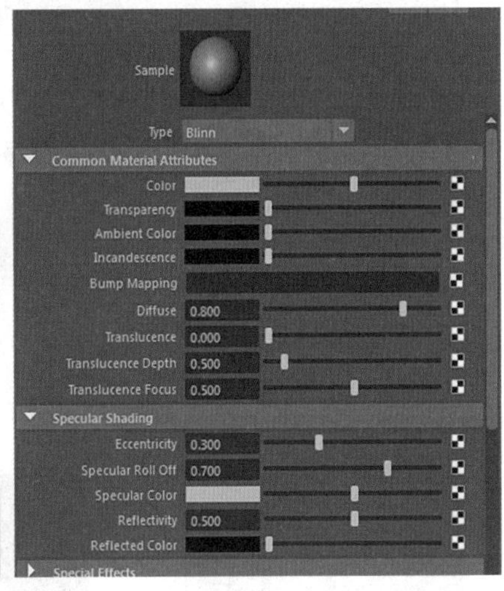

图 5-50

✱ Lambert：不包括任何镜面属性，也不会反射出周围的环境色，对于粗糙物体来说是常用的，但此材质可以是透明的，在光线追踪渲染中发生折射。它多用于不光滑的表面，是一种自然材质，常用来表现自然界的物体材质，如木头、混凝土等，如图 5-51 所示。

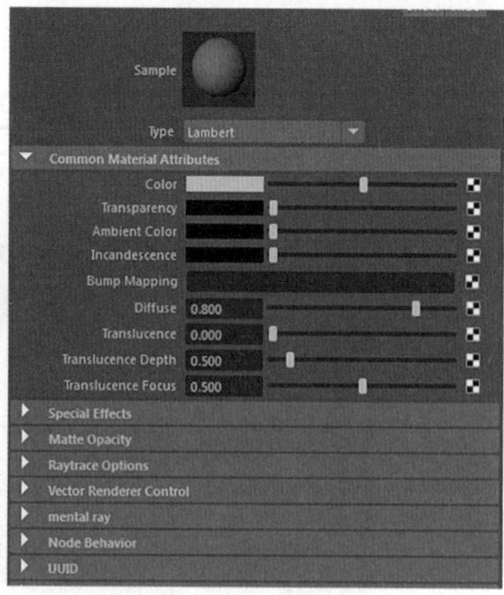

图 5-51

✱ Phong：有明显的高光，适用于表面具有光泽的物体，常用于水、玻璃等，如图 5-52 所示。

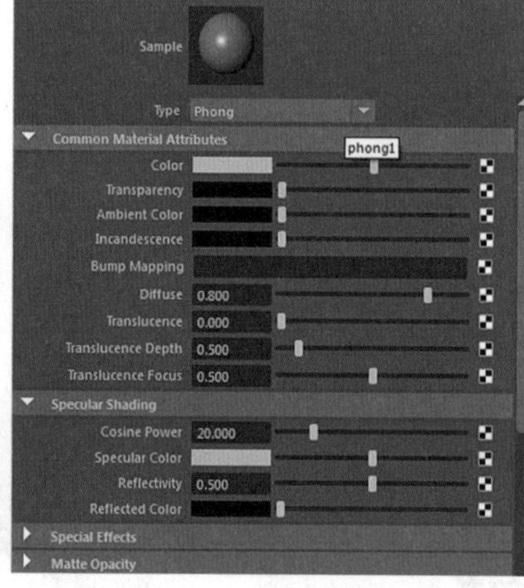

图 5-52

✱ Layer shade：可以将不同的材质节点结合在一起，每一层都有自己的属性特征，并且每种材质都可以单独设置，常用于混合材质。

✱ Surface Shader：赋予材质节点颜色，不受灯光、环境等影响，通常用于卡通材质，如图 5-53 所示。

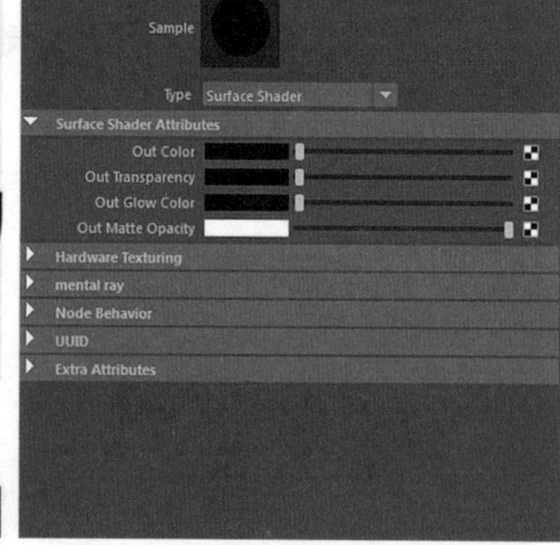

图 5-53

✱ Use Background：用于光影追踪，常用于单色背景合成以进行抠像，如图 5–54 所示。

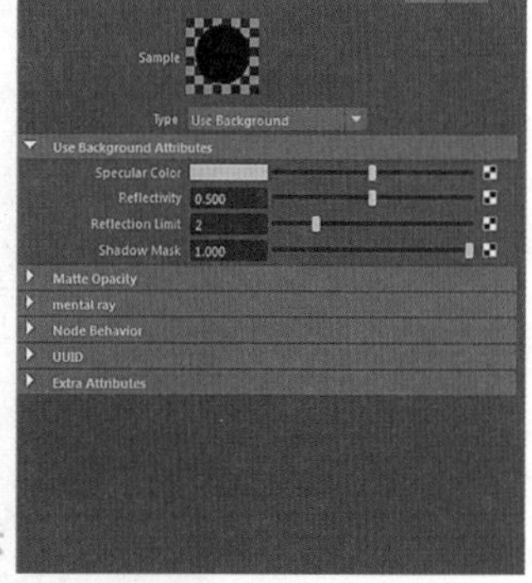

图 5–54

创建多边形模型时，默认材质为 Lambert1，若是需要调整其材质，需要赋予新的材质，赋予模型新材质有多种方法，常用的方法有以下 3 种。

① 在创建栏内单击创建新的材质球 Lambert2，如图 5–55 所示。为了方便区分 Lambert1 材质球，可将 Lambert2 材质球换成不同的颜色，单击通道栏内 Lambert2 材质球属性下的 Color 右边的色块调整颜色，如图 5–56 所示。在 Hypershade 窗口内的 Lambert2 材质球的上方按住鼠标中键不放，拖曳至需要添加此材质模型的上方后释放鼠标，赋予新的材质完成。

图 5–55

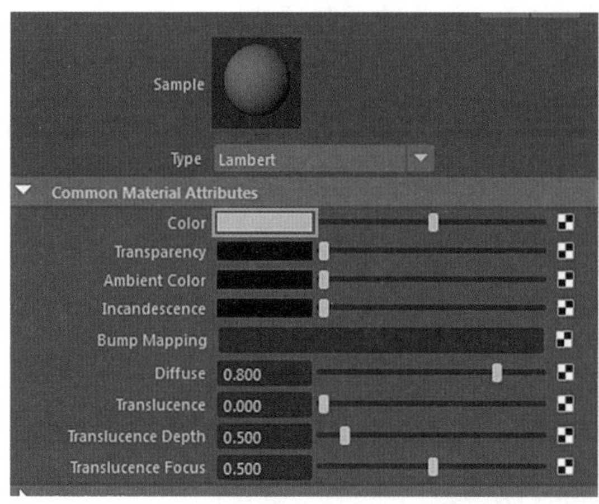

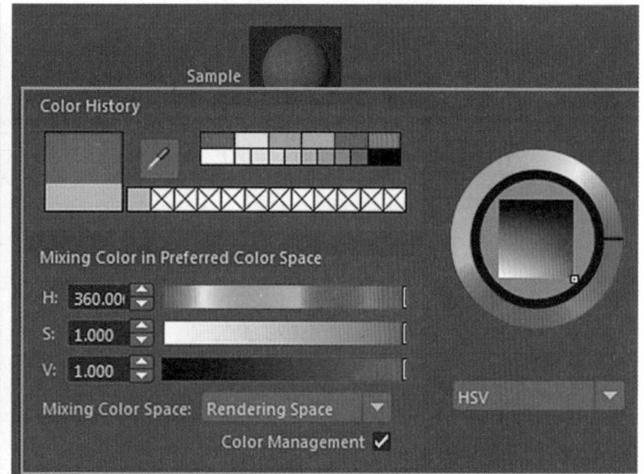

图 5–56

② 重新创建一个新的材质球 Lambert3，并使用同样的方法调换另一种颜色以示区分。单击选定需要赋予新的材质球模型，在 Hypershade 窗口内的 Lambert3 材质球的上方单击鼠标右键，在弹出的菜单中选择 Assign Material To Selection（为当前选择指定材质）命令，赋予新的材质完成，如图 5–57 所示。

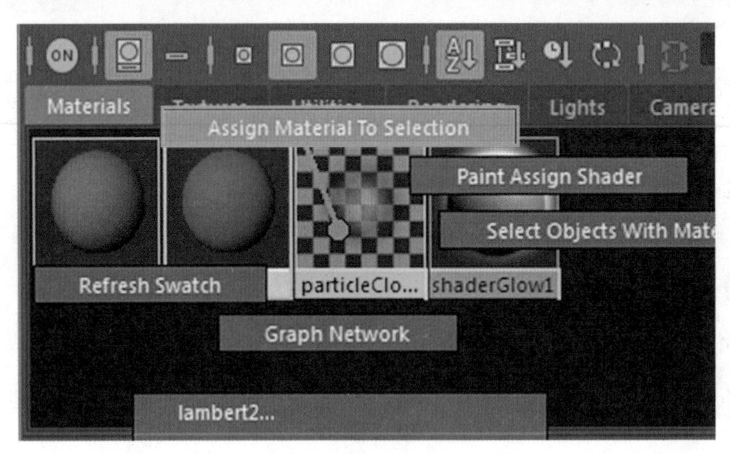

图 5-57

③ 最后一种方式之前涉及一部分，这是较为快捷有效的一种方式，不需要打开 Hypershade 窗口亦能赋予新的或是已有的材质。选定需要赋予新的材质球模型，单击鼠标右键，在弹出的菜单中选择 Assign Favorite Material（指定收藏材质）| Lambert 命令，赋予新的材质完成，如图 5-58 所示。

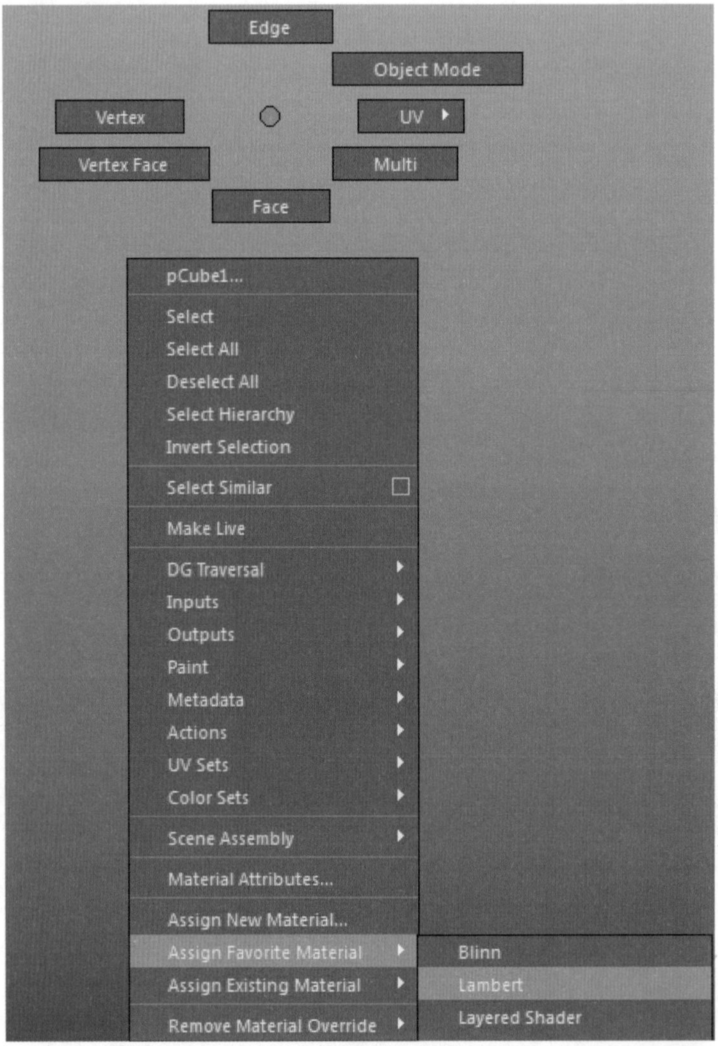

图 5-58

当制作更加复杂且丰富拟真的材质时，不仅需要材质属性的变换，而且更注重于纹理贴图的制作，给材质赋予更加丰富的纹理贴图。在颜色、透明度和光泽、凹凸起伏、反射上链接纹理节点以增加丰富度，Hypershade 窗口的创建栏分为 2D 纹理、3D 纹理、环境纹理和其他纹理，如图 5-59 所示。

2D 纹理

Bulge
Checker
Cloth
File
Fluid Texture 2D
Fractal
Grid
Mountain
Movie
Noise
Ocean
PSD File
Ramp
Substance
Substance Output
Water

3D 纹理

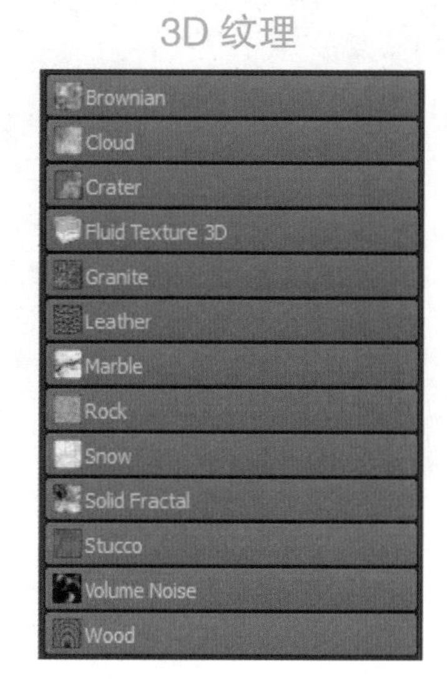

环境纹理

其他纹理

Layered Texture

图 5-59

5.6.2 材质练习

STEP 1 创建一个多边形球体，赋予新的 Bilnn 材质球，在 Hypershade 窗口中双击此材质球，通道栏内显示此材质球的属性，如图 5-60 所示。

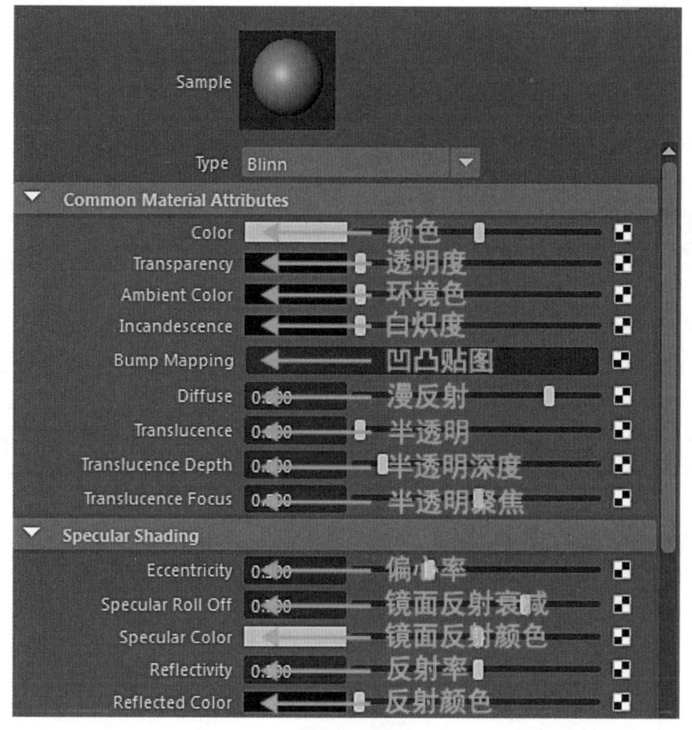

图 5-60

STEP 2 单击 Color 右端的黑白色棋盘格按钮，弹出链接纹理节点对话框，选择棋盘格节点（Checker）为其链接颜色节点，如图 5-61 所示。

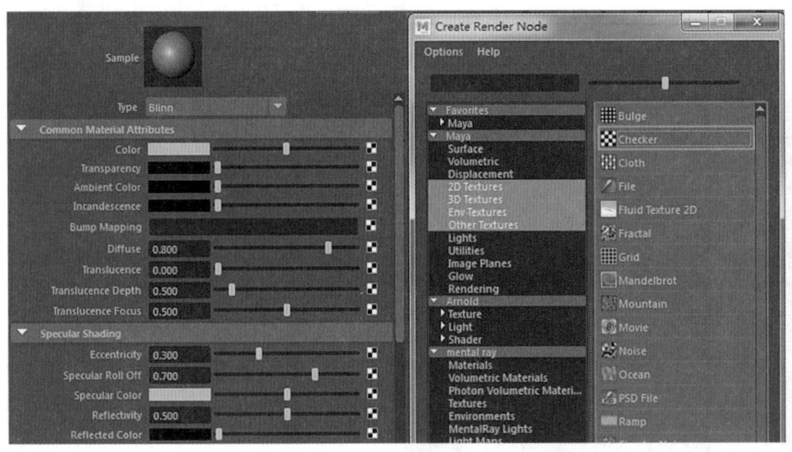

图 5-61

STEP 3 执行面板菜单栏内的 Renderer（渲染器）| Viewport 2.0 命令，将渲染器由默认质量渲染更改为 Viewport 2.0，提高实时材质显示质量，如图 5-62 所示。

图 5-62

STEP 4 单击凹凸贴图（Bump Mapping）右端的黑白色棋盘格按钮，弹出链接纹理节点对话框，选择 Crater（凹陷）为其链接凹凸节点，如图 5-63 所示。

提 示

在凹凸节点上 0 代表没有，为黑色；1 代表凸起，为白色。其他节点也通用，例如透明度 0 代表透明，为黑色；而 1 代表不透明，为白色。还有镜面反射、反射率和反射颜色。

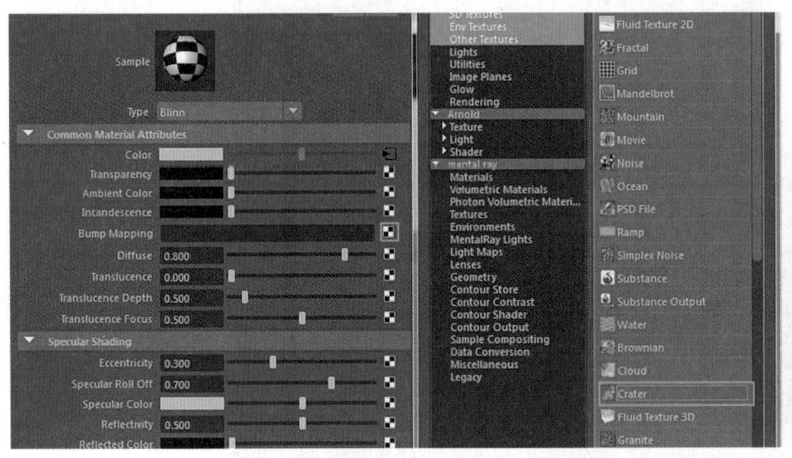

图 5-63

STEP 5 单击 Specular Color（镜面反射着色）右端的黑白色棋盘格按钮，弹出链接纹理节点对话框，选择 Ramp（渐变）节点为其链接镜面反射颜色，如图 5-64 所示。

STEP 6 可以尝试其他链接节点，例如需要在材质 Color 属性上链接已有文件图像并制作透明效果。创建多边形平面，并用教材中提供的树叶图像给这个平面制作树叶材质，如图 5-65 所示。

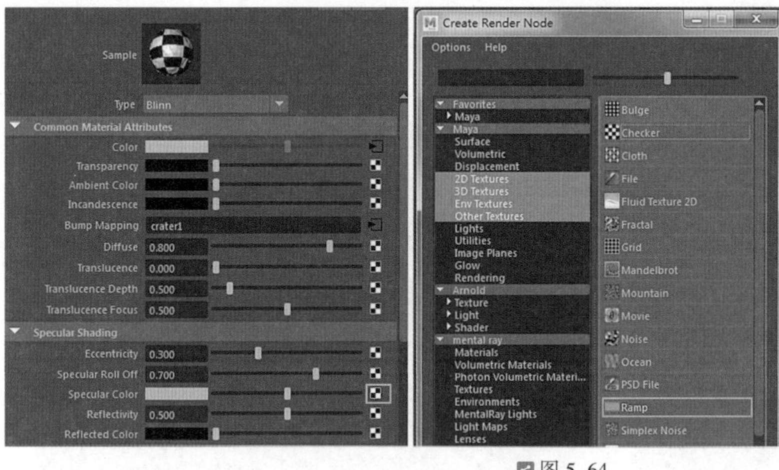

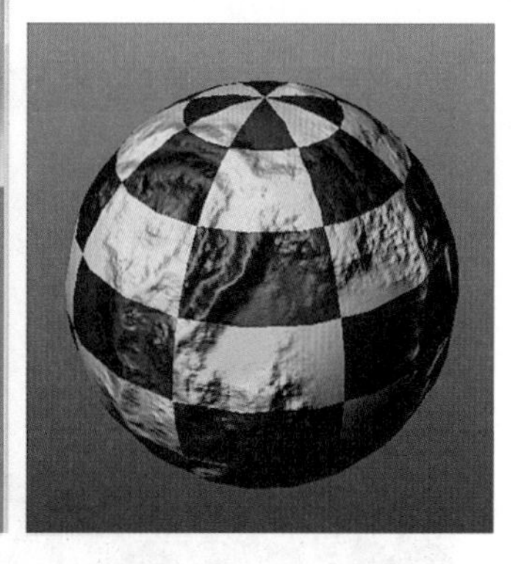

图 5-64

图 5-65

STEP 7 给这个多边形平面一个新 Lambert 材质，在 Hypershade 窗口中双击这个材质，单击 Color 右端的黑白色棋盘格按钮，弹出链接纹理节点对话框，选择 File（文件）节点为其链接颜色节点，单击通道栏内文件节点属性下的 Image Name 右端的黄色文件夹按钮，选择树叶图像后确认选择（若是图像不显示，按 6 键开启纹理显示），如图 5-66 所示。

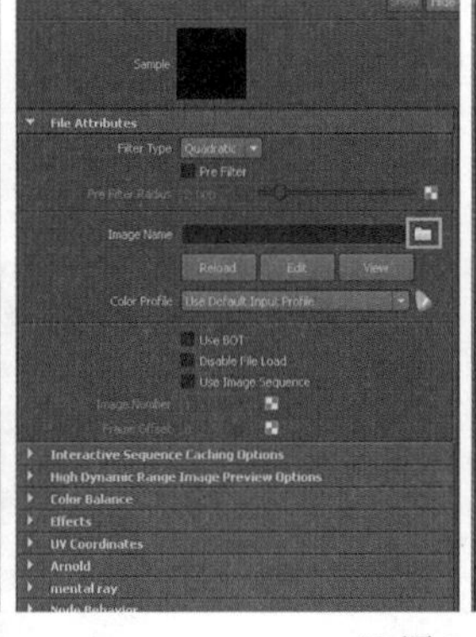

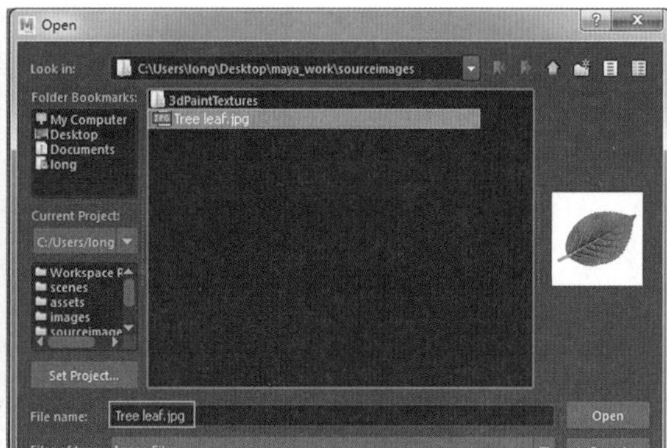

图 5-66

STEP 8 将树叶图像在 Adobe Photoshop 中打开，利用魔棒工具将背景白色选为选区后填充为黑色，按 Shift+Ctrl+I 键反向选择选区，将树叶所在区域填充为白色，制作透明纹理贴图，另存为透明贴图，不要覆盖源文件，如图 5-67 所示。

STEP 9 回到 Maya，单击这个材质 Transparency（透明度）右端的黑白色棋盘格按钮，弹出链接纹理节点对话框，单击 File（文件）选择制作的透明贴图，树叶纹理贴图制作完成，效果如图 5-68 所示（若无显示透明部分，需要将渲染器由默认质量渲染更改为 Viewport 2.0，提高实时材质显示质量）。

图 5-67

图 5-68

5.7 材质的观察方法

简单来说，物体看起来有什么样的质地就称之为材质，是颜色、透明度、光泽、凹凸起伏与反射等表面可视属性的结合。在 Maya 中，材质和贴图主要用于描述对象表面的物质形态，构造真实世界中自然物质表面的视觉表象。不同的材质和贴图能够给人们带来不同的视觉感受，在 Maya 中这是营造客观事物真实效果的最有效手段之一。

在计算机三维软件中制作拟真的模型时，做出具有使用过痕迹的物体着色贴图是达到拟真效果的有效方法之一。制作这样的贴图时，遵循时间的规律来制作，既能准确做出拟真效果，还能节省大量时间。下面以木门材质为范例说明如下。

首先，组框并齐边精裁成型为木料的初始材质，并未对其有任何材质上的加工，还是保持木质的本色，如图 5-69 所示。

其次，开始在木质门上贴皮油漆，为了保证木门的使用寿命更长久会多遍刷油漆，以减少风吹日晒的磨损，因此这多层油漆会有一定的厚度，如图 5-70 所示。

再次，需要考虑木门是在什么样的环境下使用。若是在潮湿的江南小镇使用，那木门则会在边缘角落里长满绿色的苔藓和霉点；若是在干燥日照时间长的环境中使用，那木门被日照的表皮油漆则会龟裂暴皮。另外还需要考虑此木门是户外门还是室内门，磨损程度会有明显的不同，如图 5-71 所示。

图 5-69

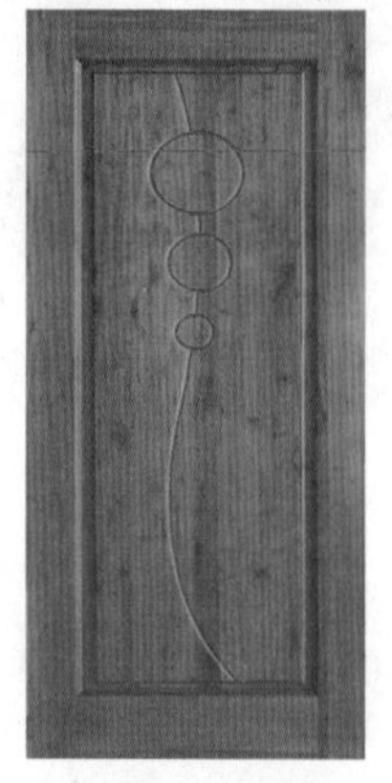

图 5-70

图 5-71

第四，由于自然的活动，灰尘是无处不在的，在木门向上的一面会有不同程度的灰尘覆盖层。

最后要考虑人为的因素，例如作为开门一侧的木质通常磨损严重。人为磨损和自然环境磨损有一个明显的不同，人为因素造成的磨损会有很大程度的油污。

木门上其他不同材质组成部分：门锁、门把手还有春联等同样使用时间的方法制作拟真效果，如图 5-72 所示。

图 5-72

5.8 应用案例——制作拟真木门贴图

STEP 1 创建木门模型，根据所学的知识为其展开 UV，如图 5-73 所示。

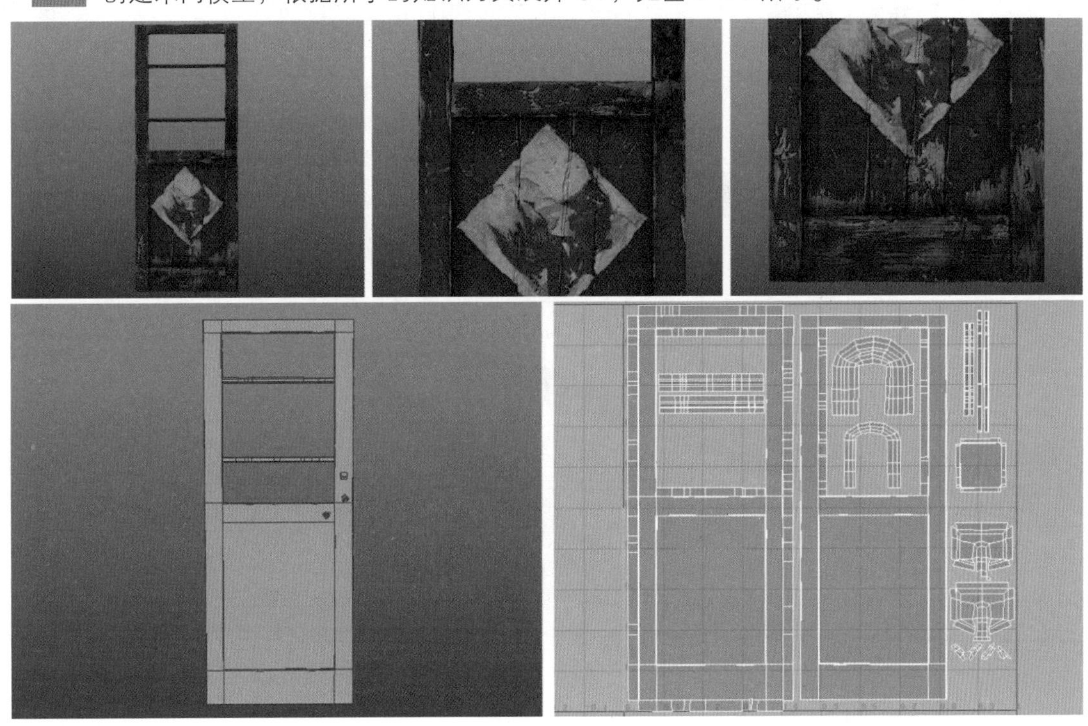

图 5-73

STEP 2 选定模型的状态下，在 UV 纹理编辑器中单击 Polygons（多边形）| UV Snapshot（UV 快照），弹出 UV 快照对话框，保存当前 UV 布局的图像文件，更改完成后单击 OK 按钮，确认 UV 快照导出，如图 5-74 所示。

STEP 3 使用 Adobe Photoshop 打开 UV 快照图片，将 UV 快照图片反相颜色，将图层混合选项更改为正片叠底，在 UV 快照图层的下方新建图层，如图 5-75 所示。开始绘制木门的纹理贴图，在此绘制的 2D 图像与木门的 UV 纹理相匹配。

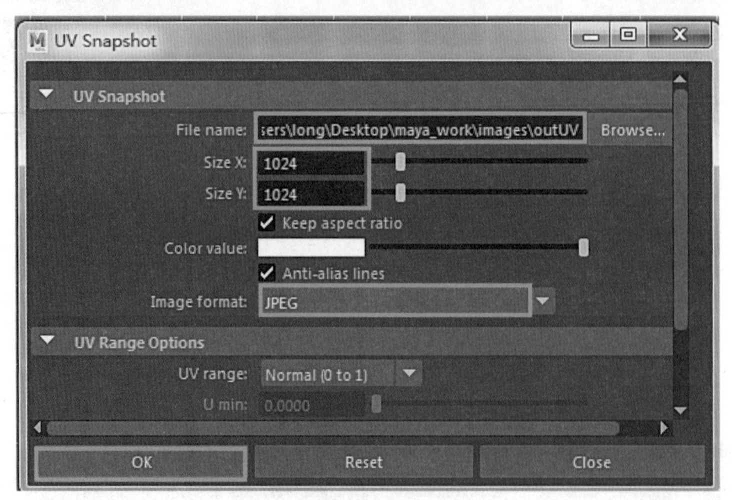

图 5-74

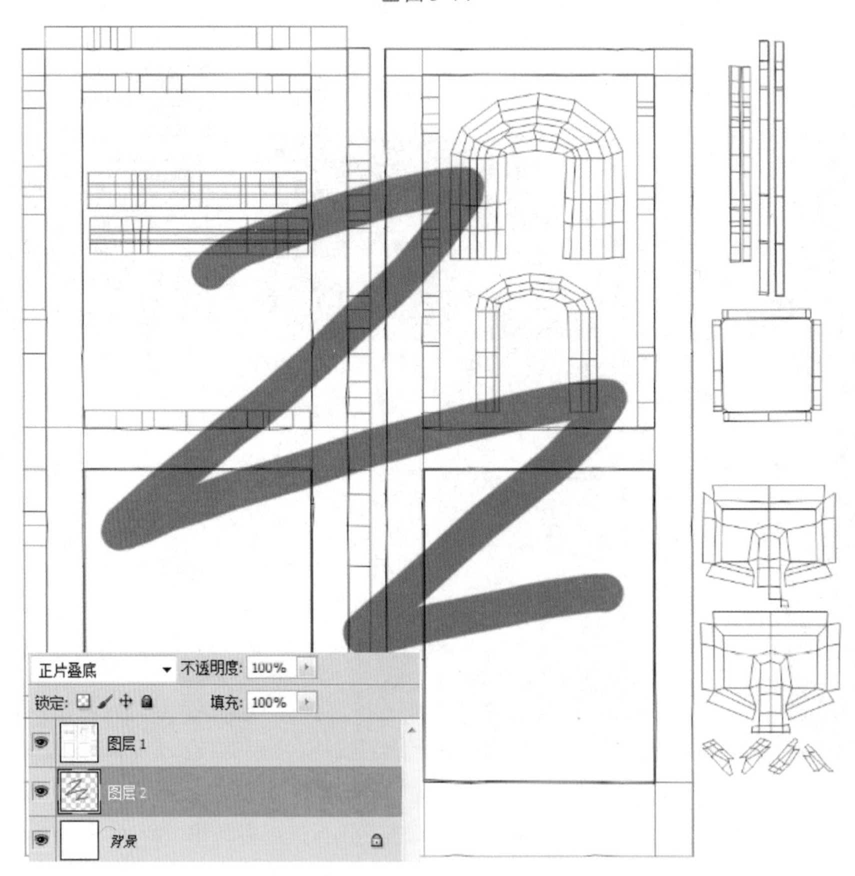

图 5-75

STEP 4 初始层。

这一层为最底层，是木门上漆前原本的木质效果，在本例中掉漆的效果并不太多，所以仅在前景色中调节一个木头的颜色，如图 5-76 所示，对照 UV 在木质的部分平涂或填充即可。如果制作裸露出大量木质的掉漆效果，这一层还需要细致刻画出木头的质感与纹理，或使用木质的纹理照片拼贴制作。

STEP 5 着色层。

第一步，这一层绘制木门漆的固有色。新建图层，在前景色中调节木门的漆色平涂或填充，如

图 5-77 所示。

第二步，绘制出木门漆固有色的冷暖变化。再次新建图层，在前景色中调节出和之前固有色相比偏冷和偏暖的两种近似颜色，使用一个边缘过渡柔和的笔刷进行笔触较为随意的绘制，绘制过程中可以适当改变笔刷的透明度、流量等。绘制的具体位置和程度，应当由整体冷暖关系带来的视觉效果决定，如图 5-78 所示。

第三步，绘制出木门漆固有色的明暗关系，物体在布光渲染之前自然是不会产生区别受光面和背光面的明暗变化，这里所说的明暗关系是一种模仿 Ambient Occlusion（即环境闭塞效果），如图 5-79 所示。所谓 Ambient Occlusion 是一种模拟全局光照来描绘物体和物体相交或靠近的时候遮挡周围漫反射光线的效果。简单说这一步的工作就是再次新建图层，对照 UV 将模型的转折面、相近以及相连接的地方，使用较之固有色明度略深的颜色，绘制出适当的明暗关系，绘制过程依然要兼顾整体的冷暖关系。这样在没有特定光源的情况下也能看到模型的基本结构，增强了模型效果。

图 5-76

图 5-77

图 5-78

STEP 6 磨损层。

表现物体磨损效果的精髓在于物体的边缘以及强调那些被经常碰到和使用的地方，本例中的木门显然是门把手附近和下方的木板磨损最为严重。

第一步，将着色层的 3 个图层按 Ctrl+G 键群组，给图层组添加“图层矢量蒙版”。

第二步，对照 UV 用笔刷在蒙版上将磨损的形状绘制出来，磨损的形状细节要符合木板纹路的方向，木门朝向室外的面和朝向室内的面，磨损程度应该有明显的区别，切忌将磨损画得对称、平均，如图 5-80 所示。

第三步，为图层组添加“图层样式”，选择“投影”，通过调节得到一个紧贴磨损形状边缘的合适阴影，如此便将磨损暴露出的木质和没有磨损的漆质关系拉开来了，突显出了漆质的厚度，如图 5-81 所示。

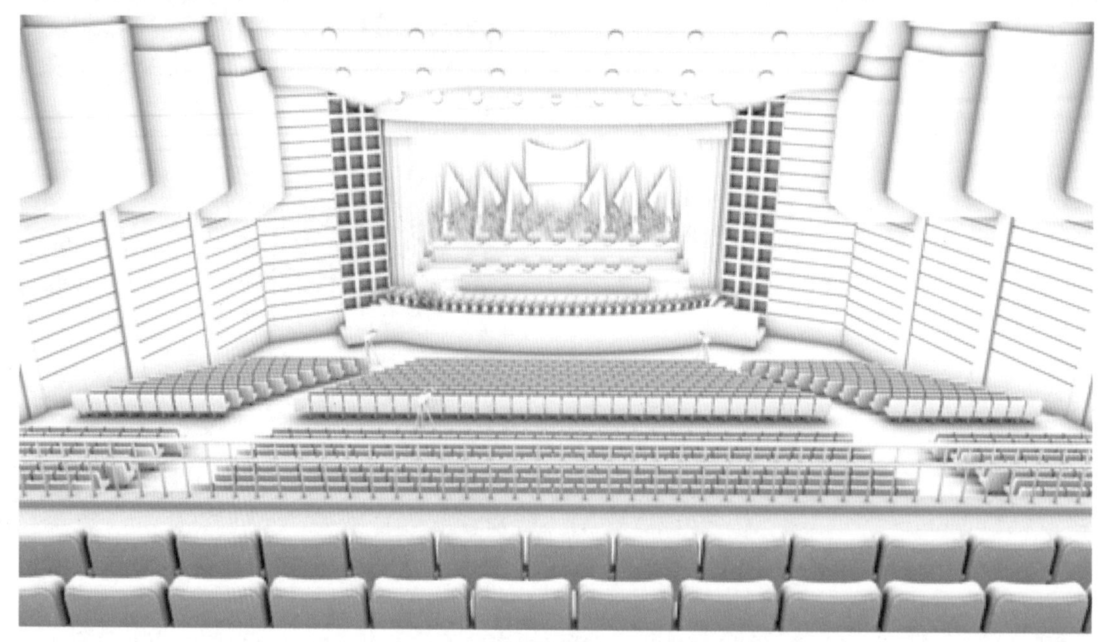

图 5-79

图 5-80

图 5-81

STEP 7 人迹层。

这一层要表现出人为的使用痕迹，例如人为使用过留下的油污渍、碰撞的划痕以及加在门上的具有文化符号的附加物。

第一步，绘制门板上的残存福字贴纸。新建图层，在前景色中调节一个偏白的颜色来表现贴纸褪色的效果，使用矩形选框工具绘制一个大小合适的正方形选区，填充前景色。使用变形工具（快捷键 Ctrl+T）将正方形旋转 45° 。然后使用套索工具和橡皮工具绘制贴纸撕毁的残余效果，需要注意一些没有完全撕掉的部分会透出一些底下门漆的颜色。然后在前景色中调节一个较之前略深的颜色，绘制出贴纸鼓起的立体效果。再调节一到两个用来表现贴纸上其他颜色的褪色效果的颜色，进行适当随意地绘制来丰富贴纸的整体效果。完成之后使用上述方法再次新建图层，绘制一个较之前面积略小、颜色也有区别的第二层贴纸，并对图层添加投影的“图层样式”，调节后前后层次关系就更为分明了，如图 5-82 所示。

第二步，绘制门把手位置附近的油污。新建图层，在前景色中调节一个油污的颜色，使用一个不规则形状的笔刷绘制，调节当前图层的“图层混合模式”，选择一个适合体现油污质感的效果，本例中使用“线性光”混合模式，如图 5-83 所示。

图 5-82

图 5-83

第三步，添加其他部分的污渍。新建图层，将当前图层的“图层混合模式”改为“正片叠底”，降低笔刷的透明度进行绘制，如图 5-84 所示。

第四步，绘制碰撞的划痕。新建图层，在前景色中调节一个较深的颜色，这里使用了一个具有划痕效果的笔刷，使用“点”的手法进行平铺，然后对图层添加“图层矢量蒙版”，随意选择一个其他的不规则形状笔刷，调低透明度，在蒙版中为划痕制作出随机的效果。绘制完成后复制图层（快捷键 Ctrl+J），使用色相 / 饱和度工具（快捷键 Ctrl+U）将复制出的图层调节成较浅的颜色。最后使用移动工具（快捷键 V）利用键盘上的方向键对复制出的图层进行细微的位移调节，这样就自然地产生出了划痕的立体效果，如图 5-85 所示。

图 5-84

图 5-85

第五步，再次新建图层，使用不规则形状的笔刷绘制一些其他部分少量的油渍效果，颜色可以使用接近门漆固有色的补色，这样可以增强整个木门的色彩关系效果，如图 5-86 所示。

STEP 8 灰尘层。

物品上很少被触碰的部分和离灰尘源近的部分是灰尘积累最多的地方，本例中的木门各部分木板的顶面和缝隙处最为明显，以及离地面近的木板，都是需要着重表现的地方。

第一步，新建图层，在前景色中调节出灰尘的颜色，将笔刷的透明度调低、缩小笔刷大小，对照 UV 绘制出那些积累了明显灰尘的地方，如图 5-87 所示。

图 5-86

图 5-87

第二步，整体绘制灰尘的效果。新建图层，选择一个边缘较为柔和的不规则形状笔刷，调低透明度，通过“点”的手法给门的整体随机地平铺一层，然后为图层添加“图层矢量蒙版”。随意选择一个其他的不规则形状笔刷，同样调低透明度，在蒙版中为灰尘制作出随机的效果。如果整体的灰尘效果还不理想，可以再次新建图层，依照上述方法稍微改变灰尘的颜色和透明度等再绘制一层，如图 5-88 所示。

第三步，利用人迹层绘制的图层得到选区，来清除或减弱门把手附近油污的灰尘以及区别贴纸上的灰尘效果。至此木门的颜色贴图完成了，需要隐藏 UV 层并另存为 TGA 格式的文件，名为 Door_color.tga，以作为 Maya 纹理贴图，如图 5-89 所示。

图 5-88

图 5-89

STEP 9 制作木门的 Bump，即凹凸贴图。

本例中的木门并没有大的起伏凹凸变化需要用贴图表现，我们可以直接使用先前制作好的颜色贴图来制作，三维软件中识别凹凸信息是通过识别图片的 Luminance 即明度信息来实现的，因此我们需要将之前做好的颜色贴图进行“去色”处理（快捷键 Shift+Ctrl+U），就得到了我们需要的凹凸贴图，另存为 Door_bump.tga 图像文件，如图 5-90 所示。

STEP10 制作木门的高光颜色贴图。

尽管是破旧的木门，在表现其材质时依然要考虑到高光效果的影响，在本例中我们要让木门的漆质部分呈现出一点黄色的高光来。同样以先前制作好的颜色贴图为基础来制作。首先新建图层，填充为纯黑色，再次新建图层，填充一个适当的黄色。接下来就可以使用之前绘制颜色贴图的各个部分的图层，通过载入没有高光或高光较弱的部分的选区，来调节黄色图层的效果，就完成了高光贴图的制作，并另存为 Door_spe.tga 图像文件，如图 5-91 所示。

图 5-90

图 5-91

STEP11 回到 Maya 中将相应的贴图链接到相应的节点属性上，并降低 Eccentricity（偏心率）与 Specular Roll Off（镜面反射衰减）的数值，效果如图 5-92 所示。

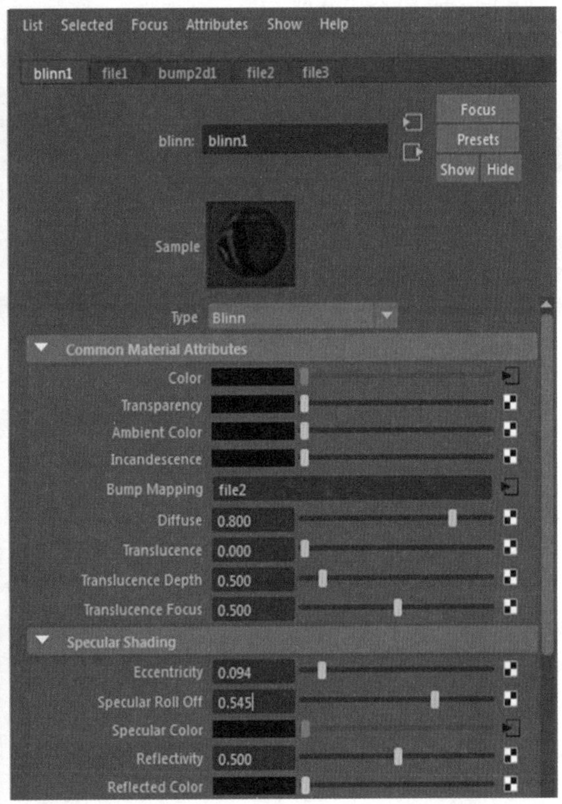

图 5-92

5.9 材质与贴图关系

在现实中我们对材质有这样的概念，比如拿一个包来举例，我们会说它是牛皮的或者是布面的，要不就是塑料的，上面有怎样的花纹，金属的、人造的、玻璃的、纸质的，这些原材料都可以称为材质。然而在软件之中这些物理或者化学的成分不会影响到我们的制作。软件是通过模拟物体表面的视觉效果来达到真实的效果，就像我们画色彩都是用颜料从颜色上再现一个物体一样，并不会真的为了画一个苹果而用苹果汁。所以软件中不会考虑到物体是铜的还是铁的或者是玻璃的，它的材质只分成光滑到不光滑表面，透明到不透明表面。可以想象一下一块刚被开采的石头表面是粗糙的，但经过反复打磨它也能在表面形成反光的效果，如图 5-93 所示。

图 5-93

一块粗糙的牛皮，长时间被打磨加工以后也能做成光亮的皮鞋，如图 5-94 所示。

图 5-94

这些物体在化学结构上并没有改变，石头还是石头，皮革还是皮革，改变的只是它表面的光滑度。所以我们在软件中再现一个物体基本材质的时候，首先要了解这个物体表面的光滑度。光滑度越高，越容易产生高光和反射，反之则不会有高光出现，表面也绝对不会出现反射。另一个因素就是透明度，玻璃、液体、塑料甚至人体都是有透明度的，如图 5-95 所示。

由这两种基本元素会变化出大量丰富的材质效果，例如木头的表面与石头的表面，它的粗糙程度是不一样的，皮鞋虽然表面很光滑，但它没有大理石光滑，大理石的表面又没有镜子的表面光滑。这种细微的视觉变化，从生理上就能让我们在还没有伸手去摸的时候就能够感知到这个物体是不是会很光滑，用多大的力气去抓它不会从手里滑落，这是一种视觉上的触觉，也是能够反馈到我们的大脑。因此在软件中我们想要模拟这种视觉上的质感触觉，就需要相应调节高光、反射、折射、透明度、反射模糊与折射模糊等参数，从而达到相应的物体材质。还有一个问题，我们不仅仅要区别各类物体之间的材质效果，还要在一个物体上找出这种材质在光滑度与透明度上的变化，例如一个普通的水泥地面，被洒上一些水，那有水的地方就是光滑的，有反射效果，其他的则是粗糙的表面，如图 5-96 所示。

图 5-95

图 5-96

再例如一把铁锹，它的木把上长期被人抓住用力的地方就是光滑的，其他地方则还是保留原木那种粗糙的质感，如图 5-97 所示。

将不同的表面进行细分，我们就能得到一个质感丰富的画面。但初学者往往只重视贴图的绘制，不对材质进行细分，渲染出来的画面不是全都感觉像瓷器一样，就是都像石头一样。所以在赋予一个物体材质球的时候，我们首先要把这个物体的材质调好再进行贴图的绘制。要牢记材质并不是物体的颜色，它仅仅代表的是物体的光滑度与透明度，它是一种质感的体现。它也不等同于材质球，材质球中高光、反射、折射、透明度这些参数是对材质的控制。

我们再来看贴图，有了一个好的材质，我们就可以开始对物体进行更具体的视觉调节了。首先是颜色的贴图，这个功能就为物体表面的颜色而产生。你可以通过一张图像来绘制物体表面的颜色，每一个平面上的色彩点都会被通过 UV 原理映射到物体的空间位置上。物体原有的花纹、图像、斑点都可以用这个功能去表现，如图 5-98 所示。

图 5-97

图 5-98

凹凸贴图，它通过一张黑白的图片能更多地刻画出物体表面的细微凹凸效果，例如皮肤上的毛孔、墙上的颗粒、冰块上的裂缝等这些在物体表面上的小变化，如图 5-99 所示。

图 5-99

但不要把它和物体的基本材质所混淆，要知道凹凸不平的表面不一定就是不光滑的表面，带裂缝的冰块一样是光滑的，一块抹着油的猪皮也是闪着亮光的，如图 5-100 所示。

图 5-100

所以这一功能其实还属于对物体形体影响的功能，并不是材质上的功能。而且由凹凸贴图衍生出来的法线贴图更是对形体的一种再塑造，如图 5-101 所示，它仅仅影响的是物体的形体。

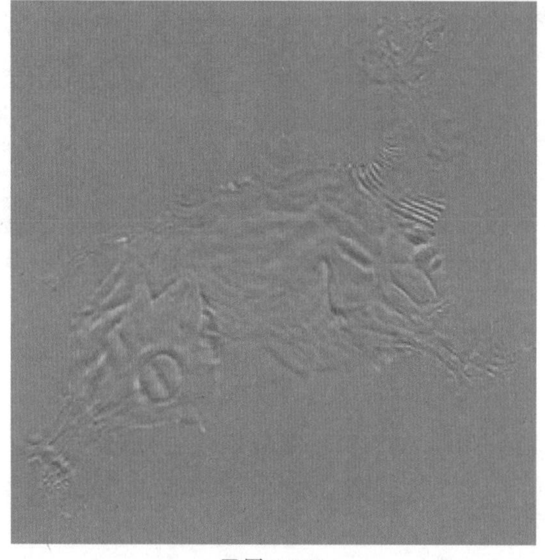

图 5-101

再有就是透明度贴图，你可以通过一张贴图来改变一个物体表面的透明度。例如，一些办公室的玻璃上会贴有门牌，你就可以用这个功能进行再现。高光贴图一般分为两类：高光的颜色与高光的强度，它分别控制了物体表面光滑出现的区域与高光的颜色。这一部分就控制了物体表面的主要光滑度，同时你也可以用一张图像来分别控制物体上不同光滑度的部分。基本上我们通过调节以上所讲的功能与参数就可以制作出一个理想的物体视觉感受。细节上我们可以通过调节反射、折射等更细致的功能来不断增加物体的质感。

课后练习

内容：

将上节制作好的自行车模型展开 UV，绘制贴图并赋予材质，如图 5-102 所示。

图 5-102

要求：

1. 贴图格式为 JPEG（jpg），不压缩，最大不超过 2048×2048，贴图都要放在 Source images 根目录下。

2. 同种材质 UV 画在同一张正方贴图上，材质球名称以能够辨认清楚为准。

第 6 章

Maya 2017

Maya 灯光、镜头及渲染

本章首先通过人物光和场景光的案例，介绍了 Maya 灯光的类型和操作方法；然后介绍了镜头原理和 Maya 摄影机的功能及运用；最后介绍了渲染原理和 Maya 渲染的功能及运用。

本章重点

- 灯光
- 镜头
- 渲染

6.1 灯光

6.1.1 光与造型之间的关系与原理

传统的西方美术造型训练中对于光的理解与运用是非常系统与科学的，同样三维软件的造型也离不开灯光的运用。灯光与造型关系的研究是虚拟空间造型训练中不可或缺的一个阶段。有过素描训练经验的人明白，运用光影的画法，需要画出画面的明暗交界线，找出阴影的区域，在三维软件中也是一样。

一个物体打上灯光后会出现明暗的区域，人眼通过这些明暗的过渡来识别形体的转折凹凸。明暗的区别只在于一个是在全白的画面上逐渐加深，一个是在全黑的画面上逐渐提亮。所以我们可以将灯光理解为用白色的笔在黑色的纸上作画，这一过程是有控制地去展现要给观众看到的画面层次。但经常遇到的情况是，许多三维软件的初学者在做完模型贴图以后就急着开始打光，渲染出来的画面到处都是亮的，如图 6–1 所示。

图 6-1

就像一个夜晚摸黑进入房间的人，拿起手电筒就是一通乱照，或者将屋里能开的灯全打开，生怕自己做的哪部分细节没有让人看到，极力地想让观众看清它们。这种胡乱打光的方法在初学者的作品中层出不穷。其实一幅作品在被人看到的时候，大脑只接受了一个整体的简单印象信息，然后随着观看时间的推移我们逐渐会在画面上找到更进一步的变化，之后才在一些细节上看到更细微的变化。如果没有更进一步的细节我们就会停止观看，所以在处理整体与细节的关系上一直是个矛盾的问题，如何在不破坏整体的情况下增加尽可能多的细节是一个恒久的课题。

需要注意的是一个画面上所有的细节都被突显，就会显得过于杂乱，人的眼睛将会找不到视点，眼神会不断地在画面上跳跃，大脑接受的都是混乱的信息，造成观赏者的感觉不适。同样在话剧舞台上大量地使用追光也是这样一个道理，如图 6–2 所示。

要知道灯光的作用不仅仅是在强调，更多的是在忽略。很多人只知道强调而不懂得隐藏的重要性，这种打光的方式可以看看我们每年各类晚会的开场节目，如图 6–3 所示。

图 6-2

图 6-3

另一个问题是画面完全只用一种灯光，明暗分得很简单。这样的情况观众在看的时候完全没有任何细节可以再去仔细品味，导致作品出来也是乏味无趣。这两个方面也仅仅是画面处理最基本的要素，其中的变化与协调需要大家自己进行长期练习从而熟练掌握。

6.1.2 光与色彩之间的关系与原理

在现实世界中我们看到的色彩是光线作用于物体，然后反射回我们的眼睛里得到的画面。物体本身按表面的朝向接受光源的多少产生明暗，然后物体本身将接受的光线再散发出去，照射到其他周边物体上，产生环境光影响。一个场景内受各种光源、色温的不同进一步产生色彩上冷暖的变化，使画面整体具有不同色调。在三维软件中这些现象都可以通过渲染器模拟出来，但经常遇到的问题是越接近于真实的光照输出效果，耗费的渲染时间越长，调节的过程也越长，复杂程度也越大，如图 6-4 所示。

图 6-4

对于静帧作品来说还比较能接受，但是对于动态作品，开启复杂的光照系统后，会倍增作品的渲染时间，所以在初学者的作品中我们会看到两种情况。

一种情况是完全只用默认灯光，甚至完全不开阴影，做出来的画面简单枯燥。因为这种光照下每个物品只受到根据光源方向所计算出来的自身明暗变化影响，场景中物体和物体之间没有产生任何光线色彩影响，如图 6-5 所示。这种方法做出的画面就类似于我们在画静物的时候，起完形后，就开始独立绘制每一个物体，完全不去考虑整体色调及冷暖的变化，每个物体之间的色彩关系是中断的，画面注定毫无生气可言。

图 6-5

另外一种情况就是将所有的渲染选项打开，渲染质量提到最高，渲染出来的画面乍一看非常真实，但是如果你把它当作一个摄影作品来看，又感觉不到任何美感，这样一个作品还耗费了大量的渲染时间。

那么就讲到了在调节渲染工作时的一个时效比的问题了，要知道在一个场景中打完一盏灯光，再通过渲染器计算出画面，这之间将产生一个渲染器的计算时间。这一过程的反馈要慢于我们在现实世界里直接打光的周期。

一个场景的打光过程需要经过反复推敲和实验，以期最后得到一个舒服的效果。虽然有一些形式与方法，但是每个场景都是不同的，在处理的时候我们会经常改变物体的位置或者灯光的位置。一般来说，这一过程越长，实验的次数越多，我们得到好效果的概率越大。由于出现了费时计算画面这一问题，我们每次对场景进行任何一个改动的时候，都要耗费一样的渲染时间去等。例如，如果单张的渲染时间为 1 分钟，那么我们可以在 1 小时内调节场景物体与灯光大约 20~30 次左右；然而如果是 10 分钟的单张渲染时间，那么 1 小时我们可能只能修改 5 次不到。如果以次数为一个场景的调节结果，每 30 次调节完成一个场景的打光，1 分钟的渲染时长，我们可以在 1 小时左右完成，但是 10 分钟渲染时长，我们就要在 10 小时左右才能完成，而且一般来说 10 分钟的渲染时间还是一个比较中等的时间。有些 2K 尺寸的电影画面需要渲染几个小时以上的单帧时间，这样累计下来耗时周期还是很可怕的，如图 6–6 所示。

所以在开始调节一个场景灯光的时候，我们可以按照这样一种方法，首先 Maya 中的 VP 硬件渲染是可以实时地显示灯光与阴影的，可以先用这种方法把整体光的位置确定下来，同时调节好光的色调，如图 6–7 所示。

图 6-6

图 6-7

这样大的明暗就可以像画画一样先铺好了，然后再进一步增加画面的细节。使用这样一种办法的好处就是直观迅速，不会花费任何的渲染时间来等待画面效果。虽然这一环节仅是确定画面光影走向的基调，但是非常重要。初学者大多不太重视这一阶段的工作，反而轻易地放一个位置就开始下面的工作，对于整体的把握在一开始就失去了，就好比画画的起稿阶段就把形起歪了，后面再怎么增加细节也改变不了它大的画面问题。就像之前讲过的，一个场景或者人物做出来，灯光打上去之后就要开始思考哪些需要突显出来，哪些需要压下去。能否在这一阶段定好光影的画面走向是关系到最终画面效果的关键。

调整好主光源后就可以开始着手打辅光，辅光的强度一般不会超过主光的强度，这时候就开始推敲细节了，逐步将场景中的暗部一点点地提亮，拉出暗部的层次，以及协调画面中的冷暖调子。

6.1.3 Maya 灯光详解

Maya 具有多种灯光类型，从而使物体获得各种照明效果。在默认情况下 Maya 场景不包含光源，其默认照明用于帮助在场景视图中着色显示时直观显示对象。通过控制灯光的强度、颜色和方向，灯光将成为在 Maya 中创建场景的关键因素。

1. Light（灯光）

（1）Ambient Light（环境光）

Maya 的环境光以两种方式发光：一种是从一点向外全角度产生照明，可以模拟室内物体或大气产生的漫反射效果；一种类似于平行光效果，可以模拟室外太阳光照效果，如图 6-8 所示。

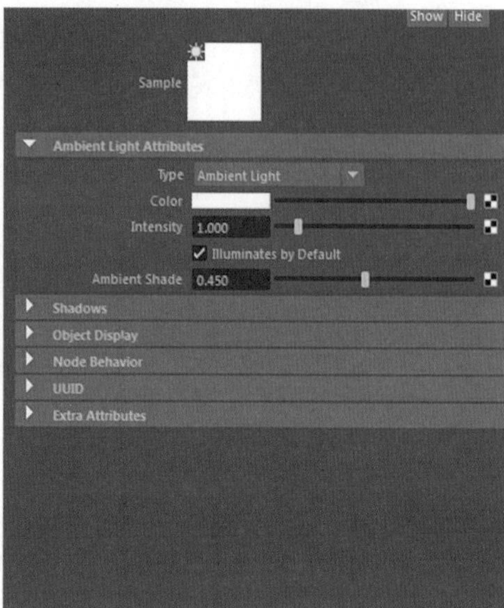

图 6-8

（2）Directional Light（平行光）

平行光仅向一个方向平均照射，并且光线之间互相平行，如图 6-9 所示。

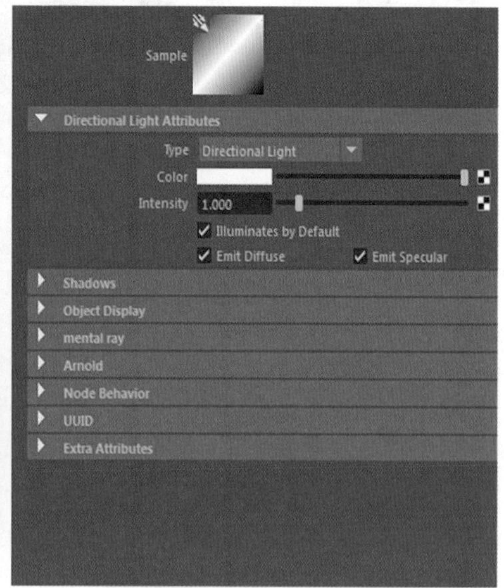

图 6-9

（3）Point Light（点光源）

点光源是从一个点向外发射均匀照射各个方向，通常模拟白炽灯或星星，如图 6-10 所示。

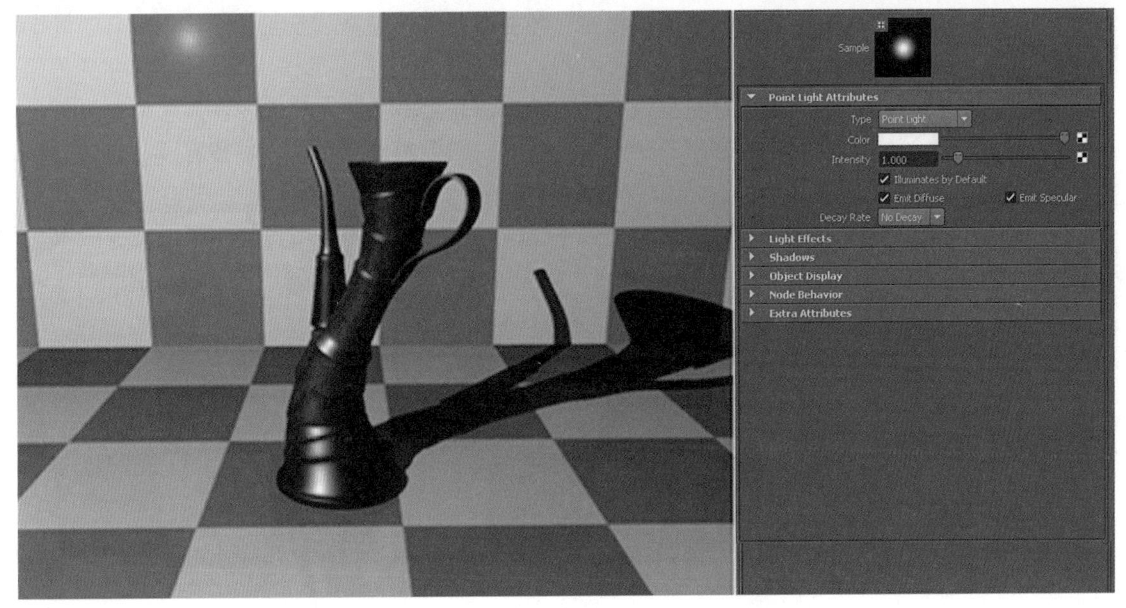

图 6-10

（4）Spot Light（聚光灯）

聚光灯在用圆锥体定义的狭窄方向内均匀地发出一束光，圆锥体的宽度确定光束的宽窄，并且可以调整灯光的柔和度以消除明显的明暗交界，还可以在聚光灯上投影图像贴图，通常模拟手电筒、路灯、车灯等，如图 6-11 所示。

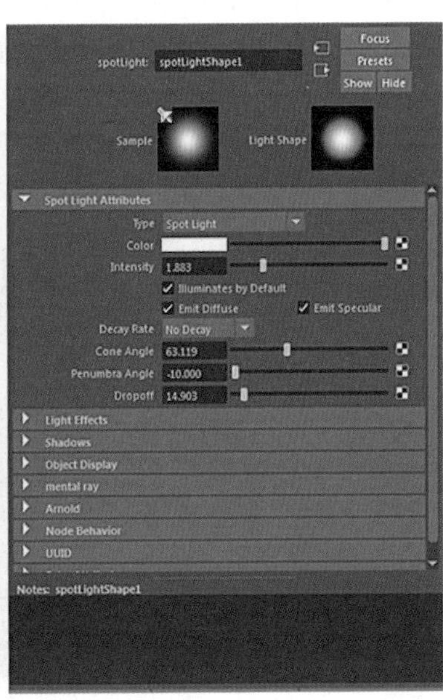

图 6-11

（5）Area Light（区域光）

区域光是二维矩形光源，最初为两个单位长和一个单位宽，使用缩放工具在场景中调整区域光的大小。与其他光源相比区域光的渲染时间更长，同时产生的灯光和阴影质量更高，更适用于高质量的静态图像。区域光是物理性的，不需要衰退选项。区域光形成的角度和着色决定照明，当离区域光越来越远时，角度减小、照明度变暗并衰退，如图 6-12 所示。

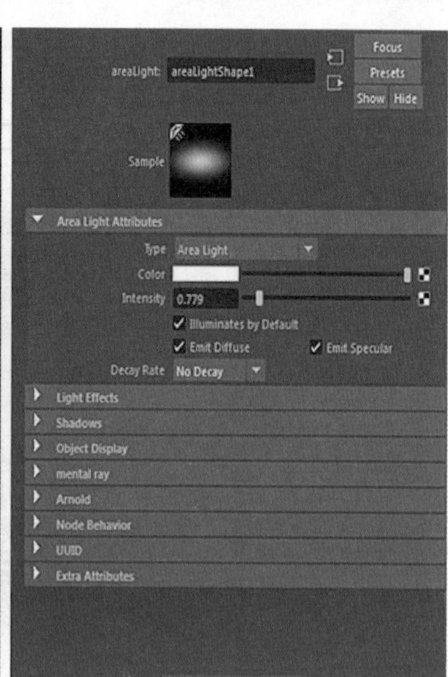

图 6-12

（6）Volume Light（体积光）

使用体积光可以方便地控制光照范围。目前 Maya 的体积光不支持硬件阴影，可以将体积光作为副灯光或用于淡化阴影。体积光的衰减可以由 Maya 中的颜色渐变属性来表示，这样就无须各种衰退参数，并且还提供其他控制。颜色渐变对于体积雾也很有用。使用 Volume Light Dir（体积光方向）可以获得不同的效果。Inward（向内）的行为像点光源，而 Down Axis（下轴）的行为像平行光。Inward（向内）会反转进行明暗处理的灯光方向，从而提供向内照明的外观。将阴影与向内的灯光方向一起使用时，可能会产生异常结果。在所有情况下，灯光形状都决定灯光的范围，如图 6-13 所示。

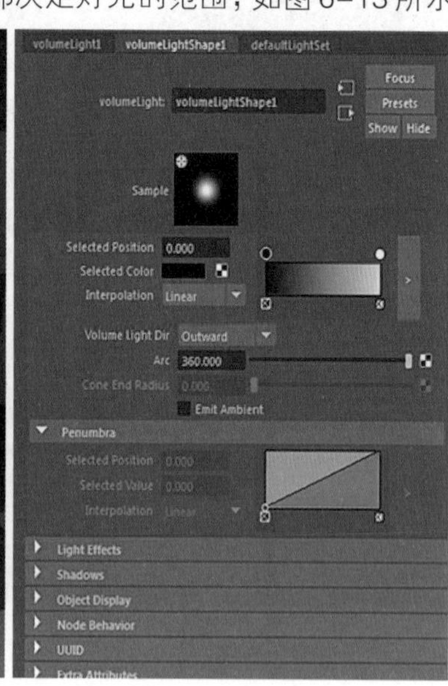

图 6-13

2. 阴影

阴影既可以和灯光一起工作增加场景的真实感，也可以帮助定义对象的位置，明确物体位于地面还是悬浮在空中。

在默认情况下 Maya 的灯光不会投射阴影，需要在场景中指定投射阴影的灯光，并且背向光源的曲面不会被照亮。如果场景中没有灯光投射阴影，则所有朝向光源的曲面将被照亮，即使被另一个曲面遮住也是如此。当灯光照在 Maya 的曲面上时，曲面朝向光源的部分将被照亮，背向光源的部分将显示为黑色。我们可以通过控制可生成阴影的灯光和曲面组合来添加阴影。通常，只需要少数特定的灯光和曲面来生成阴影。通过将阴影限制为仅针对这些特定的灯光和曲面，可以帮助减少渲染时间，如图 6–14 所示。

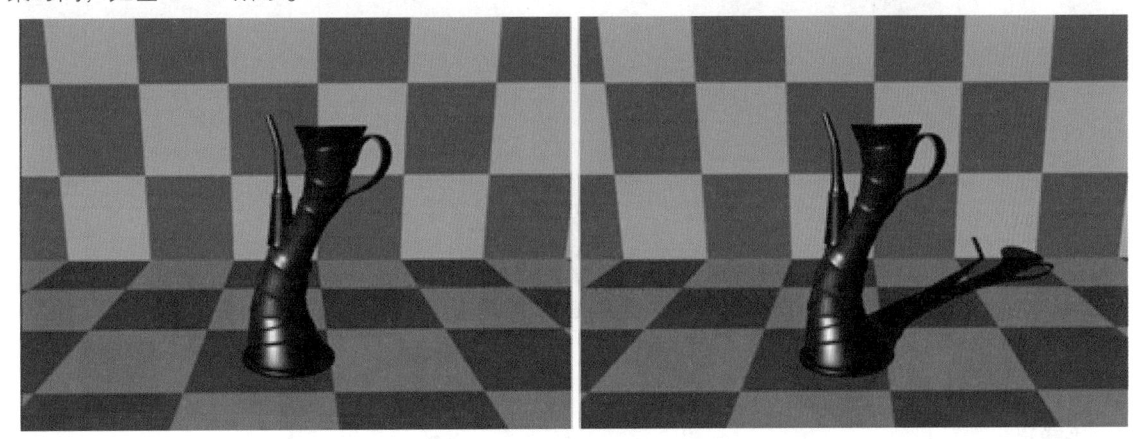

图 6–14

在 Maya 中，默认状态下单个光源可以生成无阴影、深度贴图阴影或光线跟踪阴影。可以在场景中结合使用深度贴图阴影投射光和光线跟踪阴影投射光。通过调整深度贴图阴影或光线跟踪阴影的属性，可以模拟来自许多不同类型的真实光源和对象的阴影。

深度贴图阴影和光线跟踪阴影产生的效果类似，但深度贴图阴影渲染需要的时间更少。通常情况下都会选择深度贴图阴影，除非无法实现视觉目标。

在默认情况下 Maya 并未开启任一灯光，在阴影下拉菜单中勾选使用深度贴图阴影或使用光线跟踪阴影，便可开启其阴影，如图 6–15 所示。

图 6–15

（1）深度阴影贴图

Depth Map（深度贴图）描述了从光源到灯光照亮物体之间的距离。深度贴图文件中包含由一个渲染产生的深度通道。深度贴图中的每个像素都代表了在指定方向上，从灯光到最近如果场景中包含有投射深度贴图的灯光，则 Maya 在渲染过程中会为此灯光创建深度贴图，以此来决定哪些物体表面被照亮，而哪些物体处于阴影之中。

如果场景包含深度贴图阴影投射光源，则 Maya 会在渲染期间为该光源创建一个深度贴图文件，存储为 Maya IFF 文件，并使用该深度贴图文件确定哪些曲面处于阴影中。在某些情况下，可以通过保存和重用深度贴图来缩短渲染时间，如图 6–16 所示。

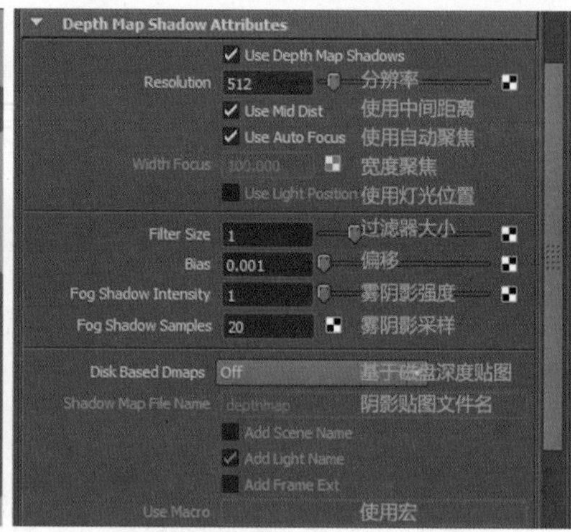

图 6–16

（2）光线跟踪阴影

光线跟踪阴影可以产生柔和、透明的阴影，但可能非常耗时。

光线跟踪是一种阴影渲染类型，在这种情况下，单个光线的路径基于从光源（光）到目标（摄影机）的距离计算得出，只使用光线跟踪阴影可以生成物理上更加精确的阴影，就像现实世界中的阴影一样。

常见的用途包括：随着与对象的距离增加，阴影模糊并且变得更亮（仅适用于区域光）；从透明的有色曲面生成阴影；生成边缘柔和的阴影（尽管深度贴图也可以产生良好的效果），如图 6–17 所示。

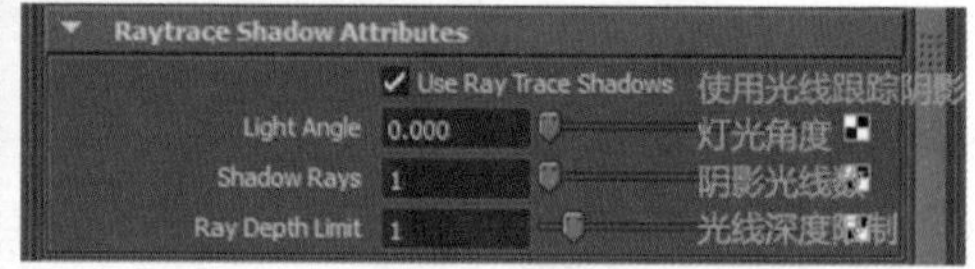

图 6–17

6.1.4 人物光

为角色或对象照明通常包括以下灯光。

* 主灯光是照亮角色或对象的主要灯光，对于现实世界中的室外场景，主灯光通常是太阳。主灯光是被拍摄物体的主要照明光线，对物体的形态、轮廓与质感等起着决定作用。在拍摄时，一旦确定了主光光源，画面的基础照明及色调等就已基本确定，并且主灯光在一般情况下只有 1 个，若是有多个主灯光存在，被摄物体就会受光均匀，画面平淡，没有主次之分，并且被摄物体产生的阴影互相叠加、杂乱无章。
* 次级灯光通常称为辅助灯光，用来填充暗色区域。辅光的主要作用是提高主光源所产生阴影部分的亮度，使阴影部分也能呈现出质感和层次，同时减小影响亮度的反差，并且辅光的强度需要小

于主光源的强度。

★ 背光（可选）用于区分角色或对象与背景，是照射背景的光线，主要作用是衬托被摄物体、渲染环境与气氛。自然光和人造光都可用于背景光，背景光的用光一般宽而软，并且均匀，在背景光的运用上，特别注意不要破坏整个画面的影调协调和主体造型。

1. 分割布光

打开教材提供的 Maya 文件 Character.mb，文件是男性模型并带有材质与凹凸，如图 6–18 所示。

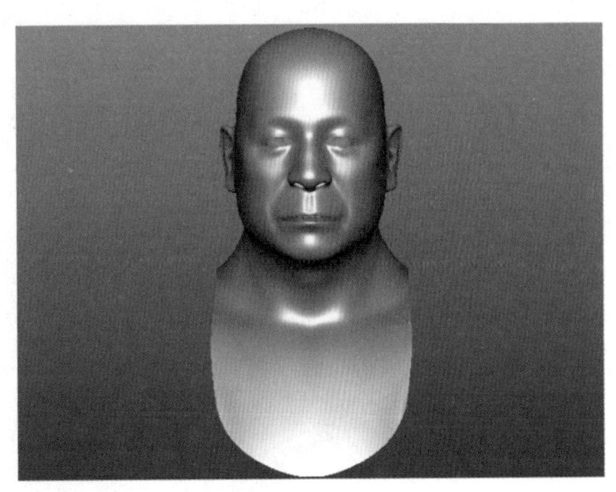

图 6–18

STEP 1 执行 Create（创建）| Lights（灯光）| Area Light（区域光）命令，创建区域光，将 Decay Rate（衰退速率）改为 Linear（线性），灯光强度将随着距离而直接（以线性方式）下降（比真实世界灯光要慢）；Shadows（阴影）开启 Raytrace Shadow Attributes（光线跟踪阴影），将 Shadow Rays（阴影光线数）增加到 4，这样能产生柔和而透明的阴影，如图 6–19 所示。

STEP 2 将已设置完成的区域光复制出另一个区域光，将这两个区域光以 45° 倾斜度放置在人物的左右两侧，并且这两个区域光之间的夹角为 90°，如图 6–20 所示。

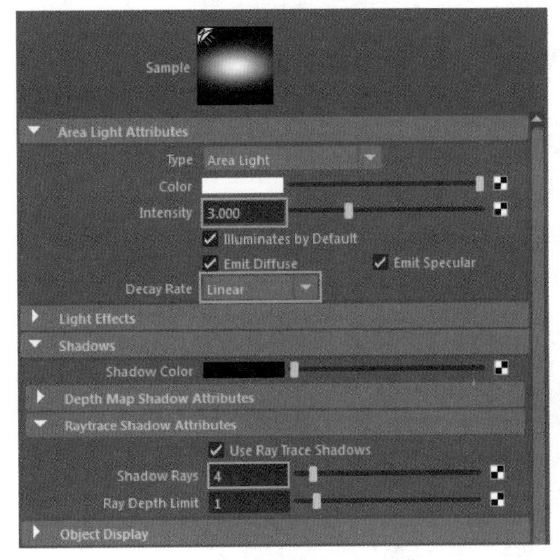

图 6–19

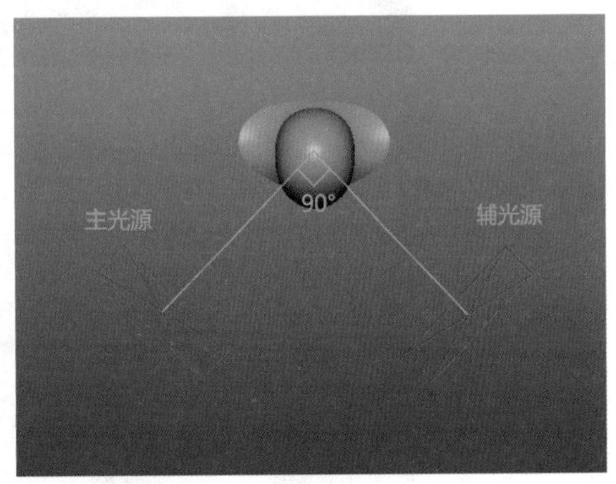

图 6–20

STEP 3 下载并安装 mental ray for Maya 2017，将渲染器切换为 mental ray 渲染器，设置 Common（公用）内的图像渲染尺寸，Width（宽）为 480、Height（高）为 640；将 Quality（质量）一栏内的 Sampling（采样）的 Sampling Mode（采样模式）由 Unified Sampling（统一采样）更改为 Legacy Sampling Mode（旧版采样模式），Legacy Sampling Mode（旧版采样模式）由 Adaptive Sampling（自适应采样）更改为 Custom Sampling（自定义采样），将 Min Sample Level（最低采样级别）和 Max Sample Level（最高采样级别）都提升为 1，增加渲染图片的采样质量，如图 6–21 所示。

Image Size
Presets: Custom
Maintain width/height ratio
Maintain ratio: Pixel aspect
Device aspect
Width: 480
Height: 640

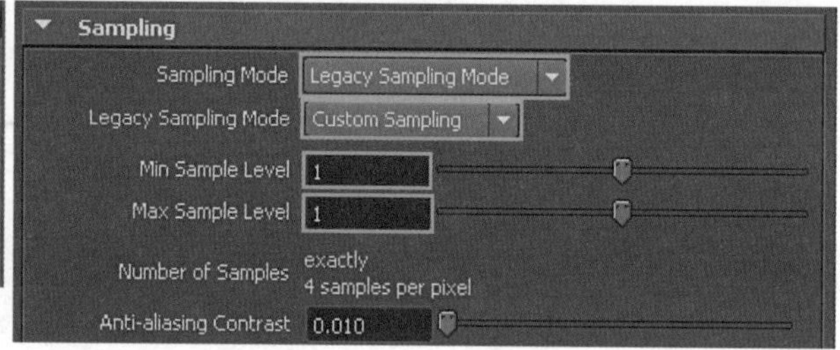

图 6-21

STEP 4 单击状态行内的 （渲染当前帧）按钮，弹出渲染视图对话框进行渲染。图 6-22 所示是将渲染出的图像与相同布光方法、同样灯光强度的真实摄影相对比的效果图。使用分割布光后，若是将主光源与辅光源的强度一致，在人物的渲染效果图中脸部的结构就会较平。

图 6-22

STEP 5 将右边的区域光的 Intensity（强度）降为 0.5，再次进行渲染当前帧，如图 6-23 所示，加强了人物面部的线条与结构，明暗交界线柔和过渡，并且能够表现出皮肤的质感。

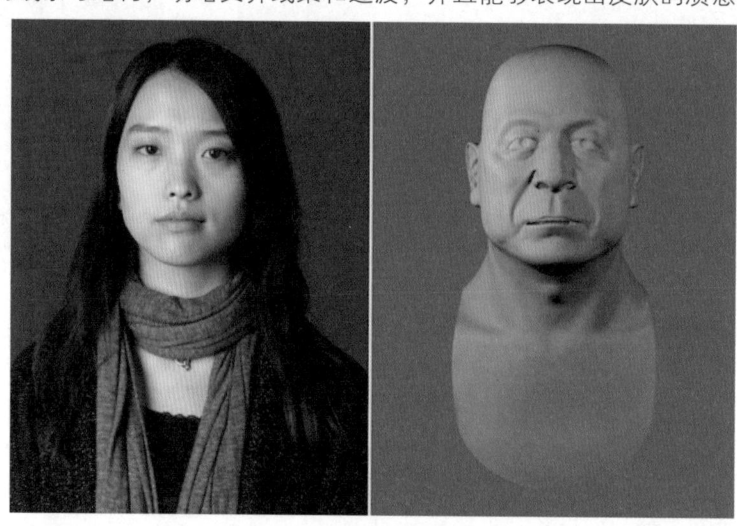

图 6-23

STEP 6 继续将右边的区域光的 Intensity（强度）减弱至 0.2，然后渲染当前帧，如图 6-24 所示，渲染图表现出具有明显深度感的空间，使人物五官更加立体有层次感。

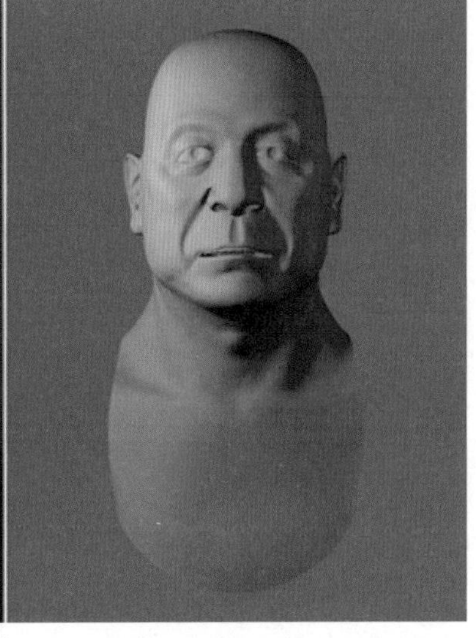

图 6-24

2. 侧光

侧光是指光源从被摄体的左侧或右侧射来的光线。

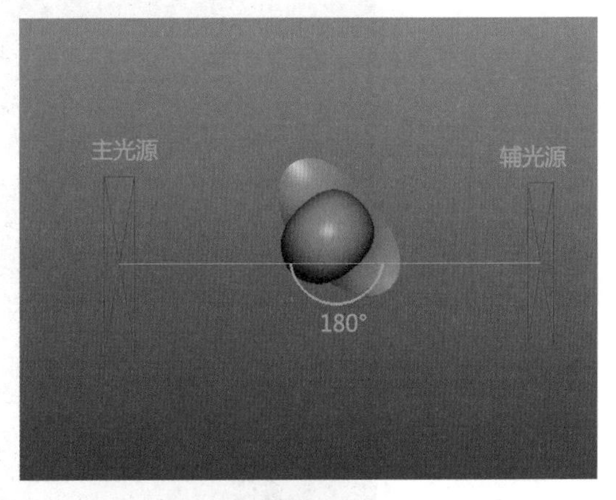

图 6-25

STEP 1 同样还是两个区域光，主光源与辅光源呈 180° 夹角，选择人物模型，将其向左旋转 60° 左右，形成几乎全侧的角度，如图 6-25 所示。

STEP 2 将主光源的 Intensity（强度）增强到 2，辅光源的 Intensity（强度）还原为 1，然后渲染当前帧，如图 6-26 所示。这样的布光方式使图像产生强烈的对比，富有表现力，脸部的表面结构明显，每一个微小的起伏变化都能产生明显的阴影，形成强烈的造型效果。

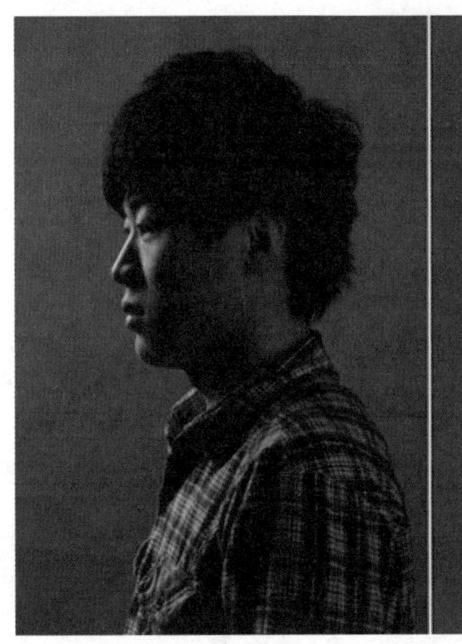
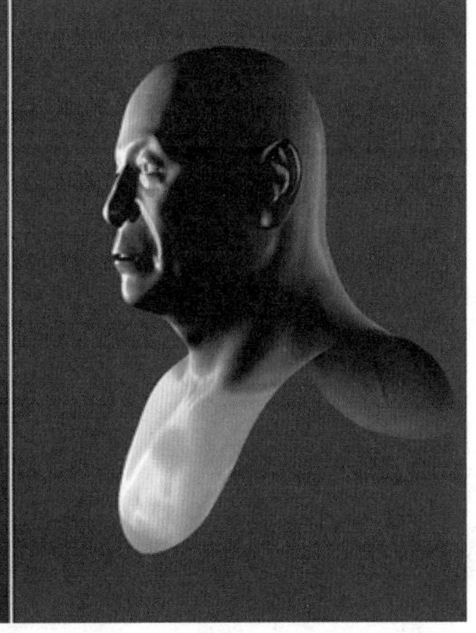

图 6-26

STEP 3 将主光源与辅光源向人物模型的前方移动一些距离，灯光的强度并不需要改变，使人物侧面接触光的面积增大，如图 6-27 所示。

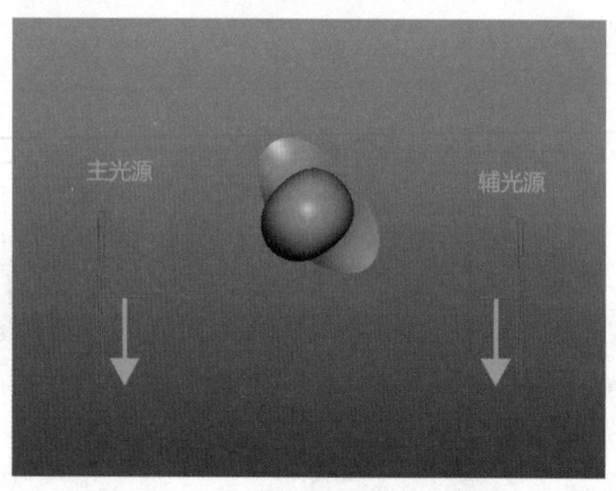

图 6-27

STEP 4 再次渲染，效果如图 6-28 所示。这样的布光方式较为符合人们日常中的视觉效果，明暗的比例较为适中，可以很好地表现被摄物体的立体感与质感，轮廓线条清晰，影调层次丰富，亮部与暗部的反差也较为舒适。

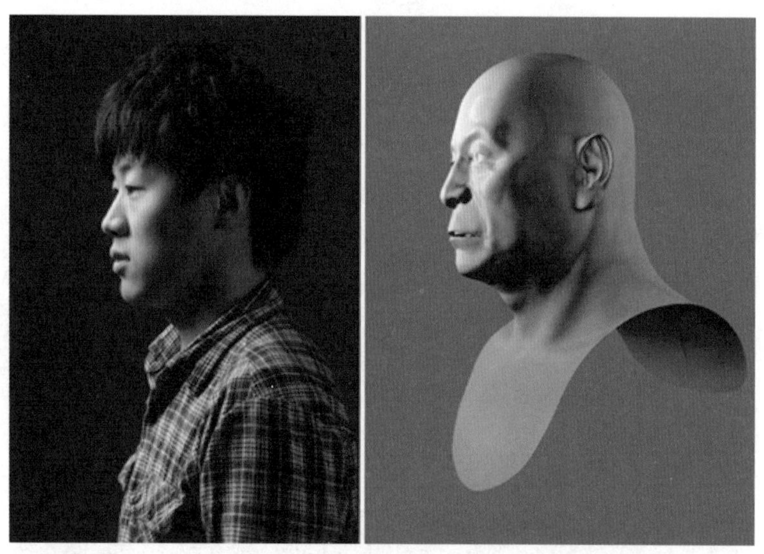

图 6-28

3. 顶光

STEP 1 主光源是由头部上方照射的，主光源的强度为 1，辅光源的强度为 0.1，如图 6-29 所示。

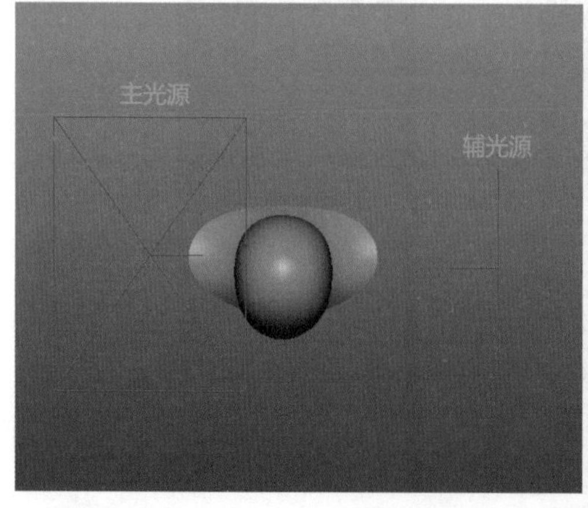

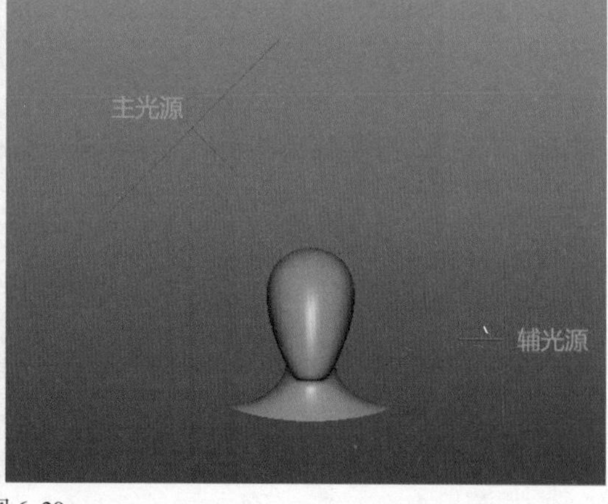

图 6-29

STEP 2 渲染当前帧，效果如图 6–30 所示，顶部光源与被摄物体、人物呈 90° 的夹角，在这样的布光下，人物的眼窝、鼻底、下巴等部位处于阴影之中，造成奇特的影像。

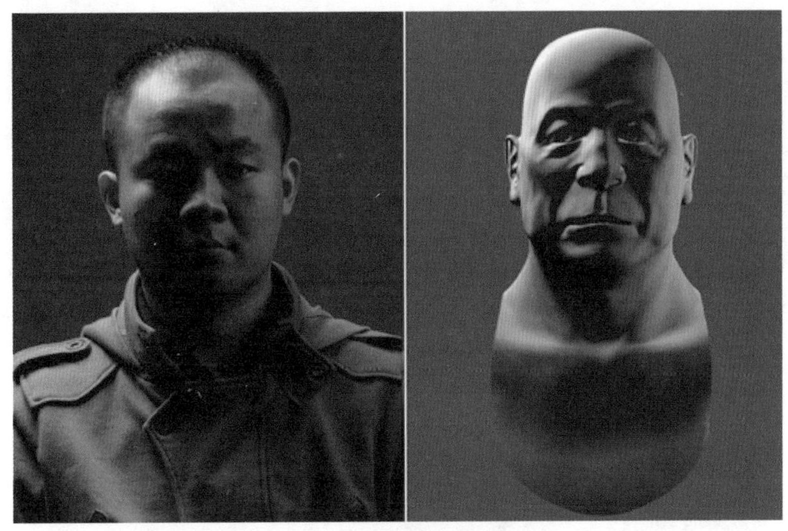

图 6–30

STEP 3 将主光源向物体前方移动，增大物体受光面积，灯光强度不需要改变，如图 6–31 所示。

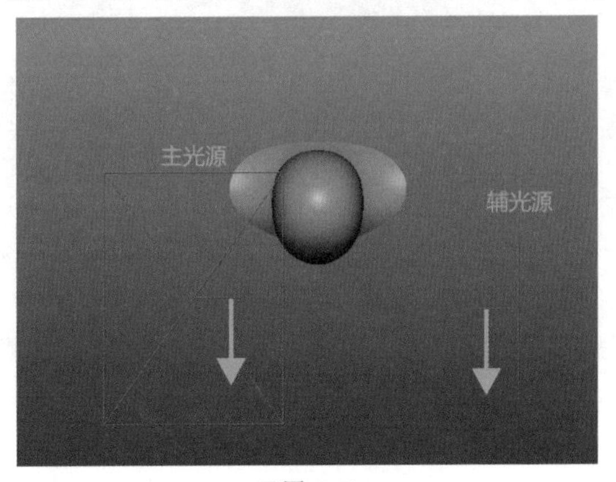

图 6–31

STEP 4 再次渲染当前帧，效果如图 6–32 所示。

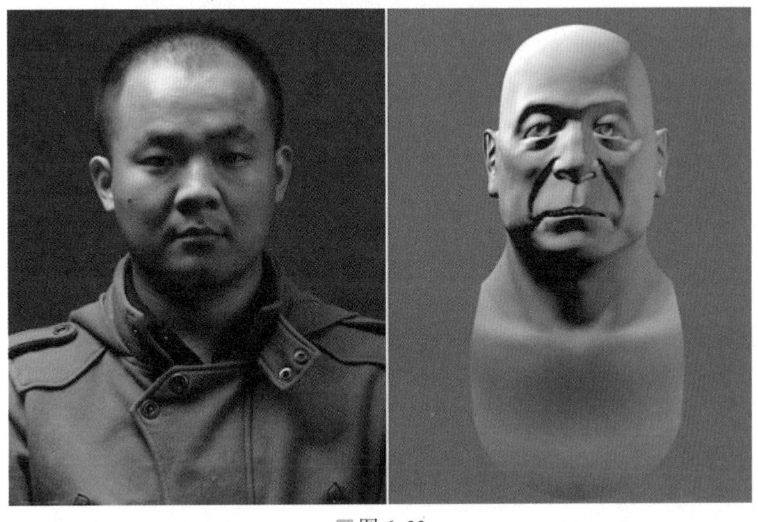

图 6–32

STEP 5 继续增加被摄物体的受光面积，将主光源与辅光源继续向前移动，如图 6-33 所示。再次渲染当前帧，效果如图 6-34 所示。

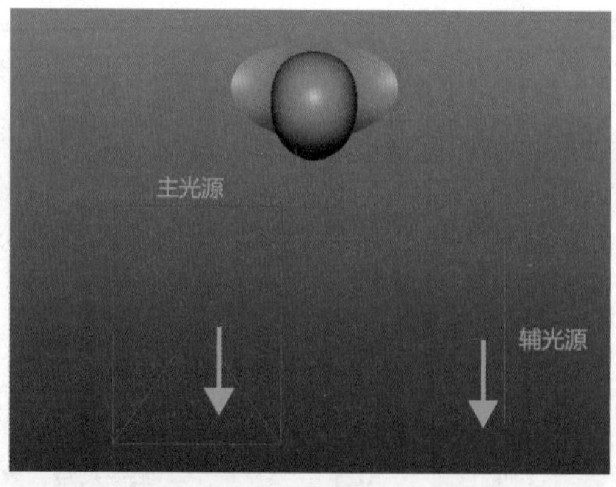

图 6-33

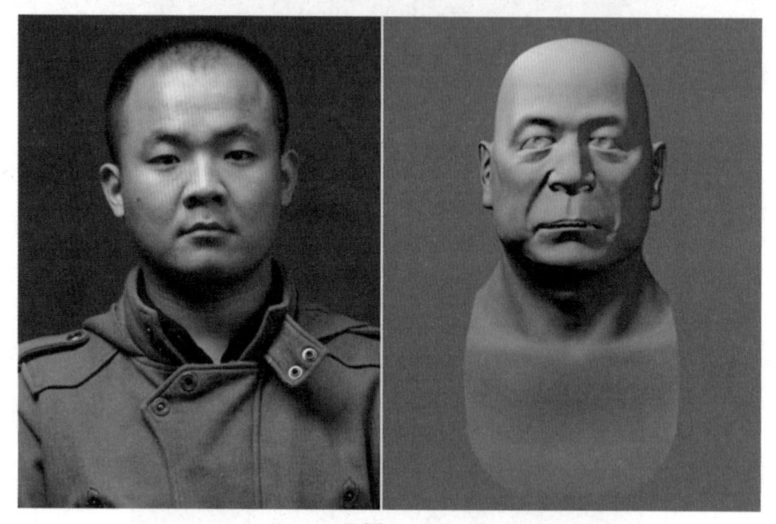

图 6-34

4. 逆光

逆光是将被摄物体处于光源与相机之间的摄影效果，容易造成被摄物体的暗部曝光不足，背景亮度高于被摄物体。

STEP 1 将主光源置于人物的后侧 3/4 处，而辅光源位于人物的前方 3/4 处，使主光源、辅光源与被摄物体呈对角线状，主光源的强度为 2，辅光源的强度为 0.1，如图 6-35 所示。

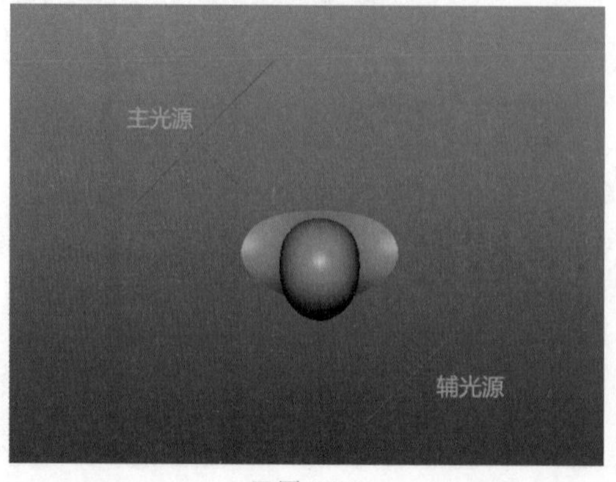

图 6-35

STEP 2 渲染当前帧，效果如图 6-36 所示，利用逆光方式布光能达到不同寻常的视觉效果，能够锐利鲜明地展现人物的轮廓与表面质感。

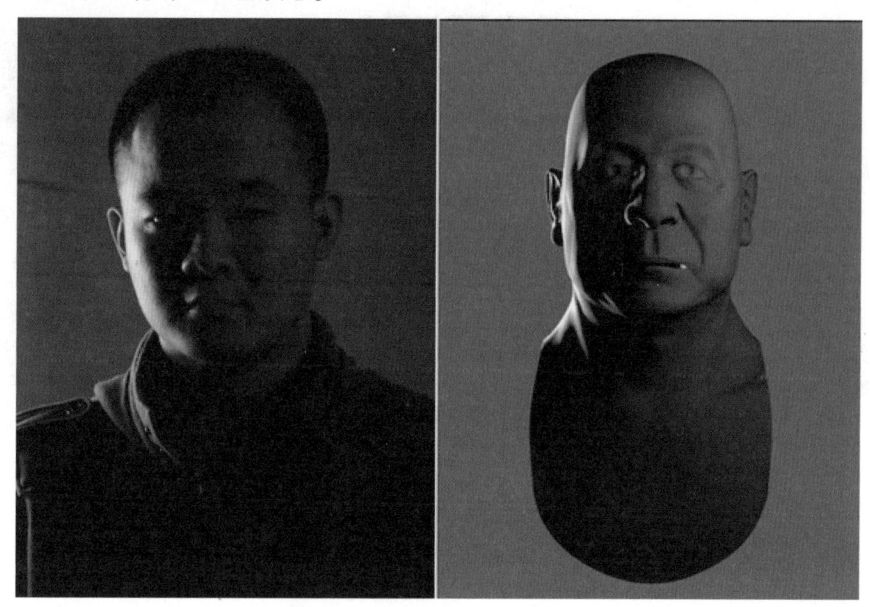

图 6-36

STEP 3 增大辅光源的强度至 0.3，再次渲染当前帧，效果如图 6-37 所示，增强了人物皮肤的质感，暗部比例明显增大，明暗交界线简洁明了，这样少受光面积、大光比、高反差给人以强烈的艺术效果，完美地勾勒出被摄物体清晰的轮廓，使主体物与背景分离，突显出被摄体的外形起伏和线条，强化被摄体的主体感。

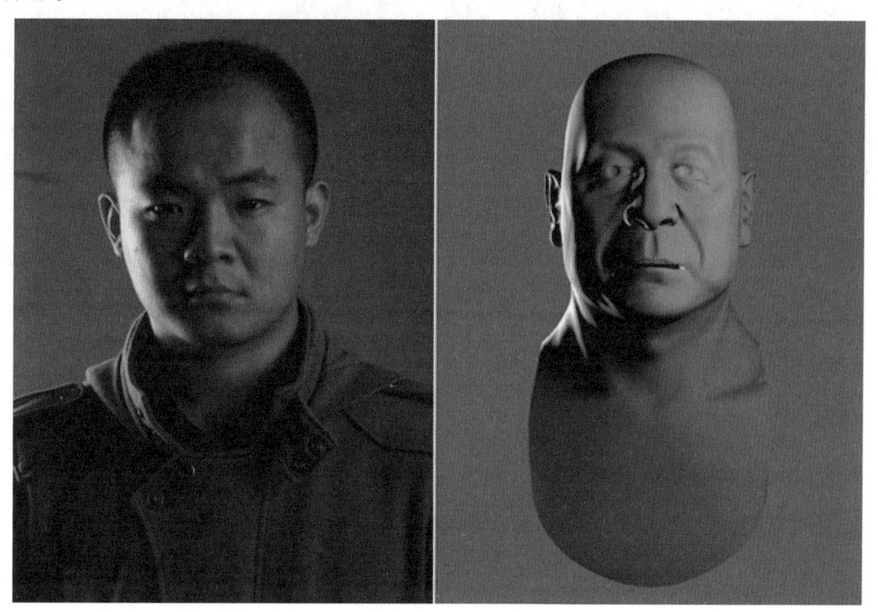

图 6-37

5. 曝光

曝光是指使感光纸或摄影胶片感光，是由光圈与快门组合而成。

曝光过度是指由于光圈开得过大、底片的感光度太高或曝光时间过长所造成的影像失常。在曝光过度的情况下，底片会显得颜色过暗，所冲洗出的照片则会发白。在显影不足以及冲洗时光圈开得过大的情况下也会出现照片颜色发白，有时也会因为闪光灯的光线太强所导致的。若是曝光过度，则会造成亮部细节的丢失，如图 6-38 所示。

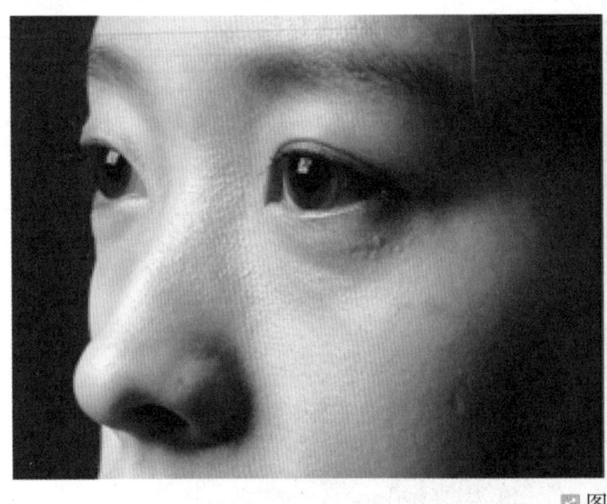
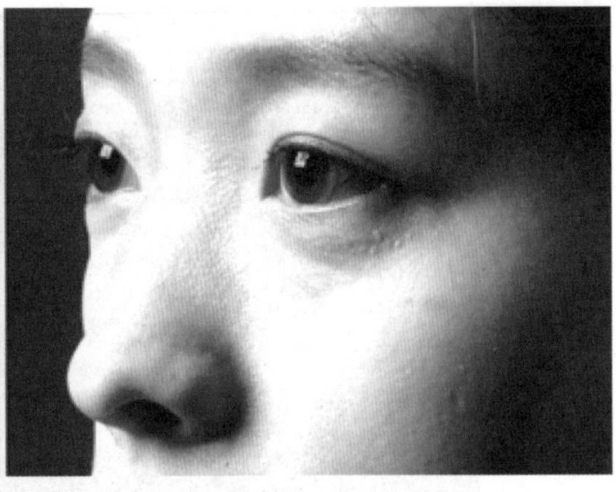

图 6-38

曝光不足是指摄影过程中，因对被摄物体亮度估计不足，使感光材料上感受到的光的亮度不足。例如，彩色负片拍摄时印出的照片颜色浅淡，偏色严重；彩色反转片拍摄时冲洗出的影像密度小，色彩不饱和。对于数码摄影的影像传感器来说，曝光过度会使画面细节损失，高光部分溢出，后期制作无法修复。而曝光不足会造成暗部细节的丢失，使暗部层次单一，如图 6-39 所示。

图 6-39

6.1.5 场景光

1. 规划场景时需要考虑光源的特性

✶ 柔和度 / 硬度：强光产生明细的阴影线，强光光源通常包括太阳、灯光等；柔光是漫反射并产生软边，柔光光源通常包括透过织物的灯光、反射的灯光或是阴天的光。

✶ 颜色：颜色和温度不可分割，例如常见的有黄色的路灯，红色的聚光灯照射在蓝色的对象上看起来为黑色。

✶ 强度：光源的强度是指其明亮程度。

2. 室外场景灯光

STEP 1 打开教材所提供的室外场景，这个场景已具有模型与贴图，并且将基本的渲染参数已经设置完成，如图 6-40 所示。

图 6-40

STEP 2 执行 Create（创建）| Lights（灯光）| Directional Light（平行光）命令，创建平行光作为主光源，倾斜灯光的角度用来模拟阳光。在选定灯光的情况下按 Ctrl+A 键打开灯光属性，调整灯光的颜色为偏于暖黄色。勾选 Raytrace Shadow Attributes（光线跟踪阴影属性）下的 Use Ray Trace Shadows（使用光线跟踪阴影）选项，如图 6-41 所示。

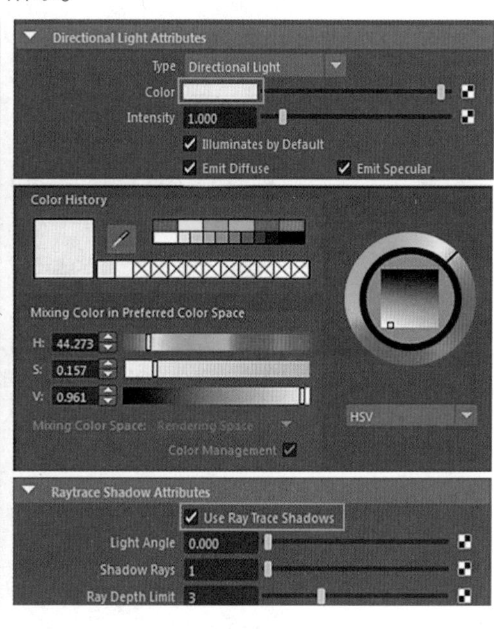

图 6-41

STEP 3 在场景中按 6 键显示纹理，按 7 键显示所有灯光，调整灯光的角度使光线更加拟真。下载 mental ray for Maya 2017 插件，安装完之后，执行 Windows（窗口）| Settings/Preferences（设置 / 首选项）| Plug-in Manager（插件管理器）命令，弹出插件管理器对话框，将 Mayatomr.mll 勾选以启用 mental ray 渲染器，执行 Windows（窗口）| Settings/Preferences（设置 / 首选项）| Preferences（首选项）命令，调整 mental ray 界面为经典模式，如图 6-42 所示，保存然后重启 Maya。

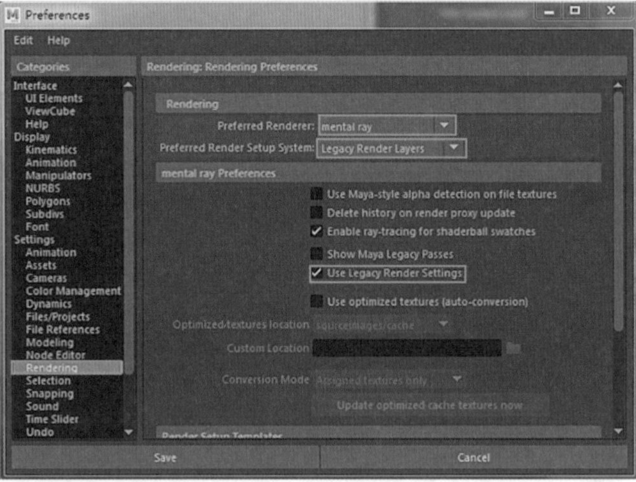

图 6-42

STEP 4 执行 Windows（窗口）| Rendering Editors（渲染编辑器）| Render Settings（渲染设置）命令，弹出渲染设置对话框，将 Render Using（使用以下渲染器渲染）选项更改为 mental ray，将渲染器 Quality（质量）下的 Sampling（采样）的 Sampling Mode（采样模式）由 Unified Sampling（统一采样）更改为 Legacy Sampling Mode（旧版采样模式），Legacy Sampling Mode（旧版采样模式）由 Adaptive Sampling（自适应采样）更改为 Custom Sampling（自定义采样），Min Sample Level（最低采样级别）和 Max Sample Level（最高采样级别）都提升为 1，增加渲染图片的采样质量，如图 6-43 所示。

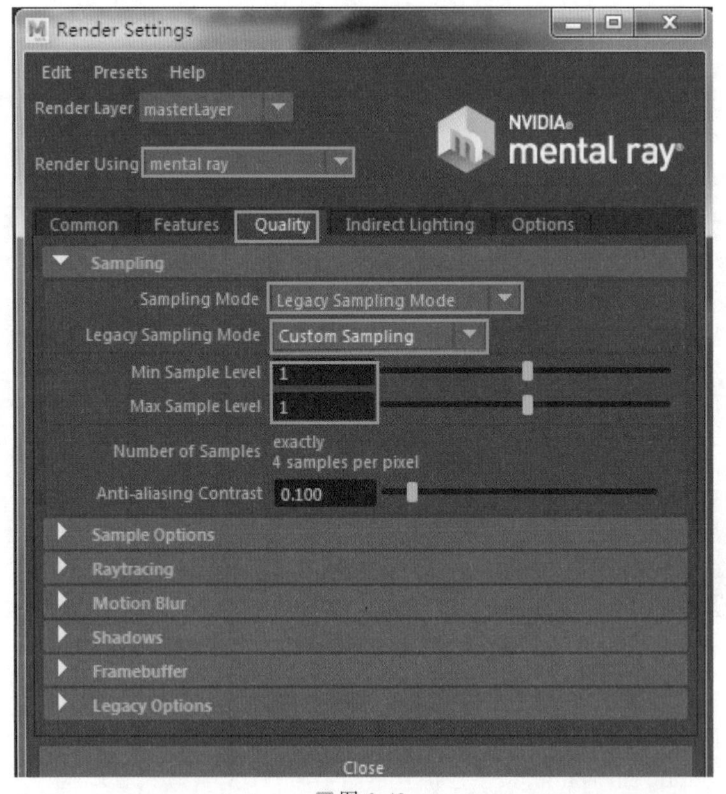

图 6-43

STEP 5 单击状态行内的▣按钮，弹出渲染视图对话框进行渲染，效果如图 6-44 所示。渲染图整体颜色过暗，需要提高主光源强度；画面的阴影部分没有层次，需要增加次级光辅助提亮画面层次。

图 6-44

STEP 6 创建新的 Directional Light（平行光），并以递增旋转 Y 轴 45° 的方式复制 7 个，共 8 个平行光作为次级光。次级光的强度为 0.1，并调整为其他的颜色增加色彩层次，按图 6-45 所示的位置摆放，使每一个次级光之间的夹角为 45°，选定所有次级光，向下旋转 X 轴。

图 6-45

STEP 7 再次单击按钮，渲染效果如图 6-46 所示。

STEP 8 渲染画面还是较暗，需要创建环境光作为辅助光提亮整体画面明亮度。执行 Create（创建）| Lights（灯光）| Ambient Light（环境光）命令，创建环境光，将环境光的强度改为 0.15，再次渲染当前帧，效果如图 6-47 所示。

图 6-46

图 6-47

渲染画面较为适中，但模型与模型的接缝处略显生硬、不真实，例如花坛与地面的接缝处、墙面与地面的接缝处，弥补这一不足需要继续调整。

STEP 9 单击渲染视图中的（保持图像）按钮，以便可以在随后查看并与最新渲染的图像进行比较。若不只这一张图像，窗口底部显示的滑块允许将特定图像带到视图中并且无须加载图像，但结束 Maya 对话框后图像则丢失。

STEP10 选择层编辑器内的渲染栏，单击创建新层按钮，创建新的渲染层 Layer1。执行 Windows（窗口）| Outliner（大纲）命令，利用大纲选中所有模型（不包括灯光以及天空）。在 Layer1 渲染层上按住鼠标右键不放向下拖曳选择 Add Selected Objects 命令，将选定物体添加至 Layer1 渲染层中，如图 6-48 所示。

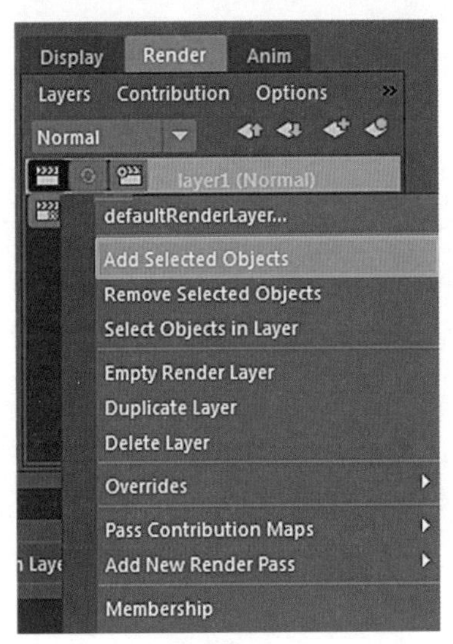

图 6-48

STEP11 选定 Layer1 渲染层，单击鼠标右键，在弹出的菜单中选择 Attribute（属性）命令，在对话框中单击 Presets（预设）按钮，选择 Occlusion（遮挡）命令。通道栏内显示遮挡属性，单击 Out Color（输出颜色）右端的■按钮调整输出颜色，更改 Samples 为 32（默认值为 16）、Max Distance 为 2（默认值为 0），如图 6-49 所示。

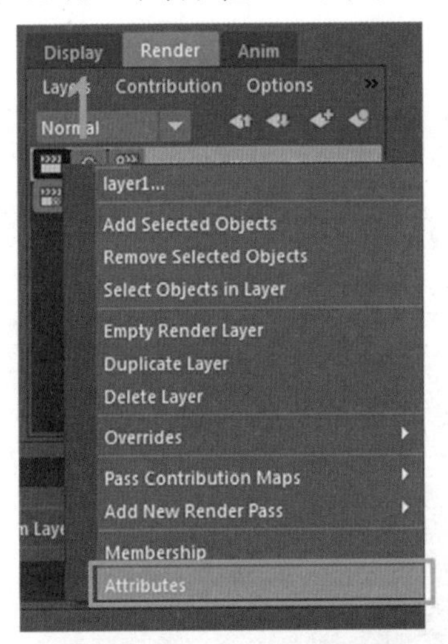

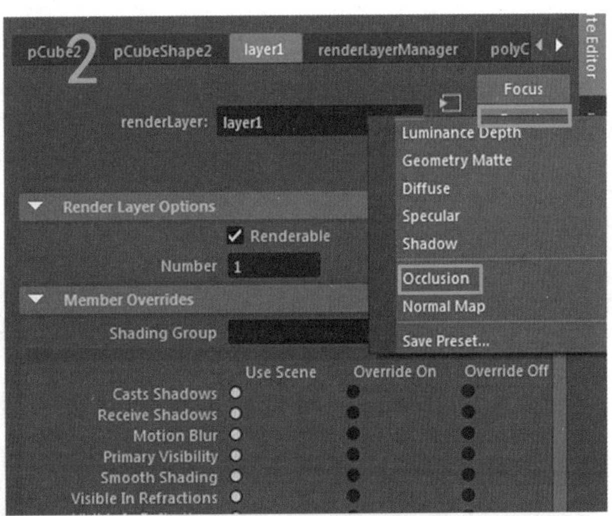

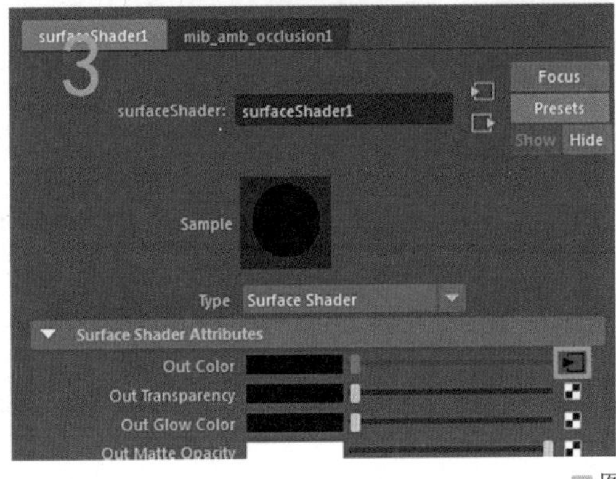

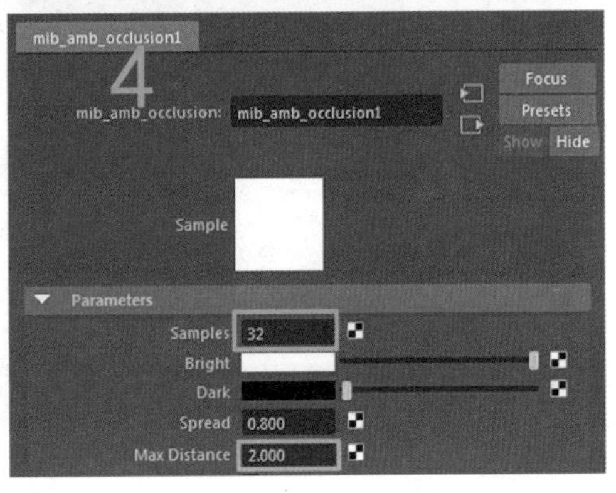

图 6-49

STEP12 设置完成后单击■按钮进行渲染，效果如图 6-50 所示。

图 6-50

STEP13 执行渲染视图中的 File（文件）| Save Image（保存图像）命令，弹出保存图像对话框，将渲染图像保存名为 occ，格式为 Targa 的图像文件。滑动窗口底部显示的滑块，将渲染灯光的图像保存为 Targa 格式图像文件，名为 color，如图 6-51 所示。

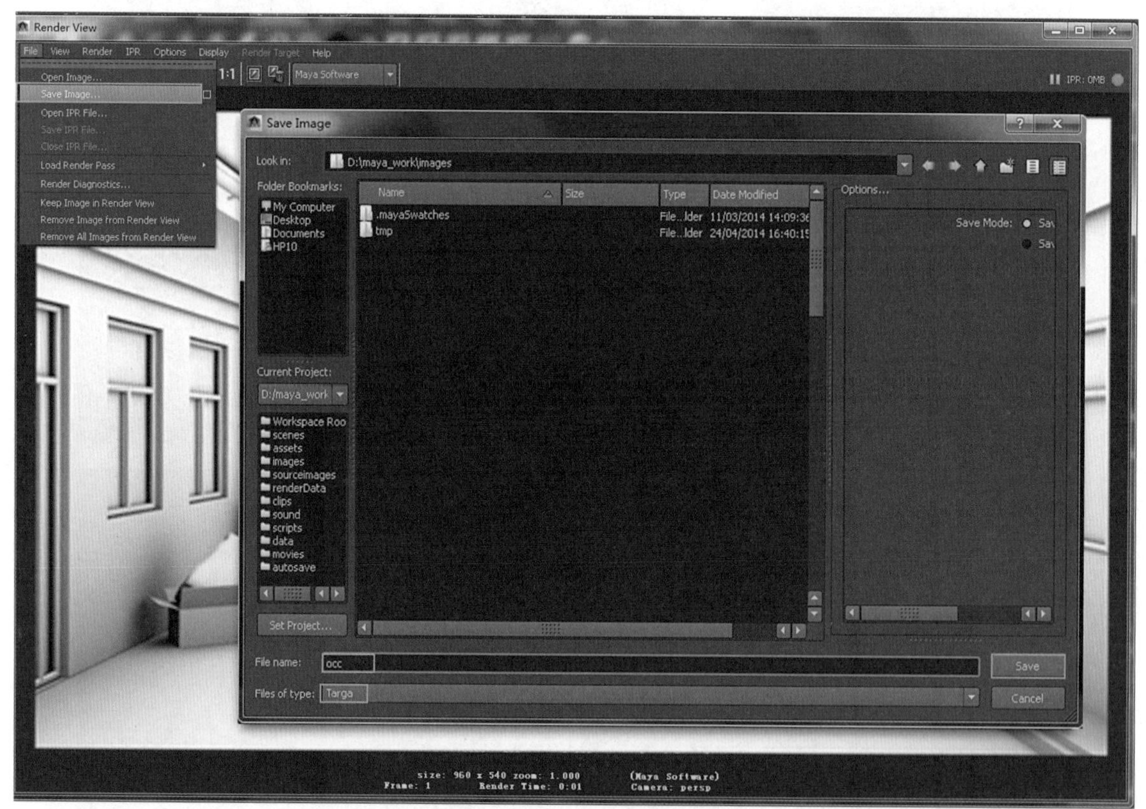

图 6-51

STEP14 在 Adobe Photoshop 中将这两张图片打开，将 occ 层叠在 color 层上方并将图层混合选项调整为“正片叠底”，如图 6-52 所示。

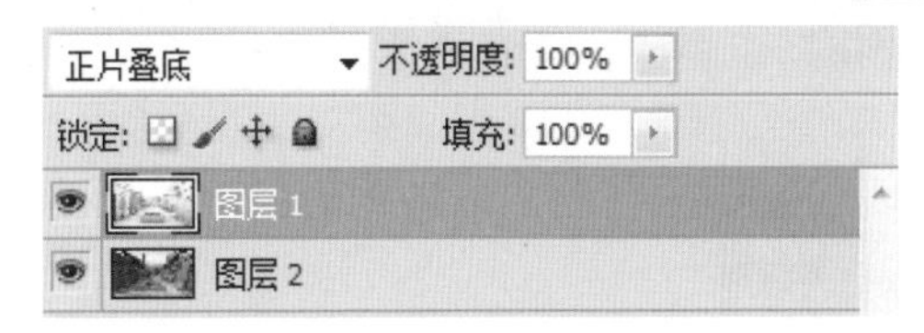

图 6-52

STEP15 通过 Adobe Photoshop 继续调整色调以丰富画面效果，对比效果如图 6-53 所示。

图 6-53

STEP16 根据所学的灯光知识，模拟制作夜间效果图，如图 6-54 所示。

图 6-54

6.2 镜头

6.2.1 镜头原理

无论何时在 Maya 中查看场景，无论是在构建场景还是在准备渲染图像，都是通过摄影机进行观察的。我们将其视为一个处于电影布景中的导演正在通过摄影机镜头进行观察，视野受限于可从镜头中查看的范围。

在默认情况下，Maya 有 4 个摄影机——透视摄影机和 3 个与默认场景视图相关的正交摄影机（侧、顶、前）。在为对象建模、设置动画、着色和应用纹理时，可以通过这些摄影机（面板）进行观察。

通常不会使用这些默认的摄影机渲染场景，而是创建一个或多个透视摄影机，以便进行渲染。

与其他任何可用于查看场景的摄影机相比，透视摄影机唯一的区别在于它有一个使其能够渲染场景的标志。

6.2.2 Maya 摄影机详解

1. 创建和使用摄影机

当需要创建摄影机时，可执行如下操作。

STEP 1 执行 Create（创建）| Cameras（摄影机）| Camera（摄影机）命令，创建一个新的摄影机，如图 6–55 所示。

STEP 2 在透视图中选择摄影机，按 Ctrl+A 键打开摄影机的属性编辑器，可以设置摄影机的参数，如图 6–56 所示。

图 6–55

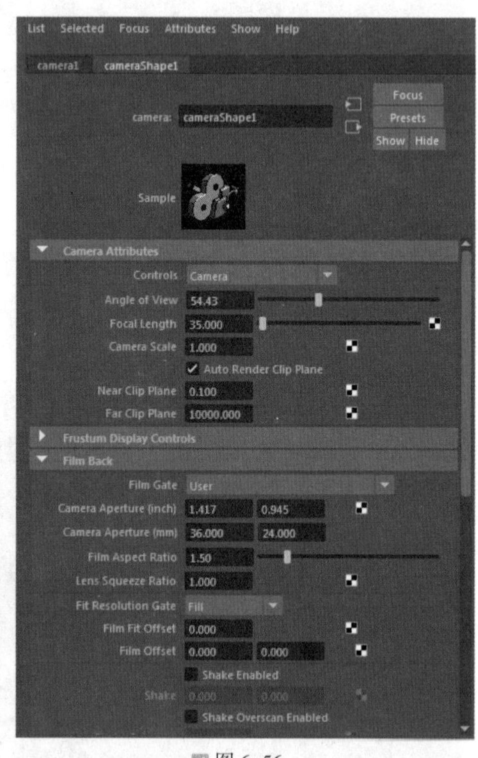

图 6–56

STEP 3 在视图面板工具栏中，执行 Panels（面板）| Perspective（透视）| camera1（摄影机 1）命令，可以切换摄影机，如图 6–57 所示。

2. Maya 摄影机类型

Maya 摄影机与真实摄影机相比具有一些优点，提供了更多的创作自由。例如，Maya 摄影机不受大小或重量限制，可以移动到场景中的任何位置，甚至是最小型对象的内部。

（1）静态摄影机与动画摄影机

有 3 种类型的摄影机可帮助用户创建静态和动画场景。

基本摄影机可用于静态场景和简单的动画（向上、向下、一侧到另一侧、进入和出去），如场景的平移，如图 6–58 所示。

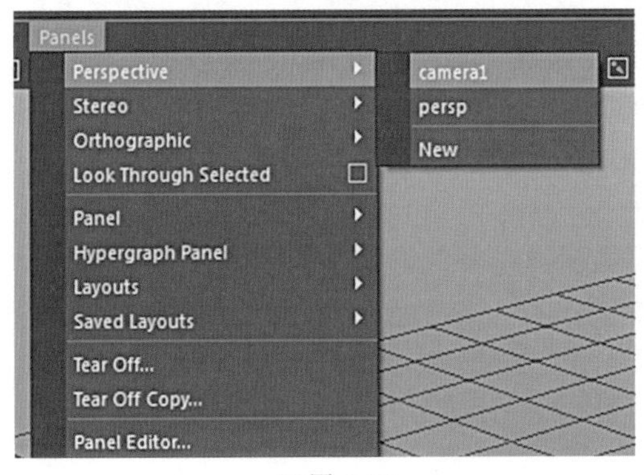

图 6-57

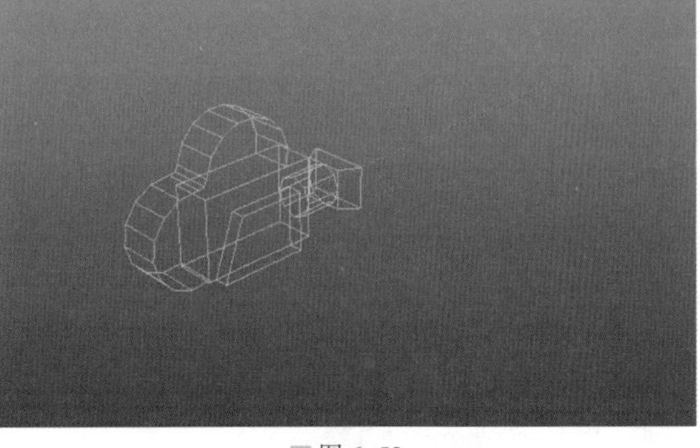

图 6-58

① Camera Properties（摄影机特性）

当摄影机为基本摄影机时，摄影机查看工具如平移、旋转和推拉使用此值来确定观察点，以及从摄影机到兴趣中心的距离（以场景的线性工作单位为单位测量）。

② Lens Properties（镜头特性）

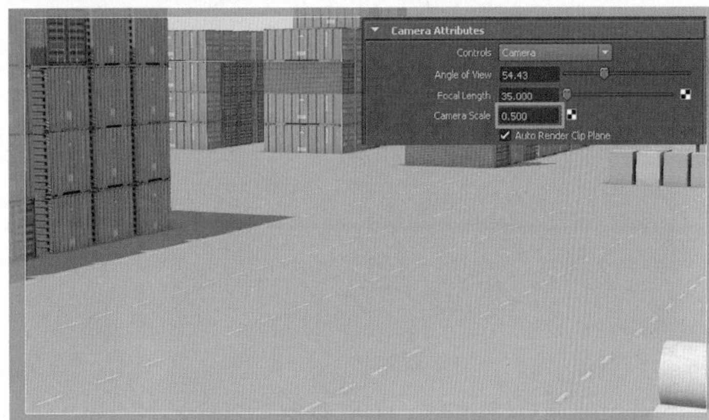

图 6-59

✱ Focal Length（焦距）：也可以用于摄影机的属性编辑器，增加焦距可拉近摄影机镜头，并放大对象在摄影机视图中的大小；减小焦距可拉远摄影机镜头，并缩小对象在摄影机视图中的大小；有效值范围为 2.5~3500（默认值为 35）。

✱ Lens Squeeze Ratio（镜头挤压比）：摄影机镜头水平压缩图像的程度；大多数摄影机不会压缩所录制的图像，因此其镜头挤压比为 1；但是有些摄影机会水平压缩图像，使纵横比框大的图像落在胶片的方形区域内（默认值为 1）。

✱ Camera Scale（摄影机比例）：根据场景缩放摄影机的大小。例如，如果摄影机比例为 0.5，则摄影机视图的覆盖区域为原来的一半，而对象在摄影机中的视图将是原来的两倍大；如果焦距为 35，则摄影机的焦距为 70，如图 6-59 所示。

③ Film Back Properties（胶片背特性）

✱ Horizontal Film Aperture（水平胶片光圈）、Vertical Film Aperture（垂直胶片光圈）：摄影机光圈或胶片门的高度和宽度以英寸为单位测量。Camera Aperture（摄影机光圈）属性确定了 Focal Length（焦距）属性和 Angle of View（视角）属性之间的关系，默认值为 1.4173 和 0.9449。

✱ Horizontal Film Offset（水平胶片偏移）、Vertical Film Offset（垂直胶片偏移）：根据场景垂直和水平偏移分辨率门和胶片门，更改 Film Offset（胶片偏移）属性可生成二维轨迹。胶片偏移（Film Offset）的测量单位是英寸，默认设置为 0。

✱ Film fit（胶片适配）：控制分辨率门相对于胶片门的大小。如果分辨率门和胶片门具有相同的纵横比，则 Film Fit（胶片适配）设置不起作用。默认设置为 Fill（填充）。

✱ Film Fit Offset（胶片适配偏移）：分辨率门相对于胶片门的偏移可以为垂直［如果 Film Fit（胶片适配）为 Horizontal（水平）］或水平［如果 Film Fit（胶片适配）为 Vertical（垂直）］。如果 Film Fit（胶片适配）为 Fill（填充）或 Overscan（过扫描），则 Film Fit Offset（胶片适配偏移）不起作用，Film Fit Offset（胶片适配偏移）的测量单位是英寸，默认设置为 0。

✱ Overscan（过扫描）：仅缩放摄影机视图（非渲染图像）中的场景大小。调整 Overscan（过扫描）值以查看比实际渲染更多或更少的场景。如果显示视图导向，更改 Overscan（过扫描）值可更改视图导向周围的空间量，使它们更容易被看见。

④ Clipping Planes（剪裁平面）

Near Clip Plane（近剪裁平面）、Far Clip Plane（远剪裁平面）：对于硬件渲染、矢量渲染和 mental ray for Maya 渲染，这表示透视摄影机或正交摄影机的近裁剪平面和远剪裁平面距离。Near Clip Plane（近剪裁平面）的默认设置为 0.1，Far Clip Plane（远剪裁平面）的默认设置为 10000。

对于 Maya 软件渲染，默认情况下启用 Auto Render Clip Plane（自动渲染剪裁平面），且 Near Clip Plane（近剪裁平面）和 Far Clip Plane（远剪裁平面）值并不确定剪裁平面的位置。

如果近剪裁平面和远剪裁平面之间的距离远大于在场景中包含所有对象所需的距离，则某些对象的图像质量可能较差。将 Near Clip Plane（近剪裁平面）和 Far Clip Plane（远剪裁平面）属性分别设定为最小和最大值，从而产生所需结果。

Camera and Aim（摄影机和目标）摄影机可用于较为复杂的动画（例如沿一个路径），如追踪鸟的飞行路线的摄影机。

创建双节点摄影机，该摄影机是基本摄影机加上目标 – 向量控件，使摄像机指向指定“注视”点，如图 6–60 所示。

使用摄影机 Camera、目标 Aim 和上方向 Up 可以指定摄影机的哪一端必须朝上。此摄影机适用于复杂的动画，如随着转动的过山车移动的摄影机。

创建三节点摄影机，这种摄影机是基本摄影机，具有用于旋转摄影机的目标向量控制和上方向向量控制，如图 6–61 所示。

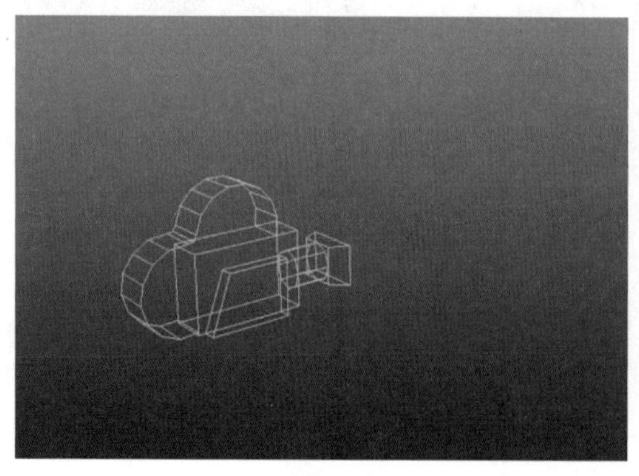

图 6–60

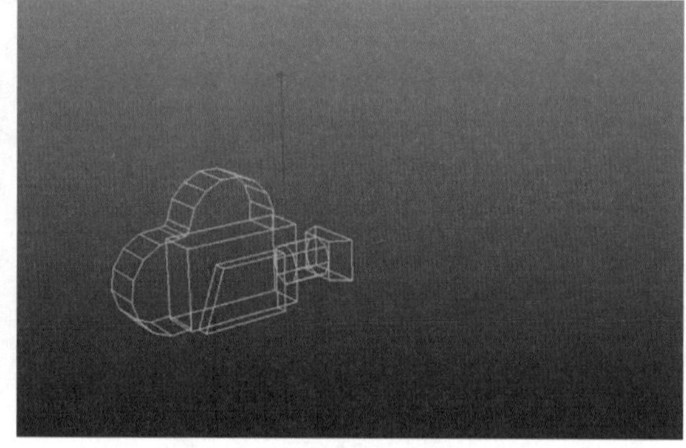

图 6–61

（2）立体摄影机

使用立体摄影机可创建具有三维景深的渲染效果。当渲染立体场景时，Maya 会考虑所有的立体摄影机属性，并执行计算以生成可被其他程序合成的立体图或平行图像。

摄影机装配也可以通过 MEL 或 Python 脚本，或使用 Custom Stereo Rig Editor（自定义立体装配编辑器）进行自定义。也可以使用 Multi–Camera Rig Tool（多重摄影机装配工具）创建由两个或更多立体摄影机组成的多重摄影机装配，如图 6-62 所示。

图 6-62

6.2.3 静态影像与动态影像构图

三维空间中的构图与摄影构图相类似，可以说本质上是相通的。但是对于初学者来说，毕竟摄影是发生在真实的三维空间中，人在用相机取景的时候看到的是立体的画面。而在计算机的显示设备上大多都是平面的显示，这时人眼只能通过画面的移动来感知场景的空间。

现实中两眼一看便知谁在远处，谁在近处；计算机的显示设备上却并不这么直观，是两种完全不同的感受，如图 6-63 所示。

图 6-63

由于使用计算机来控制空间构图，摄影机的空间架设位置拥有极大的自由度。但在现实中，由于受各种因素的影响，许多情况下摄影机的高度一般不会超过 2 米左右。虚拟空间摄影机的这种自由度为艺术创作带来了很多方便与发挥空间，但对于还未掌握好在三维空间里架设摄影机的初学者来说，这种自由度也带来了很多误区。一种常见的构图就是类似于监控摄像角度的构图方法，摄影机处于被摄场景横向与纵向的 45° 向下，如图 6-64 所示。

图 6-64

这个角度很适合人眼观看到场景内的所有物体，对于长期画静物的人来说也是这个习惯，静物总是放在离视角比较低的位置，正好与这种监控摄像的角度类似。但是这种位置拍出来的画面，在深度方向的层次感非常缺乏。经常在一些大的空间场景上见到很多初学者采取这种方式架设摄影机，其实现实环境中我们大多的摄像位置并没有那么高，或者也很难架到那么高。这时候拍摄出来的画面就容易让人感到物体都很小，没有具体突出的对象，也没有很大的空间感受，一切都处于远处的一个平面上，物体之间只有一个接近于平面上的左右或者上下的位置关系。

另一个问题就是初学者因为在三维软件中制作一个模型，所以需要很大幅度地去不断变换各种角度去推敲物体的形态。举一个例子来说，做一个等大的人体雕塑，现实中为了一边观察一边塑造形体，创作者眼睛的位置移动幅度很大，有时会站很高去雕刻顶部的细节，有时会趴很低去雕刻脚部的细节，在这一过程中创作者以这个雕塑为中心在 3~10 米空间内不停地运动（以一个模型为中心，放一个人在旁边，标一个圆形的活动观察区域）。而在软件的三维空间中，一个人体雕塑只在屏幕的范围内活动，操作者本身并不用进行大幅度的运动，一个很轻松的鼠标移动可能就造成摄影机在空间内几十甚至上百米的运动，这种长时间的操作容易让制作者对于摄影机细微的位置改变的敏感度降低。制作者很容易习惯性地像建模阶段一样，大幅度地去直接控制画面来调节摄影机的位置。一个位置上一感觉不好就换了相距甚远的位置，换来换去都不理想。所以这时我们不妨放弃这种和建模阶段一样的操作方法，在场景中架设一台摄影机后开设另外一台摄影机角度，用一个窗口来操作摄影机，另一个窗口放映这个摄影机的画面，而不是在这个窗口内直接控制位置。这样你就能得到一种在现实中进行拍摄的体验，你既能看到摄影机的位置，又能看到摄影机拍摄出来的画面，场景也从之前的制作感受变成摄影棚一样的拍摄感受，如图 6-65 所示。

图 6-65

动态画面构图多为在规定时间内，将要叙述的画面拆分成多个画面来展现给观众，这种视听语言在时空上需要形成一种逻辑性。每一种构图方式就像语言中的名词、动词、语法一样有着其特有的存在意义。动态作品相对于静态作品来说，不会一直放在那里让观众看。一个画面的出现与停止都有其固定的时间长度，然后是下一个画面，有着其自身的生命周期。所以如何在固定的时间长度内给观众传达想要表达的视觉印象，是把握动态画面与静态画面构图方式不同的重要特征。

6.3 渲染

6.3.1 渲染原理

渲染作为一种特殊的技术手段分为两种——即时渲染和非即时的渲染。通过操作软件进入到三维空间，软件反馈给我们的空间画面就是正在运行着的即时渲染。这种方式是基于 GPU 渲染或者也叫显卡渲染，更易懂的是我们操作游戏的过程也属于即时渲染。它是作为一种实时的空间所存在，渲染出来的画面也是随操作者即时的方向进行即时呈现，画面不会被记录下来。这种方式多运用在交互性变化性强的领域之中，如图 6–66 所示。

另一种是非即时渲染，画面中出现的事件、人物，以及镜头的走向，都是固定安排好的，然后按一定的时间长度渲染出相对的画面序列来，最后输出成为一段视频影像。这种方式多用于动画影视作品，渲染出来的画面具有极高的准确性，更易于动画影视创作时的分工协作，如图 6–67 所示。

图 6–66

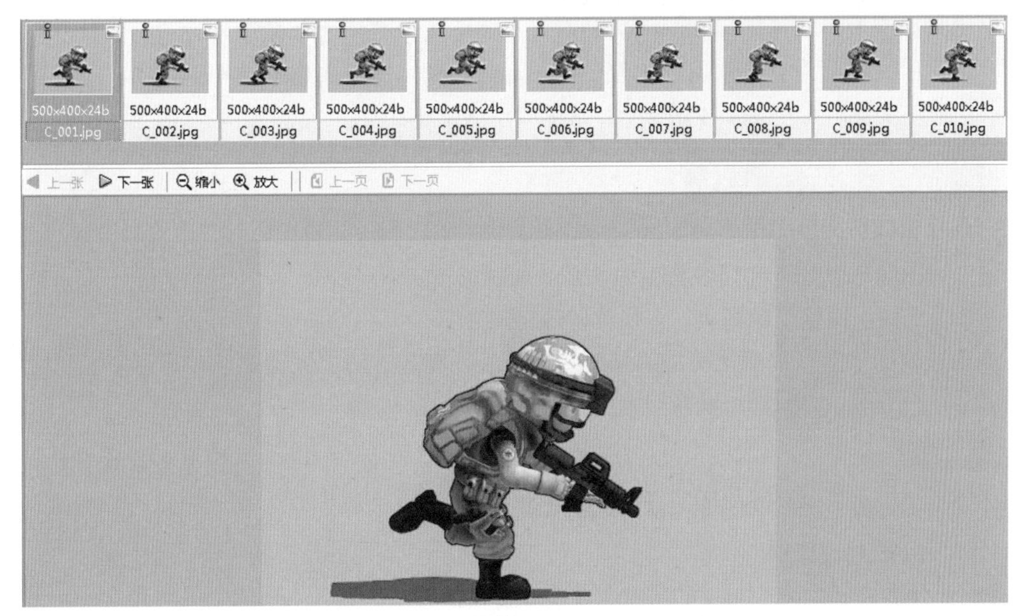

图 6–67

对于初学者来说，我们看到的各种影像作品多为流媒体格式的文件，其实是将成千上万张画面连续播放的一种文件形式，比如常见的 AVI、MOV、RMVB 等。在制作这种影像的时候，我们需要将这种形式打开来，变成画面的序列，就像老的电影胶片一样。一般情况下，我们在渲染的时候需要输出一幅幅的单张画面。

这种方式有两个好处，一个是在渲染的过程中，计算机可能会出错， 或者你突然想要修改一下后面的画面，这时你可以终止渲染，之前的画面会被单独保留下来，你只要继续从终止处开始重新渲染后面的即可，或者只渲染其中几张有问题的画面，在一定程度上减少了重复渲染的时间。另一个好处就是，一般处理比较大的场景时，渲染时间会比较长，这时你就可以将渲染的帧数按比例分配给多个计算机进行渲染。这样你每增加一台计算机，时间就有可能相应地减少。

在进行渲染之前，有一个步骤性的工作往往容易被初学者忽视，就是渲染周期的规划。

这其实是一项很简单的工作，就是把每个要渲染的场景，对单帧画面进行渲染测试，所得的渲染时间乘以帧数得到的就是渲染的总时长。例如我们要渲染一个 1500 帧的镜头，单帧测试的时间为 2 分钟，这样我们要完全渲染完这个镜头就大概需要 3000 分钟的渲染时长，再将这个时长除以 60 就得到了 50 小时的渲染时间。如果你有一台计算机的话，就需要两天的时间来渲染。如果你有相同的 10 台计算机的话，那就仅仅需要 5 个小时的渲染时间。表面上看这仅仅是一个制作上的步骤问题，其实对于渲染时长的规划直接影响着我们作品画面的渲染质量。要知道每一个作品都有一定的制作周期，你不能无限地进行渲染工作。这个渲染的周期也要规划到作品的有限资源之中，比如你有一个星期的渲染时间和 10 台计算机，这样你就有 60（分钟）×24（小时）×7（天）×10（台）=100800 分钟的渲染时间。然后你要渲染 15000 帧的画面（10 分钟的一个作品），然后用 100800 分钟除以 15000 帧得到是 6.72 分钟，这个 6.72 分钟就是你每帧画面的平均渲染时间。你必须将每张画面的渲染时间控制在这个时间内才有可能在规定的时间完成作品。这时很多的渲染数值就需要进行平衡调节，不能无限度地增加渲染时间，要知道你若是在单帧画面上增加几秒的渲染时间，在整体影片上却是要增加相应帧数成倍的时间。其实在三维软件之中，画面渲染质量比较低的效果一般在 1 分钟左右，中等的可以在 10 分钟左右，而一些电影的画面可能单帧就需要 30 小时。所以成熟的创作者会在作品的制作之初就规划好渲染时间的安排，根据自己需要制作的时长计算出帧数，再根据现有设备条件计算出渲染时间，从而得到单帧的渲染时长。根据这个时长来调节测试画面，确定哪些渲染功能可以开，哪些不可以开。然后运用一些辅助方法来进行画面上的协调。不成熟的创作者会不计时间地追求画面效果，然后得到的测试画面可能需要几十分钟的单帧渲染时间，依据现有条件发现要用几个月的时间来渲染，作品根本没法在一定的周期内完成，这样是不可取的。所以在任何一个作品创作初期就要制作好渲染计划是相当重要的一项工作。

6.3.2 Maya 渲染详解

渲染是 3D 计算机图形生成过程中的最后阶段。

如果对测试渲染期间生成的场景感到满意，则可以执行最终渲染。 可以在 Maya 中对单个帧、部分动画（多个帧）或整个动画执行可视化和最终渲染。

最高质量的图像通常需要花费的渲染时间也最长。高效方法的关键是能在尽可能少的时间内生成质量足够好的图像，以便满足最终的生产期限。

1. 软件渲染

软件渲染可生成最优质的图像，从而达到最精致的效果。

（1）Maya 软件渲染器

Maya 软件渲染器支持 Maya 的所有实体类型，包括粒子、各种几何体和绘制效果（作为渲染后处理）以及流体效果。

Maya 软件渲染器具有 IPR 功能（交互式照片真实渲染），这一工具允许对最终渲染图像进行交互调整，可以大大提高渲染效率。

（2）mental ray 渲染器

Maya 的 mental ray 渲染器不仅提供了真实照片级渲染通常具备的所有功能，同时还融入了大多数渲染软件所没有的一些功能。

2. 硬件渲染

硬件渲染将使用计算机的显卡以及安装在计算机中的驱动器将图像渲染到磁盘。通常情况下，硬件渲染比软件渲染的速度更快，但其生成的图像质量不如软件渲染。但是在某些情况下，硬件渲染也可以生成广播级效果。

硬件渲染虽然无法生成某些最精致的效果，例如某些高级阴影、反射和后期处理效果。但是提供了一种直观的工作流来生成预览，并用硬件渲染得到粒子的硬件渲染图像。可以使用 Render View（渲染视图）渲染并显示图像，允许在着色和照明期间比较图像。

3. 矢量渲染

矢量渲染支持以各种位图图像格式和 2D 矢量格式创建的渲染，例如卡通、色调艺术、线条艺术、隐藏线和线框。可以使用 Maya 矢量渲染器创建各种位图图像格式（如 TIFF 等）或其他 2D 矢量格式的固定格式渲染（如卡通、艺术色调、艺术线条、隐藏线和线框）。

6.3.3 渲染的常用格式

Maya 可用若干种标准图像文件格式保存渲染的图像文件。

默认情况下，Maya 用 Maya IFF （Maya 图像文件格式）保存渲染的图像文件。Maya IFF 是最有效的格式，使用该格式不会丢失任何数据。所有其他文件格式都是从 Maya IFF 格式转换的。

* Maya IFF（.iff）：支持 Maya 硬件渲染与 mental ray 渲染。mental ray 中的 IFF 图像允许将颜色和深度信息写入单个文件中，这需要在 Render Settings（渲染设置）中正确地设定参数，File Output（文件输出）区域中的 Depth Channel（深度通道）必须处于启用状态。

* Targa（.tga）：支持 Maya 硬件渲染与 mental ray 渲染。

* Tiff（.tif）：支持 Maya 硬件渲染与 mental ray 渲染。

6.3.4 管理渲染及批量渲染

执行 Windows（窗口）| Rendering Editors（渲染编辑器）| Render Settings（渲染设置）命令，弹出渲染设置对话框，如图 6-68 所示。

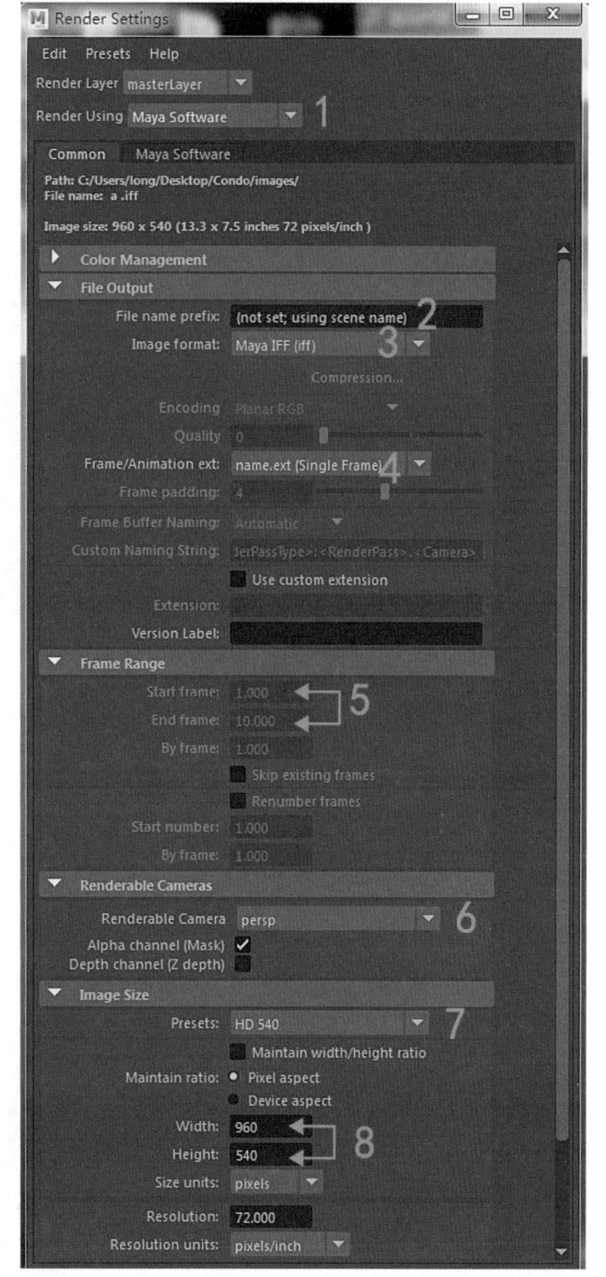

图 6-68

* Render Using（选择渲染器）：根据场景与渲染需要选择使用的渲染器，通常在测试静帧渲染速度与效果时已确定选择某一渲染器。

* File name prefix（文件名前缀）：在 File name prefix 文本框中输入文件名前缀，若未设置则默认使用场景名称为文件名前缀。

* Image format（图像格式）：选择图像格式，默认为 Maya IFF（iff）。

* Frame/Animation ext（选择帧 / 动画扩展）：选择帧 / 动画扩展名为 name.#.ext（批量渲染序列帧动画时）。

* Frame padding（帧填充）：根据场景需要选择，若场景帧数为 0~99 则选择 3，若场景帧数为 100~999 则选择 4，以此类推，选择帧填充的位数总比场景帧位数多一位。

* Frame Range（帧范围）：在文本框中输入 Start frame（开始帧）与 End frame（结束帧）。

* Renderable Cameras（可渲染摄影机）：从一个或多个摄影机渲染场景。默认值为从一个摄影机渲染。如果要（仅）从一个摄影机渲染场景，可从下拉列表中选择摄影机。默认情况下，persp 摄影机是可渲染摄影机。

* Image Size（图像大小）：可在预设下拉

列表中根据 Maya 现有的图像大小选择，如图 6–69 所示。

★ 自定义图像大小：在 Wight（宽度）与 Height（高度）文本框中直接输入所需图像的宽高即可，预设项自动选择为 Custom（自定义）。

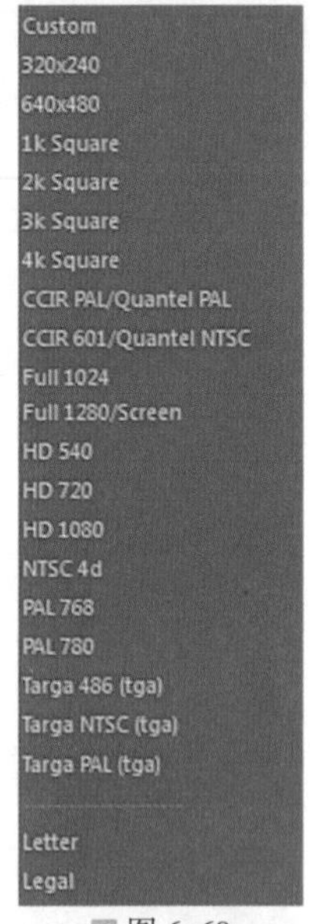

图 6–69

6.3.5 渲染错误的检查方法

主菜单切换至 Rendering（渲染），执行 Render（渲染）| Run Render Diagnostics（运行渲染诊断）命令，打开 Script Editor（脚本编辑器），显示场景中潜在的问题列表，如图 6–70 所示。

使用 Render Diagnostics（渲染诊断）工具，可以监视优化场景进行渲染的程度，并查看可能出现的限制和潜在问题。例如，远处或模糊的曲面可能不需要与靠近摄影机的曲面具有相同程度的视觉精度或照片级真实感。

在调整对象之后和渲染之前运行 Render Diagnostics（渲染诊断），以获取有关如何才能提高性能的有价值信息并避免限制。可以在试用渲染设置时或者在开始最终渲染之前运行诊断，加快渲染时间和减少内存使用量。

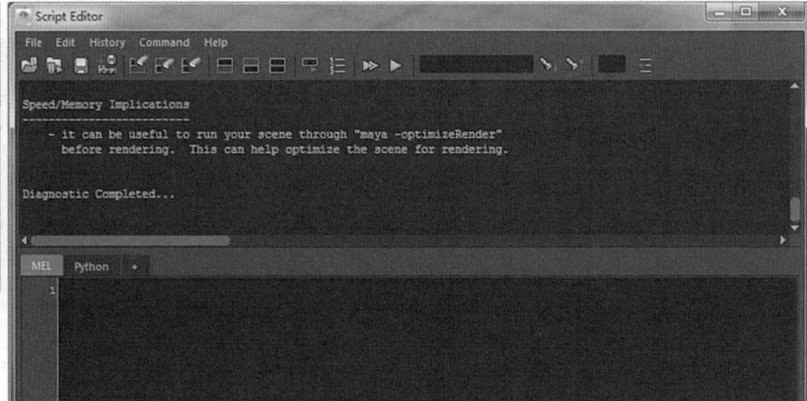

图 6–70

课后练习

根据本章所学的灯光知识，模拟制作夜间效果图，效果如图 6–71 所示。

图 6–71

第 7 章 Maya 2017

| Maya 动画

本章讲解了动画原理、人物骨骼绑定、绘制权重和二足四足动物的运动规律，根据运动规律制作人物和动物的行走动画。

|本章重点

- 动画的物理性原理
- Maya 动画原理
- 骨骼、绑定与权重
- 角色动画

7.1 动画的物理性原理

基于对现实的再现，西方绘画通过对光线、解剖、透视等的研究，总结出了一套科学的绘画方法。动画艺术也是一样，通过研究物体的各种物理现象与规律，总结出了一套画面在时间上的表现方法。没有出现计算机动画以前，许多物理性的动画都是依靠各种辅助的手段来进行绘制的。简单来说就是用人脑去计算很多物理现象。举个简单的例子，比如一个皮球落下，这里就有惯性、重力、摩擦力以及弹性等多个物理作用的共同体现。要在画面上再现这一过程，需要通过大量的分析实验。每一张画面之间的位移多少，小球掉落在地面上会产生哪种造型，依据的都是这些物理现象。而计算机动画出现以后，这种物理计算的工作逐渐被程序所取代，但是很多动画制作者在制作这类动画的时候还是比较喜欢用手动的方式去调制，不依赖于物理的程序我们一样可以调出或者绘制出一段有物理现象的动画。需要我们理解的是这些物理的现象与规律并不是仅仅通过我们学习完物理课程才能掌握。比如一个篮球运动员，他在投一个三分球的时候并不会先停下来用计算器去算一下角度、力度、抛物线，然后再拿起球来投向篮筐，如图 7-1 所示。

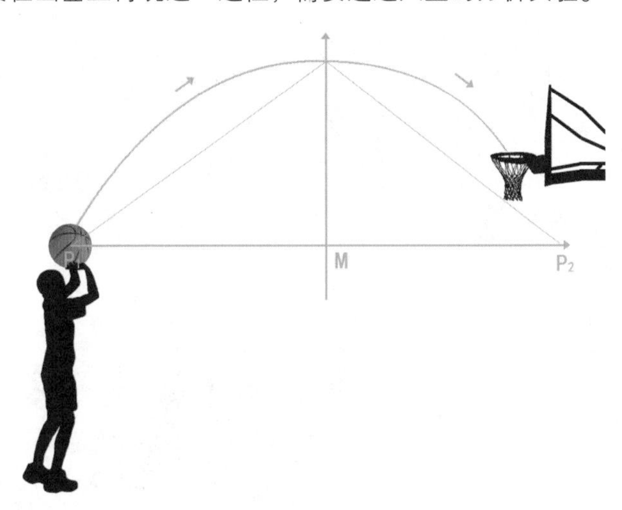

图 7-1

再或者你端着一盆水的时候，就会知道走得急了水会洒出来，这些物理性的运动规律已经随着我们从小到大的成长融入我们的身体里了。我们在现实中进行每一项运动行为之前已经通过我们的大脑计算与预估出了这种行为产生的后果，所有即将发生的事件我们都具备一定能力的预判。所以一方面通过理性的分析了解事物运行的科学依据是什么固然重要，另一方面我们也要充分调动自身的这种预判能力运用到动画制作的过程之中。而且稍加夸张或者抑制，会使我们得到一种对作品的掌控能力，逐渐做到收放自如。作为初学者更要理解其中的深意，在发现三维软件中有物理运算的核心后，就完全放弃了这种自身的预知能力，这样做是不可取的。其实需要结合两者的优点，才能更好地做出自己想要的作品，还是那句话，不要过分地依赖你的工具。

7.2 Maya 动画原理

Maya 动画提供了功能强大的工具，使场景中的角色和对象充满活力。通过这些工具，可以自由地为对象的任何属性设置动画，并获得成功实现随时间变换的关节与骨骼、IK 控制柄及模型所需的控制能力。

在本书的这一部分中，可以找到有关 Maya 的各种动画技术、如何使用不同类型的动画，以及如何预览、播放和保存动画的信息。

7.2.1 动画技术的基本分类

★ 关键帧动画：允许通过设置关键帧变换对象或骨架。例如，可以为角色的手臂关节和 IK 控制柄设置关键帧以创建其手臂挥动的动画。

★ 受驱动关键帧动画：允许通过设置受驱动关键帧来使用一个对象的属性链接和驱动另一个对象的属性。例如，将角色的 X 和 Z 平移作为 Driver（驱动者）属性为其设置关键帧，并且将门模型的

Y 旋转作为 Driven（受驱动）属性为其设置关键帧，来创建角色和摆动着的门的动画。

✱ 非线性动画：允许分割、复制和混合动画片段以实现所需的运动效果。例如，可以使用非线性动画为角色创建行走循环。

✱ 路径动画：允许将曲线设定为对象的动画路径。当将一个对象附加到一条运动路径上时，该对象将在动画期间沿该曲线运动。例如，将场景中的公路作为运动路径分配给汽车模型，该汽车将在播放动画时沿公路行驶。

7.2.2 动画基本界面与命令

在范围滑块和 Animation Preferences（动画首选项）按钮之间的是当前角色控制功能和自动关键帧设定 Auto Key（自动关键帧）按钮，如图 7–2 所示。

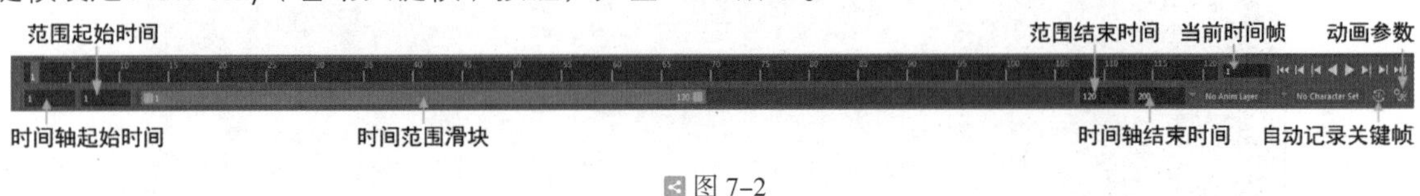

图 7–2

1. 时间滑块

时间滑块用于控制播放范围、关键帧和播放范围内的受控关键点，如图 7–3 所示。

图 7–3

当前时间指示器是 Time Slider（时间滑块）上的灰色块，可以拖动它在动画中前后移动。 默认情况下，Time Slider（时间滑块）中的拖动操作仅更新活动视图。

2. 关键帧标记

关键帧标记是 Time Slider（时间滑块）中的红色标记（默认为红色），表示为选定对象设定的关键帧。受控关键点是在 Time Slider（时间滑块）中显示为绿色标记的特殊类型关键帧。可在 Preferences（首选项）对话框中启用或禁用 Key Ticks（关键帧标记）的可见性，还可以设定显示在 Time Slider（时间滑块）中的关键帧标记的大小和颜色，如图 7–4 所示。

图 7–4

3. 时间单位

Time Slider（时间滑块）上的直尺标记和相关数字可以显示时间。若要定义播放速率，从 Preferences（首选项）对话框的 Settings Category（设置类）中选择所需时间。Maya 的默认测量时间为每秒 24 帧，这是影片的标准帧速率，如图 7–5 所示。

默认情况下，Maya 以秒为单位来播放动画。可以更改时间设置，而不会影响动画的关键帧行为。

4. 当前时间字段

Time Slider（时间滑块）右侧的输入字段是以当前时间单位表示的当前时间，可以输入一个新值来更改当前时间，场景将移动到该时间位置，并相应更新当前的时间指示器，如图 7–6 所示。

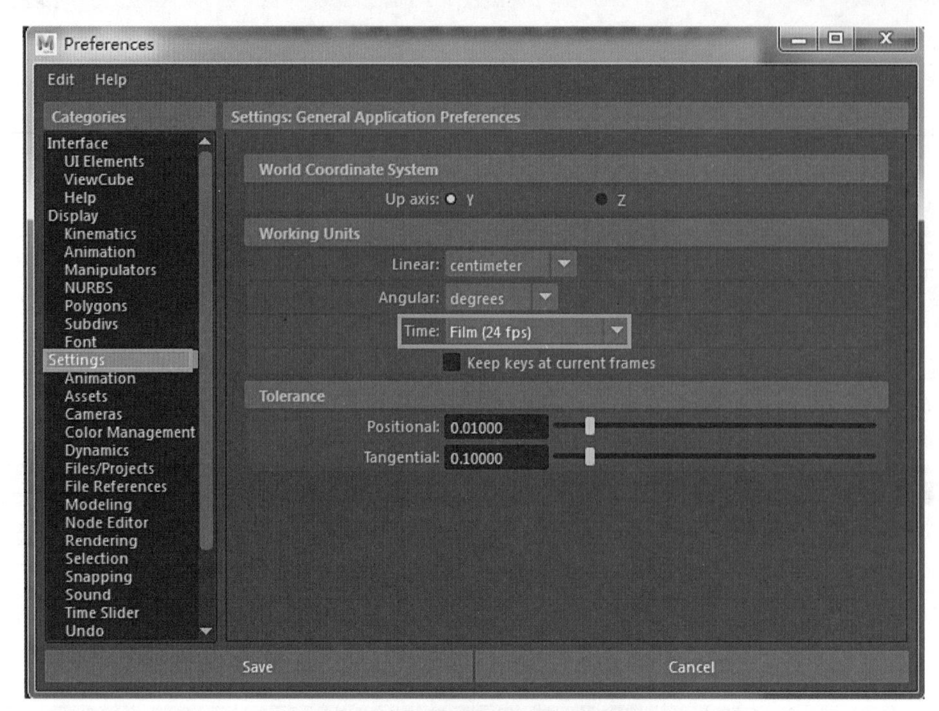

图 7–5

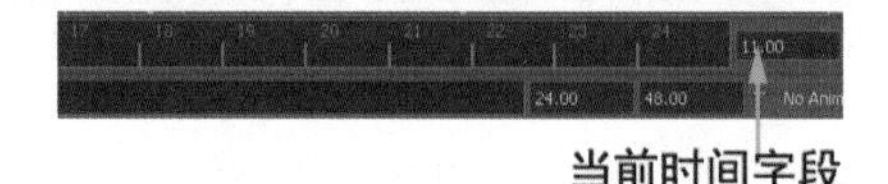

图 7–6

5. 范围滑块

范围滑块用于控制 Time Slider（时间滑块）中反映的播放范围，如图 7–7 所示。

图 7–7

✶ 动画开始时间：用于设定动画的开始时间。

✶ 动画结束时间：用于设定动画的结束时间。

✶ 播放开始时间：用于显示播放范围的当前开始时间。可输入新的开始时间（包括负值）来更改该时间。如果输入的数值大于播放结束时间，则播放结束时间会自动调节数值，且大于播放开始时间。

✶ 播放结束时间：用于显示播放范围的当前结束时间。可以输入新的结束时间来更改此时间。如果输入的数值小于播放开始时间，则播放开始时间会自动调节，且小于播放结束时间的数值。

6. 播放控件

播放控件是控制动画播放的按钮，播放范围显示在 Time Slider（时间滑块）中，如图 7–8 所示。

图 7–8

✶ Go to Star（跳到时间范围起始帧）：单击此按钮转到播放范围的起点。

✶ Step Back Frame（上一帧）：单击此按钮后退一个时间（或帧）。默认快捷键为 Alt+，（逗号）键。

✱ Step Back Key（上一关键帧）：单击此按钮后退一个关键帧。默认快捷键为，（逗号）键。

✱ Play Backwards（倒放动画）：单击此按钮以反向播放，按 Esc 键停止播放。

✱ Play Forwards（播放动画）：单击此按钮以正向播放。默认快捷键为 Alt+V 键。

✱ Step Forward Key（下一关键帧）：单击此按钮前进一个关键帧。默认快捷键为 .（句点）键。

✱ Step Forward Frame（下一帧）：单击此按钮前进一个时间（或帧）。默认快捷键为 Alt+.（句点）键。

✱ Go to End（跳到时间范围结束帧）：单击此按钮转到播放范围的结尾。

✱ ：单击停止按钮停止播放。此按钮仅在播放动画时显示，用于替换向前播放或向后播放按钮，默认快捷键为 Esc 键。

7. Animation Preferences（动画首选项）

按钮用于启动 Preferences（首选项）对话框，可在此对话框中设定 Maya 动画的 Time Slider（时间滑块）、Playback（播放）、Animation（动画）和 Sound（声音）首选项，如图 7–9 所示。

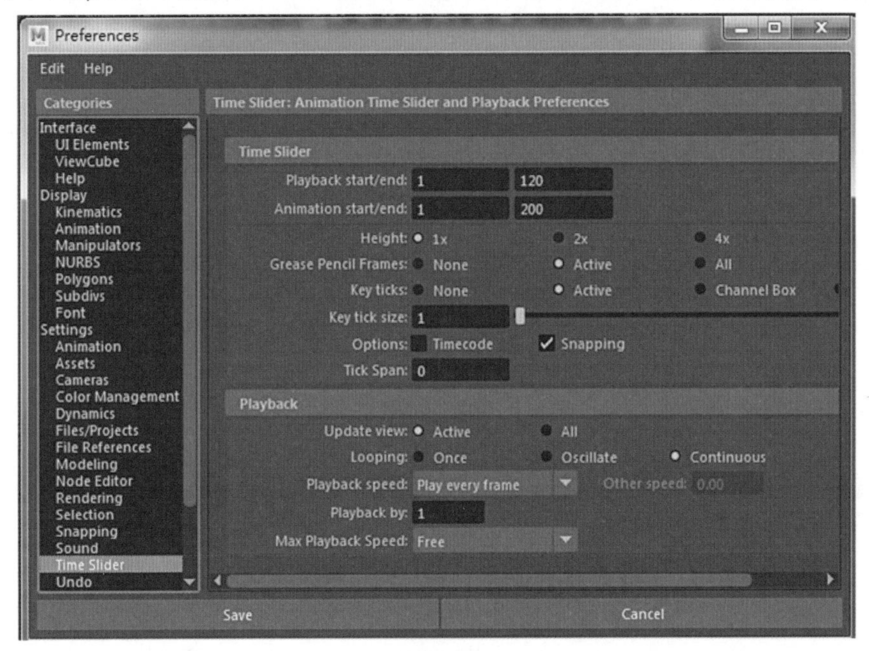

图 7–9

✱ Playback start/end（播放开始 / 结束）：指定播放范围开始和结束的时间。播放开始和结束的时间决定 Time Slider（时间滑块）播放范围。播放范围始终在动画范围内，如图 7–10 所示。

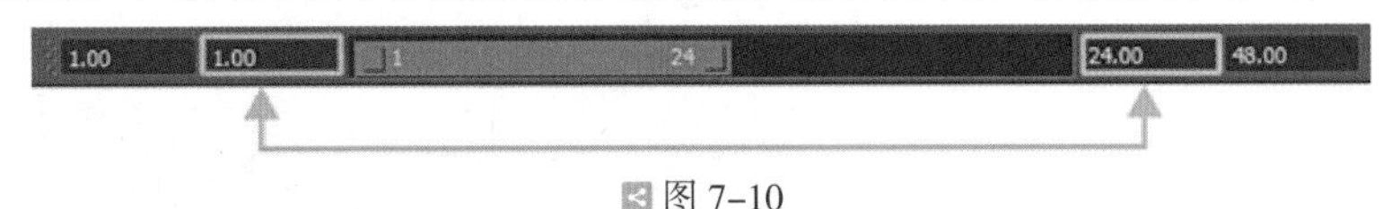

图 7–10

✱ Animation start/end（动画开始 / 结束）：指定动画范围开始和结束的时间。动画开始和结束的时间决定"范围滑块"范围。播放范围始终在动画范围内，因此更改动画开始和结束的时间也会更改播放开始和结束的时间。默认动画开始的时间为 1.00，默认动画结束的时间为 48.00，如图 7–11 所示。

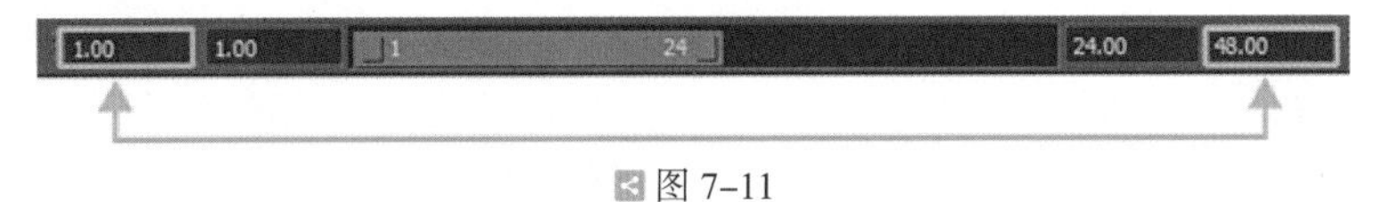

图 7–11

✱ Playback speed（播放速度）：指定播放场景的速度。选择 Play Every Frame（播放每一帧）、Real-time（24 fps）[实时（24 fps）]、Half（12 fps）[一半（12 fps）]、Twice（48 fps）[两倍（48 fps）]或 Other（其他）。默认为 Play Every Frame（播放每一帧），也可以指定播放时间单位。

✱ Play every frame（播放每一帧）：播放场景中的所有帧，在显示下一个之前更新每个帧。速度取决于你的工作站计算和绘制每帧所花费的时间。可以在播放每 N 帧字段指定播放帧增量。例如，播放值为 2 将导致只播放其他帧。

✱ Real-time（实时）：以实时或每秒 24 帧（fps）的速度播放场景。Maya 可能不显示所有帧，这取决于工作站的功能、场景的复杂性和显示模式（例如线框或平滑着色处理）。

✱ Half（一半）：以实时速度的一半或每秒 12 帧（fps）的速度播放场景。

✱ Twice（两倍）：以实时速度的两倍或每秒 48 帧（fps）的速度播放场景。

✱ Other（其他）：以 Other speed（其他速度）中设定的播放速度播放场景。

✱ Other speed（其他速度）：自定义场景的播放速度（每秒帧数）。例如，如果指定其他速度值为 72，则将以 72fps 的速度播放场景中的动画，该选项仅在从播放速度下拉列表中选择其他后可用。

✱ Playback by（播放每 N 帧）：如果将 Playback speed（播放速度）设定为 Play every frame（播放每一帧），那么在这里指定播放增量。例如，如果输入 4，Maya 将只以每 4 帧（或时间）的速度播放，默认值为 1，也可以指定播放的时间单位。

✱ Max Playback Speed（最大播放速率）：通过指定不允许超过的场景动画播放速度，可限制场景播放速度。当处理具有复杂粒子效果等产生较大 CPU 活动波动的场景时，这将非常有用。

✱ Free（自由）：指定无 Max Playback Speed（最大播放速率）。

✱ Real-time（24 fps）[实时（24 fps）]：指定场景动画的总体播放速度为尽可能快，但不会超过 24 fps。

✱ 一半（12 fps）[Half（12 fps）]：指定场景动画的总体播放速度为尽可能快，但不会超过 12 fps。

✱ 两倍（48 fps）[Twice（48 fps）]：指定场景动画的总体播放速度为尽可能快，但不会超过 48 fps。

7.2.3 小球关键帧动画

关键帧可以是任意标记，用于指定对象在特定时间内的属性值。设置关键帧是创建用于指定动画中的计时和动作的标记的过程。动画是创建和编辑对象中随时间更改的属性的过程。

创建对象后，可以设置一些关键帧，用于表示该对象的属性何时在动画中发生更改。设置关键帧包括将时间移动到要为某属性建立值的位置，设定该值，然后在此处放置一个关键帧。实际上是在该时间记录属性的快照，可以重新排列、移除和复制关键帧和关键帧序列。

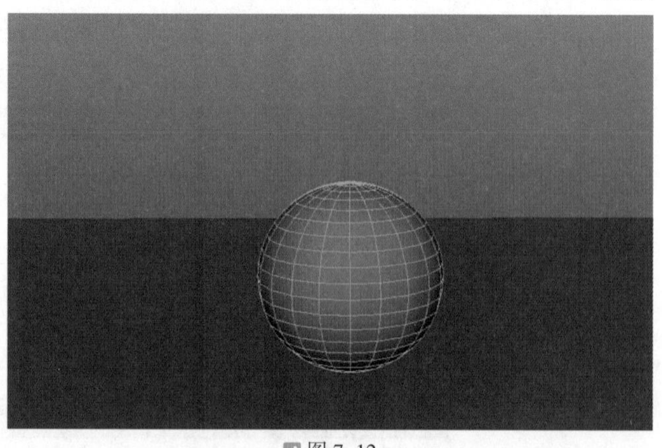
图 7-12

STEP 1 创建多边形球体与平面作为小球与地面，如图 7-12 所示。

STEP 2 选定小球模型，在第一帧处按 S 键设置关键帧，为对象设置关键帧后的变化如图 7-13 所示，通道栏内对象的属性文本框呈红色，在时间滑块上设置关键帧的位置显示红色标记作为关键帧标记。

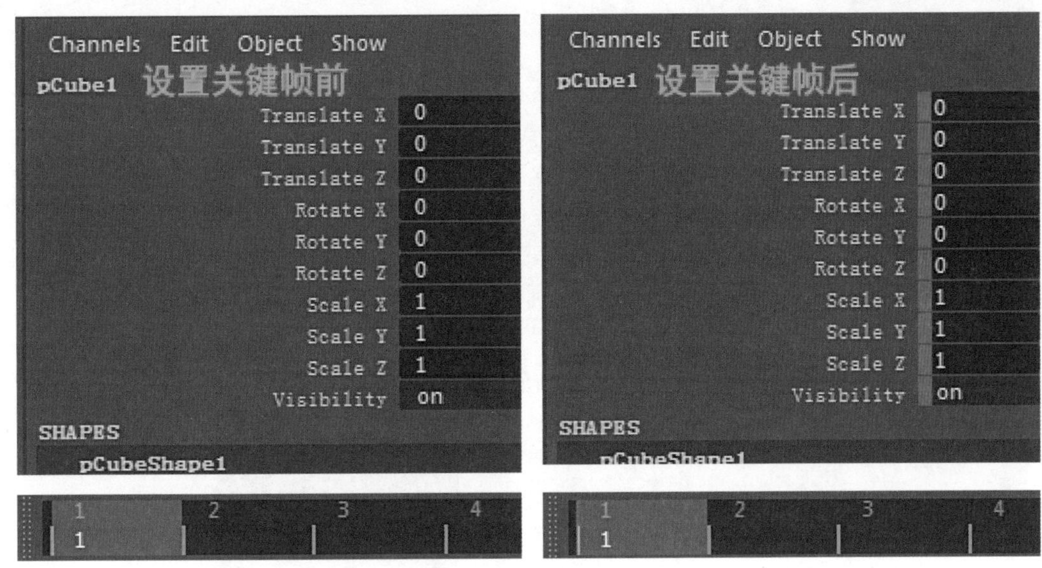

图 7-13

STEP 3 将时间滑块滑动至第 20 帧的位置，选定小球对象，向右移动 5 个单位左右或任意长度，然后按 S 键设置关键帧，时间滑块上出现两个红色关键帧标记，如图 7-14 所示，这时滑动时间滑块检查动画。

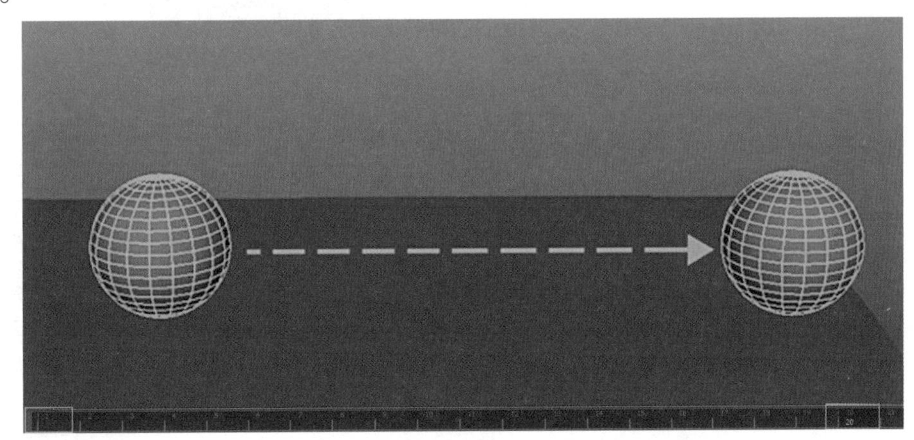

图 7-14

STEP 4 将时间滑块滑动至第 10 帧处，选择小球对象，向上移动 Y 轴两个单位左右，并按 S 键设置关键帧，再次滑动时间滑块检查小球跳跃动画，如图 7-15 所示。

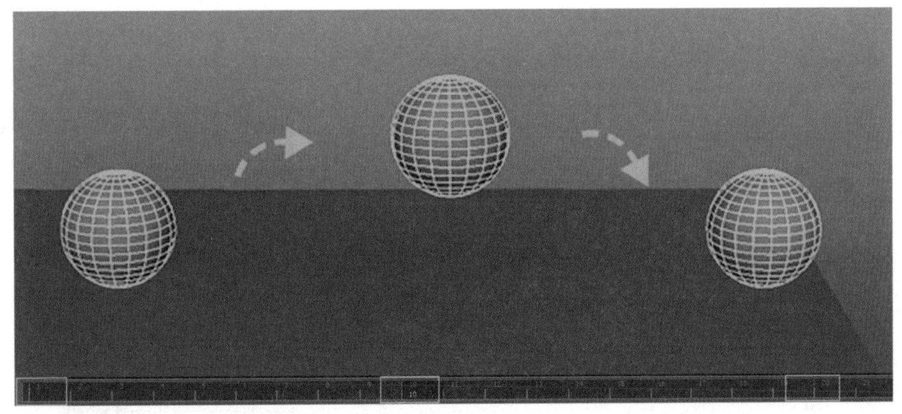

图 7-15

7.2.4 编辑关键帧

1. 剪切关键帧

剪切关键帧就是将关键帧复制到关键帧剪贴板中，以达到删除它们的目的。

STEP 1 若要选择单个关键帧，可在 Time Slider（时间滑块）中单击该关键帧。当前时间指示器将移动到单击的位置，且该关键帧现已选定；若要选择多个关键帧，可按住 Shift 键的同时在 Time Slider（时间滑块）中相应范围的关键帧内拖动。该范围内的关键帧现已选中并以红色亮显，如图 7-16 所示。

STEP 2 单击鼠标右键，在弹出的菜单中选择 Cut（剪切）命令即可，如图 7-17 所示。

图 7-16

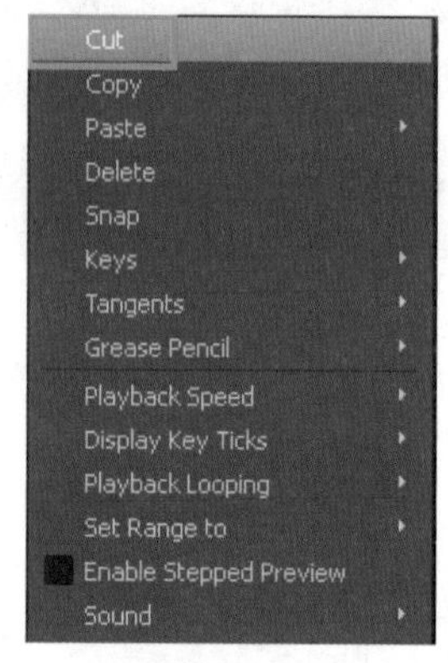

图 7-17

2. 复制关键帧

关键帧可以被复制到关键帧剪贴板。

STEP 1 同样的方法，首先选择单个关键帧或关键帧范围。

STEP 2 单击鼠标右键，在弹出的菜单中选择 Copy（复制）命令即可，如图 7-18 所示。

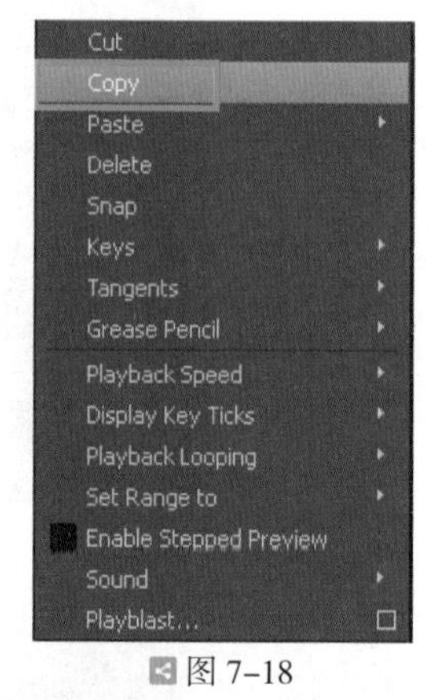

图 7-18

3. 粘贴关键帧

可以将剪切的关键帧或者复制的关键帧从场景中的一个对象粘贴到另一个对象。

STEP 1 若要粘贴单个关键帧，可在 Time Slider（时间滑块）中单击该关键帧。当前时间指示器将移动到单击的位置，且该关键帧已被选定；若要粘贴多个关键帧，可按住 Shift 键的同时在 Time Slider(时间滑块)中相应范围的关键帧内拖动。该范围内的关键帧即可选中并以红色亮显。

STEP 2 单击鼠标右键，在弹出的菜单中选择 Paste（粘贴）| Paste（粘贴）命令即可，如图 7-19 所示。

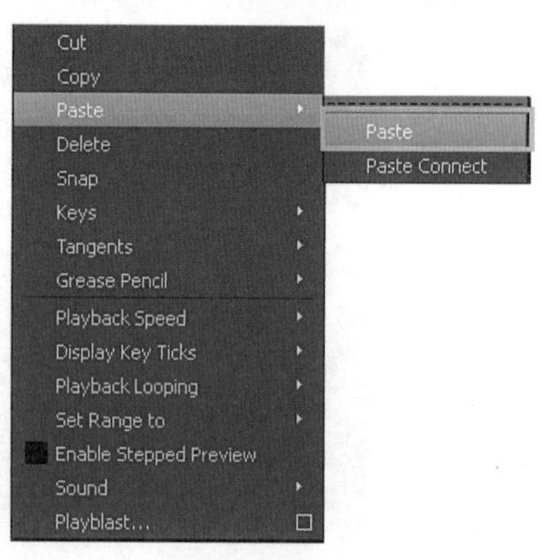

图 7-19

4. 删除关键帧

STEP 1 同样的方法，首先选择单个关键帧或关键帧范围。

STEP 2 在关键帧上单击鼠标右键，在弹出的菜单中选择 Delete（删除）命令即可，如图 7-20 所示。

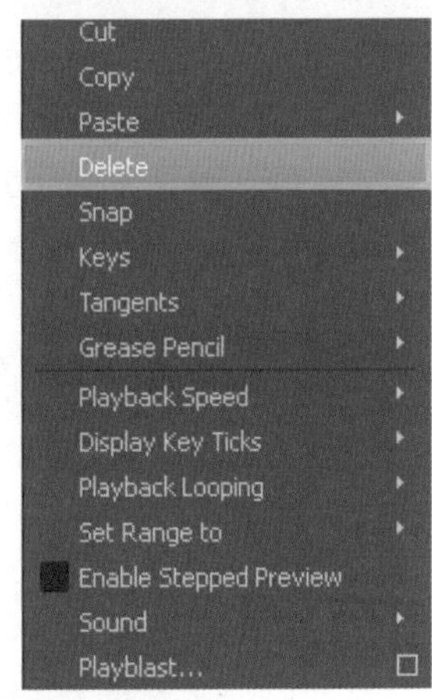

图 7-20

5. 缩放、移动关键帧

STEP 1 同样的方法，首先选择单个关键帧或关键帧范围。

STEP 2 按住红色范围内位于中间的黄色三角标识进行左右拖动为平移关键帧；按住红色范围两端的任意一个黄色三角标识进行拖动为缩放关键帧，如图 7-21 所示。

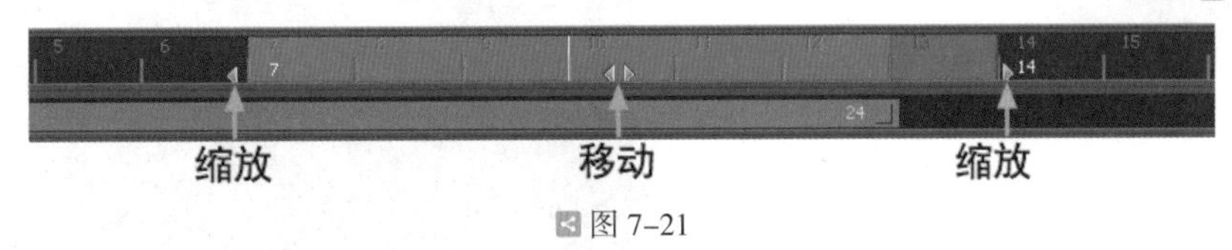

图 7-21

7.2.5 Graph Editor（曲线图编辑器）

执行 Windows（窗口）| Animation Editors（动画编辑器）| Graph Editor（曲线图编辑器）命令，打开曲线图编辑器对话框，如图 7-22 所示。

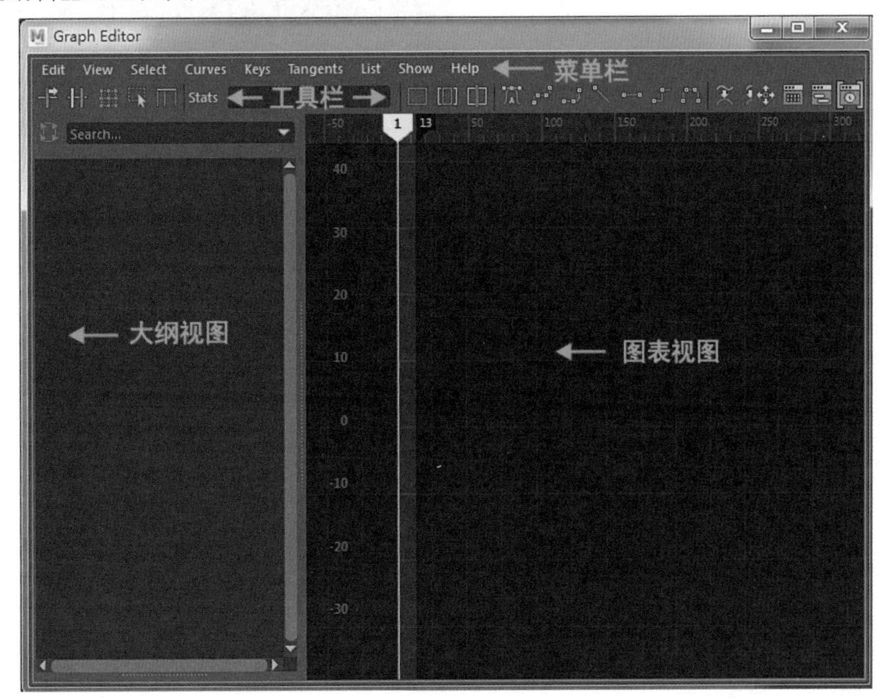

图 7-22

1. 大纲视图

动画曲线与 Graph Editor（曲线图编辑器）的 Outliner（大纲视图）部分中的节点关联，选择节点会导致其所有动画曲线显示在图表视图中。

Graph Editor（曲线图编辑器）的大纲视图中的每一个项目以可收拢和展开可视通道层次的小图

标形式包含特殊附加信息。

（1）大纲视图中的通道

如果已通过简单的关键帧为对象设定动画，则对于所选对象的每个属性，将存在一条驱动该属性的动画曲线。在这种情况下，该对象的每个动画属性（通道）将在对象的下方缩进列出，如图 7–23 所示。

（2）大纲视图的分割控制

大纲视图可以分割曲线图编辑器，以便可以同时查看两个不同的列表，从而更轻松地切换不同轴向的动画曲线。

若要分割大纲视图，可朝向大纲视图的底部移动光标，此时将看到光标图标变为上下图标。现在可以拖动光标以移动大纲视图的分隔符，这将创建第二个大纲视图空间，如图 7–24 所示。

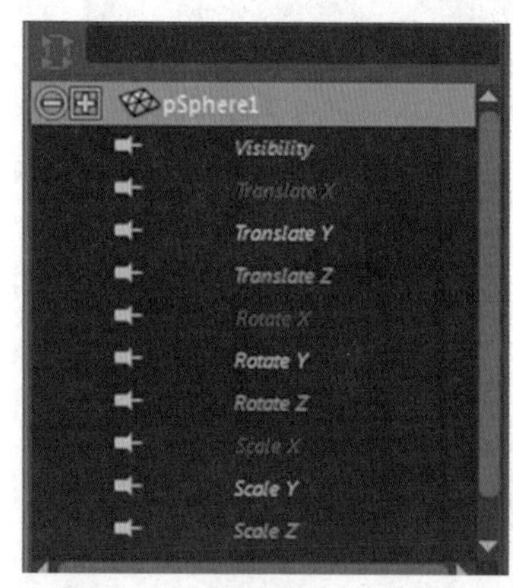

图 7–23

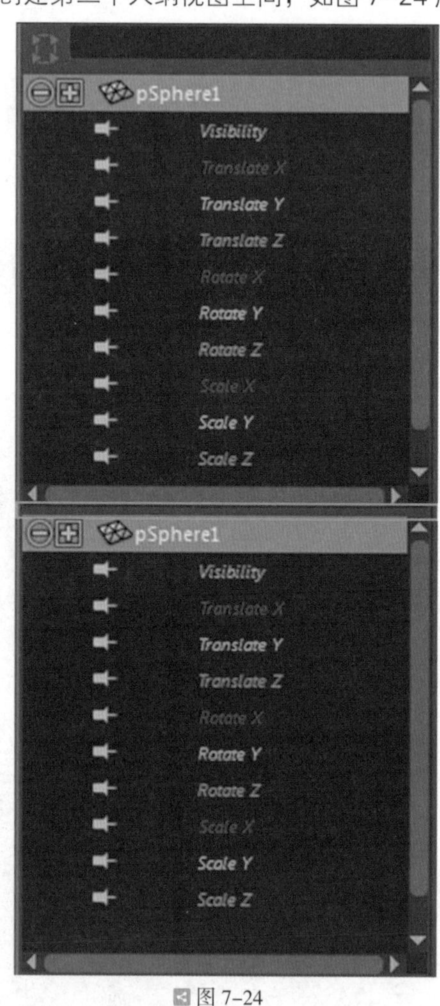

图 7–24

2. 图表视图

Graph Editor（曲线图编辑器）的图表视图显示动画曲线分段、关键帧和关键帧切线，如图 7–25 所示。

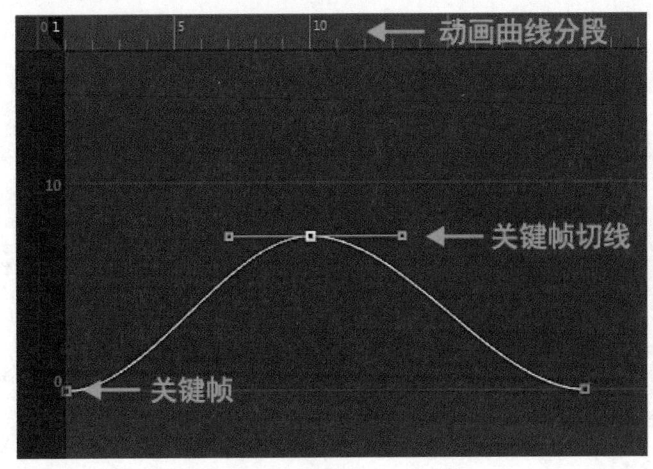

图 7-25

在 Graph Editor（曲线图编辑器）中的任何位置单击鼠标右键，打开 Graph Editor（曲线图编辑器）的快捷菜单。

除了工具栏中的 Graph Editor（曲线图编辑器）工具以外，还可以使用 Select Tool（选择工具）、Move Tool（移动工具）和 Scale Tool（缩放工具）来操纵 Graph Editor（曲线图编辑器）的图表视图中的关键帧。

（1）Select Tool（选择工具）

使用 Select Tool（选择工具）来选择图表视图中的曲线、分段、切线和关键帧。

使用鼠标按钮向下拖动以选择区域中的内容。可以单击动画曲线、切线控制柄或关键帧以选择单个对象。

（2）Move Keys Tool（移动关键帧工具）

使用 Move Keys Tool（移动关键帧工具）选择并操纵图表视图中的对象。

仅当 Graph Editor（曲线图编辑器）处于活动状态时，Move Tool（移动工具）的 Move Key Settings（移动关键帧设置）才可用。

（3）Scale Keys Tool（缩放关键帧工具）

使用 Scale Keys Tool（缩放关键帧工具）来缩放图表视图中动画曲线分段的区域和关键帧的位置。

7.2.6 模拟小球下落

STEP 1 创建多边形小球和地面，模拟小球静止释放下落的运动曲线，如图 7-26 所示。橙黄色曲线为设想的运动曲线。

STEP 2 单击播放控件栏内的 Animation Preferences（动画首选项）按钮，打开 Preferences（首选项）对话框，将 Playback speed（播放速度）改为 Real-time [24 fps]（默认为 Paly every frame），单击 Save 按钮确认并保存修改，如图 7-27 所示。

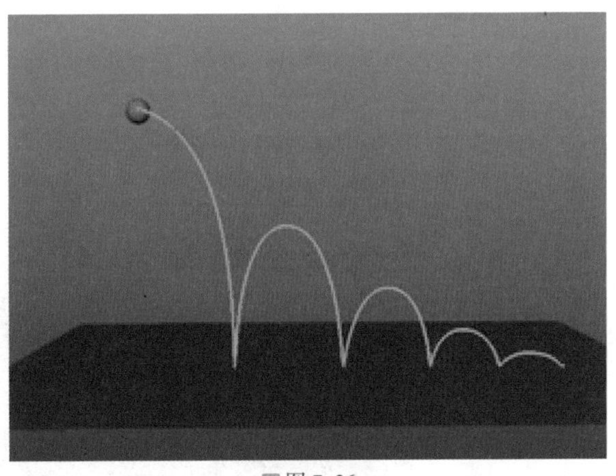

图 7-26

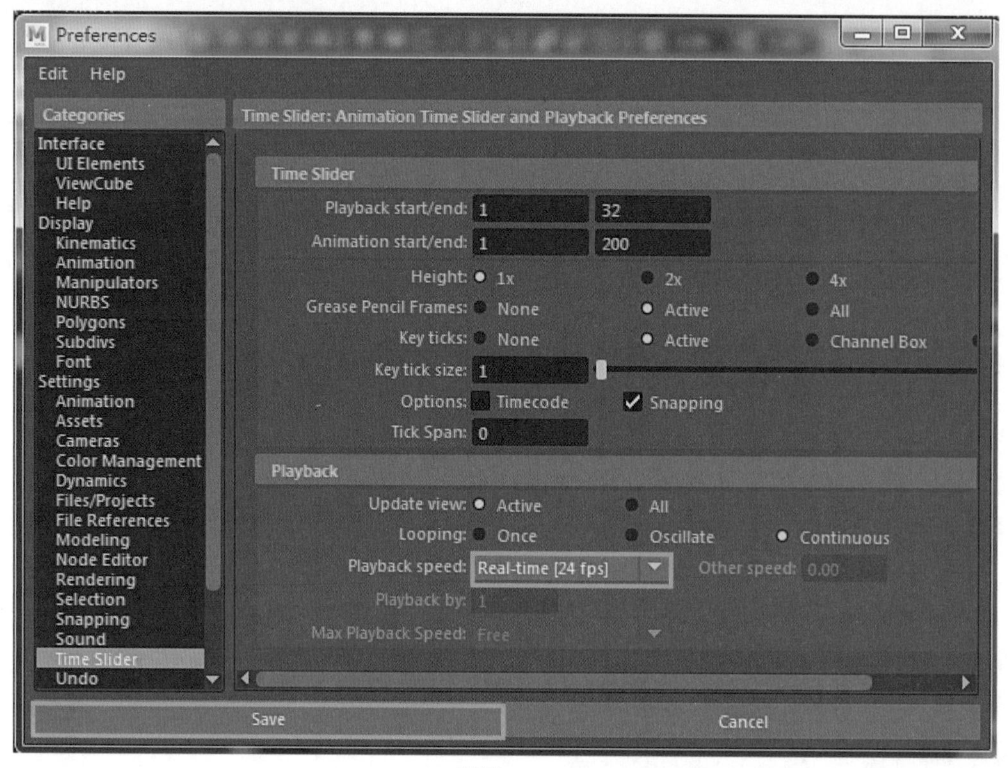

图 7-27

STEP 3 按照如图 7-28 所示设置关键帧。

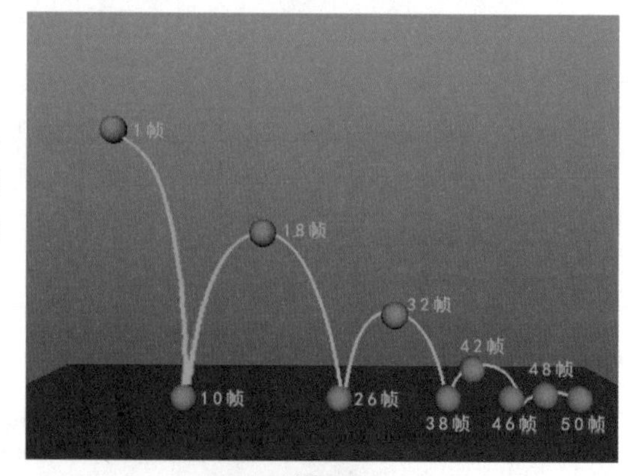

图 7-28

STEP 4 执行 Windows（窗口）| Animation Editors（动画编辑器）| Graph Editor（曲线图编辑器）命令，打开曲线图编辑器，选定小球对象，在曲线图编辑器的图表视图中显示小球所有的运动曲线，如图 7-29 所示。

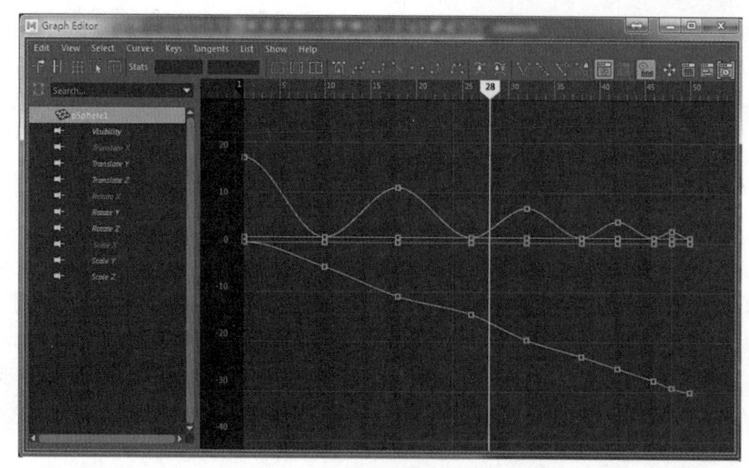

图 7-29

STEP 5 所有的运动曲线同时显示不便于观察与调整，需要分析有用的曲线。对象小球在失去重力下落并忽略旋转的情况下，只考虑质量上重力的下落（Y 轴）和外作用力向前的跳跃（X 轴），同样可以不考虑外作用力，如图 7–30 所示。

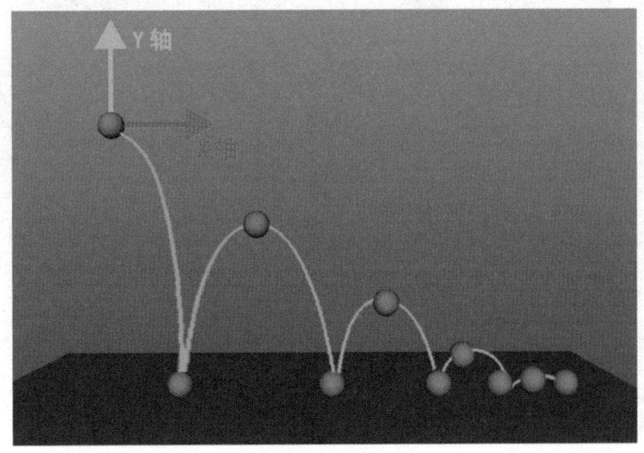

图 7–30

STEP 6 在曲线图编辑器的大纲视图中单击小球的 Translate Y 运动曲线，将其单独显示，如图 7–31 所示。

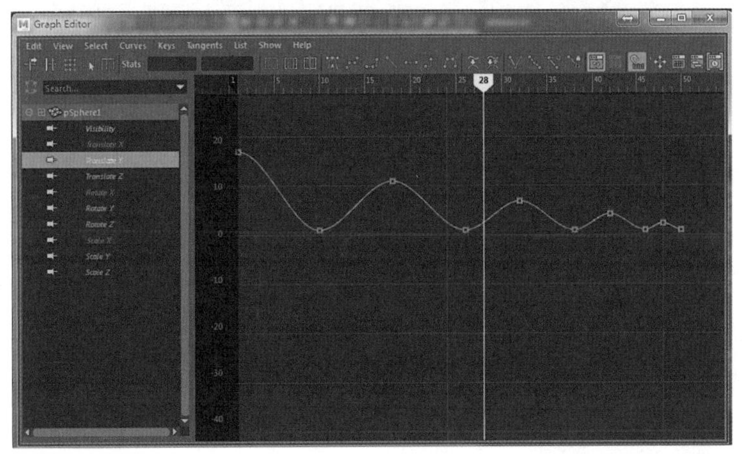

图 7–31

STEP 7 在图表视图中选择关键帧后，显示出对象关键帧的切线，然后单击曲线图编辑器工具栏中的 Break Tangents（断开切线）按钮，断开的切线会显示为虚线，选择被断开的切线进行调整，调整为如图 7–32 所示的曲线。

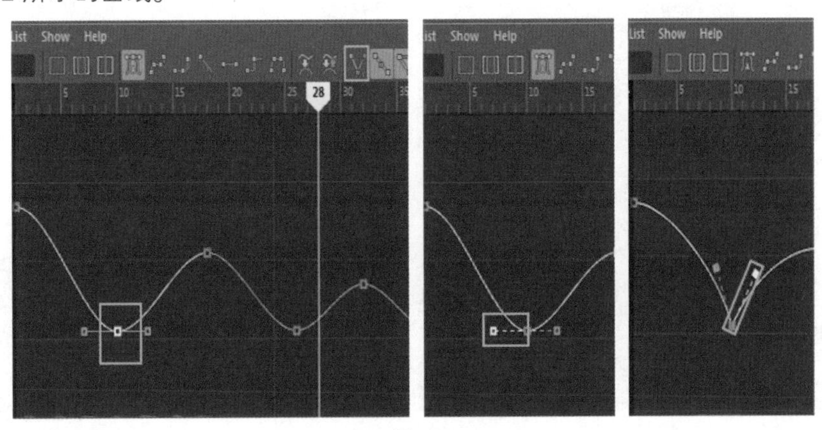

图 7–32

STEP 8 将所有的关键帧切线断开，并调整为如图 7-33 所示的运动曲线，使小球的 Translate Y 轴以重力加速度的运动规律进行下落运动。

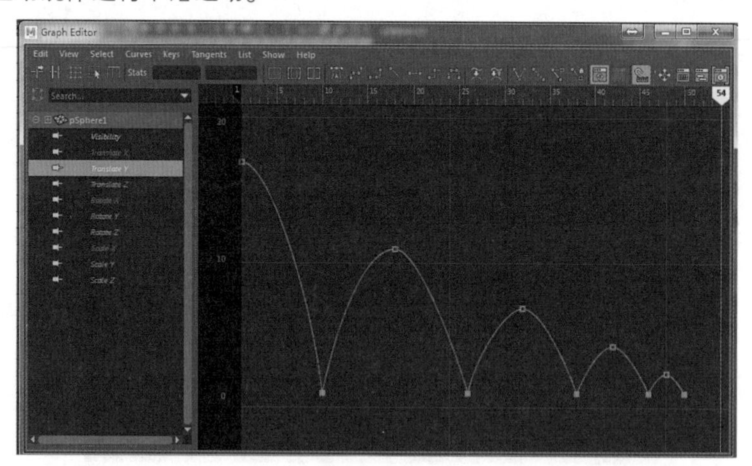

图 7-33

STEP 9 播放动画，小球运动如图 7-34 所示。

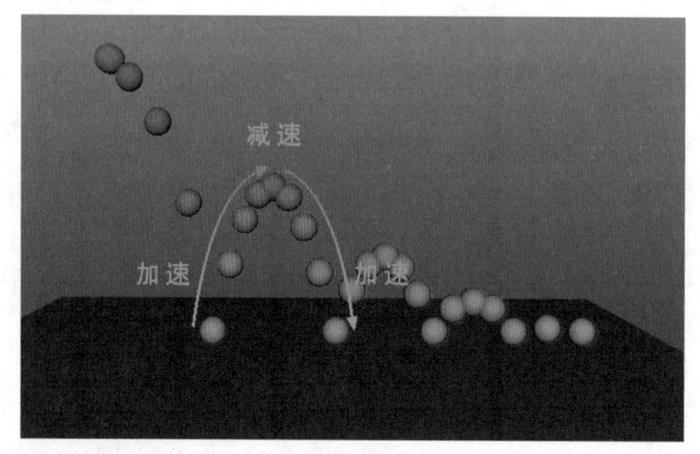

图 7-34

7.2.7 模拟摩天轮运动

STEP 1 打开教材提供的摩天轮 Ferris wheel.mb 文件，包含摩天轮转盘、支架以及缆车，也可以自己利用所学知识建造摩天轮模型，如图 7-35 所示。

图 7-35

STEP 2 执行 Create（创建）| Locator（定位器）命令，创建定位器，将其移动至摩天轮转盘中心位置（若是用教材提供的文件，可参考图中所示的 Locator 数值）。执行 Modify（修改）| Freeze Transformations（冻结变换）命令，将 Locator（定位器）的所有数值冻结还原，然后将 Locator 改名为 Locator_all，方便后期动画，如图 7-36 所示。

STEP 3 继续创建 3 个定位器，并行放置在缆车链接轴处，执行 Modify（修改）| Freeze Transformations（冻结变换）命令，将 3 个定位器的数值冻结还原，使用默认名称 Locator1、Locator2、Locator3 即可，如图 7-37 所示。

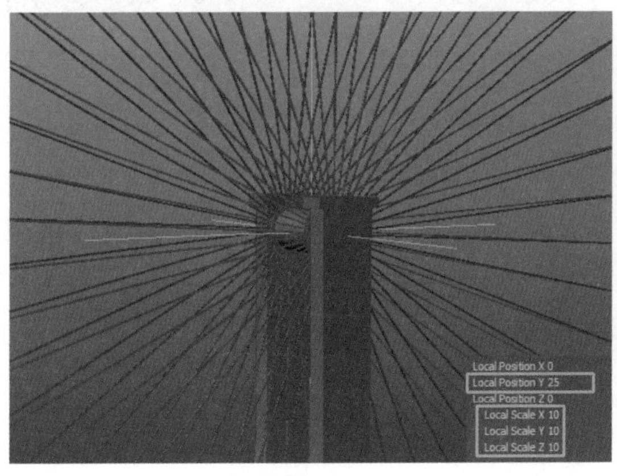

图 7-36

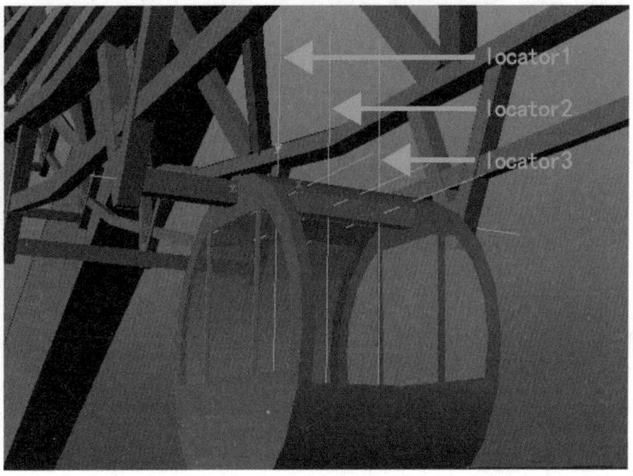

图 7-37

STEP 4 父子关系：使选定节点成为最后选定节点（关键对象）的子对象。选择要指定给父对象的对象，然后按住 Shift 键的同时选择父对象，执行 Edit（编辑）| Parent（父对象）命令，或者按快捷键 P 键。也就是说，如果按顺序选定两个对象，则第一个选定对象将成为第二个选定对象的子对象。父对象操作完成后，子对象将保持选定状态而父对象将被取消选择。

① 选择缆车对象，按住 Shift 键加选 Locator3，按 P 键做父子关系，将缆车对象作为 Locator3 的子对象。

② 选择 Locator3，按住 Shift 键加选 Locator2，按 P 键将 Locator3 作为 Locator2 的子对象。

③ 选择 Locator2，按住 Shift 键加选 Locator1，按 P 键将 Locator2 作为 Locator1 的子对象。

④ 执行 Windows（窗口）| Outliner（大纲）命令，找到大纲内摩天轮转盘的组 Dial，或者是选择转盘的任意部分后按 ↑ 键，若是有多层组则按多次 ↑ 键。选定 Dial 组，按住 Shift 键加选 Locator_all，按 P 键将 Dial 组作为 Locator_all 的子对象。

⑤ 选择 Locator1，按住 Shift 键加选 Locator_all，按 P 键将 Locator1 作为 Locator_all 的子对象。

⑥ 打开大纲检查父子关系，如图 7-38 所示。

STEP 5 将场景总时间帧数改为 1000 帧，并从动画首选项内将播放时间改为 Real-time[24 fps]。

STEP 6 选择 Locator_all，在第 1 帧时按 S 键设置关键帧；将当前时间指示器滑动至第 1000 帧，将 Locator_all 的 Rotate Z 轴旋转至 360°，按 S 键设置关键帧；播放动画发现缆车已经跟着转盘运动，但并不符合运动规律，如图 7-39 所示。

STEP 7 将当前时间指示器滑动至第 1 帧，选择 Locator2，按 S 键设置关键帧；再将当前时间指示器滑

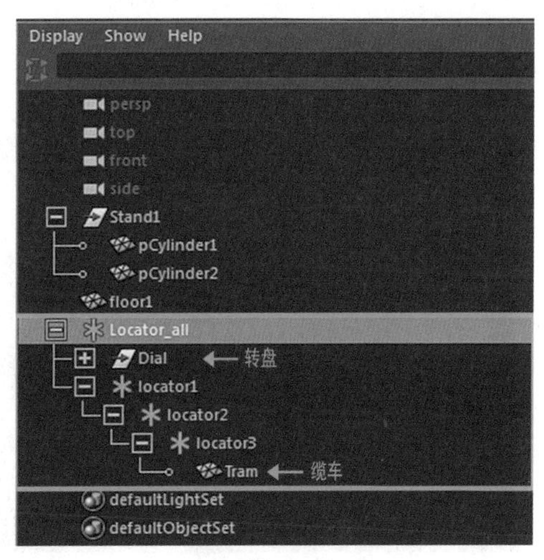

图 7-38

动至第 1000 帧，选择 Locator2，将 Rotate Z 轴旋转至 –360°，与摩天轮转盘做相反的运动，按 S 键设置关键帧，再次播放动画，如图 7–40 所示。

图 7–39

图 7–40

7.2.8 动画曲线的循环

动画曲线将被推到该曲线第一个关键帧和最后一个关键帧的外部。除非将前方无限和后方无限控制设定为除恒定以外的任何值，否则第一个关键帧之前和最后一个关键帧之后的 Curves（曲线）将会平坦（值不会随时间更改）。可以使用这些选项自动生成特定的重复动画类型，如图 7–41 所示。

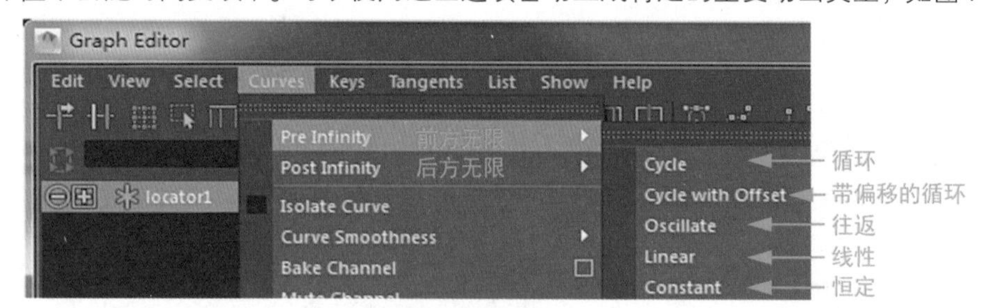

图 7–41

1. Pre and Post Infinity（前方无限和后方无限）

前方（Pre）和后方（Post）设置将定义该曲线的第一个关键帧之前和之后的动画曲线行为。

* Cycle（循环）：将动画曲线作为副本无限重复，如图 7–42 所示。

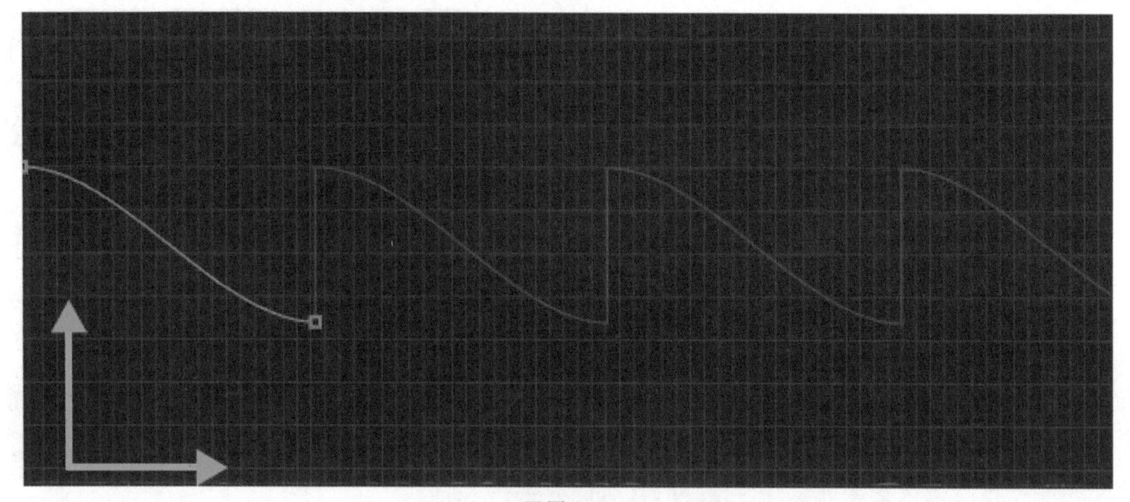
图 7–42

✱ Cycle with Offset（带偏移的循环）：除了将已循环曲线的最后一个关键帧值附加到第一个关键帧的原始曲线值以外，还可以无限重复动画曲线，如图 7–43 所示。

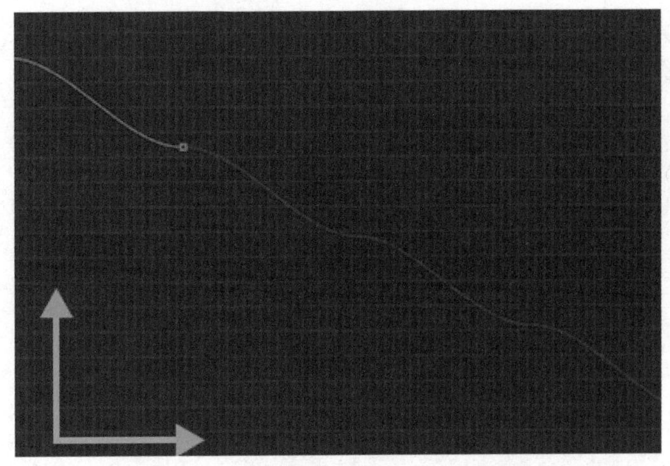

图 7–43

✱ Oscillate（往返）：通过在每次循环中反转动画曲线的值和形状来重复该曲线，从而创建向后和向前替代的效果，如图 7–44 所示。

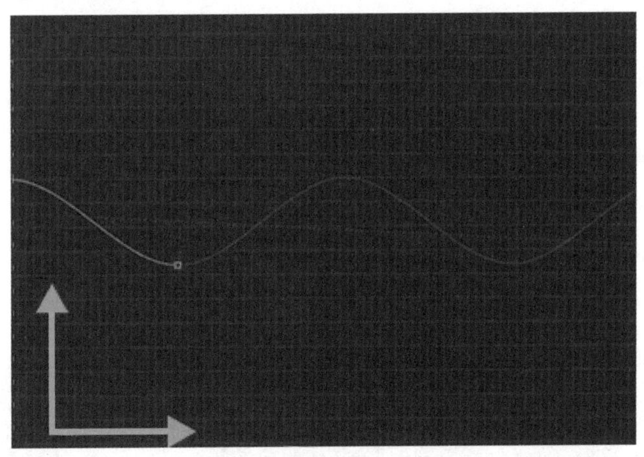

图 7–44

✱ Linear（线性）：将使用第一个关键帧的切线信息外推其值，它可无限投影线性曲线，如图 7–45 所示。

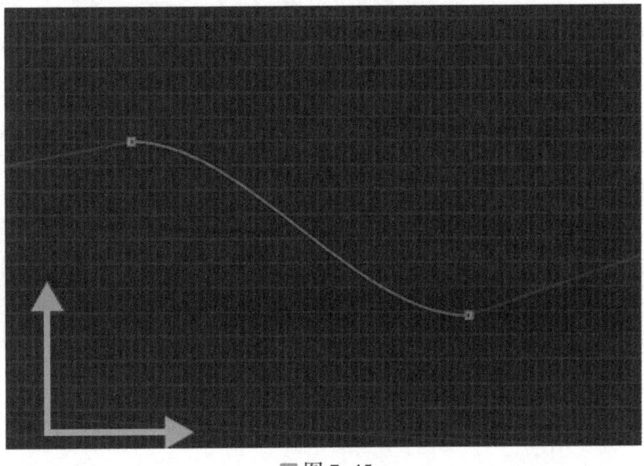

图 7–45

✱ Constant（恒定）：设置将保持结束关键帧的值。这是 Maya 中动画曲线的默认设置，如图 7–46 所示。

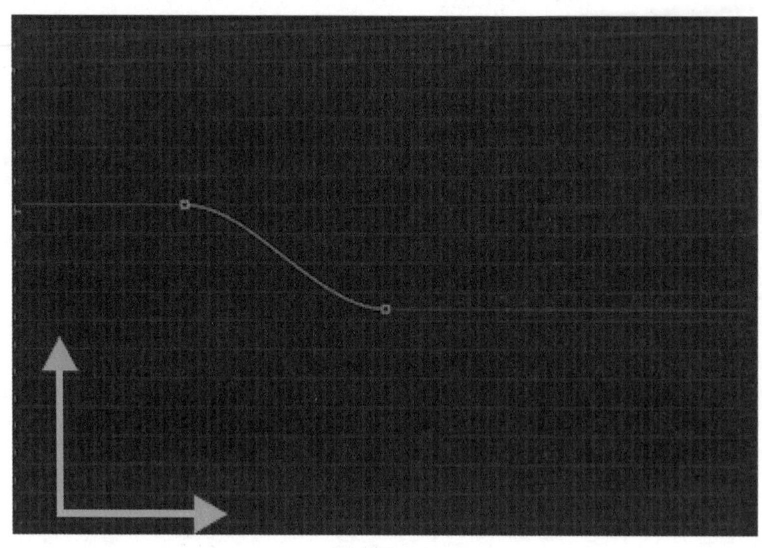

图 7–46

2. 缆车动画曲线的循环

STEP 1 为了使动画更加真实丰富，下面给缆车自身添加晃动。将当前时间指示器滑动至第 1 帧，选择 Locator3，将 Rotate Z 轴旋转至 5° ，按 S 键设置关键帧；将当前时间指示器滑动至第 41 帧，选择 Locator3，将 Rotate Z 轴旋转至 –5° ，按 S 键设置关键帧；将当前时间指示器滑动至第 81 帧，选择 Locator3 将 Rotate Z 轴旋转至 5° ，按 S 键设置关键帧。

STEP 2 执行 Windows（窗口）| Animation Editors（动画编辑器）| Graph Editor（曲线图编辑器）命令，打开曲线图编辑器对话框，选定 Locator3 图表视图中显示的 Locator3 运动曲线，单击 Rotate Z 轴单独显示其运动曲线，如图 7–47 所示。

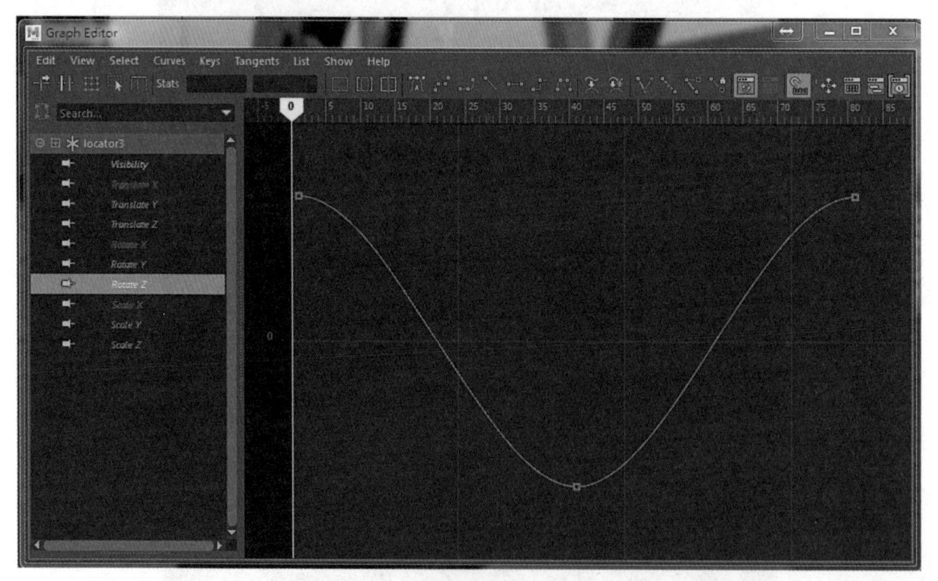

图 7–47

STEP 3 框选所有关键帧，每个关键帧显示粉色切线操纵杆，执行 Curves（曲线）| Post Infinity（后方无限）| Cycle（循环）命令进行向后无限循环，如图 7–48 所示，再次播放检查动画。

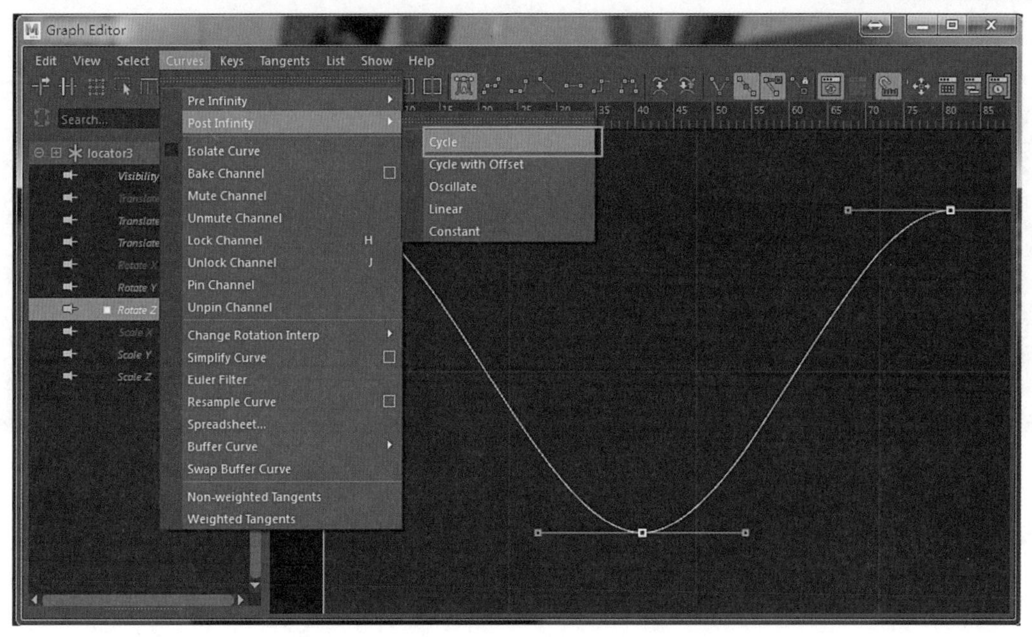

图 7-48

STEP 4 缆车动画完成，现在需要将一个缆车复制为多个缆车并且复制的同时关联着动画。单击 Edit（编辑）| Duplicate Special（特殊复制）后的方块按钮，弹出特殊复制选项对话框，勾选 Duplicate input graph（复制输入图表），选择 Locator1 后单击 Apply 按钮执行特殊复制命令，如图 7-49 所示。

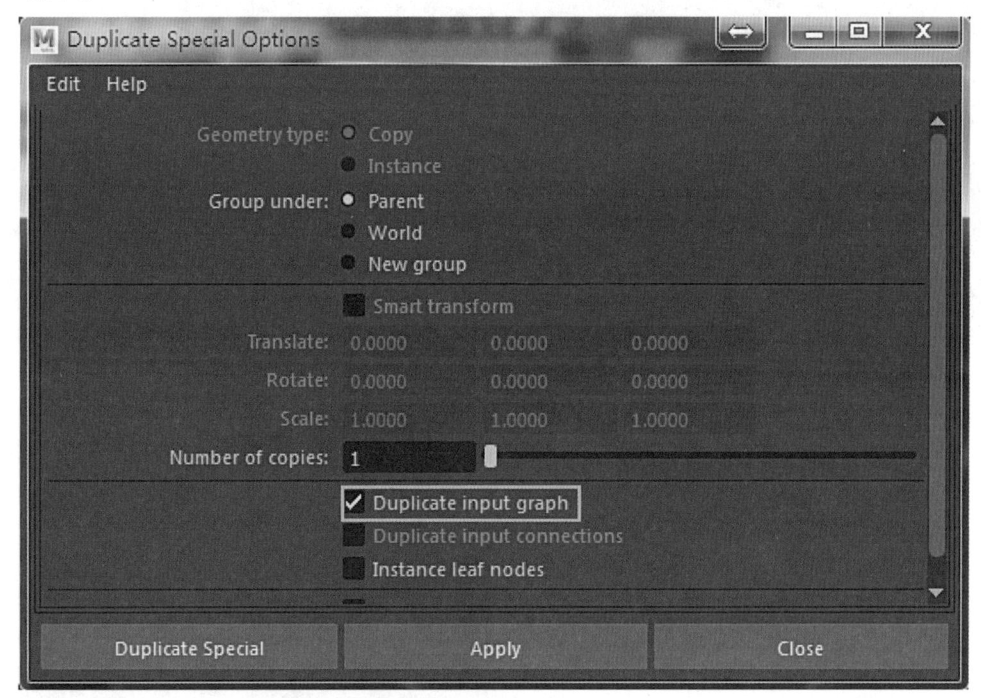

图 7-49

STEP 5 将复制出的新 Locator 组移动到相应位置，如图 7-50 所示。

STEP 6 继续将 Locator 缆车组特殊复制到所有相应位置上，并播放与检查动画，如图 7-51 所示。

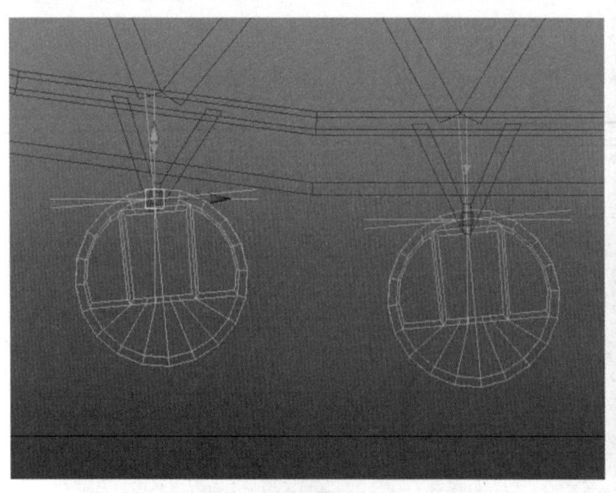
图 7-50

图 7-51

7.2.9 路径动画

路径动画是通过指定 NURBS 曲线作为对象轨迹，以模拟对象平移和旋转属性动画的一种方法。当曲线更改方向时，对象会自动从一侧旋转到另一侧。如果对象为几何体，它会自动变形以跟随曲线轮廓。

STEP 1 打开教材所提供的 Maya 场景文件，包括过山车模型与轨道模型，如图 7-52 所示。

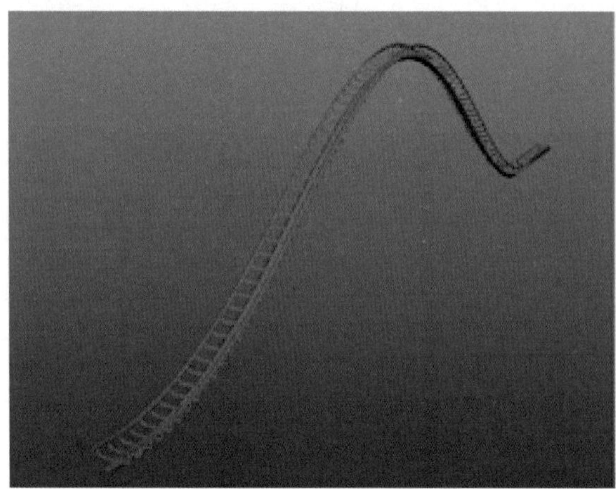

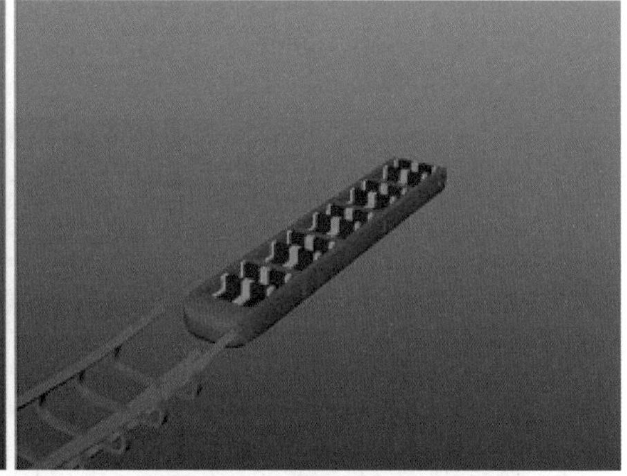
图 7-52

STEP 2 按空格键切换至前视图，执行 Create（创建）| Curve Tools（曲线工具）| EP Curve Tool（EP 曲线工具）命令，创建 EP 曲线，创建与轨道模型相匹配的曲线作为过山车的运动轨迹，如图 7-53 所示，并将时间范围改为 100 帧。

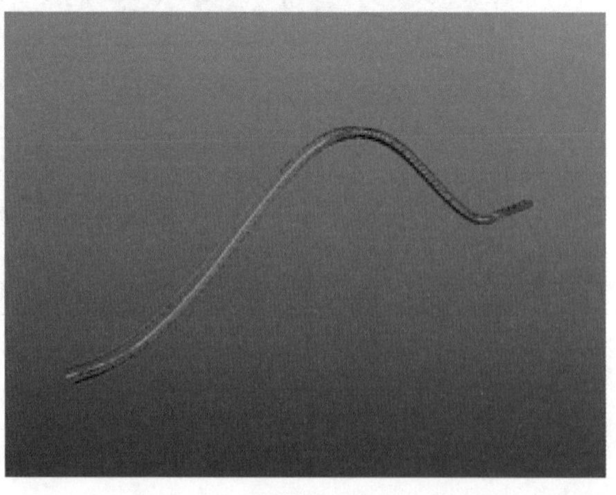
图 7-53

STEP 3 将主菜单改为 Animation，选择过山车对象，按住 Shift 键加选曲线，单击 Constrain（约束）| Motion Paths（运动路径）| Attach to Motion Path（连接到运动路径）后的方块按钮，弹出连接到运动路径选项对话框，将 Time range（时间范围）改为 Start/End（开始 / 结束），在 Start time（开始时间）与 End time（结束时间）

文本框内输入数字定义时间范围（自定义为 1~100 帧运动），单击 Apply 按钮确认应用，如图 7–54 所示。

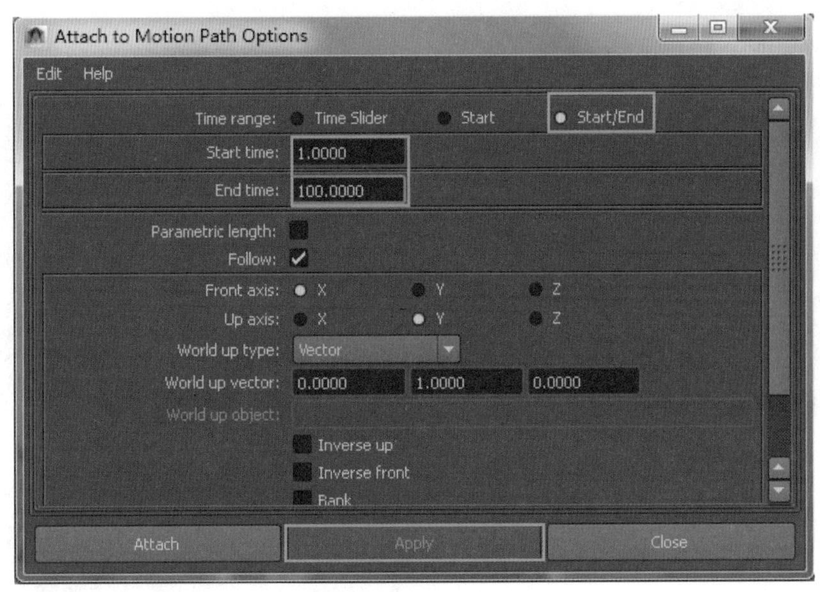

图 7–54

STEP 4 曲线的两端显示两个带有编号的运动路径标记。这些标记指示对象的位置和对象移动到这些标记位置的时间，如图 7–55 所示。

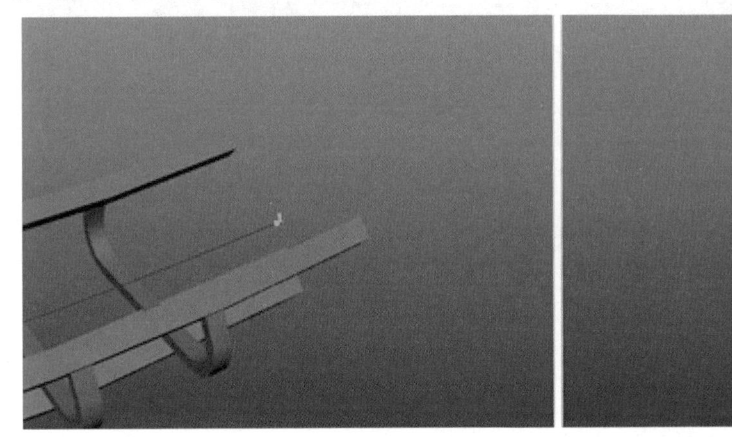
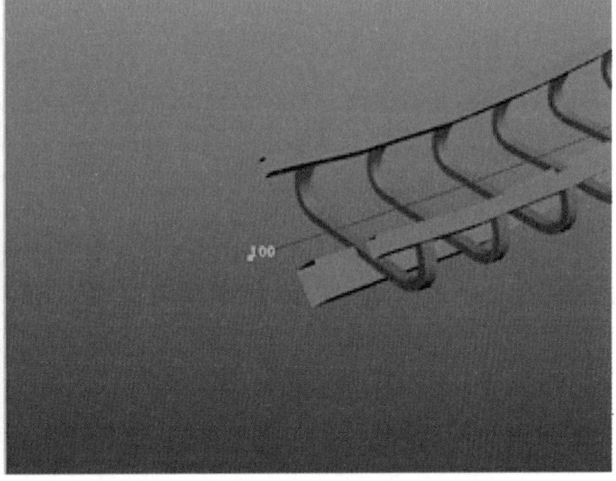

图 7–55

STEP 5 播放动画，多边形对象已经沿着曲线运动，但是在曲线的转折处会有对象脱离曲线的现象。这时需要执行 Constrain（约束）| Motion Paths（运动路径）| Flow Path Object（流动路径对象）命令，沿当前运动路径或围绕当前对象创建流动路径。

提 示

Flow Path Object（流动路径对象）功能将在已设置路径动画的对象周围创建晶格。有两种方法可以创建晶格——围绕对象或围绕路径曲线。默认情况下，在对象周围创建晶格，如图 7–56 所示。

如果路径曲线上有已设置动画的几何体（NURBS 或多边形形状），可能会在它沿路径曲线移动时选择对象变形，匹配曲线轮廓。

STEP 6 选择流动路径对象，在通道栏内可以调整路径对象的分段——前、上、侧，如图 7–57 所示，播放检查动画。

提 示

创建路径动画时，会发现沿路径曲线绘制带有数字的标记。这些是运动路径标记，每个都代表一条动画曲线的一个关键帧。关键帧的时间是标记上绘制的数字，如图 7-58 所示。

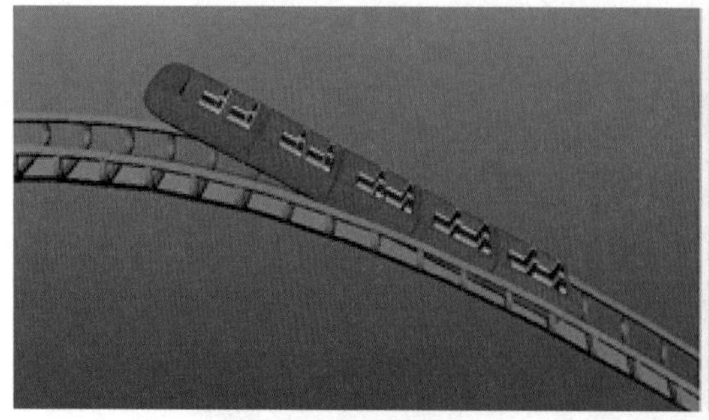
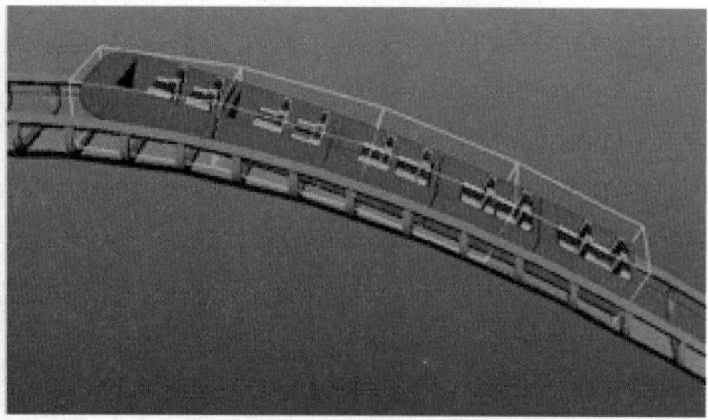

图 7-56

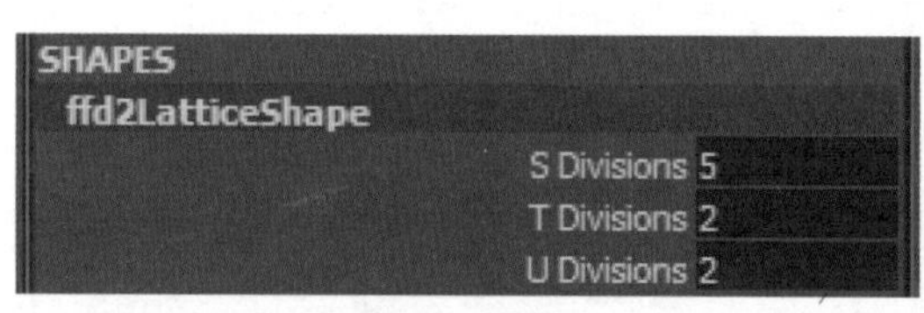
SHAPES
ffd2LatticeShape

S Divisions	5
T Divisions	2
U Divisions	2

图 7-57

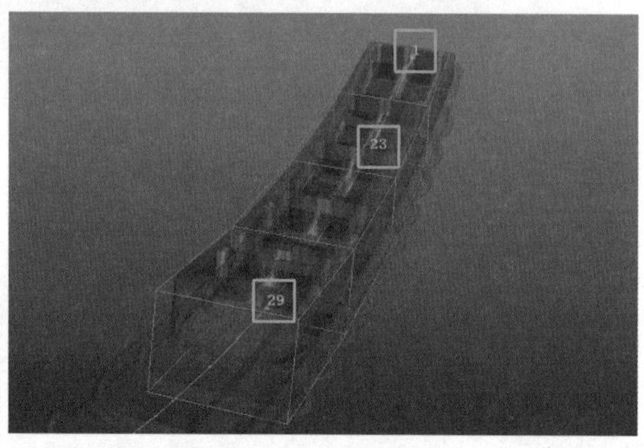

图 7-58

有两种类型的运动路径标记：位置标记和方向标记。执行 Constrain（约束）| Motion Paths（运动路径）| Attach to Motion Path（连接到运动路径）命令或使用运动路径关键帧时，将创建位置标记。可以在使用“跟随”选项时创建方向标记，以优化为对象计算的自动旋转。

位置标记的值是标记在曲线上的位置的 U 参数值。如果路径动画处于Fraction Mode（分数模式），则为曲线的百分比。方向标记的值是其 Twist（扭曲）参数的旋转量。

在场景视图和曲线图编辑器中都会显示标记。这在编辑路径动画的计时时非常有用，无须打开 Graph Editor（曲线图编辑器）即可编辑路径动画曲线的计时。

* 位置标记：创建了路径动画后，可能发现对象要在给定的标记时间沿曲线稍微移动一点。可以通过更改标记沿曲线的位置来进行调整。

* 方向标记：方向标记代表运动路径节点的 Front（前）方向扭曲、Side（侧）方向扭曲和 Up Twist（上方向扭曲）属性的关键帧。这些 Twist（扭曲）属性是使用 Follow（跟随）选项和可选的 Bank（倾斜）选项时，添加到路径动画计算的默认旋转的旋转。

7.3 骨骼、绑定与权重

7.3.1 变形器

在 Maya 中，变形器是可用来操纵（建模时）或驱动（设置动画时）目标几何体的低级别组件的高级工具。

1. 晶格变形器

通过晶格变形器可以使用晶格来变形对象。晶格变形器使用一个操纵更改对象形状的晶格来包围可变形对象，如图 7–59 所示。

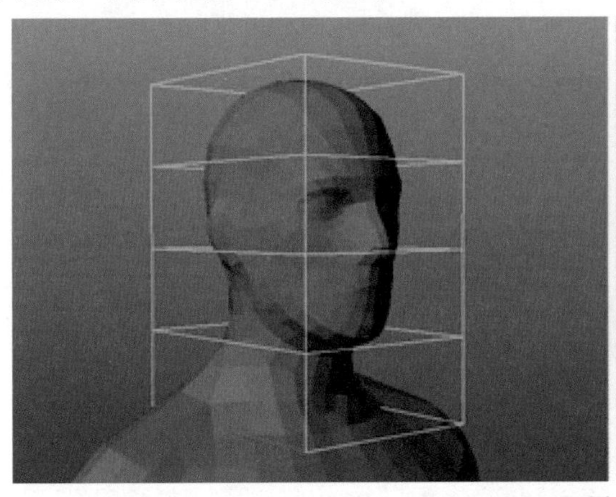
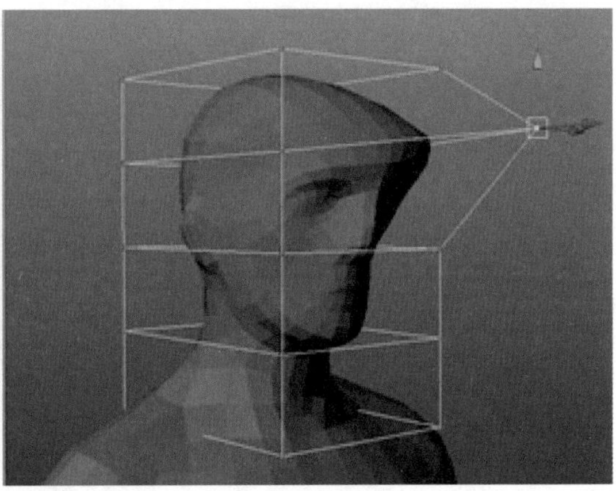

图 7–59

晶格是一种点结构，用于对任何可变形对象执行自由形式的变形。如果要创建变形效果，可以通过移动、旋转或缩放晶格结构，或通过直接操纵晶格点来编辑晶格。通常，可以通过编辑晶格变形器的任意属性创建效果。

晶格变形器包括两个晶格：一个影响晶格和一个基础晶格。术语“晶格”本身通常指的是影响晶格。通过编辑影响晶格或设置其动画，可创建变形效果。晶格变形器的效果基于基础晶格的晶格点与影响晶格的晶格点之间的任何差异。默认情况下会隐藏基础晶格，以便可以专注于操纵影响晶格。但是要记住，变形效果取决于影响晶格和基础晶格之间的关系。

在变形器影响对象中，晶格是唯一本身是可变形对象的对象。这意味着可以创建使晶格变形的变形器。例如，可以使用雕刻变形器使晶格变形，晶格点上的变形效果将依次使晶格正在变形的对象变形。也可以通过创建晶格的簇变形器，将变形权重指定给晶格点。此外，还可以将晶格绑定到骨架。移动骨架时，晶格将随关节的操作变形。

操作方法

STEP 1 选择一个或多个可变形对象或是对象上需要变形的点。

STEP 2 执行 Deform（变形）| Lattice（晶格）命令，创建晶格变形器。

STEP 3 选定晶格变形器，单击鼠标右键，向上拖曳选择 Lattice Point。

STEP 4 移动、旋转或缩放影响晶格点。

STEP 5 若要保留晶格变形效果并且不需要晶格，将变形对象的历史记录删除，则保留变形效果并且删除晶格。

2. 非线性变形器

（1）弯曲变形器

弯曲变形器允许沿圆弧弯曲任何可变形对象。它们对角色设置和建模非常有用。弯曲变形器包括控制柄，可以使用控制柄以直观的方式控制弯曲效果的范围和曲率。

操作方法

STEP 1 选择需要变形的对象。

STEP 2 执行 Deform（变形）| Nonlinear（非线性）| Bend（曲线）命令，创建弯曲变形器，如图 7-60 所示。

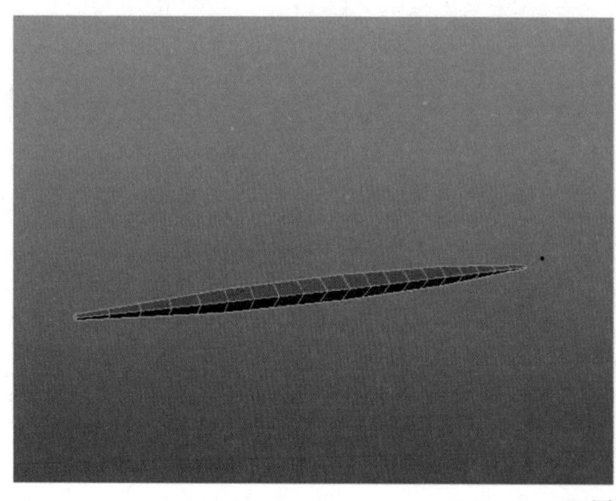

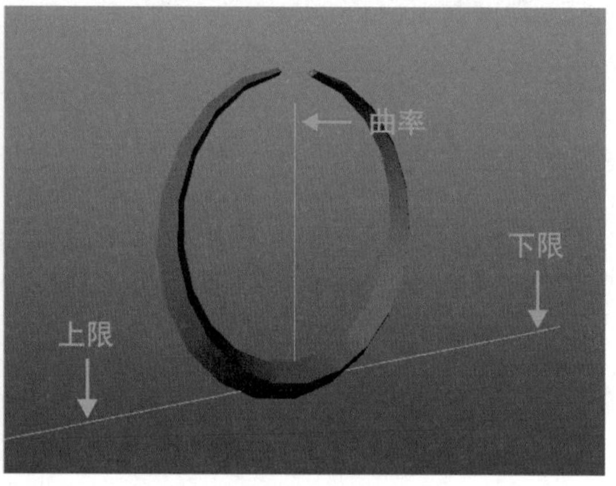

图 7-60

STEP 3 操纵弯曲变形器控制柄。选择 Show Manipulator Tool（显示操纵器工具）（快捷键为 T 键），注意弯曲变形器控制柄上的操纵器，这些操纵器能够以交互方式编辑属性。在场景中选择弯曲变形器控制柄上的一个操纵器。单击鼠标中键，然后移动鼠标进行编辑。Channel Box（通道栏）将会更新正在更改的值，如图 7-61 所示。

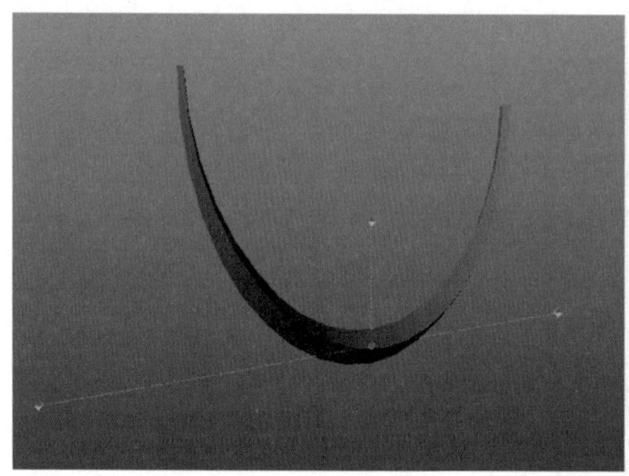

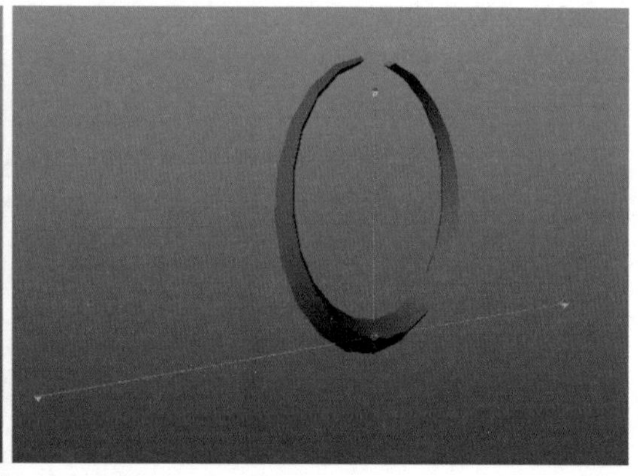

图 7-61

STEP 4 使用 Channel Box（通道栏）编辑弯曲约束通道。选择弯曲变形器节点的一种快捷方法是选择要变形的对象，然后从 Channel Box（通道栏）选择历史中的弯曲变形器节点。单击要编辑的通道名称，在场景中单击鼠标中键，然后将鼠标向左或向右移动。通过移动鼠标，以交互方式更改选定通道的值。移动鼠标时请注意，按 Ctrl 键可以提供更精细的控制，按 Shift 键可以提供较少的控制，如图 7-62 所示。

图 7-62

（2）扩张变形器

扩张变形器可用于沿着两个轴扩张或锥化任何可变形对象。其可用于角色设置和建模。扩张变形器包括控制柄，可用于以直观的方式来控制扩张或锥化效果的范围和曲率。

创建扩张变形器时，可以首先设定创建选项，然后创建变形器，或者可以立即通过当前的创建选项创建变形器。如果不确定当前的创建选项，可在创建变形器之前检查这些选项，则可以避免之后花费时间调整变形器的属性。

创建扩张变形器之后，其控制柄将显示在场景中，且其节点将在 Channel Box（通道栏）中列出。节点包含扩张控制柄节点（默认名称为 flarenHandle）、默认名称为扩张控制柄形状节点（flarenHandleShape）和扩张变形器节点（默认名称为 flaren）。

通过编辑扩张控制柄节点和扩张变形器节点，可以编辑扩张变形器的效果。可以移动（平移）、旋转和缩放扩张控制柄，以编辑变形的效果。也可以编辑扩张变形器节点的可设置关键帧的属性（通道），该属性显示在 Channel Box（通道栏）中，如图 7-63 所示。

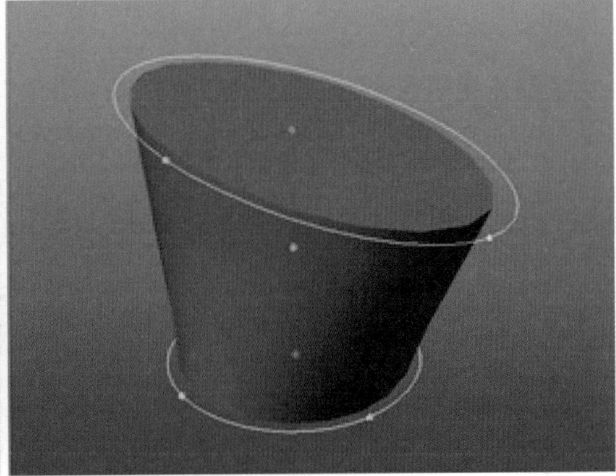

图 7-63

扩张变形器与弯曲变形器的编辑方式相同，这里就不重复讲解。

STEP 1 操纵扩张变形器控制柄。

STEP 2 使用 Channel Box（通道栏）编辑扩张约束通道，如图 7-64 所示。

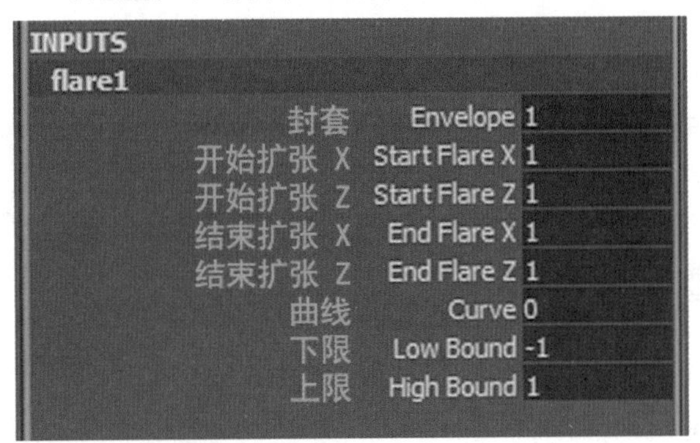

图 7-64

（3）正弦变形器

正弦变形器用于沿正弦波操纵任意可变形对象，正弦变形器对于角色设置和建模非常有用，正弦变形器包含控制柄，可用于直观控制正弦波效果的范围、振幅和波长。

正弦变形器沿正弦波更改对象的形状，如图 7-65 所示。

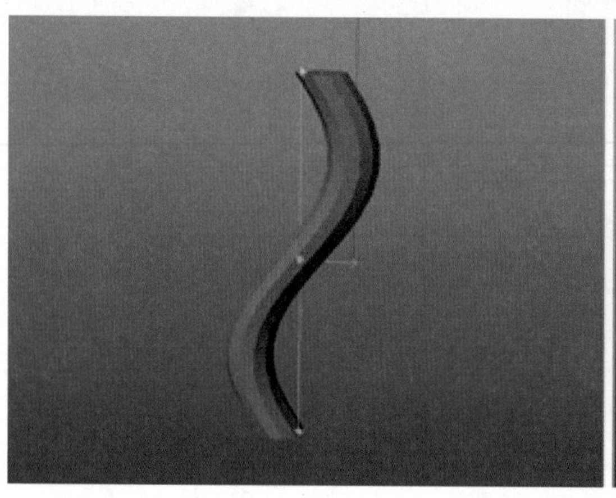

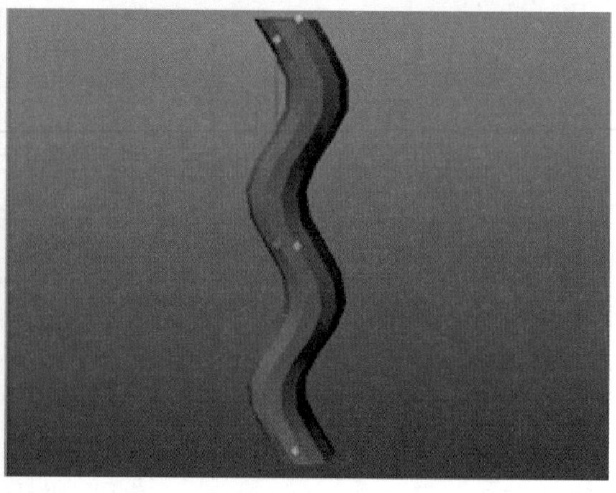

图 7-65

正弦变形器与弯曲变形器的编辑方式相同，这里就不重复讲解。

STEP 1 操纵正弦变形器控制柄。

STEP 2 使用 Channel Box（通道栏）编辑正弦约束通道，如图 7-66 所示。

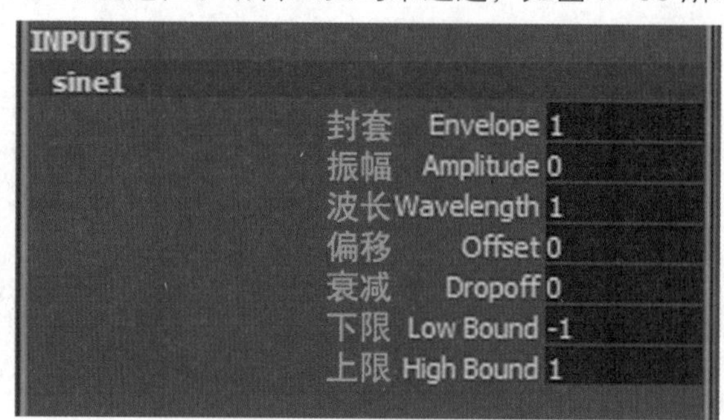

图 7-66

（4）挤压变形器

挤压变形器用于沿轴挤压和拉伸任何可变形对象。它们同样适用于角色设置（经典挤压和拉伸效果）和建模。挤压变形器包括控制柄，控制柄可用于以直观的方式来控制挤压或拉伸效果的范围和幅值。

挤压变形器可挤压和拉伸对象，如图 7-67 所示。

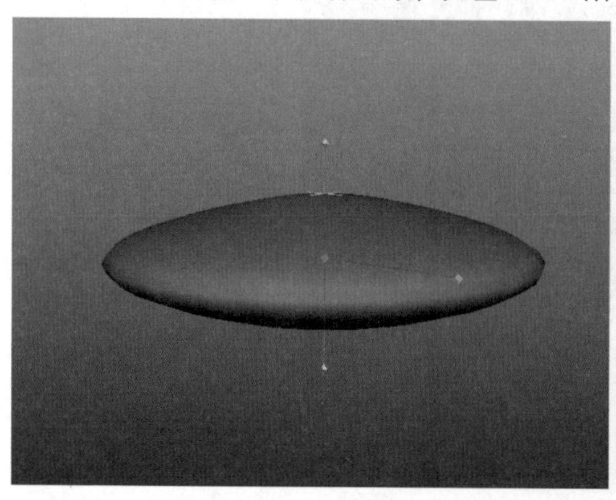

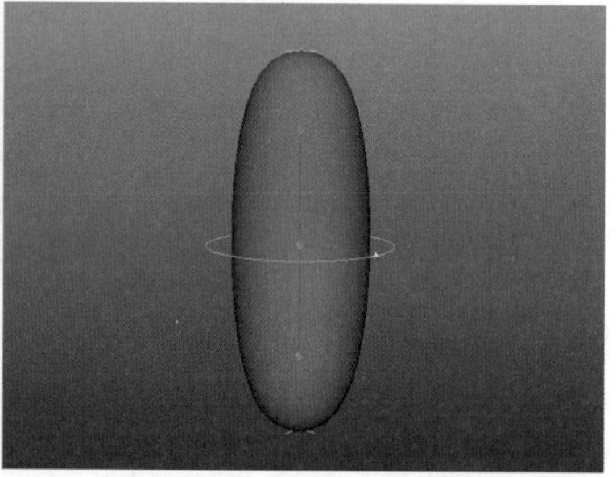

图 7-67

挤压变形器与弯曲变形器的编辑方式相同，这里就不重复讲解。

STEP 1 操纵挤压变形器控制柄。

STEP 2 使用 Channel Box（通道栏）编辑挤压约束通道，如图 7-68 所示。

图 7-68

（5）扭曲变形器

扭曲变形器允许围绕轴扭曲任何可变形对象。它们对于角色的设置和建模十分有用，扭曲变形器包括控制柄，支持以直观的方式控制扭曲效果的范围和次数，如图 7-69 所示。

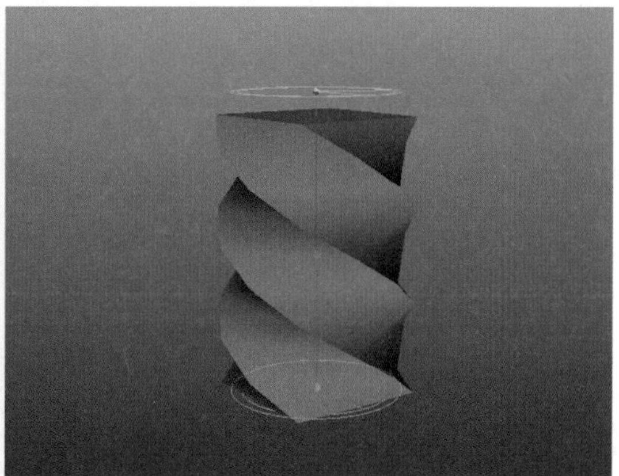

图 7-69

扭曲变形器与弯曲变形器的编辑方式相同，这里就不重复讲解。

STEP 1 操纵扭曲变形器控制柄。

STEP 2 使用 Channel Box（通道栏）编辑扭曲约束通道，如图 7-70 所示。

图 7-70

（6）波浪变形器

波浪变形器类似于正弦变形器。正弦变形器的正弦波浪按照 X 轴方向的相应振幅在变形器的局部 Y 轴传播，波浪变形器的正弦波浪按照 Y 轴方向的相应振幅沿变形器的局部 X 轴和 Z 轴传播。波浪变形器包括控制柄，可用于以直观的方式控制波浪效果的范围、振幅和波长，如图 7-71 所示。

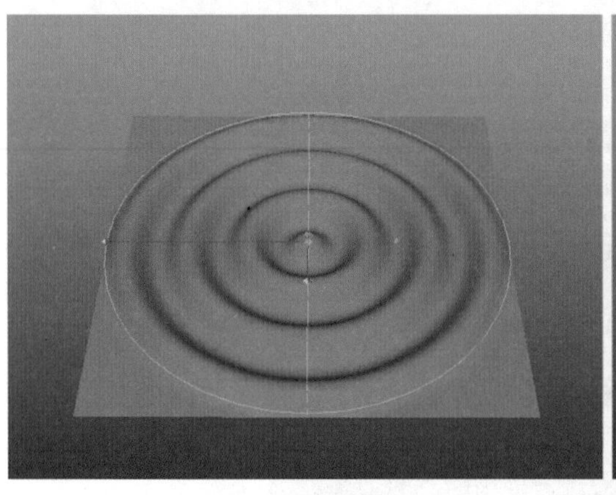
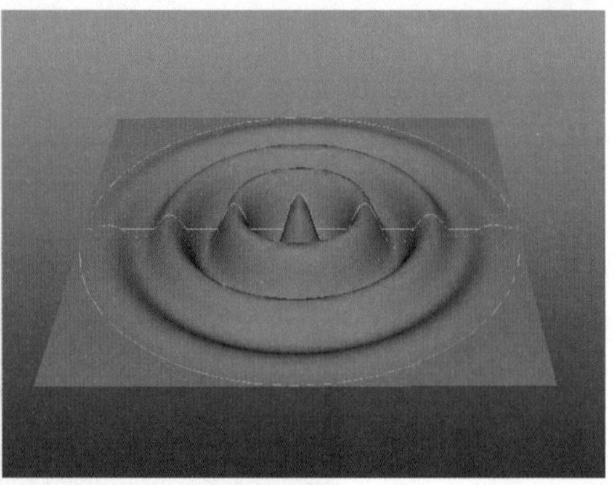

图 7-71

波浪变形器与弯曲变形器的编辑方式相同，这里就不重复讲解。

STEP 1 操纵波浪变形器控制柄。

STEP 2 使用 Channel Box（通道栏）编辑波浪约束通道，如图 7-72 所示。

图 7-72

7.3.2 小球跳跃

1. 绑定与约束

STEP 1 执行 Create（创建）| NURBS Primitives（NURBS 基本体）| Sphere（球体）命令，创建 NURBS 球体，并赋予新的 Lambert 材质。将材质的 Color 赋予 Ramp 节点并调整出如图 7-73 所示的效果。

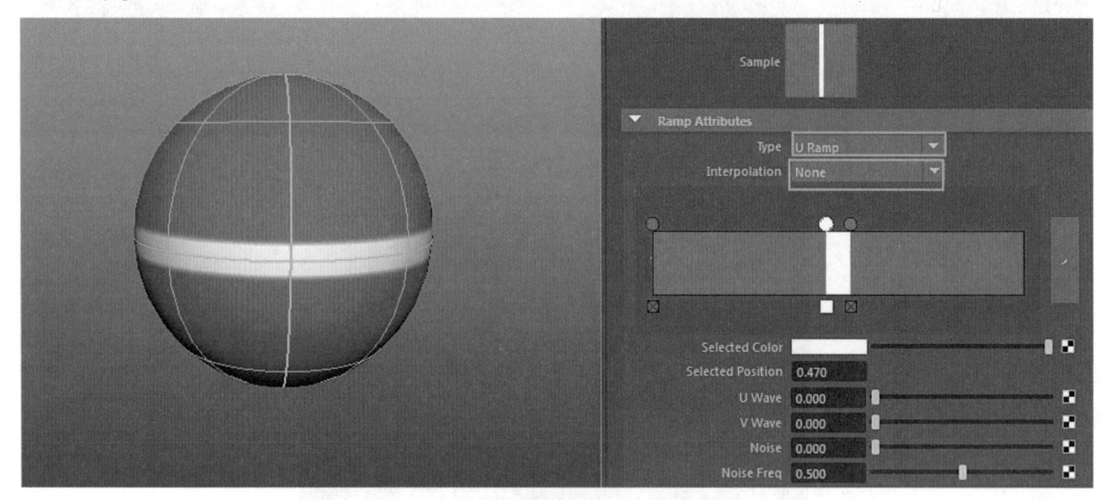

图 7-73

STEP 2 将主菜单切换至 Animation，选择 NURBS 球体，执行 Deform（变形）| Nonlinear（非线性）| Squash（挤压）命令，如图 7-74 所示。

STEP 3 选择挤压变形器 squash1Handle，按 T 键编辑操纵杆，可以看到压缩与拉伸效果。或是从通道栏中选择 Factor 节点名称，在场景中单击鼠标中键，左右滑动以编辑数值变化，如图 7-75 所示。

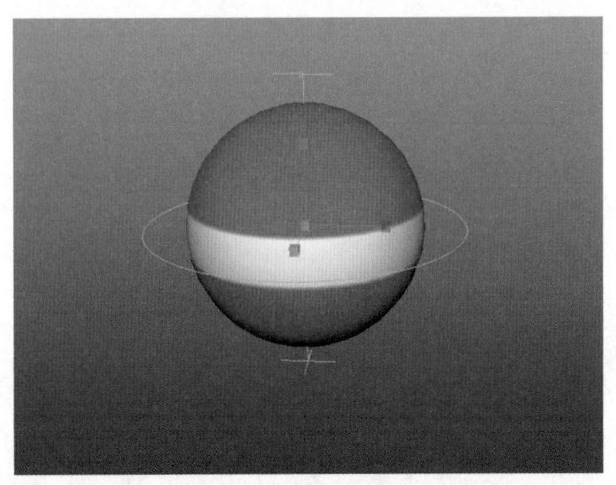

图 7-74

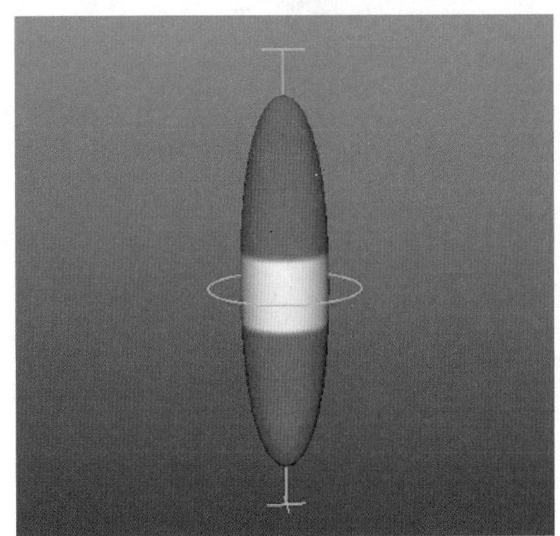

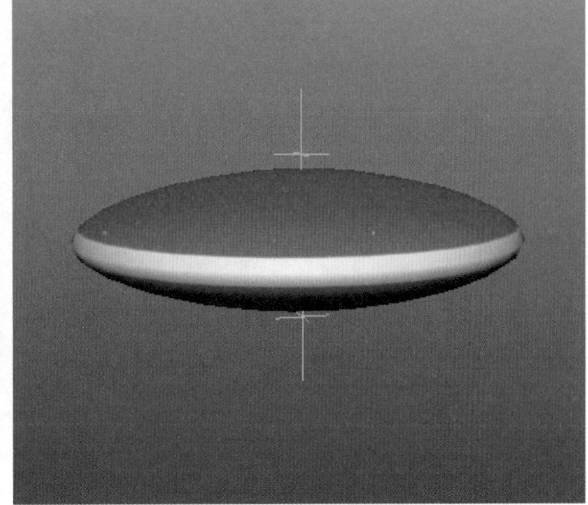

图 7-75

STEP 4 执行 Create（创建）| NURBS Primitives（NURBS 基本体）| Circle（圆环）命令，创建曲线圆形 nurbsCircle1。选定曲线圆形 nurbsCircle1，单击鼠标右键，在弹出的菜单中选择 Control Vertex 命令，选中每间隔一个点共 4 个点进行旋转，将曲线圆形旋转转化为方形，效果如图 7-76 所示。将曲线 nurbsCircle1 适当放大，执行 Modify（修改）| Freeze Transformations（冻结变换）命令，冻结所有数值。

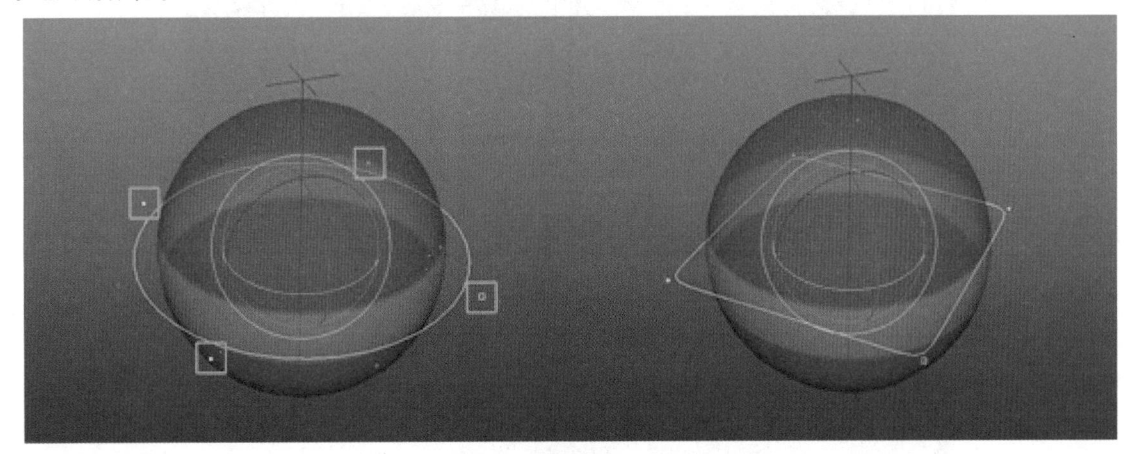

图 7-76

STEP 5 选择曲线 nurbsCircle1，执行 Modify（修改）| Add Attribute（添加属性）命令，在 Long name 文本框中输入 squash 作为变形器的名称，在 Minimum 文本框中输入 -1 作为最小值，在 Maximum 文本框中输入 1 作为最大值，在 Default 文本框中输入 0 作为默认值。单击 Add 按钮确认添加新的属性，在通道栏内显示出新增属性，如图 7-77 所示。

STEP 6 执行 Windows（窗口）| Outliner（大纲视图）命令，打开大纲视图，在大纲视图中执行 Display（展示）| Shapes（形状）命令，将 Shapes 形状开启，如图 7-78 所示。

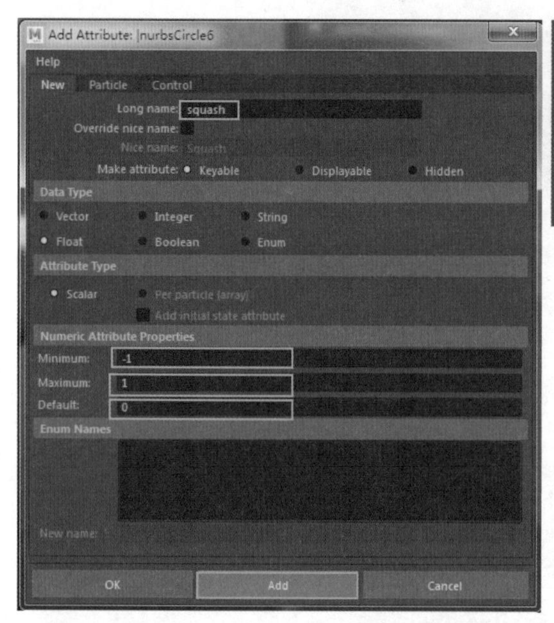
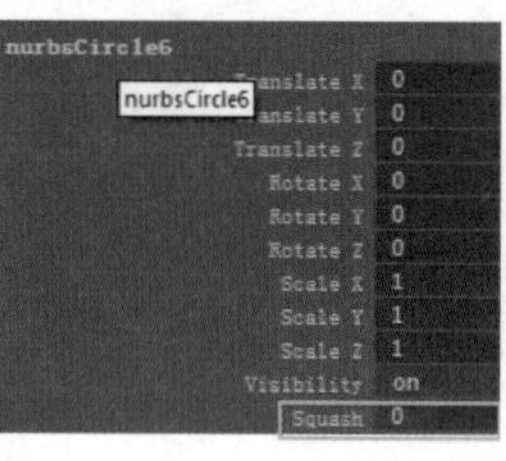

图 7-77

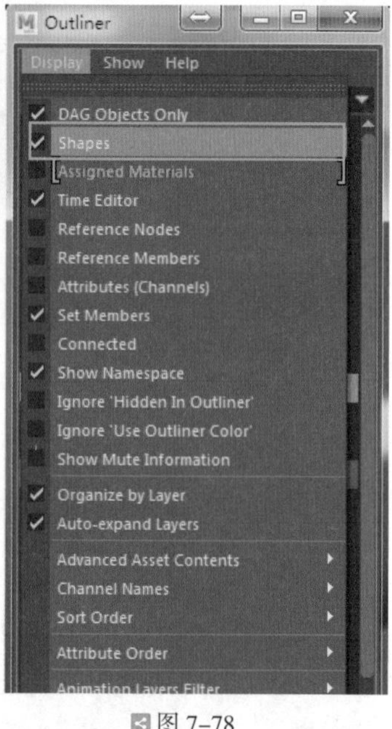

图 7-78

STEP 7 执行 Windows（窗口）| General Editors（常规编辑器）| Connection Editor（连接编辑器）命令，打开连接编辑器。选择曲线 nurbsCircle1，单击连接编辑器中的 Reload Left 加载到左侧，从大纲中单击挤压变形器 squash1Handle 前的加号展开所有节点，选择挤压变形器节点 squash1Handle，单击连接编辑器中的 Reload right 加载到右侧，如图 7-79 所示。

图 7-79

STEP 8 在连接编辑器中单击左侧栏中的 squash 节点名称，再单击右侧栏中的 factor 节点名称。将曲线 nurbsCircle1 的 squash 节点与挤压变形器 squash1Handle 的 factor 相关联，让前者控制后者，如图 7-80 所示。

图 7-80

STEP 9 选择曲线 nurbsCircle1，在通道栏中单击 Squash 属性，在场景中单击鼠标中键左右滑动，小球则随着鼠标的滑动同时变形，如图 7-81 所示。

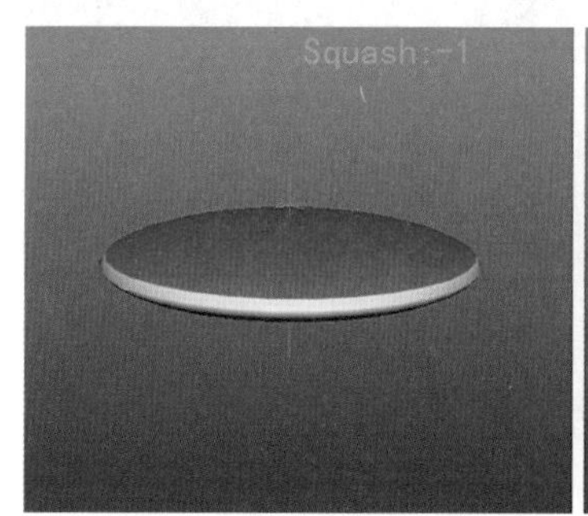

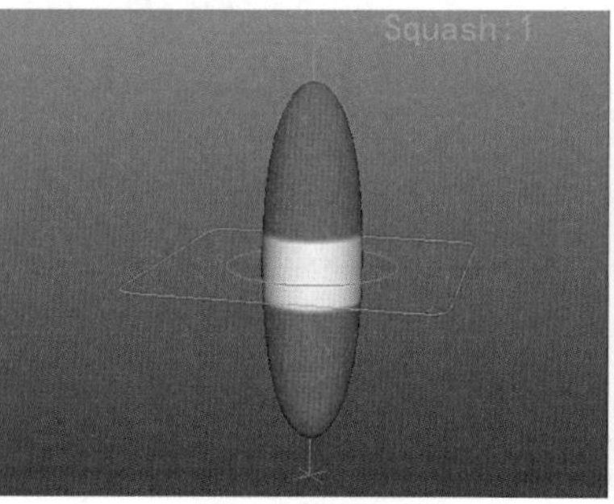

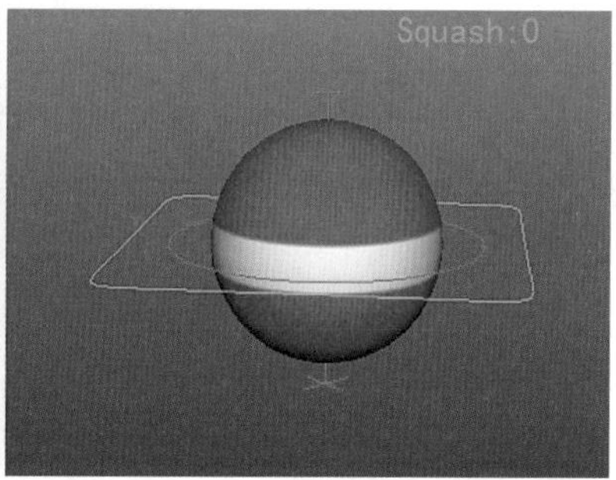

图 7-81

STEP10 按空格键切换至侧视图，单击 Create(创建) | Curve Tools(曲线工具) | EP Curve Tool(EP 曲线工具) 后的方块按钮，在打开的设置窗口中将 Curve degree 更改为 1 Linear，如图 7-82 所示。

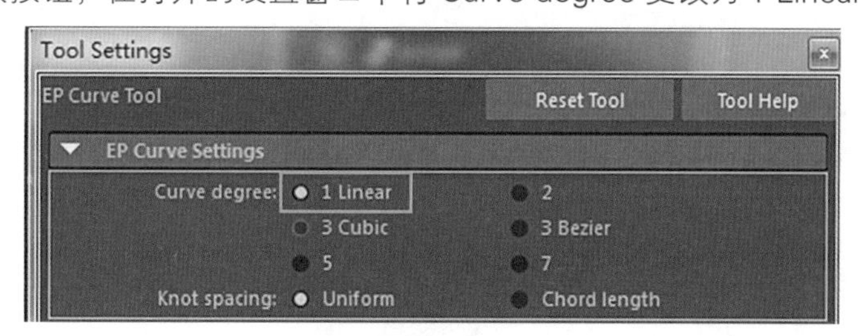

图 7-82

STEP11 按住 X 键不放单击网格交汇处创建曲线，曲线点将自动吸附在网格上，创建完成后按回车键，图形如图 7-83 所示。

STEP12 将创建的曲线 curve1 缩放到适当大小，如图 7-84 所示。执行 Modify（修改）| Freeze Transformations（冻结变换）命令，将曲线 curve1 的所有属性值冻结。

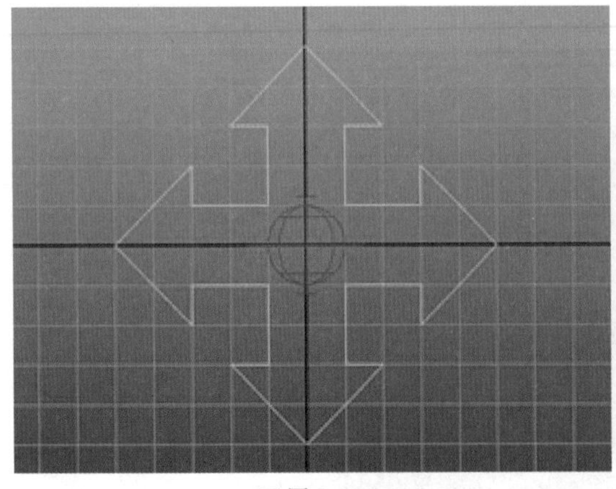
图 7-83

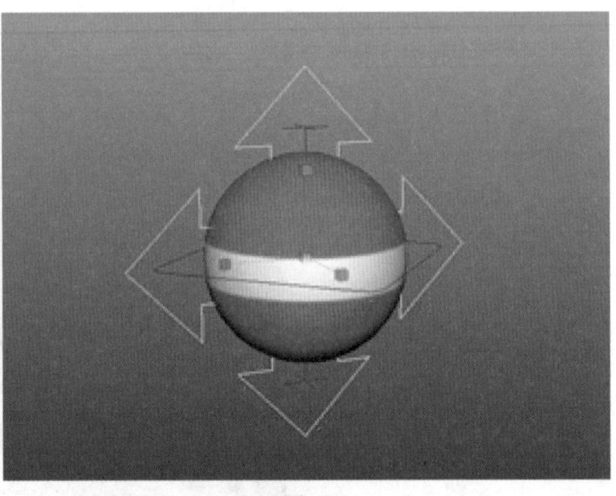
图 7-84

STEP13 选择曲线 nurbsCircle1，按 Ctrl+G 键将其群组为 group1，然后选择曲线 curve1，按住 Shift 键从大纲中加选 group1，执行 Constrain（约束）| Point（点）命令，进行点约束，再次执行 Constrain（约束）| Scale（缩放）命令，进行缩放约束。在 group1 通道栏内显示移动与缩放文本框为蓝色，表示被约束，如图 7-85 所示。

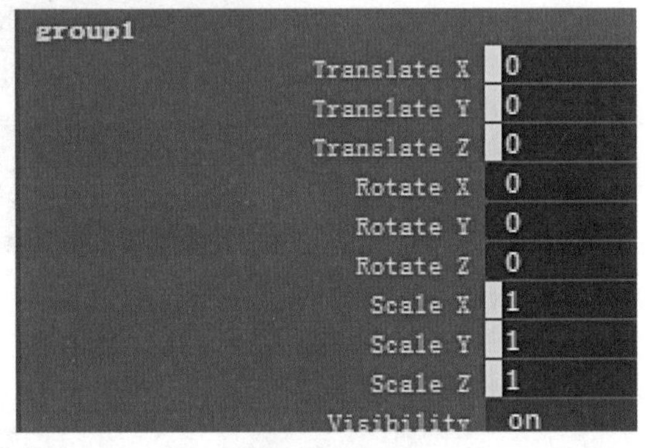

图 7-85

STEP14 选择小球对象，按住 Shift 键加选曲线 curve1，按 P 键将小球对象作为曲线 curve1 的子对象。选择挤压变形器 squash1Handle，按住 Shift 键加选曲线 curve1，按 P 键将变形器作为曲线 curve1 的子对象。再次选择挤压变形器 squash1Handle，按 Ctrl+H 键将其隐藏。通过移动、旋转、缩放曲线 curve1 检查绑定：曲线 curve1 控制小球对象的移动、旋转、缩放，曲线 nurbsCircle1 的 Squash 控制小球的变形。

STEP15 打开大纲视图，其中曲线 curve1 包括子对象小球 nurbsSphere1 与已经隐藏的子对象挤压变形器 squash1Handle；group1 包括曲线 nurbsCircle1 与点约束、缩放约束，其中 group1 被曲线 curve1 约束，如图 7-86 所示。

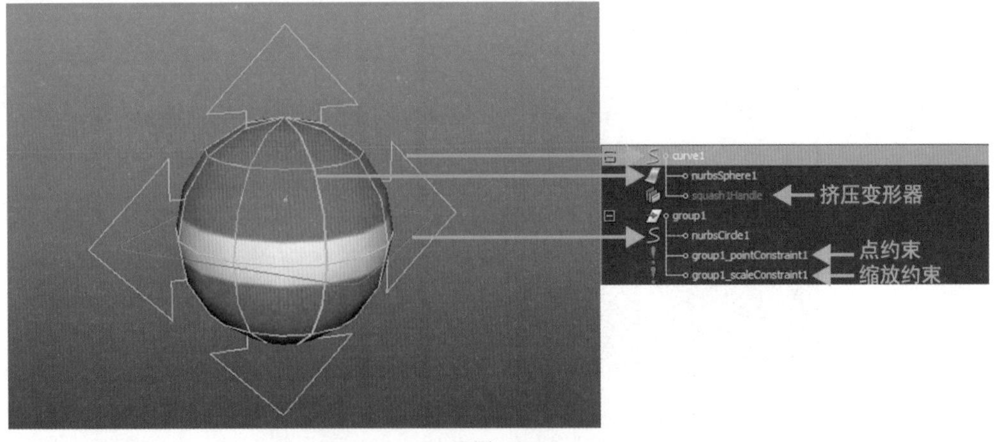

图 7-86

2. 动画

STEP 1 创建多边形平面作为地面，选择曲线 curve1，将小球对象移动至地面上并向左移动，移动至图中所示第 1 帧位置并按 S 键设置关键帧；将当前时间指示器滑动至第 10 帧，将曲线 curve1 移动至小球跳跃的最高点处，按 S 键设置关键帧；以此类推，在第 20 帧、第 30 帧、第 40 帧设置小球跳跃的位置点，如图 7–87 所示。

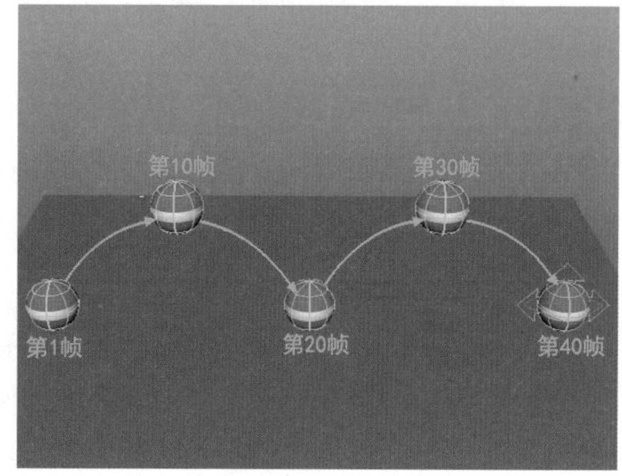

图 7–87

STEP 2 选定曲线 curve1，执行 Windows（窗口）| Animation Editors（动画编辑器）| Graph Editor（曲线图编辑器）命令，打开曲线图编辑器，在曲线图编辑器的大纲视图内单击曲线 curve1 的 Translate Y 运动曲线节点，将其单独显示，单击曲线图编辑器工具栏内的按钮，断开切线，将运动曲线的切线调整为更加符合物理运动的曲线，如图 7–88 所示。

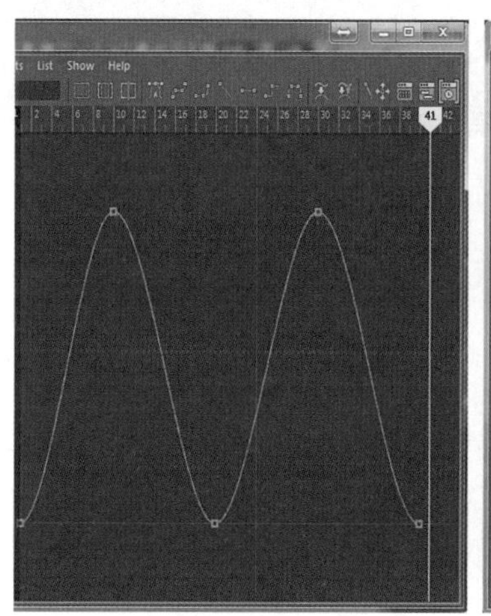
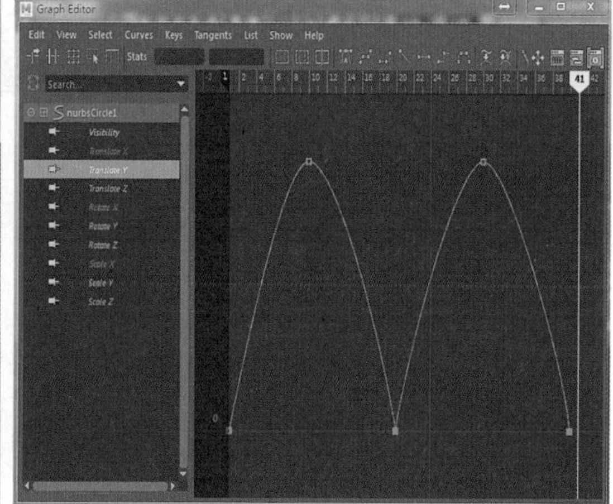

图 7–88

STEP 3 调整完成后，继续为曲线 curve1 添加新的关键帧，在第 1 帧、第 20 帧、第 40 帧前后 2 帧的距离添加新的旋转关键帧，如图 7–89 所示。

① 将当前时间指示器滑动至第 3 帧处，旋转曲线 curve1 的 Rotate X 轴大约为 –20°，按 S 键设置关键帧。

② 将当前时间指示器滑动至第 18 帧，旋转曲线 curve1 的 Rotate X 轴大约为 20°，按 S 键设置关键帧。

③ 将当前时间指示器滑动至第 22 帧，旋转曲线 curve1 的 Rotate X 轴大约为 –20°，按 S 键设置关键帧。

④ 以此类推，在第 38 帧、第 42 帧旋转曲线 curve1 的 Rotate X 轴并设置关键帧。

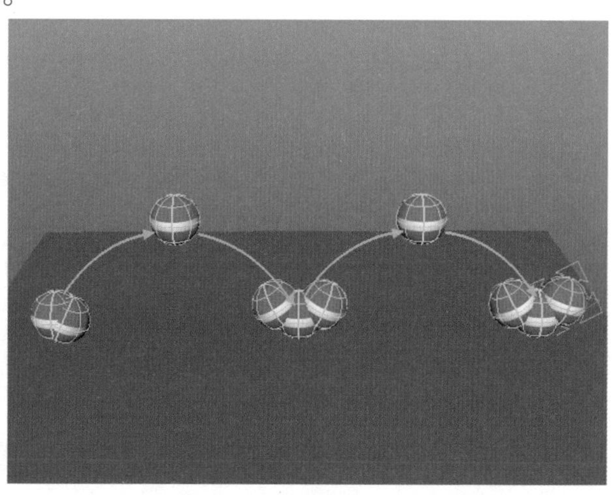
图 7–89

STEP 4 选择曲线 nurbsCircle1，将当前时间指示器滑动至第 1 帧，按 S 键设置关键帧，开始制作小球跳跃时的变形效果。

① 将当前时间指示器滑动至第 3 帧，将曲线 nurbsCircle1 的 Squash 属性改为 –0.5，按 S 键设置关键帧。

② 将当前时间指示器滑动至第 6 帧，将曲线 nurbsCircle1 的 Squash 属性改为 0.5，按 S 键设置关键帧。

③ 将当前时间指示器滑动至第 10 帧，将曲线 nurbsCircle1 的 Squash 属性改为 0，按 S 键设置关键帧。

④ 将当前时间指示器滑动至第 15 帧，将曲线 nurbsCircle1 的 Squash 属性改为 0.5，按 S 键设置关键帧。

⑤ 将当前时间指示器滑动至第 20 帧，将曲线 nurbsCircle1 的 Squash 属性改为 0，按 S 键设置关键帧。

⑥ 以此类推，在第 22 帧、第 26 帧、第 30 帧、第 35 帧、第 40 帧、第 42 帧设置变形关键帧，如图 7–90 所示。

STEP 5 小球跳跃动画制作完成。

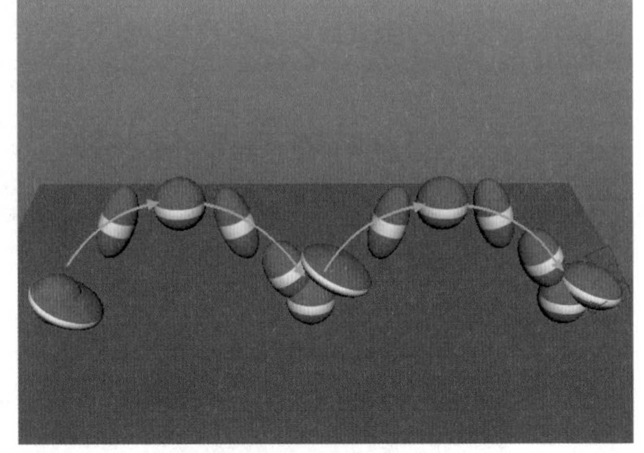

图 7–90

7.3.3 骨骼

1. 骨骼的基本知识

骨架是分层的有关节的结构，用于设定绑定模型的姿势和对绑定模型设置动画。骨架提供了一个可变形模型，其基础结构与人类骨架的基础结构相同。

关节是骨架及其关节连接点的构建块。另外，关节没有形状，因此无法进行渲染。每个关节可以附加一个或多个骨骼，且可以具有多个子关节。通过关节，用户可以在对绑定模型设置姿势和动画时变换骨架。

骨骼没有节点，并且它们在场景中不具有物理或可计算的状态。骨骼仅是表明关节之间关系的可视提示，如图 7–91 所示。

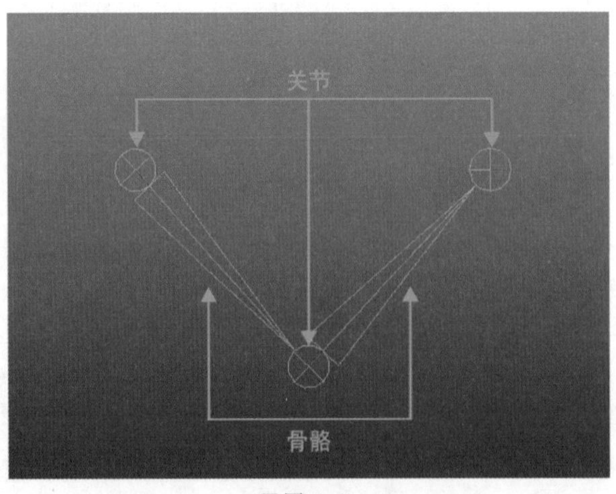

图 7–91

关节链是任何一组串联的关节及其骨骼。关节以线性方式连接，它们的路径以骨骼的形式表现在屏幕上。关节链从链层次的最高关节处开始，然后沿链向下绘制骨骼，如图 7–92 所示。

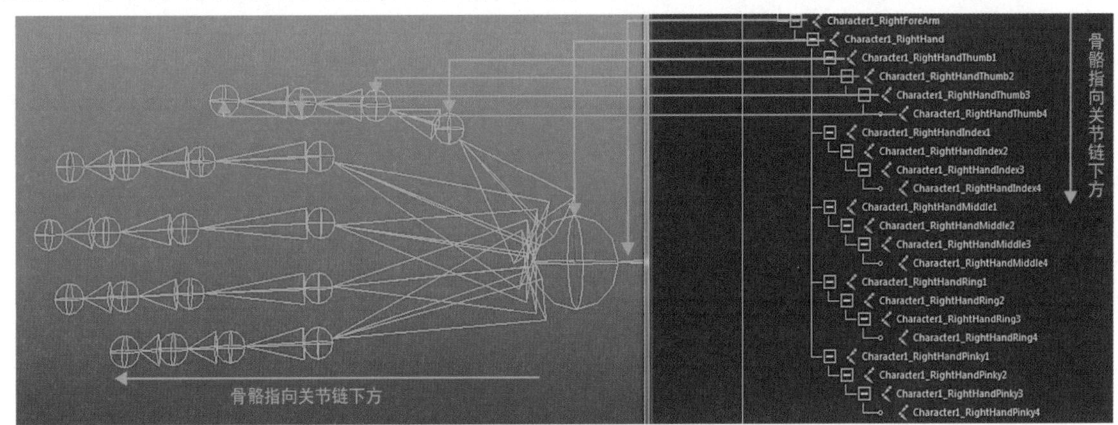

图 7–92

创建关节链时，各个关节的位置应与尝试创建的角色关节的解剖位置近似。例如，如果正在创建两足动物骨架模型的关节链，应将关节放在关节连接点处，如肘部、膝盖、脚踝等。

2. 骨骼的建立及层级关系

骨架层次由一系列具有层次关系的关节和关节链组成。骨架层次中的每个关节都既是子关节，也是父关节，如图 7–93 所示。

父关节是指在骨架层次中处于较高级别的关节，受其动作影响的其他任何关节则处于较低级别。在骨架层次中处于父关节下方的关节称为子关节。骨骼顶部的关节始终为父关节，而骨骼底部的关节始终为子关节。父关节驱动各自子关节的变换。因此，平移或旋转父关节时，也会同时平移或旋转其所有的子关节。

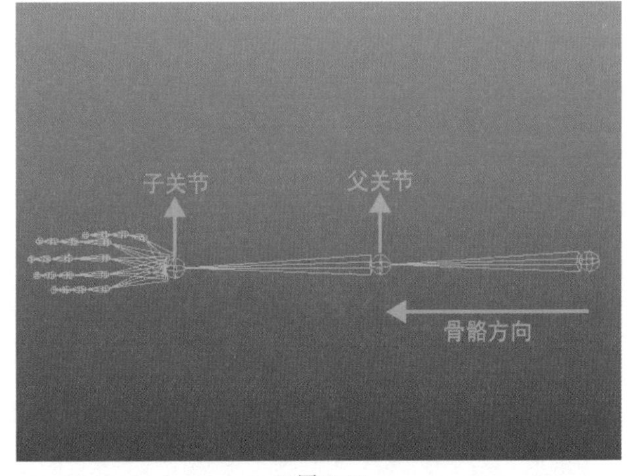

图 7–93

根关节是骨架层次中最高级别的关节，一个骨架只能有一个根关节，可以通过平移和旋转根关节确定整个骨架在世界空间中的方向，如图 7–94 所示。

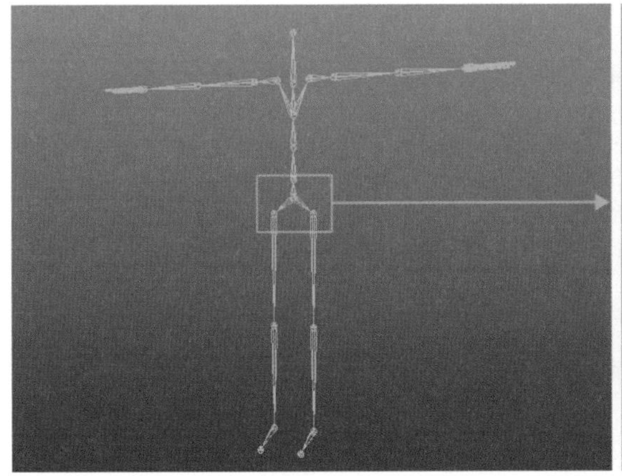

图 7–94

为场景中的角色和对象设置动画之前，需要通过装配所有角色并对要设置动画的所有对象应用相应的约束和变形器来设置场景。

装配角色也称为角色设置，包括为角色创建骨架和 IK 控制柄、将蒙皮绑定到骨架以及设置变形器和约束。为角色创建变形器并设置动画，从而产生一定的效果。例如，抖动腹部（抖动变形器）、皱眉（线变形器）以及伸缩手臂模型的二头肌（晶格变形器）等。

非角色对象也非常重要，它们可以使场景变得栩栩如生。可以将对象约束到场景中的角色或其他模型，从而限制和控制对象的变换。此外，还可以为非角色对象创建变形器，以创建复杂的变形效果。例如，可以对一个球模型应用挤压变形器，然后通过父约束将球约束到角色的手中。使用该设置，可以对角色手部的权重和挤压变形器的属性设置关键帧，从而创建这样的动画——角色双手交替拍球，球在地面上挤压变形并在返回到空中时拉伸还原。

除了为实现动画效果而设置角色和对象以外，还可以设置 Maya 的动力学，以便实现动画效果。可以将动力学对象（例如粒子发射器、场和流体）约束到场景中的对象或角色。

3. FK（正向运动学）、IK（反向运动学）或 IK/FK 混合

（1）FK（正向运动学）

使用正向运动学，可以直接变换关节和设置关节关键帧，而不是使用 IK 控制柄设置骨架动画。

正向运动学对于创建详细的弧线移动非常有用，但对于目标导向的移动不是非常直观。例如，使用 FK 可以轻松地设置肩关节处手臂的旋转动画，却不能设置伸手去取玻璃的手臂动画。

（2）IK（反向运动学）

用户可以变换 IK 控制柄并设置其关键帧以设置骨架动画。IK 控制柄是其 IK 链的起始关节和末关节之间的一条直线。IK 控制柄对关节链的影响取决于 IK 控制柄使用的 IK 解算器的类型。

反向运动学对目标导向的移动非常有用。例如，可以使用 IK 来制作去取一杯水的手臂动画，但不能使用它来设置各个关节处的特定运动。

（3）IK 和 FK 混合

用户可以在同一关节链上同时使用 FK 和 IK，而不是单独使用 FK 或 IK 来设定关节链的姿势和动画。IK Handle 上的 IK Blend（IK 混合）属性允许向相同关节应用 FK 和 IK 动画。IK Blend（IK 混合）指定 FK 或 IK 对关节动画的影响程度（权重）。

混合 IK 和 FK 对于设定动画中具有大量移动的复杂角色的姿势非常有用。例如，可以使用 IK 为角色手臂的定向运动设定动画，也可以使用 FK 为手臂上的肩部、肘部和腕部关节的旋转设定动画。

Autodesk HumanIK（HIK）动画中间件是全身反向运动学（IK）解算器和重定目标工具。Maya 中的 HumanIK 工具提供了完整的角色关键帧设置环境，其中有全身和身体部位关键帧设置和操纵模式、辅助效应器和枢轴以及固定。HumanIK 也提供了重定目标引擎，可以轻松地在不同大小、比例和骨架层次的角色之间对动画进行重定目标。

Maya 的 HumanIK 工具已设计为与其他 Autodesk 应用程序保持一致，可以在动画流程中的应用程序之间传递角色资源。例如，在 Maya 中创建和装配角色，将装备发送到 MotionBuilder 进行运动捕捉数据，然后使用 Maya 中的层继续细化动画。

注 意

如果要对 Maya 中的动画进行重定目标，每个角色必须有 HumanIK 角色定义。使用 Characterization Tool（角色化工具）可以创建和锁定角色定义。

每个要在重定目标流程中使用的角色必须设置为 HIK 角色。若要作为 HIK 角色运行，角色必须具有有效的角色定义，映射出它的骨架结构。

不论是从头开始建立 HIK 角色，还是计划使用现有骨骼或网格，你都可以使用 Maya 的装配工具角色化骨骼并创建控制装备。

HumanIK 解算器期望角色的节点以特定典型的排列进行连接。例如，右肩是右肘的父节点，而右肘相应地是右腕的父节点。HumanIK 生物机械模型配备了有关这些节点移动方法的知识，当解算器需要在运行时移动一个或多个节点以满足 IK 效果或源动画的要求时，会使用此内置知识来构建新的姿势。

为使 HumanIK 将此生物机械模型应用于角色，需要将 HumanIK 可以读懂的节点映射到角色骨架中的关节。

需要至少角色化 HumanIK 必需的 15 个节点，这样即可标识角色骨架的主要元素。如果未为这 15 个必需的节点提供特征，则无法在运行时使用 HumanIK 控制角色。在 Characterization Tool（角色化工具）中，只有成功映射这些必需的节点后才能保存或锁定特征。

7.3.4 人物骨骼绑定及权重

1. 创建骨骼

STEP 1 打开教材提供的 Maya 文件 Boy.mb，并另存储副本以做练习，如图 7-95 所示。

图 7-95

STEP 2 根据所学知识创建个人角色，再使用角色化工具将角色骨架中的骨骼映射到 HumanIK 解算器理解的节点之前，必须将角色设置为基本的 T 形站姿，以便为 HumanIK 提供有关角色骨架和关节变换比例的重要信息。

角色的 T 形站姿必须尽可能与以下的描述和示例相匹配，以便反向运动学和重定目标解算器为角色生成精确的结果。如果未正确配置 T 形站姿，那么解算器会将全部操作基于错误数据之上，并很可能产生歪斜、古怪或意想不到的姿势。

T 形站姿有以下要求。

① 角色必须面向 Z 轴的正方向。

② 手臂必须沿 X 轴扩散，因此左臂应指向 X 轴的正方向。

③ 角色的头顶必须向上，并位于 Y 轴的正方向上。

④ 角色的手应展平，手掌朝向地面，拇指平行于 X 轴。

⑤ 角色的脚可以垂直于腿（脚趾沿 Z 轴平行），也可以沿腿的方向继续向下（脚趾笔直向下）。脚不能绕 Y 轴旋转，即左脚脚趾不应向内朝向右腿，也不应向外远离右腿，如图 7-96 所示。

STEP 3 将菜单选择器切换到 Rigging，执行 Skeleton（骨架）| HumanIK 命令，打开骨骼生成器，单击 Create Skeleton（创建骨架）按钮，创建骨骼，如图 7-97 所示。

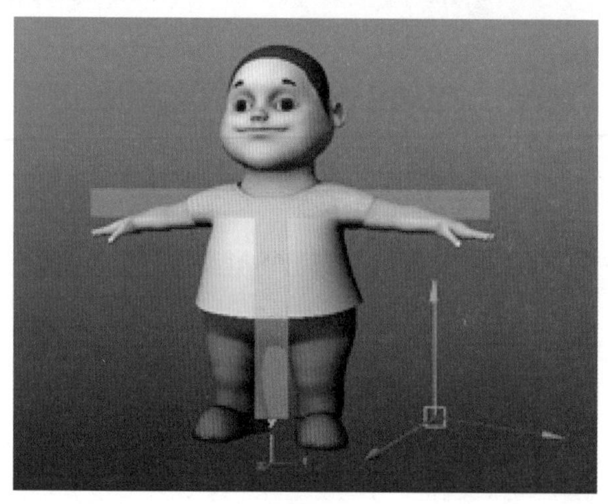

图 7-96

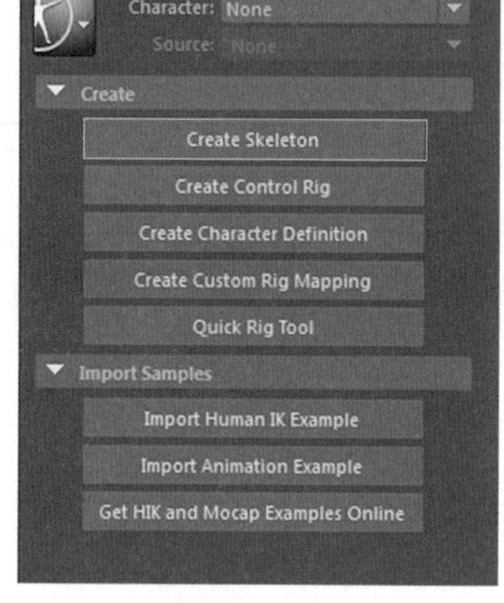

图 7-97

STEP 4 初始创建的默认骨骼会比较大，需要单击骨骼根部控制器 Character1_Reference 并将其缩放至合适状态，如图 7-98 所示。

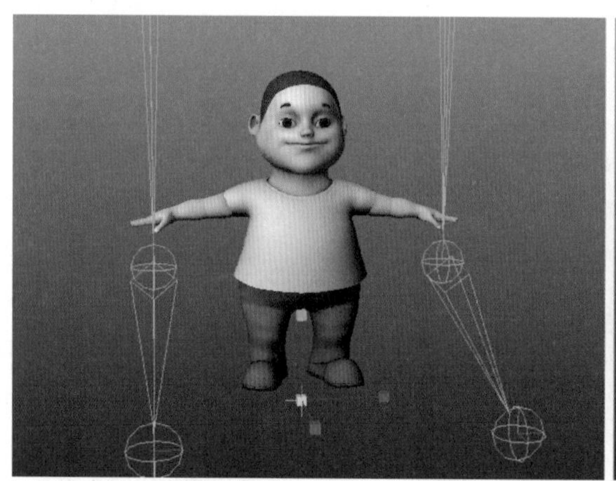

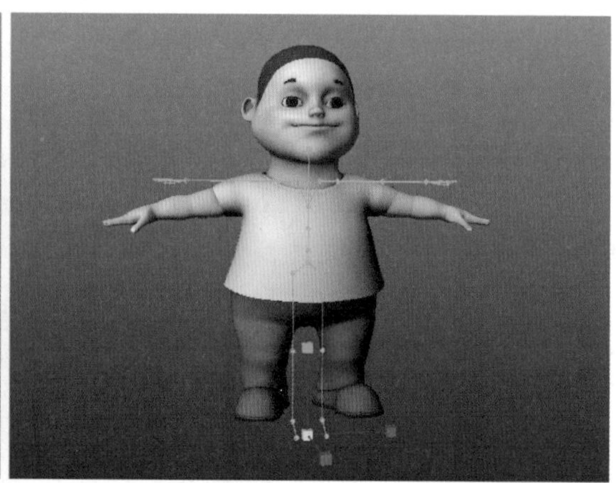

图 7-98

STEP 5 单击面板工具栏内的 X 射线显示关节按钮，将其开启，在其他着色对象的上方显示骨骼关节，以便选择关节，如图 7-99 所示。

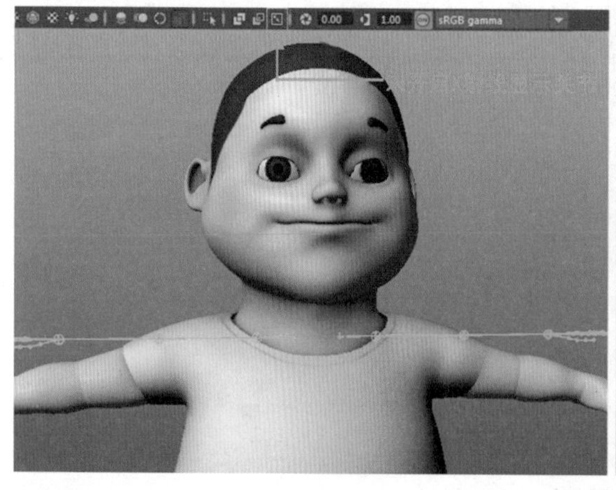

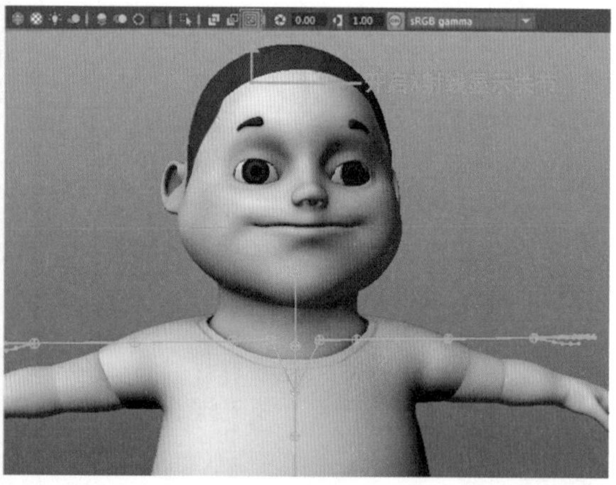

图 7-99

STEP 6 选择右半边的骨骼关节，根据人类骨骼位置将其一一对位，更加匹配模型。需要从根骨骼开始调整位置，先调整父骨骼位置，后调整子骨骼位置，如图 7-100 所示。

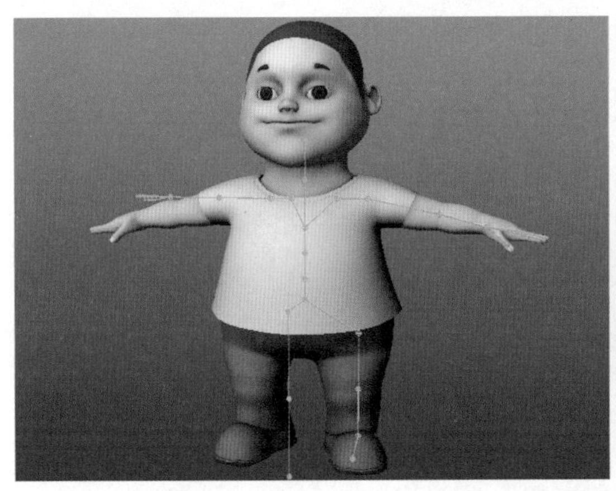
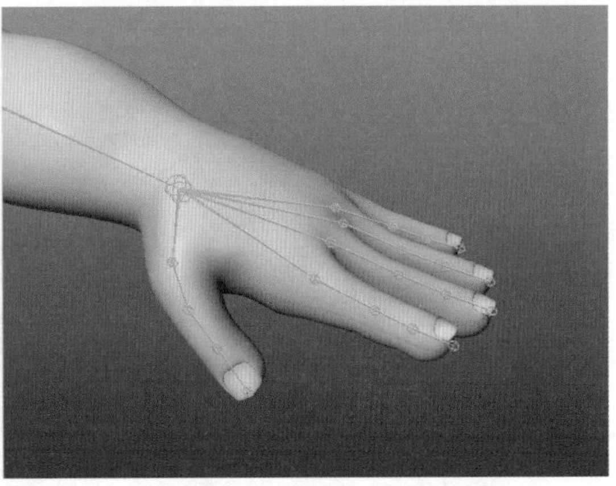

图 7-100

STEP 7 骨骼匹配位置后，选中根骨骼，单击按钮，将匹配完成的右半边骨骼镜像映射至左半边，如图 7-101 所示。

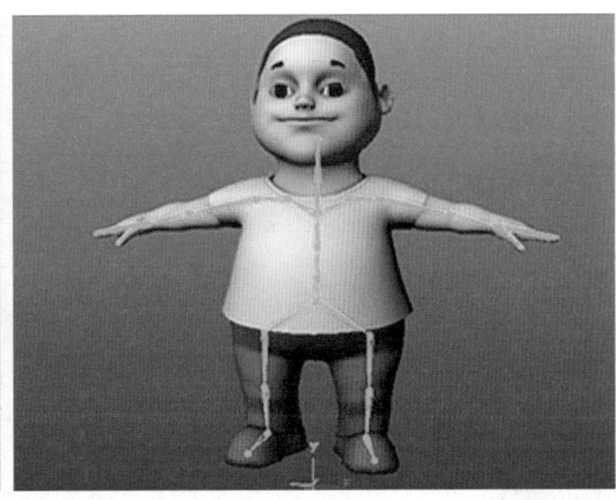

图 7-101

STEP 8 骨骼调整完成后，需要将其锁定不再变动，单击按钮，开启锁定角色，如图 7-102 所示。

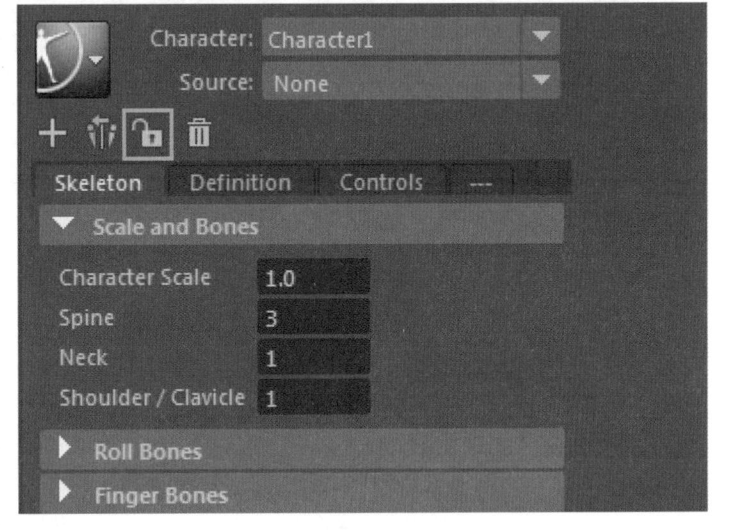

图 7-102

2. 平滑蒙皮

蒙皮是指设置角色的模型以便可通过骨架对角色进行变形的过程。通过将骨架绑定到模型，可对模型设置蒙皮。可通过各种蒙皮方法将模型绑定到骨架，包括平滑蒙皮和刚性蒙皮，这两种是直接蒙皮方法，也可以使用间接蒙皮方法，即将晶格或包裹变形器与平滑或刚性蒙皮结合使用。

平滑蒙皮允许几个关节影响同一个可变形对象点，从而提供平滑的关节变形效果。在绑定蒙皮时，将自动设定关节周围的平滑效果，如图 7-103 所示。

通过平滑蒙皮，可以有多个关节影响每个 CV，以提供平滑的弯曲效果，无须使用屈肌或晶格变形器，如图 7–104 所示。

图 7–103

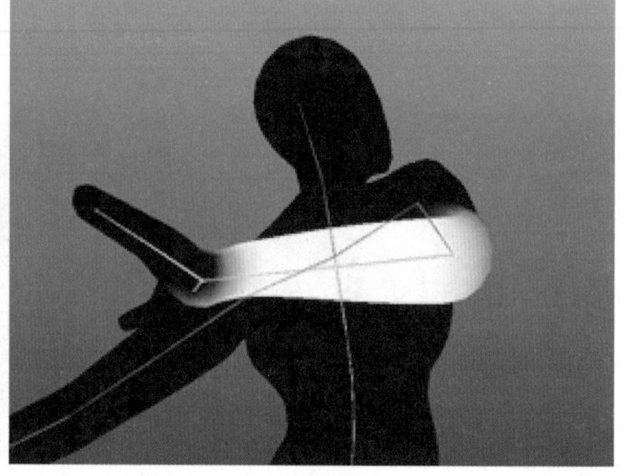

图 7–104

Maya 允许几个邻近关节在同一蒙皮点（NURBS CV、多边形顶点或晶格点）上具有不同的影响，从而提供平滑变形效果。默认平滑蒙皮的影响程度随距离变化，但也可以使用带交互式平滑蒙皮绑定的体积操纵器来定义影响。设置基本蒙皮点权重后，可以绘制每个关节的权重来进行细化和编辑。

选择对象模型，按住 Shift 键加选根骨骼 Character1_Hips 后，单击 Skin（蒙皮）| Bind Skin（绑定蒙皮）进行蒙皮；若是开启视图着色对象上的线框，选择骨骼时模型线框显示为相关联的粉紫色线框，如图 7–105 所示。

图 7–105

3. 绘制权重介绍

在常规平滑蒙皮的过程中，对于每个平滑蒙皮点（例如每个 NURBS 曲面的每个 CV），Maya 会为每个关节指定一个平滑蒙皮点权重，这些权重值控制关节对每个点的影响。

平滑蒙皮完成后，可能会发现某些区域的变形超出预期。例如，旋转胳膊关节时，围绕胳膊的变形可能过度，如图 7–106 所示。

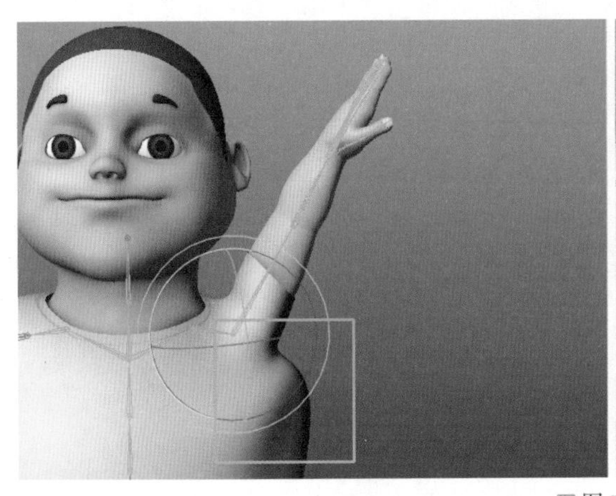
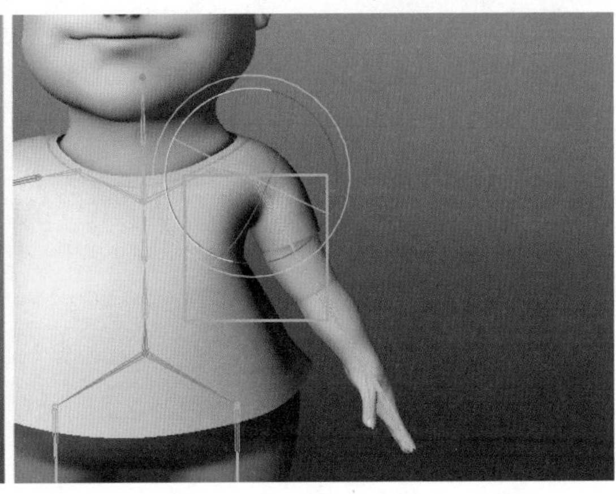

图 7-106

如果希望更改平滑蒙皮的结果来创建独特的骨架变形效果，则可以在点级别（CV、顶点或晶格点级别）上编辑或绘制平滑蒙皮的权重。若要将更多变形效果添加到平滑蒙皮，则可以使用 Maya 的变形器和平滑蒙皮影响对象。

默认情况下，与远离蒙皮点的关节相比，距离平滑蒙皮点越近的关节，产生的影响越大。距离平滑蒙皮点最近的关节，产生的影响最大。

选择对象模型，单击 Skin（蒙皮）| Paint Skin Weights（绘制蒙皮权重）后的方块按钮，打开绘制蒙皮权重工具。

Paint Skin Weights（绘制蒙皮权重）是 Maya 中基于 Artisan 的工具中的一种。使用 Paint Skin Weights（绘制蒙皮权重）可以在当前平滑蒙皮上绘制权重强度值。

可以用 Paint Skin Weights（绘制蒙皮权重）绘制蒙皮点权重。Paint Skin Weights（绘制蒙皮权重）提供了一种直观的方式，用于更改平滑蒙皮的变形效果，如图 7-107 所示。

图 7-107

★ 复制权重：单击以复制选定顶点的权重值。

★ 粘贴权重：单击以将复制的顶点权重值粘贴到其他选定顶点。

★ 权重锤：单击以修复其权重导致网格上出现不希望变形的选定顶点。Maya 为选定顶点指定与其相邻顶点相同的权重值，从而可以形成更平滑的变形。

★ 移动权重：单击将选定顶点的权重值从其当前影响移动到选定影响。如果单击移动权重按钮，或选择 Skin（蒙皮）| Edit Smooth Skin（编辑平滑蒙皮）| Move Weights To Influences（将权重移动到影响）命令，则将从其当前“源”影响中移除选定顶点的权重值，并重新指定给选定“目标”影响。如果选定了多个新影响，则根据影响的现有权重分配移动的影响。如果所有选定影响的权重均为 0，则平均分配移动的权重。如果选定影响具有现有权重值，则按比例分配移动的权重。

★ 显示影响：单击以选择影响到选定顶点的所有影响。这可以帮助解决网格区域中出现异常变形的疑难问题。

（1）Mode（模式）

可用于在绘制模式之间进行切换，从下列选项中选择。

★ Paint（绘制）：启用时，可以通过在顶点绘制值来设定权重。

★ Select（选择）：启用时，可以从绘制蒙皮权重切换到选择蒙皮点和影响。该模式非常重要，Select（选择）模式还具有选择多个顶点的能力，然后在 Value（值）中查看和修改其权重。

★ Paint Select（绘制选择）：启用时，可以绘制选择顶点。通过 3 个附加选项可以设定绘制时是否向选择中添加或从选择中移除顶点。Add（添加）启用时，绘制向选择添加顶点；Remove（移除）启用时，绘制从选择中移除顶点；Toggle（切换）启用时，绘制切换顶点的选择。绘制时，从选择中移除选定顶点并添加取消选择的顶点。

（2）Select Geometry（选择几何体）

单击以快速选择整个网格。根据工作流，在绘制网格的权重和完成其他类似于修复选定顶点的权重的操作之间来回切换时，使用该按钮可以节省时间。

（3）Paint Operation（绘制操作）

选择下列选项之一。

★ Replace（替换）：笔刷笔画将使用为笔刷设定的权重替换蒙皮权重。

★ Add（添加）：笔刷笔画增大附近关节的影响。

★ Scale（缩放）：笔刷笔画减小远处关节的影响。

★ Smooth（平滑）：笔刷笔画平滑关节的影响。

（4）Profile（剖面）

单击笔刷轮廓，这将确定受选择影响区域的形状。

（5）Weight Type（权重类型）

选择以下类型的权重进行绘制。

★ Skin Weights（蒙皮权重）：选择该选项可为选定影响绘制基本的蒙皮权重，这是默认设置。

★ DQ Blend Weights（DQ 混合权重）：选择该选项可绘制权重值，以控制经典线性和双四元数蒙皮的混合。

（6）Normalize Weights（规格化权重）模式

从下列选项中选择。

★ Off（禁用）：选择以禁用平滑蒙皮权重规格化。

注 意

该选项允许创建大于或小于 1 的权重，这会在处理角色时允许顶点移动过多或过少。

✷ Interactive（交互式）：如果希望精确使用输入的权重值，选择该模式。当使用此模式时，Maya 会从其他影响添加或移除权重，以便所有影响的合计权重为 1.0。例如，如果将权重从 1.0 更改为 0.5，Maya 将在邻近影响之间分布剩余的 0.5。该模式将复制 Maya 早期版本的规格化过程。

✷ Post（后期）：这是默认设置。当 Post（后期）模式处于活动状态时，Maya 会延缓规格化计算，直至变形网格。这允许你继续绘制权重或调整交互式绑定操纵器，而无须规格化过程更改之前的蒙皮权重工作。选择该模式允许你绘制或更改权重，而不影响其他的权重，同时在变形网格时还会发生蒙皮规格化。

注 意

当使用 Post（后期）规格化模式时，权重值不总是合计为 1.0，但是网格仍然使用规格化权重值来编写。
如果使用交互式蒙皮绑定，将自动选择该模式。因此，对于交互式绑定，在变形网格之前不会规格化权重。

4. 绘制权重

STEP 1 单击 Display（显示），将 Show wireframe（显示线框）关闭，则不显示线框，方便权重的绘制，如图 7-108 所示。

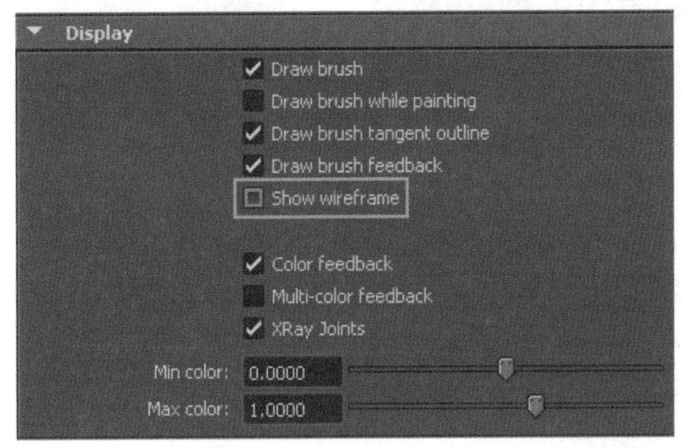

图 7-108

STEP 2 将 Influence（影响）内的 Value 值修改为 1，绘制的权重颜色为白色权重值 1；按住 Ctrl 键绘制时则为相反的权重值，绘制的权重颜色为黑色权重值 0；按住 Shift 键绘制时则为平滑权重值，如图 7-109 所示。权重大小快捷键：按住鼠标左键 +B 键移动鼠标；权重强度快捷键：按住鼠标左键 +N 键移动鼠标。

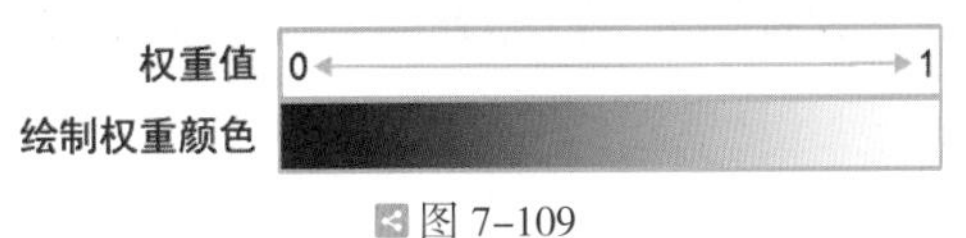

图 7-109

STEP 3 开始绘制权重，每一个骨骼关节按照绘制权重工具的影响栏内的默认排序依次修整。图 7-110 列举了典型的骨骼关节作为范例，例如髋关节、大腿、小腿。

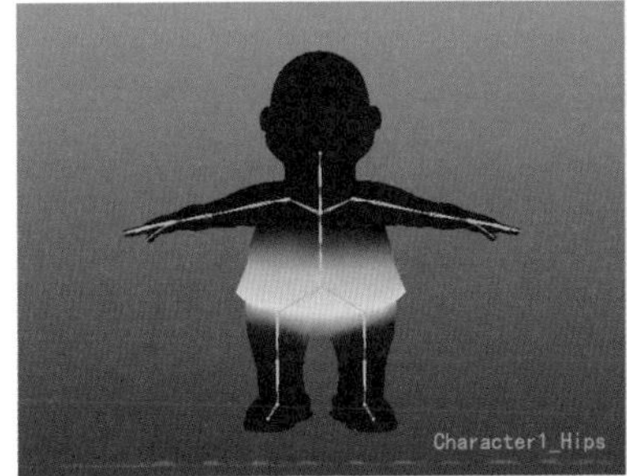

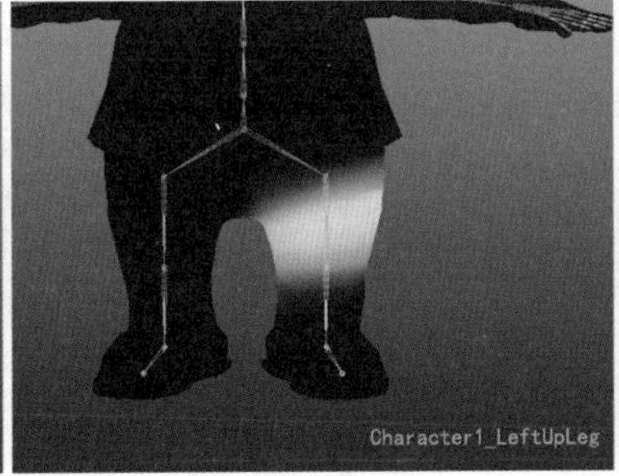

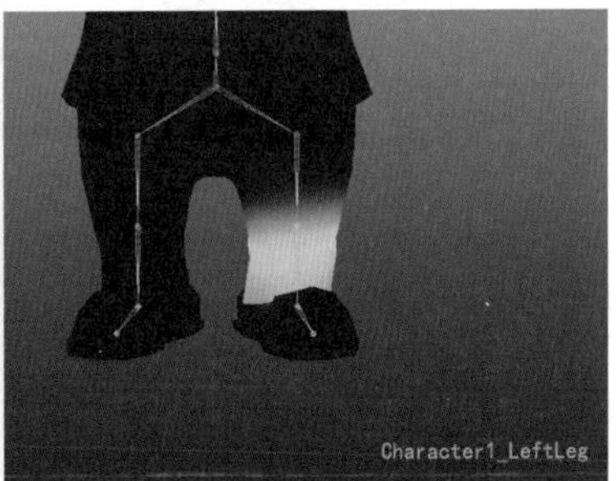

图 7-110

STEP 4 例如脊柱、脊柱 1、脊柱 2，如图 7-111 所示。

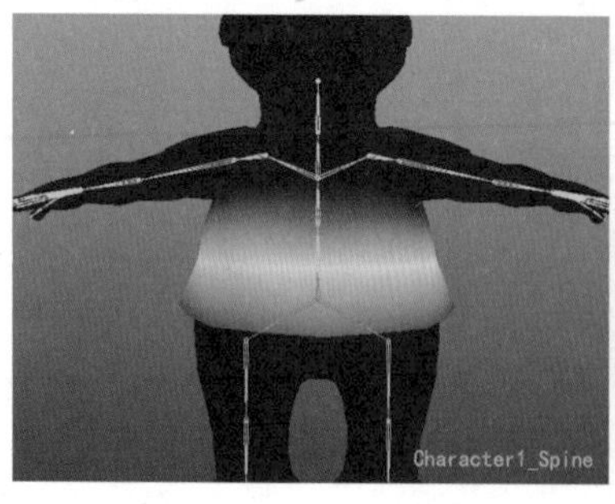

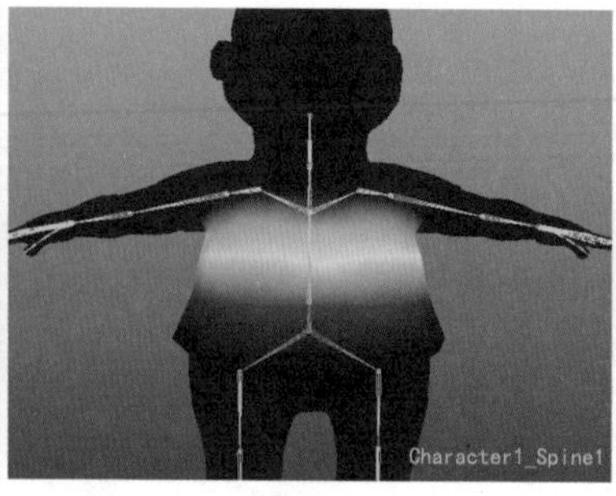

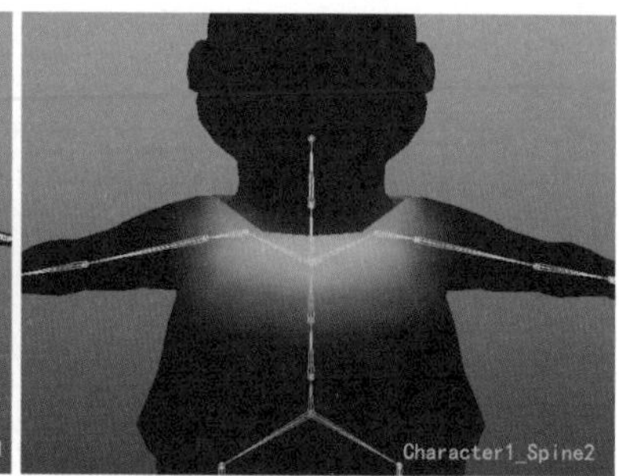

图 7-111

STEP 5 例如肩膀、臂膀、前臂，如图 7-112 所示。

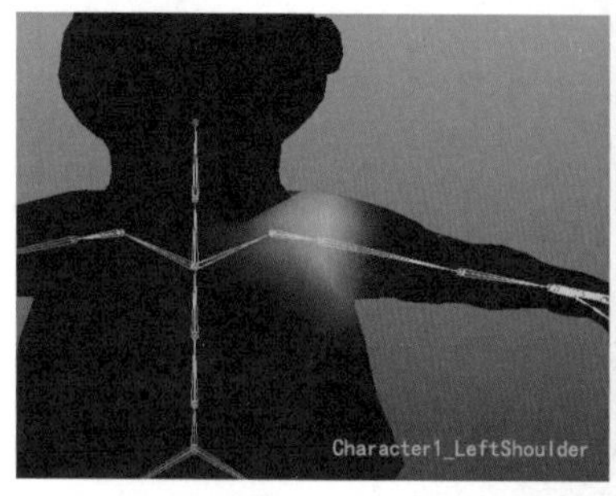

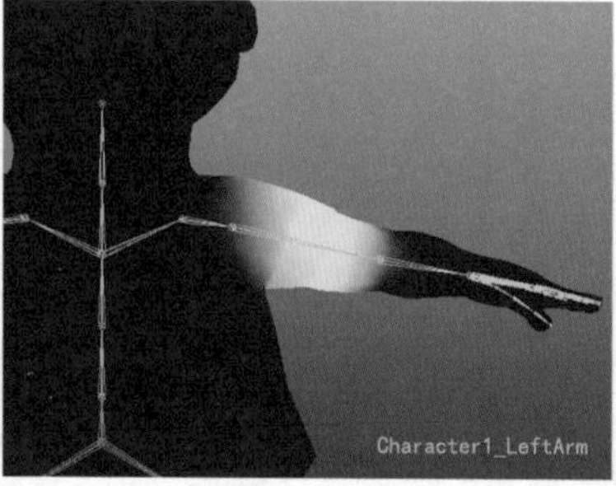

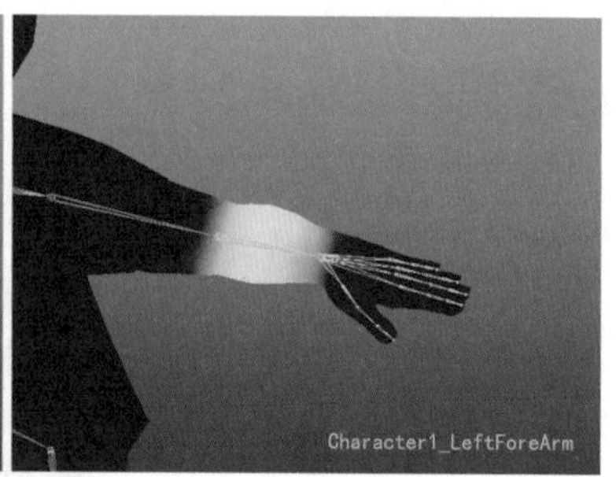

图 7-112

STEP 6 例如脖子、头部，如图 7-113 所示。

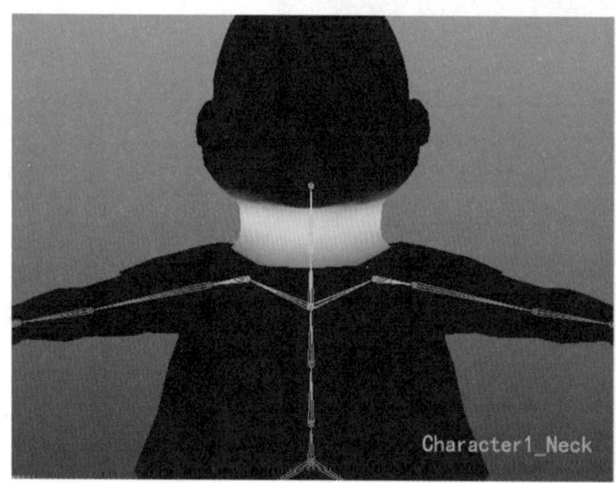

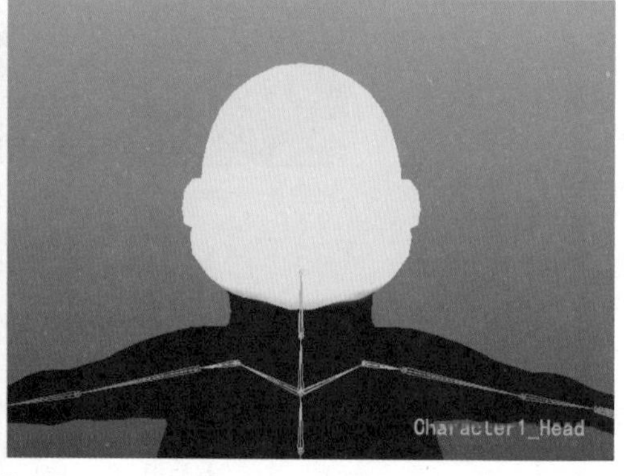

图 7-113

STEP 7 绘制完成后，旋转骨骼关节检查是否有过度变形。检查完成后需要将旋转过的骨骼关节还原旋转属性值，如图 7-114 所示。

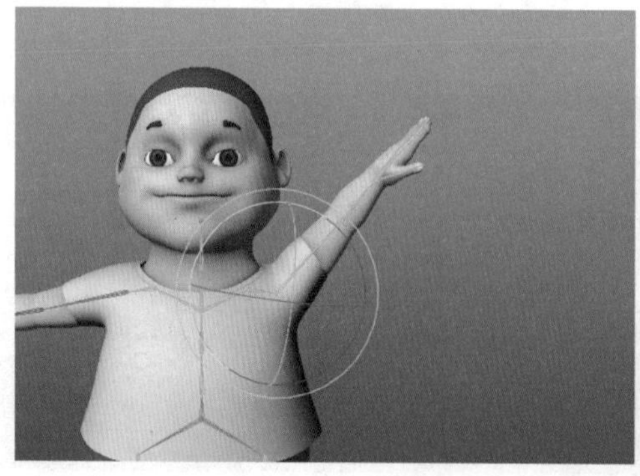
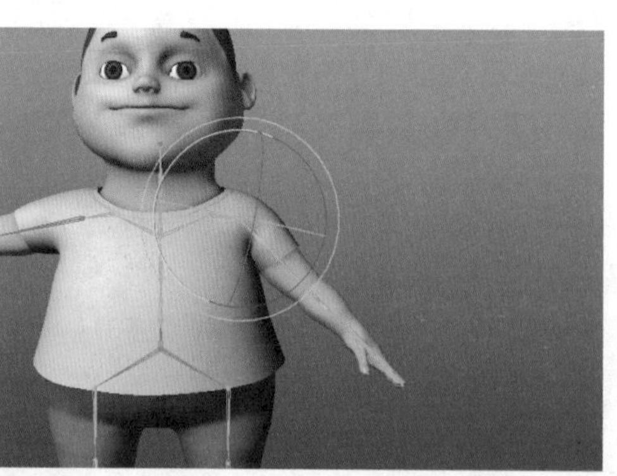

图 7-114

5. 控制装配

STEP 1 选择骨骼对象，执行 Control（控制）| Create Control Rig（创建控制装备）命令，创建控制装备，如图 7–115 所示。

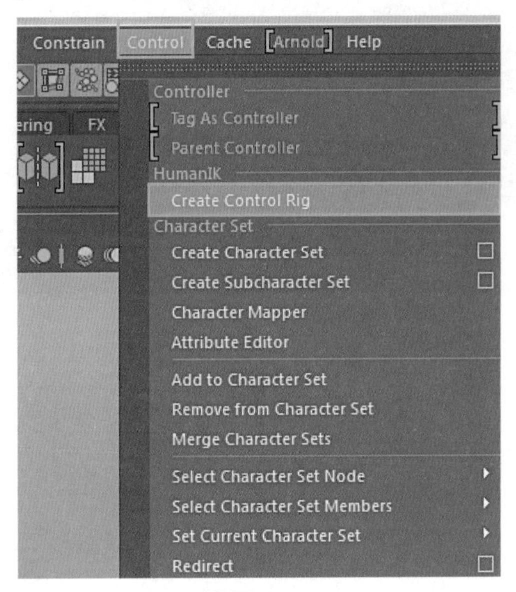

图 7–115

STEP 2 骨骼转化控制装配完成后，显示如图 7–116 所示。模型被骨骼关节所控制变形，控制装配则又控制骨骼的移动、旋转等。骨骼关节转换为控制装配后可以将骨骼关节隐藏。

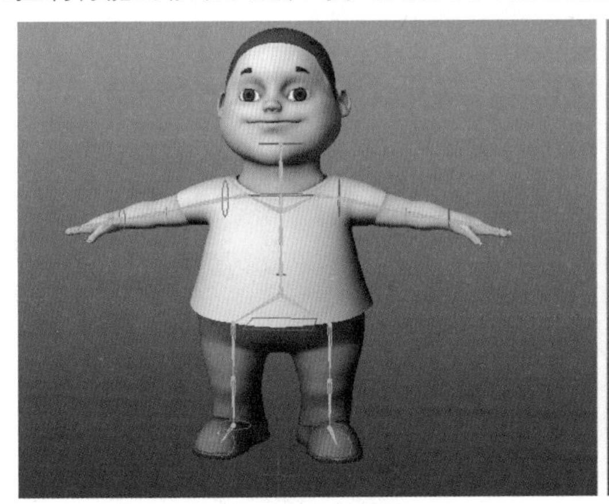
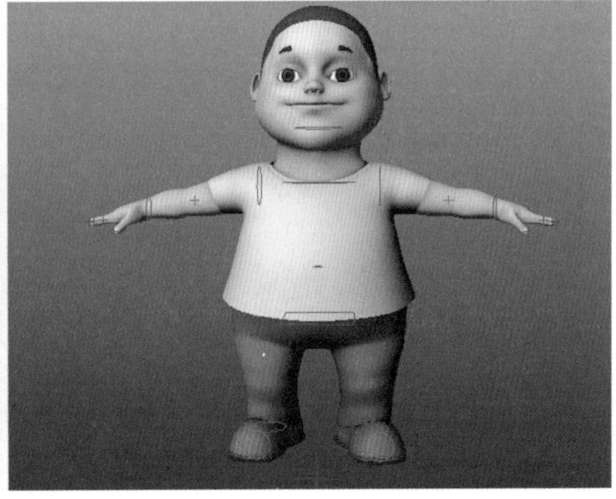

图 7–116

为角色控制装配设定关键帧涉及对多个效应器及其特性的选择。Character Controls（角色控制）中的关键帧模式按钮可以快速设定是否要操纵并为单个效应器（选中）、效应器的逻辑组（身体部位）或同时为所有效应器（全身）设置关键帧。为控制装配设定关键帧时，可以根据当前设置关键帧模式，在效应器的逻辑组上快速设置关键帧。关键帧一旦设置完成，即可在 Graph Editor（曲线图编辑器）、Dope Sheet（摄影表）和 Time Slider（时间滑块）中查看和操纵关键帧组。

（1）效应器固定

如果使用控制装配来操纵角色，则可以固定下效应器，以便限制身体移动并影响其他关节相对于固定效应器的行为方式。这可用于选择性地操纵角色部位，而不会影响整个层次。

例如，如果固定左手腕的平移和旋转，则可以看到无论如何移动角色身体，左手腕仍保持在原来的位置，如图 7–117 所示。

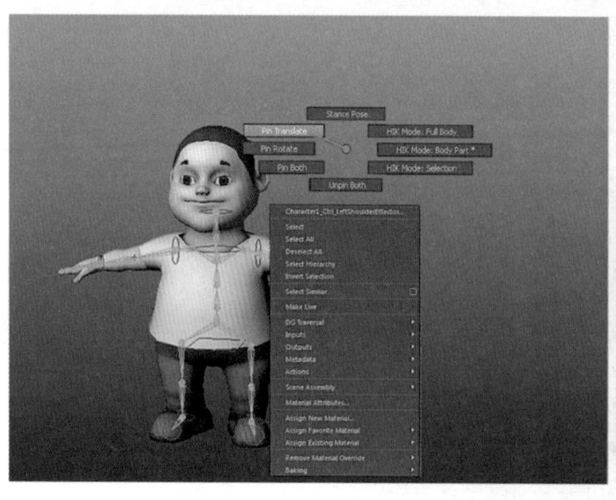

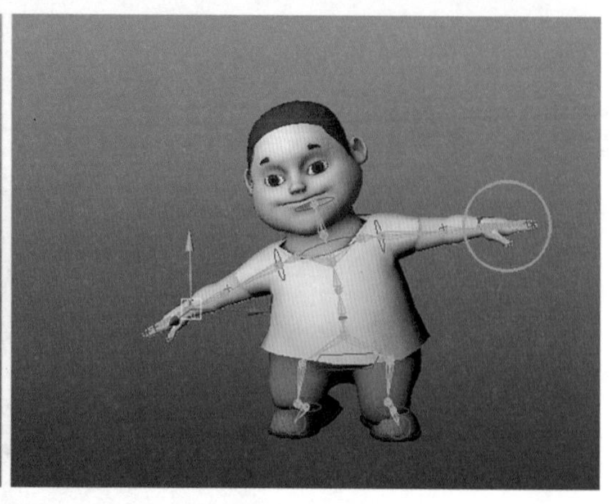

图 7-117

（2）辅助和枢轴效应器

可以将辅助对象添加到角色的控制装配效应器，以便为角色提供另一级别的 IK 控制。有两种类型的辅助对象——效应器和枢轴。

辅助效应器可以在多种情况下提供一个其他级别的 IK 控制。例如，确保角色手臂总是能达到并朝向支撑（例如武器）；稳定角色的脚，使它们不会在地板上滑动。

若要执行该操作，可以为主 IK 脚效应器创建辅助效应器，然后将辅助效应器放置于地板上脚滑动的位置。将“达到”值定义为最大达到（100%）。

播放录制时，脚效应器达到并朝向位于脚开始滑动的帧上的辅助效应器，且 Reach Translation（达到平移）和 Reach Rotation（达到旋转）滑块随动画播放而移动。

枢轴效应器可用于快速定义，以及为 IK 控制装配效应器的多个旋转枢轴点设定动画。可以将枢轴点用于任何角色动画，这些枢轴点特别适用于使用多个旋转点来操纵角色脚或手的情况。

例如，通过在角色脚中为 IK 效应器创建多个枢轴效应器，脚可以围绕多个独立的枢轴点进行旋转，以创建出自然的循环行走。设定关键帧时，可以在枢轴点之间切换，从而使脚围绕踝部、脚跟、脚趾根部、脚趾尖部甚至脚侧面进行旋转。

枢轴效应器基于其创建所谓的 IK 效应器的位置，因此枢轴效应器在场景中没有独立的位置。可以将它们作为子控件，用于从不同有利点操纵 IK 效应器。旋转任意枢轴也会对效应器产生影响，类似于对效应器自身进行操纵。

（3）操作和设置关键帧模式

选择控制器，单击鼠标右键，则显示出另一个菜单，这些命令是设置操纵与设置关键帧模式，用于处理角色的控制装备，如图 7-118 所示。

★ Stance Pose：初始姿势，重置控制装备为其默认 T 初始姿势。

★ HIK Mode:Full Body：称之为全身，将角色控制（Character Controls）设定为全身，Full Body 设置关键帧和操纵模式，允许选择单个效应器来操纵整个角色。

★ HIK Mode:Body Part：称之为身体部分，将工具设定为 Body Part（身体部位）模式，允许基于选定的效应器在单个身体部位上操纵和设置关键帧。

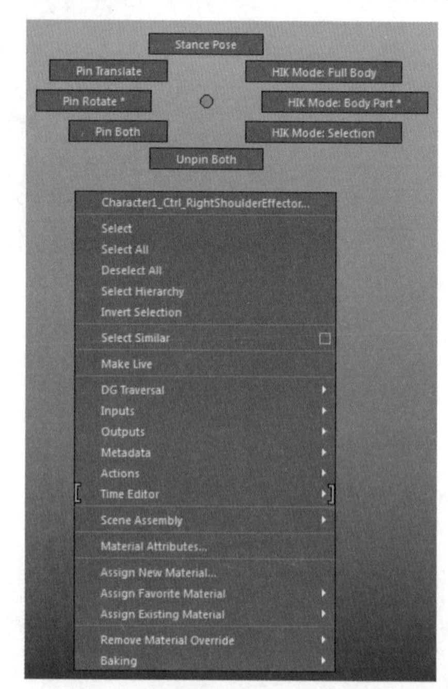

图 7-118

✱ HIK Mode:Selection：将工具设定为 Selection（选择）模式，允许仅操纵和设定选定效应器的关键帧。在该模式中，可以操纵一个效应器，而无须解决角色的其他部位，然后使用 HumanIK 控制（HumanIK controls）来调整有多少角色的其他部位到达该效应器。

✱ Pin Translate：称之为固定平移，锁定和解除锁定平移中的选定效应器。锁定后，选定的效应器将无法移动，同时在体形（Figure）表示的相应细胞上显示一个 T，如图 7-119 所示。

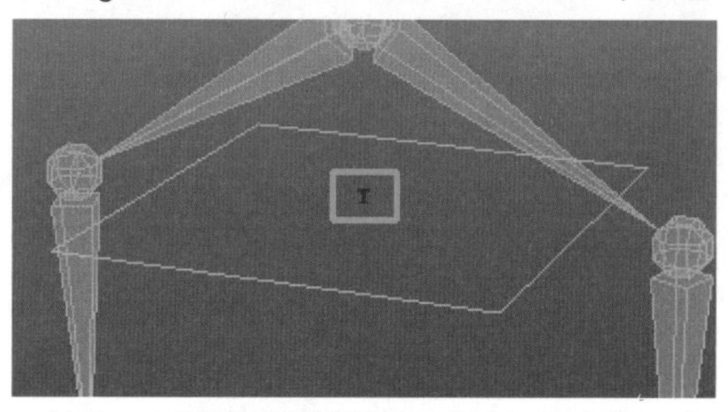

图 7-119

✱ Pin Rotate：称之为固定旋转，锁定和解除锁定旋转中的选定效应器。锁定后，选定的效应器将无法旋转，同时在体形（Figure）表示的相应细胞上显示一个 R，如图 7-120 所示。

✱ Pin Both：称之为固定所有，暂时固定选定的效应器和链下效应器的所有平移或旋转，如图 7-121 所示。

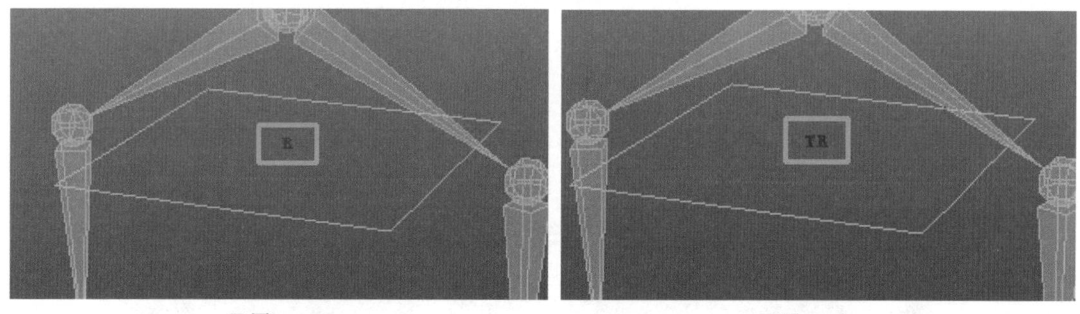

图 7-120　　图 7-121

✱ Unpin Both：称之为释放所有固定，暂时释放选定的效应器和链下效应器的所有平移或旋转锁定。

7.3.5 AdvancedSkeleton

Maya 自带的骨骼有很多不方便的地方，例如一些较为高级的功能需要进行复杂的设置。

1. AdvancedSkeleton 介绍

AdvancedSkeleton 是 Maya 的角色设计工具的合集。主要特点是：Pro 不再局限于预先设计好的 FitSkeleton，而是可以创建任意的 FitSkeleton；具有本地旋转轴和旋转度，并可控；可以从 AdvancedSkeleton 回到 FitSkeleton，方便做些改变，然后重建 AdvancedSkeleton；ProAdvancedSkeleton Pro 在身体配置方面不再做限制，3 个头、5 条腿、100 个手指都可以；支持拖曳 Selector Designer 等。

目前 AdvancedSkeleton 的最新版本只更新到 3.7，除了基本的两足、六足（虫类）、四足骨骼的绑定，插件还提供了蒙皮封套和表情绑定的新功能。为了能继续使用 AdvancedSkeleton 插件，研究后发现不需要安装也能使用。

2. AdvancedSkeleton 插件安装（只需复制）

STEP 1 需要从网络下载或是购买正版 AdvancedSkeleton 3.7 版本。

STEP 2 解压并打开 Manual_Install\maya\2011\scripts 文件夹内的 AdvancedSkeleton 文件夹，复制至 C:\Users\hp\Documents\maya\2017\scripts 文件夹内（C:\Users\hp\Documents 路径为我的文档）。

STEP 3 将 Manual_Install\maya\2011\prefs\icons 文件夹内的 AdvancedSkeleton 文件夹复制至 C:\Users\hp\Documents\maya\2017\prefs\icons 文件夹内。

STEP 4 将 Manual_Install\maya\2011\prefs\shelves 文件夹内的 shelf_advancedSkeleton.mel 复制至 C:\Users\hp\Documents\maya\2017\prefs\shelves 文件夹内。

3. 操作

STEP 1 将Maya关闭并再次启动，在工具栏上的最后一栏能看到新增的9个工具，如图7–122所示。

图 7–122

STEP 2 重新打开 Maya 文件 Boy.mb，另存储文件作为练习副本，如图 7–123 所示。

STEP 3 单击第一个工具：Fit 按钮，弹出骨架选择，如图 7–124 所示。

图 7–123

图 7–124

* biped.ma：两足角色骨架，包含眼睛和关节扭曲细节的设定，适合较为写实复杂的角色。
* biped_simple.ma：简易两足骨架，没有眼部控制器，适合于两足卡通角色。
* bug.ma：六足虫类骨架。
* quadruped.ma：四足类骨架，适用于常见的四足动物。

STEP 4 需要绑定的角色为卡通角色，所以选择 biped_simple.ma 骨骼，然后单击 import 按钮导入两足类的半边骨骼。导入的骨骼显示尺寸过大，不方便调整，执行 Display（显示）| Animation（动画）| Joint Size（关节大小）命令，打开骨骼关节大小对话框，通过输入值或使用范围在 0.01~10 之间的滑块调整关节大小，如图 7–125 所示。

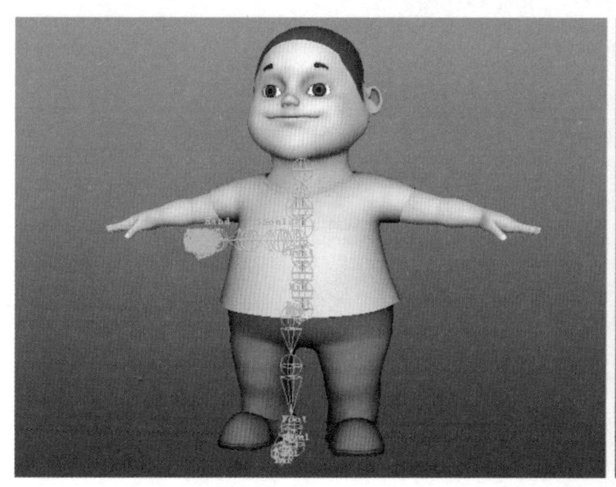

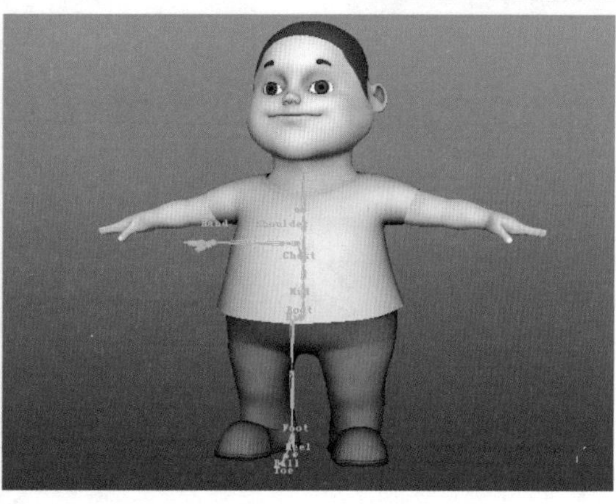

图 7-125

STEP 5 调整骨骼关节的位置，使半边的骨骼关节的位置匹配模型的外形。在将骨骼关节与模型匹配时，不要旋转骨骼，都是用移动来定位骨骼位置。

提 示

手上黄色弧线的曲线由于预设了驱动关键帧，因此在生成骨骼控制系统前，不要调节这个曲线上的属性观看动画，因为它会改变你好不容易设置好的关节位置。可以通过缩放手柄改变弧线的大小和位置，但是最好不要去改变它的自定义属性数值，如图 7-126 所示。

STEP 6 检查手部骨骼关节，发现有部分手指关节发生偏转，选择手指关节时加倍偏移，需要将手指关节的旋转数值归零，并调整骨骼方向，如图 7-127 所示。

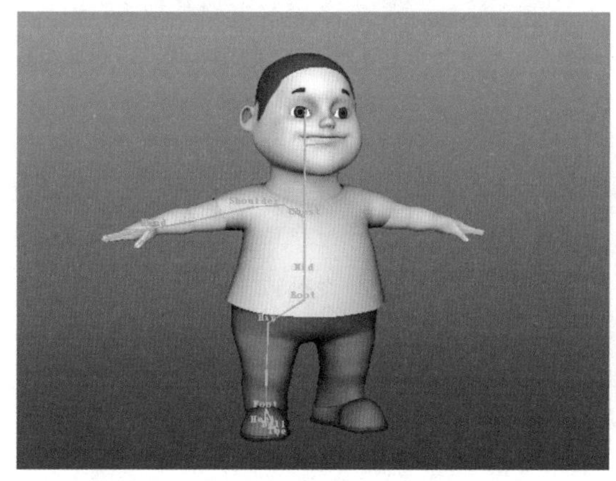

图 7-126

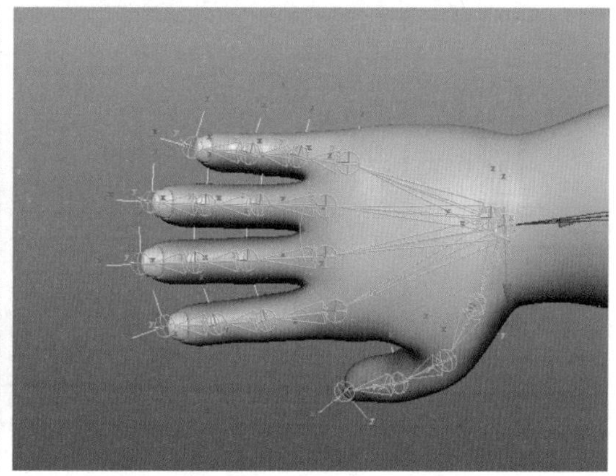

图 7-127

STEP 7 选择手腕骨骼关节，执行 Select（选择）| Hierarchy（层次）命令，选择当前选择的所有父对象和子对象（场景层次中当前选定节点下的所有节点），将通道栏中的 Rotate 数值全部设为 0，手部骨骼关节有所变形并通过移动来完成关节的定位，如图 7-128 所示。

STEP 8 调整骨骼关节位置后选择骨骼的根骨骼（髋骨关节），然后单击工具栏上的 Adv 按钮，进行骨骼的镜像以及控制器的生成，如图 7-129 所示。

STEP 9 选择模型，按住 Shift 键加选根骨骼，单击 Skin（蒙皮）| Bind Skin（绑定蒙皮）进行蒙皮。选择根骨骼时注意可能会优先选择其控制器（为粉色）而不易选择根骨骼，则会绑定不成功，可以利用大纲 Windows（窗口）| Outliner（大纲视图）选择根骨骼。绑定成功后检查绑定，移动或旋转控制器，如图 7-130 所示。

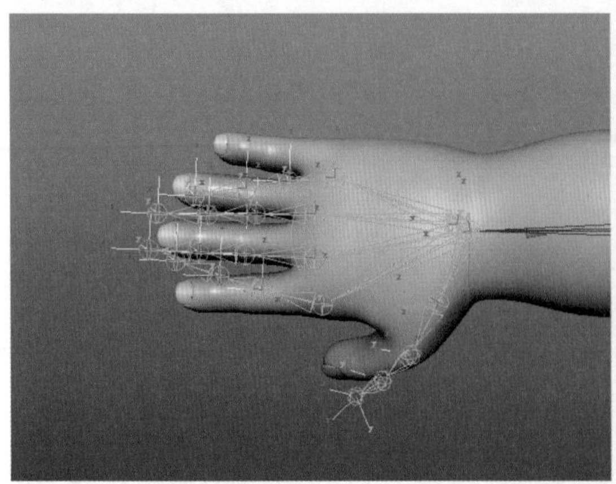
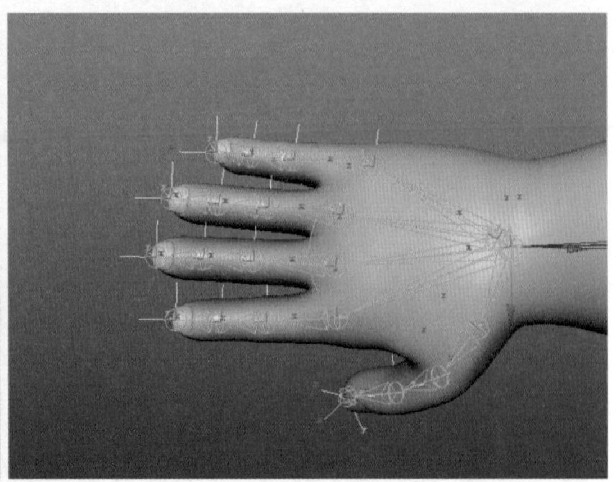

图 7–128

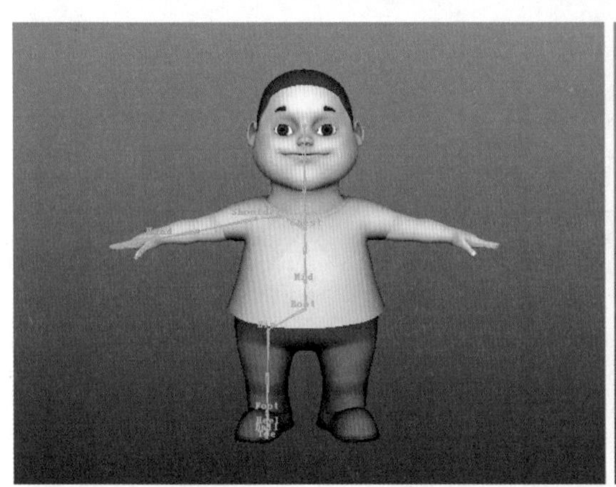
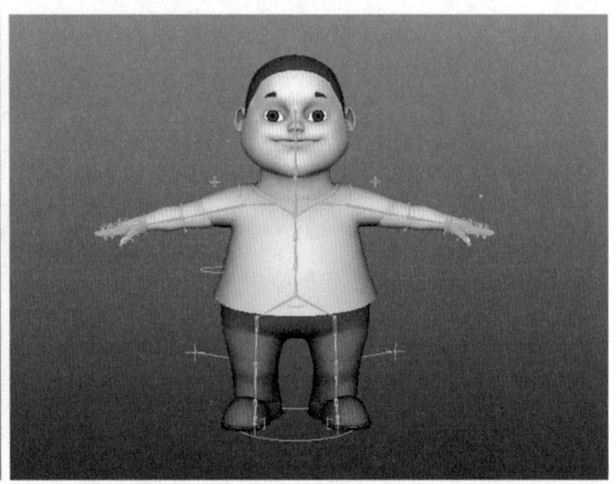

图 7–129

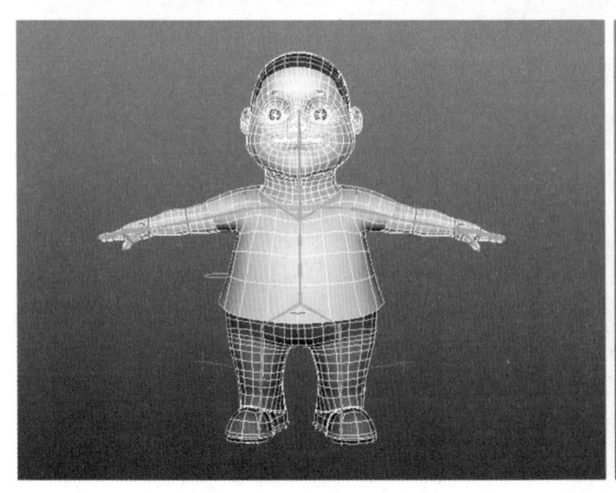
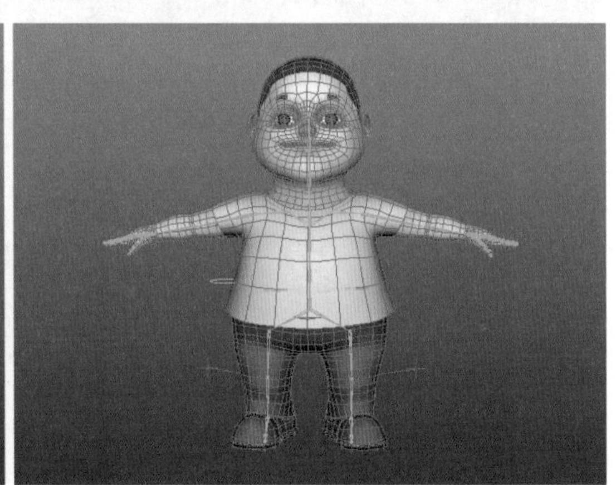

图 7–130

STEP10 若是需要改动骨骼位置，单击工具栏上的 Util（工具），弹出 Utilities 对话框，将 Rebuild 下拉菜单打开，单击 Toggle Fit/Advanced 按钮，骨骼将可以进行修改位置与定位。修正骨骼位置完成后，单击 Rebuild Skeleton，骨骼将重新生成位置与控制器，并不影响绑定与其他骨骼的位置，如图 7–131 所示。

STEP11 选择模型，执行 Skin（蒙皮）| Paint Skin Weights （绘制蒙皮权重）命令，绘制骨骼权重，如图 7–132 所示。

STEP12 绘制完成后保存，下一节制作人物动画时需要使用。

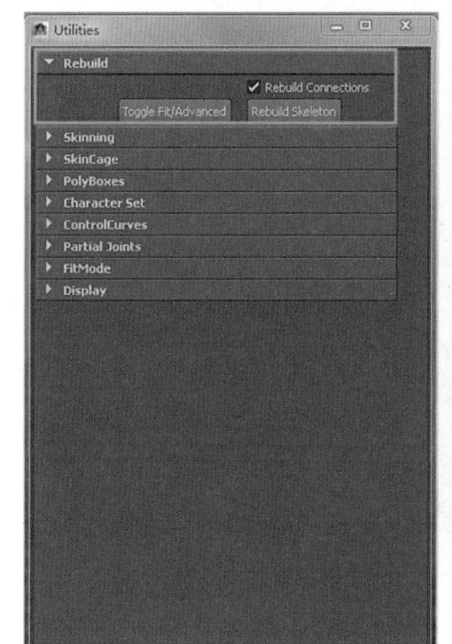

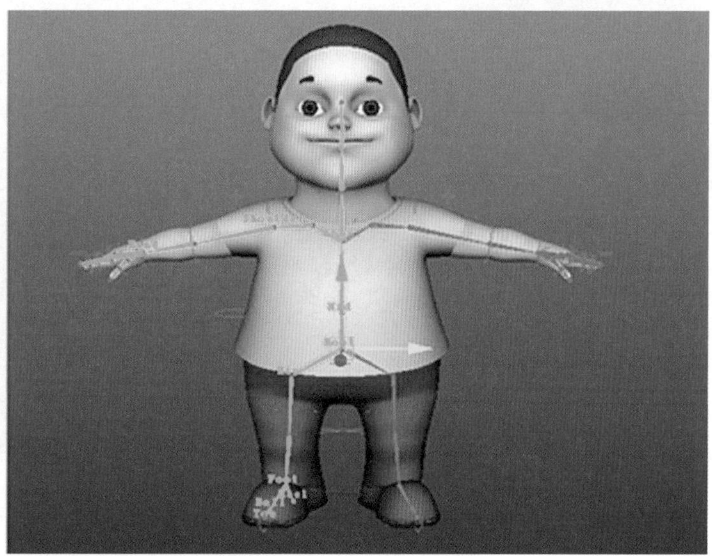

图 7-131

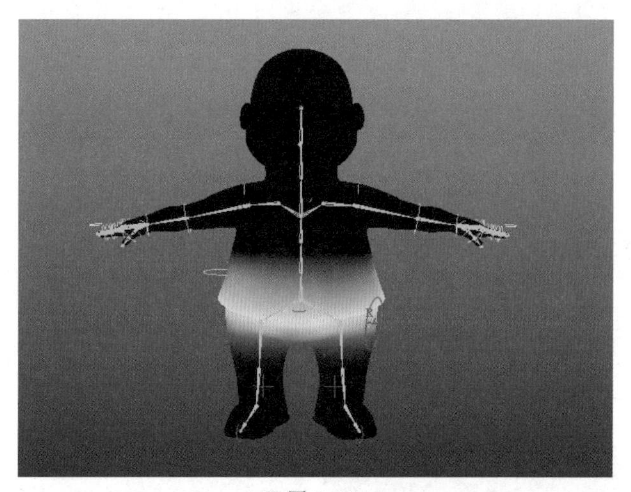

图 7-132

7.4 角色动画

7.4.1 错帧

利用错帧创建动画可以模拟日常生活中柔软的物体，其应用非常广泛。

STEP 1 打开教材提供的 Maya 文件 Flower.mb，如图 7-133 所示。

STEP 2 按空格键切换至侧视图，执行 Skeleton（骨架）| Create Joints（创建关节）命令，创建骨骼工具。在界面上按照花朵的形状，按住 Shift 键不放从花朵的根部向上依次创建 8 个骨骼关节，如图 7-134 所示。

图 7-133

STEP 3 选择花朵模型，按住 Shift 键执行 Skin（蒙皮）| Bind Skin（绑定蒙皮）命令，进行蒙皮，如图 7-135 所示。

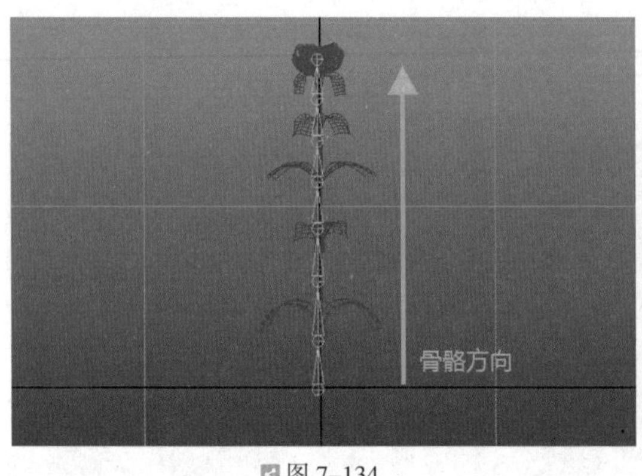

图 7-134

图 7-135

STEP 4 将场景的时间范围调整为 200 帧，并在动画首选项中将场景的播放时间调整为 Real-time［24 fps］，选择根骨骼，执行 Select（选择）| Hierarchy（层次）命令，选择当前选择的所有父对象和子对象，按 E 键切换为旋转工具并旋转 Z 轴大约 20°，在第 1 帧的位置上将所有的骨骼设置关键帧，如图 7-136 所示。

STEP 5 将当前时间指示器滑动至第 21 帧处，再将所有骨骼反向旋转 Z 轴至 -20° 左右，并设置关键帧，如图 7-137 所示。

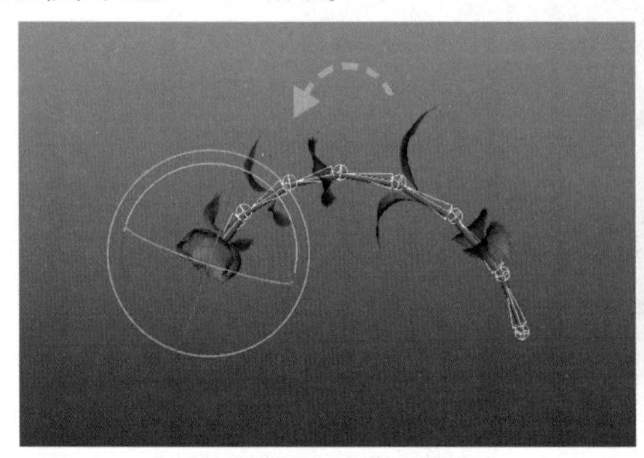

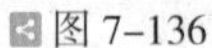
图 7-136

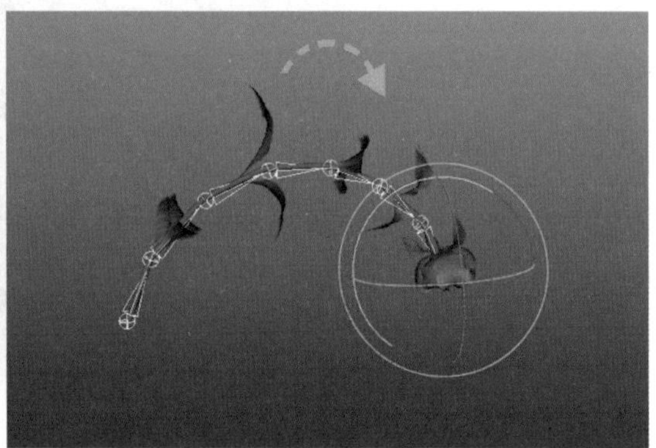

图 7-137

STEP 6 将当前时间指示器滑动至第 41 帧处，再将所有骨骼旋转 Z 轴至 20° 左右，如同第 1 帧旋转角度，并设置关键帧。选择 joint2，执行 Skeleton（选择）| Hierarchy（层次）命令，选择当前选择的所有父对象和子对象，在时间轴上按住 Shift 键框选第 1 帧、第 21 帧、第 41 帧位置上的关键帧，单击红色范围中心的黄色三角形向后拖曳移动 2 帧的距离，如图 7-138 所示。

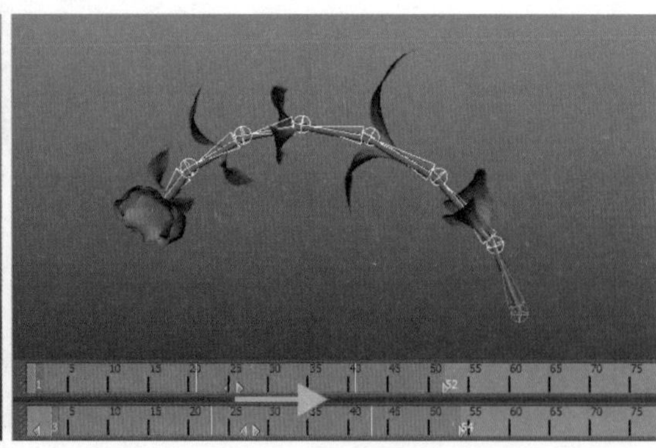

图 7-138

STEP 7 选择 joint3，执行 Select（选择）| Hierarchy（层次）命令，按住 Shift 键再将时间轴上的所有关键帧框选，单击中间位置上的黄色箭头向后拖曳 2 帧的距离，如图 7–139 所示。

STEP 8 使用同样的方法，以此类推，将 joint4 以下的骨骼进行错帧，如图 7–140 所示。

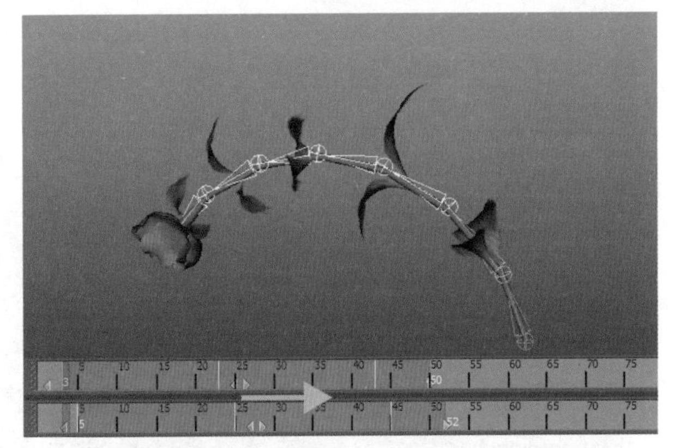

图 7–139

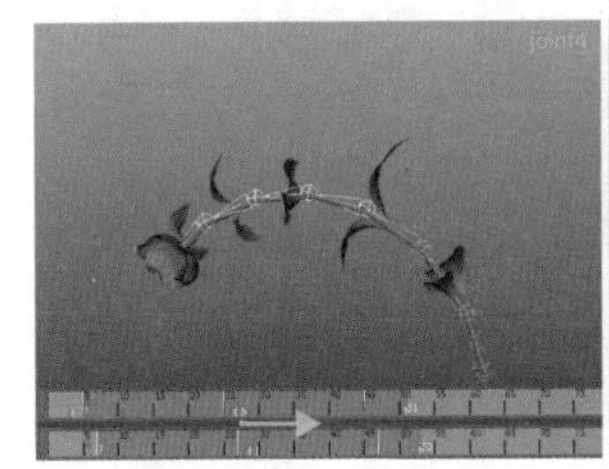

图 7–140

STEP 9 播放动画，模拟花朵被风吹动，风为主动力，花朵被动运动并且本身具有柔韧度，这个错帧动画表现出花朵的柔韧性以及对风的反作用力，如图 7–141 所示。

图 7–141

7.4.2 小球动画

STEP 1 打开教材所提供的 Maya 文件 Ball_Jump.mb，文件里包括已经绑好尾巴的小球与楼梯模型，如图 7–142 所示，将时间范围扩展至 100 帧的范围。

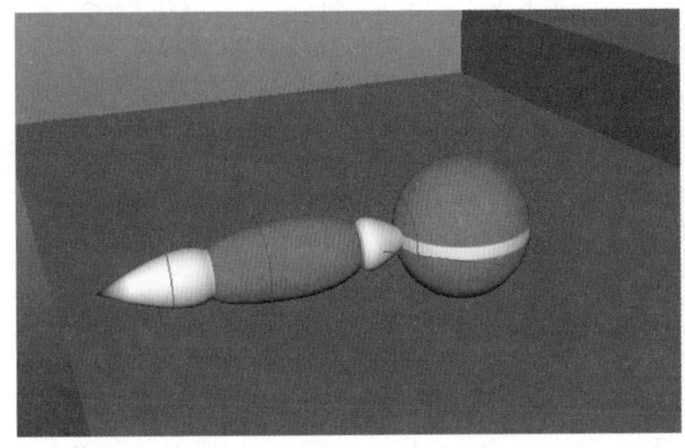
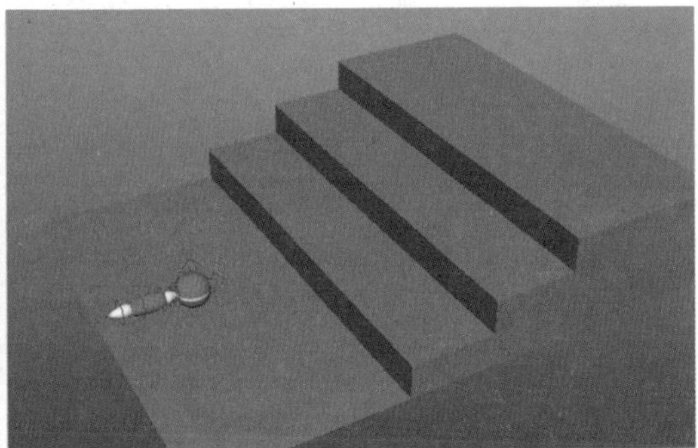

图 7–142

STEP 2 选择控制器 curve1，原地不动并在第 1 帧和第 5 帧设置关键帧，然后每隔 8 帧的距离制作小球跳跃着上楼梯，以 16 帧的速度跳跃完整的台阶，如图 7–143 所示。

STEP 3 在上一步骤所设置的关键帧：第 5、21、37、53 帧的前后 2 帧的位置上设置小球落地前与离地前的转动，旋转 curve1 控制器 Rotate X 轴 ±15°，并设置关键帧，如图 7–144 所示。

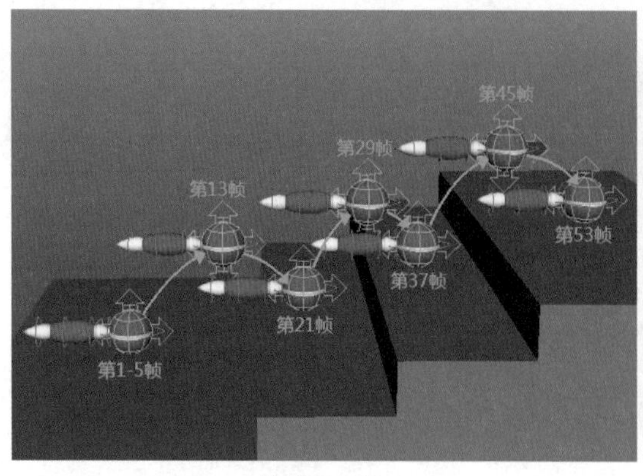

图 7–143

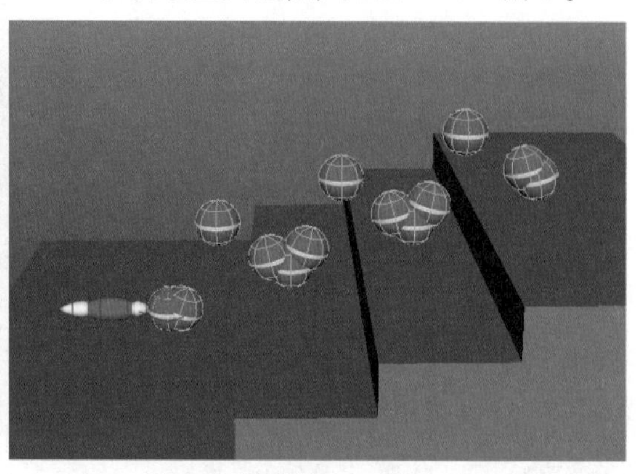
图 7–144

STEP 4 选择 nurbsCircle1 变形器控制器，使用控制器的 Squash 属性在第 1 帧以后，每隔 4 帧的距离，制作小球跳跃时由于惯性与重力加速度受到的变形，并设置关键帧，如图 7–145 所示。为了方便观看清晰的小球主体的变形，将小球的尾巴暂时隐藏。

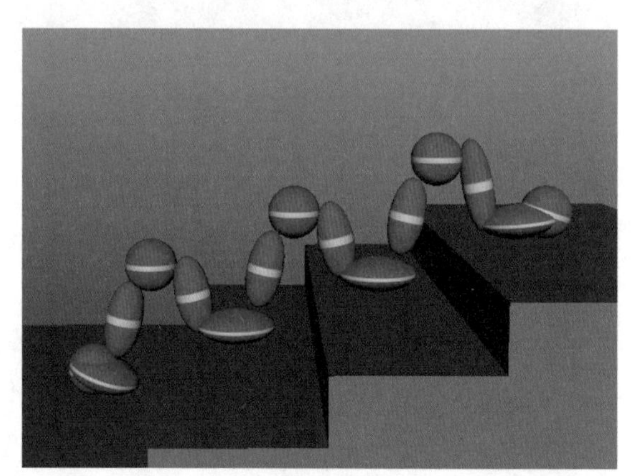
图 7–145

STEP 5 将当前时间指示器滑动至第 5 帧的位置上，依次按住 Shift 键加选小球尾巴的 4 个控制器，然后旋转 Rotate Z 轴 20° 后设置关键帧。然后在第 13 帧的位置上将尾巴上的所有控制器旋转 Rotate Z 轴 –20° 后设置关键帧。以此类推，小球跳跃至空中时由于惯性与重力尾巴则向下卷曲 20°，落地时则向上卷曲 20°，如图 7–146 所示。

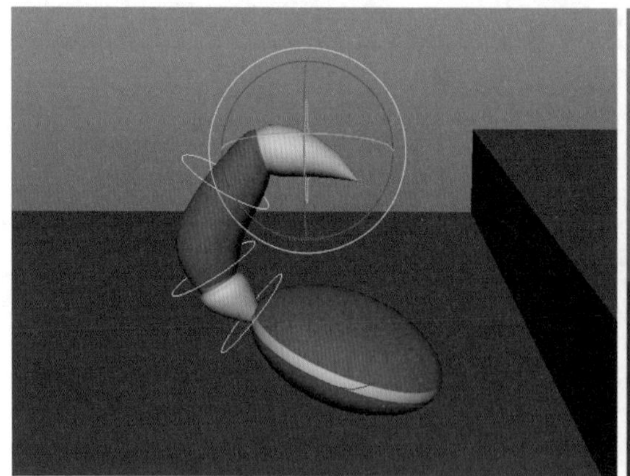
图 7–146

STEP 6 播放动画，发现小球尾巴在跳跃时略显僵硬，需要错帧动画的制作将尾巴动画变得柔软、过渡平滑。选择小球尾巴的第二个控制器，在时间轴上按住 Shift 键框选控制器的所有关键帧，单击红色范围的中心黄色箭头并向后移动 1 帧的位置，起始时间由第 5 帧变为第 6 帧。选择小球尾巴的第 3 个控制器，将其所有关键帧向后移动 2 帧的位置。以此类推，将小球尾巴的第 4 个控制器所有关键帧移动 3 帧的位置，如图 7-147 所示。

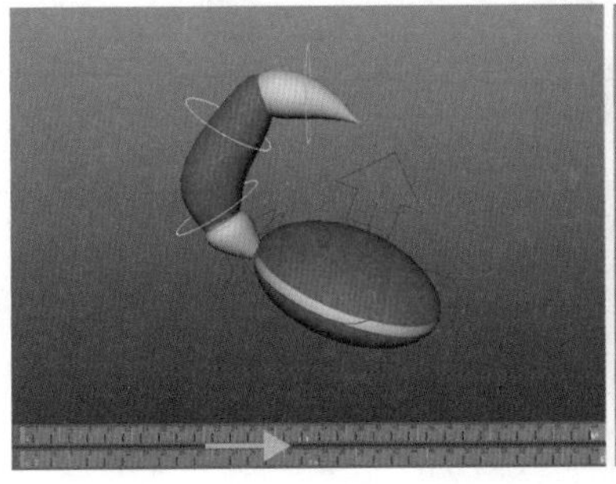 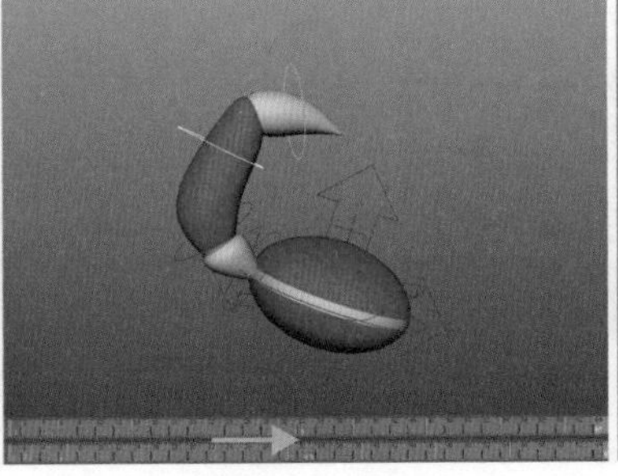 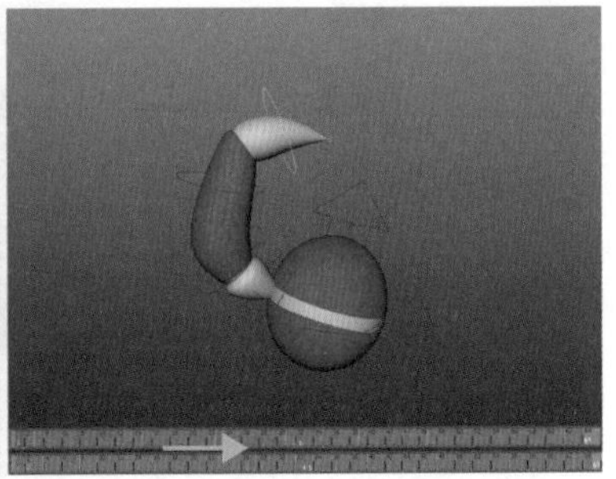

图 7-147

STEP 7 播放动画，小球跳跃着上楼梯的动画制作完成，如图 7-148 所示。

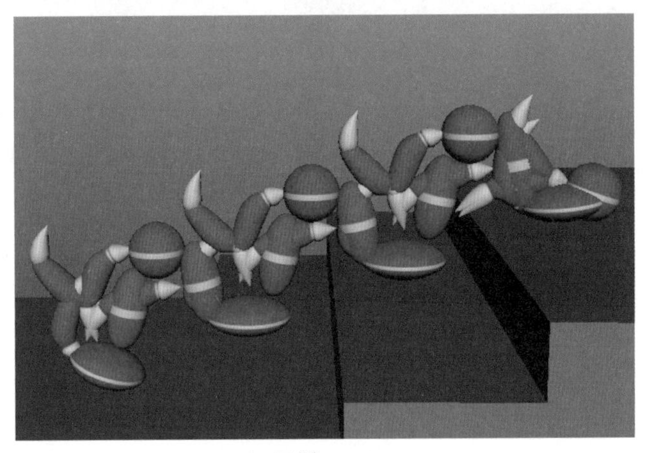

图 7-148

7.4.3 人物动画

1. 人物运动规律

人物行走的最显著的特征之一就是手足运动呈交叉反向运动，如图 7-149 所示。

   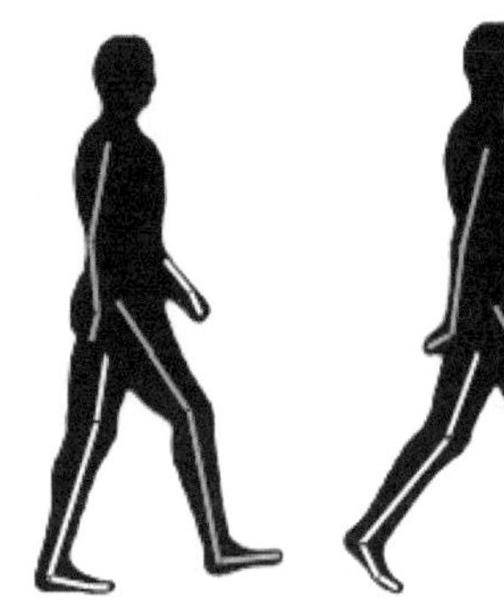

图 7-149

人物在进行走路运动时，身体躯干呈现出高低起伏的状态，当身体下落时能感受到重力，反之腿伸直时没有承载重量，这样就有承载重力的变化在腿上，从而身体受到重力的变化主体有明显的下降与上浮，如图 7-150 所示。

人物进行走路的正常节奏大约为每秒 2 步，卡通人物的行走大约为每秒 3 步，如图 7-151 所示。

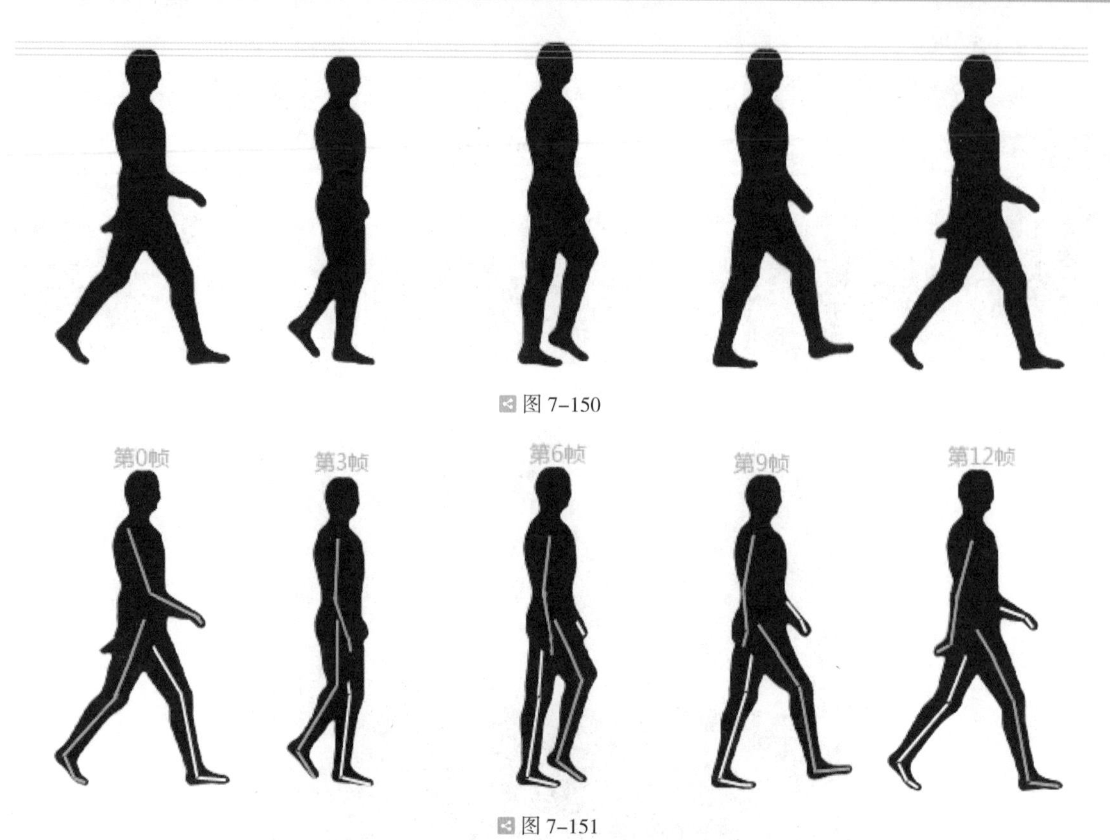

图 7-150

图 7-151

人物的脚后跟是引导动作的部位，起着带动作用，而脚是随着脚后跟运动，是被脚后跟控制的，制作走路动画时需要将脚后跟固定在地面上产生重量感，并让脚后跟落地直到最后离开地面，如图 7-152 所示。

图 7-152

人物运动时，手臂与手腕都保持弧线的运动轨迹，如图 7-153 所示。

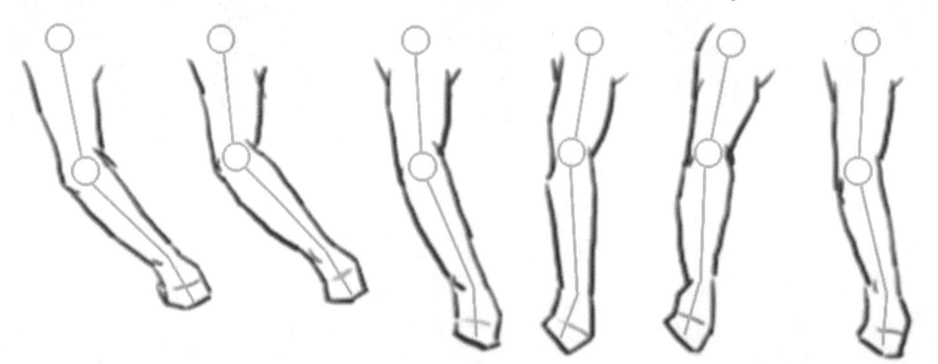

图 7-153

2. 卡通人物动画

本小节来制作一个卡通人物动画，具体操作包括设置左右脚步伐距离、身体重心的上下起伏与过渡帧、肩与胯的旋转、手臂的摆动等，详细的步骤请扫描右侧的二维码，将电子书推送到自己的邮箱中下载获取，然后进行学习。

7.4.4 四足动物动画

1. 设置骨骼

STEP 1 在工具栏上单击 Fit 按钮，在弹出的对话框内选择 quadruped.ma，单击 import 按钮确认创建四足类骨骼，如图 7–154 所示。

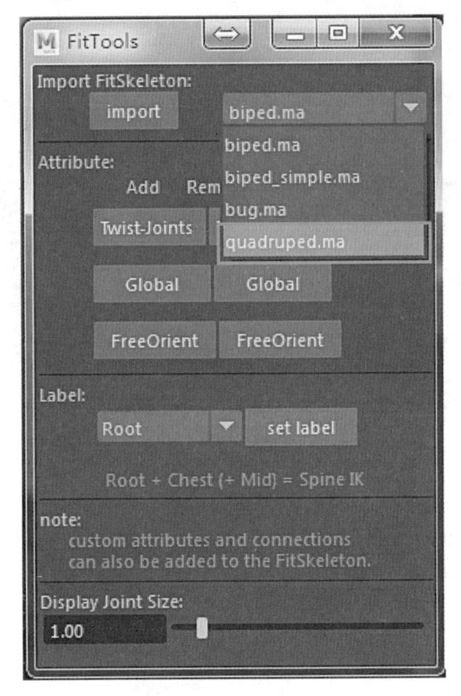

图 7–154

STEP 2 将创建出的骨骼调整定位与模型相匹配，如图 7–155 所示。

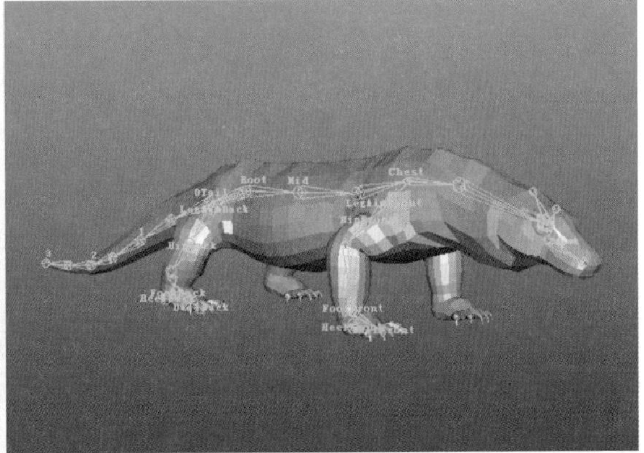

图 7–155

STEP 3 选择已匹配完成的根骨骼，单击工具栏上的 Adv 按钮，进行骨骼的镜像以及控制器的生成，效果如图 7-156 所示。

2. 蒙皮与权重

选择巨蜥模型，按住 Shift 键加选根骨骼，执行 Skin（蒙皮）| Bind Skin（绑定蒙皮）命令进行蒙皮。然后选择模型，执行 Skin（蒙皮）| Paint Skin Weights（绘制蒙皮权重）命令绘制骨骼权重，如图 7-157 所示。

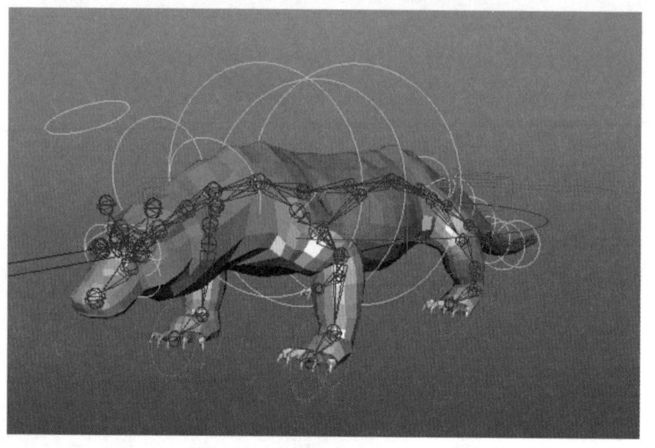

图 7-156

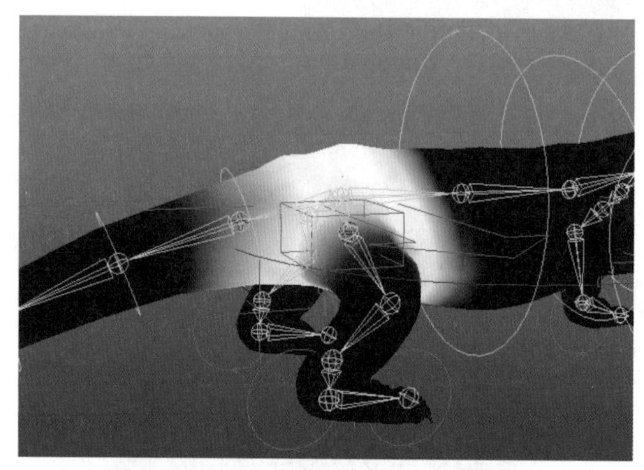

图 7-157

3. 四足动物的行走特点

四足动物的行走和跑步动作与人类的动作有相似的地方，人类也属于四足动物，但是四肢被分开为手与脚。四足动物的前肢与后肢运动时膝关节弯曲的方向是相反的，前肢腕部向后弯曲，而后肢则向前弯曲，如图 7-158 所示。

图 7-158

四足动物在行走的过程中，前肢与后肢同时交替着向前跨步，称之为对角线换步法。但是在向前跨步时并不是完全同步，是相互错落的跨步节奏，当前肢处于交叉步姿势时，后肢则为半步姿势。若是前肢为半步姿势时，后肢则为交叉姿势，如图 7-159 所示。

图 7-159

四足动物与人类一样在行走时身体也会有相对的高低起伏，但是不同的是四足动物的起伏不在身体的高度上有变化，而是在肩胛骨与髋骨之间的高低变化，如图 7-160 所示。

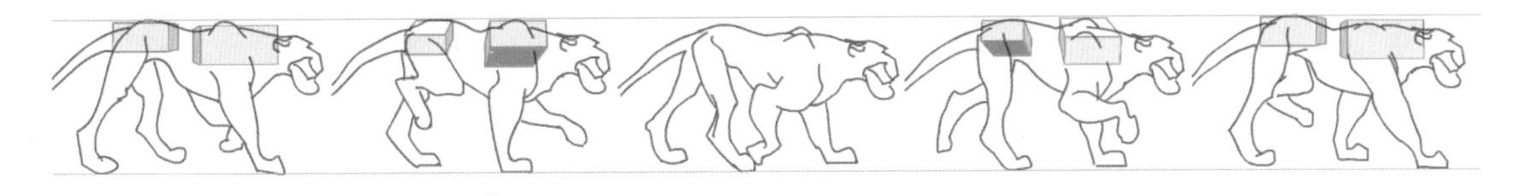

图 7-160

四足动物在行走时躯干的扭动是由前肢与后肢的不同跨步形成的，从顶视图看时，当身体的一侧受到挤压时，而另一侧则得到拉伸，身体呈 S 形，如图 7-161 所示。

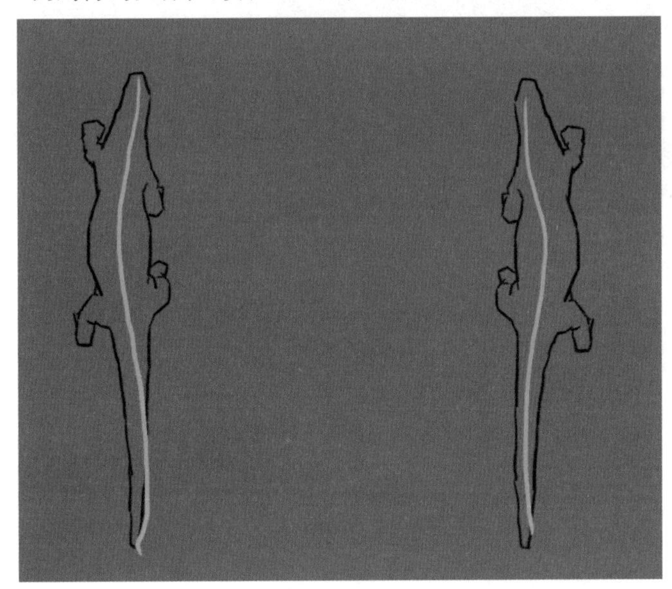

图 7-161

图 7-162 为巨蜥的运动示意图，巨蜥体型庞大，行走速度并不快，正常速度大约为 1 步 / 秒。

图 7-162

接下来将绑定完成的巨蜥 Lizard_Anim.mb 文件打开，开始制作动画，其中包括步伐与距离、过渡帧与身体重心、肩部与髋骨转动、尾巴摆动的设置，详细的步骤请扫描右侧的二维码，将电子书推送到自己的邮箱中下载获取，然后进行学习。

课后练习

内容：

用已经绑定骨骼的卡通人物模型，制作一段人物跑步的动画，如图 7–163 所示。

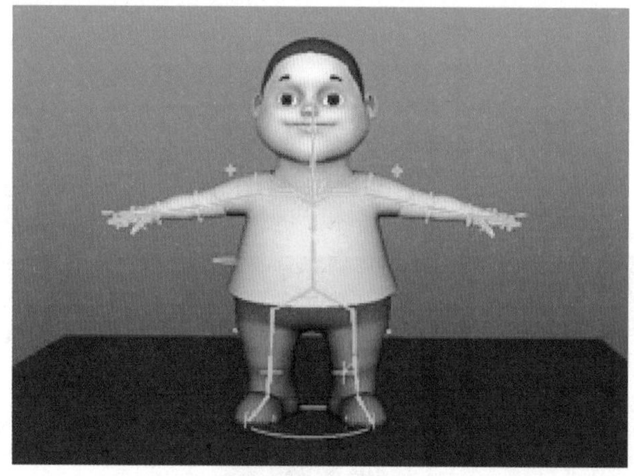

图 7–163

要求：

1. 先创建 KEY 关键帧，然后再加过渡。
2. 把握人物运动规律，按照层次顺序测试，最先臀部，然后是腿、胳膊、头，最后衣服。
3. 触地的 Pose 总是先创建，跑步脚跟每 8 帧触地一次。